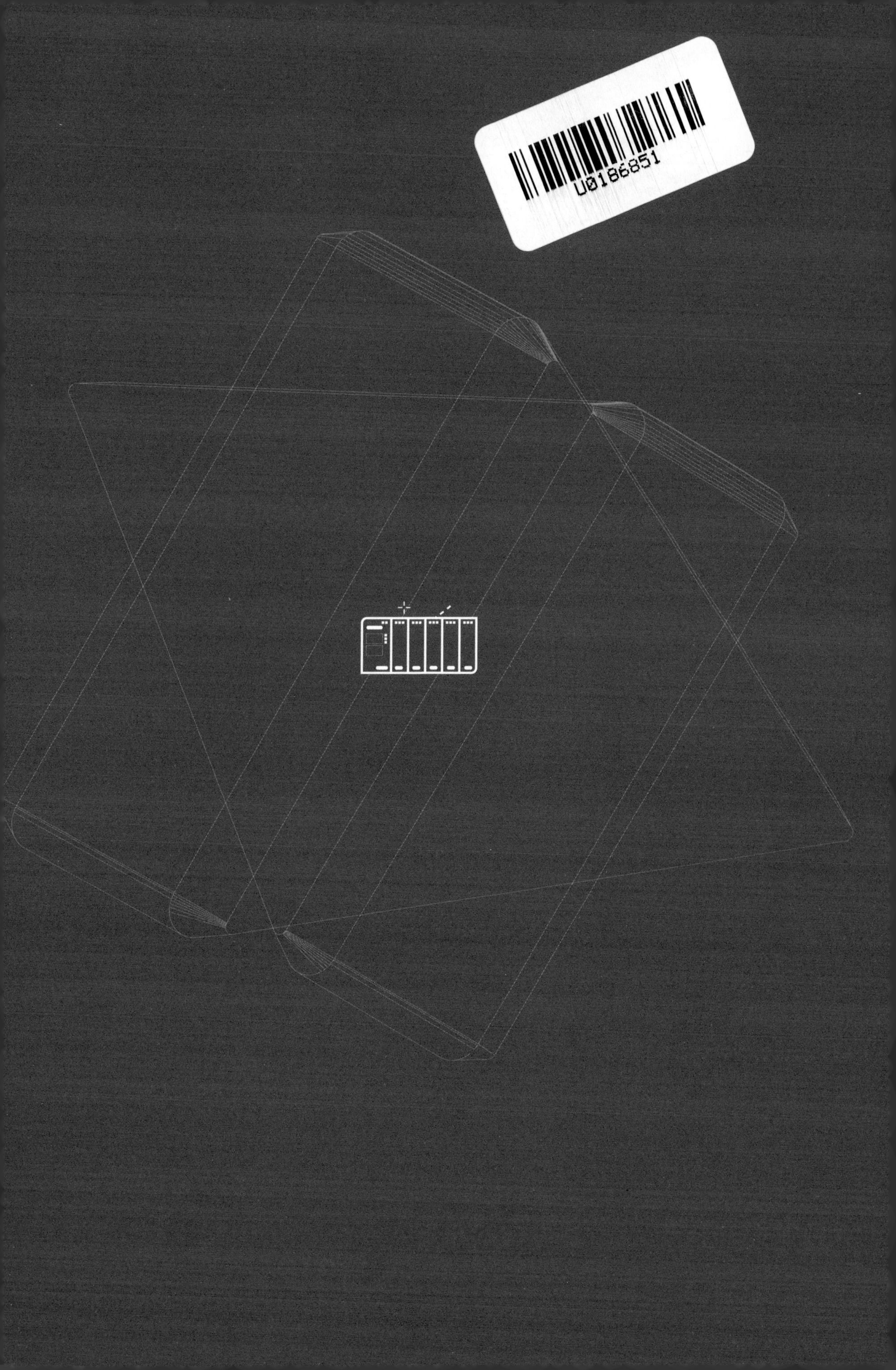
U0186851

编委会

PLC 控制系统集成及应用

杨小强　段　莉　主编

刘　静　何婷婷　邓文亮　副主编

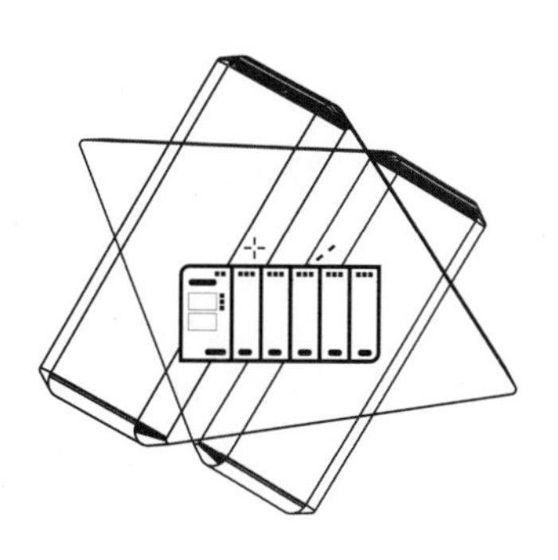

· 北京 ·

内容简介

本书以培养应用型、技术型、创新型人才为目标，以职业能力为主线，以职业资格认证为基础，内容上充分体现职业技术和高技能人才培训的要求，紧扣可编程控制系统集成与应用的岗位核心技能，详细讲解了安全用电与操作、可编程控制器硬件、可编程控制器编程、可编程控制器系统设计、可编程控制器系统调试等内容。

本书可作为高职院校自动化类专业学生及自动化行业内企业一线员工职业资格考试的教学和培训用书，也可供可编程控制技术应用编程爱好者学习参考。

图书在版编目(CIP)数据

PLC控制系统集成及应用/杨小强，段莉主编.—北京：化学工业出版社，2024.7

ISBN 978-7-122-44868-2

Ⅰ.①P… Ⅱ.①杨…②段… Ⅲ.①PLC技术 Ⅳ.①TM571.61

中国国家版本馆CIP数据核字（2024）第050234号

责任编辑：王 烨　　文字编辑：张 宇 陈小滔

责任校对：边 涛　　装帧设计：王晓宇

出版发行：化学工业出版社

（北京市东城区青年湖南街13号 邮政编码100011）

印 装：大厂聚鑫印刷有限责任公司

787mm×1092mm 1/16 印张18¼ 字数466千字

2024年6月北京第1版第1次印刷

购书咨询：010-64518888　　售后服务：010-64518899

网 址：http://www.cip.com.cn

凡购买本书，如有缺损质量问题，本社销售中心负责调换。

定 价：89.00元

前言

随着《中国制造 2025》的不断推进，中国制造业迈向了高质量发展的新阶段，因此自动化类技能型人才需求日益扩大，对自动化类技能型人才的要求也越来越高，培养具有综合职业能力，能直接从事一线生产、建设工作的高技能人才显得尤为重要，而可编程控制器（PLC）技术是从事自动化和机电一体化生产必不可少的专业技能。高职院校的智能制造专业群中已将 PLC 相关课程作为专业核心课程，同时也是实用性强的技能课程。PLC 相关课程是为企业培养高技能人才必备的课程，也是学员考取电工高级及以上职业资格证和可编程控制工程师的认证课程，很多院校和企业对此类课程的教学与培训非常重视，但目前市场上适合高职教育教学和高技能人才培养的 PLC 项目化教程很少。为此，在重庆科创职业学院 PLC 课程组成员和相关校企合作单位技术骨干的努力下，结合校内外三菱 PLC 实训条件，参照相关国家职业标准及有关行业职业技能鉴定规范要求，精选内容，切实落实“管用、够用、适用”的教学与培训指导思想编写了本书。

本书以培养应用型、技术型、创新型人才为目标，以职业能力为主线，以职业资格认证为基础，内容上充分体现职业技术和高技能人才培训的要求，覆盖《国家职业技能标准》要求掌握的知识和技能；结构上依据职业功能模块，按照电工和可编程控制工程师最新职业技能鉴定标准分不同级别进行编写，涉及各级别应该掌握的知识和技能。本书分为基础和实践两个板块，基础部分以“实用”“够用”和满足岗位职业能力的需要为原则，进行提炼、精选，注重高技能人才应具备的基本理论基础；实践部分以项目为切入点，以任务为载体，引入企业典型案例实施情景教学，注重培养学员的应用能力和解决问题的实际工作能力，实现与企业需求零距离对接，与职业资格认证考核有效衔接，实现“岗、课、赛、证”融通。

本书由杨小强、段莉主编，刘静、何婷婷、邓文亮副主编，朱亚红、廖锡阳、陈香雨参编。其中，第 1～3 章由朱亚红和刘静编写；第 4～6 章由何婷婷和段莉编写；第 7～9 章由杨小强和华中数控技术有限公司余金洋编写；第 10、11 章由段莉和华中数控技术有限公司廖锡阳编写；第 12、13 章由何婷婷、刘静和上汽五菱汽车有限公司重庆分公司陈香雨编写。全书的统稿及最后审核工作分别由杨小强和邓文亮完成。

本书的编写得到了重庆科创职业学院领导的大力支持，还得到陕西智展机电技术服务有限公司的组织协调，在此一并表示衷心感谢。

由于编者水平有限，书中难免有不足之处，恳请广大师生和各位专家批评指正，提出宝贵意见。

编者

目录

第1部分 技能基础

第 2 部分　实操训练

第1部分

技能基础

PLC

第1章

电工安全操作

知识目标

① 了解电气安全基本知识及基本规定。

② 熟悉安全用电注意事项和电工安全操作规程。

③ 掌握触电的种类、方式，触电原因及预防措施。

④ 了解常用工具和仪器设备的结构、功能及工作原理。

能力目标

① 掌握触电急救方法。

② 掌握常用工具和仪器设备的使用方法。

③ 掌握常用工具和仪器设备的基本维护。

1.1 电工安全知识

随着电能应用的不断拓展，以电能为介质的各种电气设备广泛进入企业、社会和家庭生活中，与此同时，使用电气设备所带来的安全事故也不断发生。为了实现电气安全，对电网本身的安全进行保护的同时，更要重视用电的安全问题。因此，学习安全用电基本知识，掌握常规触电防护技术，是保证用电安全的有效途径。

1.1.1 电工安全基本知识

(1) 电工应具备的基本条件

当一名合格电工应具备以下条件。

① 事业心、责任心强，工作仔细负责，踏实肯干。

② 年满十八周岁，身体健康，精神正常，无癫痫、精神病、高血压、心脏病、突发性昏厥及其他阻碍电工作业的病症和生理缺陷。

③ 熟悉电气安全规程和设备运行操作规程。

④ 熟练掌握和运用触电急救法和人工呼吸法。

⑤ 必须通过正式的技能鉴定站考试合格并持有电工操作证。

(2) 电工人身安全知识

① 在进行电气设备安装和维修操作时，必须严格遵守各种安全操作规程和规定，不得玩忽职守。

② 操作时，要严格遵守停电操作的规定，切实做好防止突然送电的各项安全措施，挂上“有人工作，不许合闸!”的警示牌，锁上闸刀或取下总电源保险器等。不准约定时间送电。

③ 在邻近带电部分操作时，要保证有可靠的安全距离。如低压检修工作中，人体或其所带的工具与带电体之间的距离不应小于0.1m。

④ 操作前应仔细检查操作工具的绝缘性能，绝缘鞋、绝缘手套等的绝缘性能是否良好，有问题的应立即更换，并定期进行检查。

⑤ 登高工具必须安全可靠。未经登高训练的，不准进行登高作业。

⑥ 如发现有人触电，应采取正确的抢救措施。

(3) 设备运行安全知识

① 对于已经出现故障的电气设备、装置及线路，不应继续使用，以免事故扩大，必须对其进行检修。

② 必须严格按照设备操作规程进行操作，接通电源时必须先合隔离开关，再合负荷开关；断开电源时，应先切断负荷开关，再切断隔离开关。

③ 当需要切断故障区域电源时，要尽量缩小停电范围。有分路开关的，要尽量切断故障区域的分路开关，尽量避免越级切断电。

④ 电气设备一般都不能受潮，要有防止雨雪、水汽侵袭的措施。电气设备在运行时会发热，因此必须保持良好的通风条件，有的还要有防火措施。有裸露带电体的设备，特别是高压电气设备，要有防止小动物进入造成短路事故的措施。

⑤ 所有电气设备的金属外壳，都应有可靠的保护接地措施。凡有可能被雷击的电气设备，都要安装防雷设施。

1.1.2 电气安全基本规定

(1) 电工用电注意事项

① 严禁用一线（相线）一地（大地）安装用电器。

② 在一个插座上不可接过多或功率过大的用电器。

③ 不掌握电气知识和技术的人员，不可安装和拆卸电气设备及线路。

④ 不可用金属丝绑扎电源线。

⑤ 不可用湿手接触带电的电器，如开关、灯座等，更不可用湿布（纸）擦电器。

⑥ 电动机和电气设备上不可放置衣物，不可在电动机上坐立，雨具不可挂在电动机或开关等电器的上方。

⑦ 堆放和搬运各种物资、安装其他设备时，要与带电设备和电源线相距一定的安全距离。

⑧ 在搬运电钻、电焊机和电炉等可移动电器时，要先切断电源，不允许拖拉电源线来搬移电器。

⑨ 在潮湿环境中使用可移动电器，必须采用额定电压为36V的低压电器，若采用额定电压为220V的电器，其电源必须采用隔离变压器；在金属容器如锅炉、管道内使用移

动电器，一定要用额定电压为12V的低压电器，并要加接临时开关，还要有专人在容器外监护；低电压移动电器应装特殊型号的插头，以防误插入电压较高的插座上。

⑩ 雷雨时，不要走近高电压电杆、铁塔和避雷针的接地导线的周围，以防雷电入地时周围存在的跨步电压触电；切勿走近断落在地面上的高压电线，万一高压电线断落在身边或已进入跨步电压区域时，要立即用单脚或双脚并拢迅速跳到10m以外的地区，千万不可奔跑，以防跨步电压触电。

(2) 安全操作规程

从事电气工作的人员为特种作业人员，必须经过专门的安全技术培训和考核，经考试合格取得安全生产综合管理部门核发的特种作业操作证后，才能独立作业。

① 电气操作人员应思想集中，电气线路在未经测电笔确定无电前，应一律视为“有电”，不可用手触摸，不可绝对相信绝缘体，应按照“有电”操作。

② 工作前应详细检查自己所用工具是否安全可靠，穿戴好必要的防护用品，以防工作时发生意外。

③ 维修线路要采取必要的措施，在开关手把上或线路上悬挂“禁止合闸，有人工作”的警告牌，防止他人中途送电。

④ 使用测电笔时要注意测试电压范围，禁止超出范围使用，电工人员一般使用的测电笔，只许在500V以下电压使用。

⑤ 工作中所有拆除的电线要处理好，带电线头包好，以防发生触电。

⑥ 所用导线及保险丝，其额定电流必须合乎规定标准，选择开关时，其额定参数必须大于所控制设备的总额定参数。

⑦ 工作完毕后，必须拆除临时地线，并检查是否有工具等物品遗留在电杆上。

⑧ 工作完毕后，送电前必须认真检查，必须合乎要求并和有关人员联系好，方能送电。

⑨ 发生火警时，应立即切断电源，用四氯化碳粉质灭火器或黄沙扑救，严禁用水扑救。

⑩ 工作结束后，工作人员必须全部撤离工作地段，拆除警告牌，所有材料、工具、仪表等随之撤离，原有防护装置要安装好。

⑪ 操作地段清理后，操作人员要亲自检查。如要送电试验，一定要和有关人员联系好，以免发生意外。

1.1.3　触电急救和电气消防知识

电气危害有两个方面：一方面是对系统自身的危害，如短路、过电压、绝缘老化等；另一方面是对用电设备、环境和人员的危害，如触电、电气火灾、电压异常升高造成用电设备损坏等，其中尤以触电和电气火灾危害最为严重。触电可直接导致人员伤残、死亡。另外，静电产生的危害也不能忽视，它是引起电气火灾的原因之一，对电子设备的危害也很大。

1.1.3.1　触电的种类和方式

(1) 触电的种类

触电是指人体触及带电体后，电流对人体造成的伤害。电流对人体的伤害有三种：电击、电伤和电磁场伤害。

① 电击是指电流通过人体内部，破坏人体内部组织，影响呼吸系统、心脏及神经系统的正常功能，甚至危及生命。触电死亡绝大部分是电击造成的。

② 电伤是指电流的热效应、化学效应、机械效应及电流本身作用造成的人体伤害。

电伤会在人体皮肤表面留下明显的伤痕，常见的有灼伤、电烙伤和皮肤金属化等现象。

a. 电灼伤。电灼伤有接触灼伤和电弧灼伤两种。接触灼伤发生在高压触电事故时，在电流通过人体皮肤的进出口处造成的灼伤，一般进口处比出口处灼伤严重。接触灼伤面积虽较小，但深度可达三度。灼伤处皮肤呈黄褐色，可波及皮下组织、肌肉、神经和血管，甚至使骨骼炭化，由于伤及人体组织深层，伤口难以愈合，有的甚至需要几年才能结痂。

电弧灼伤发生在误操作或人体过分接近高压带电体而产生电弧放电时，这时高温电弧将如同火焰一样把皮肤烧伤，被烧伤的皮肤将发红、起泡、烧焦、坏死。电弧的强光还会使眼睛受到严重损害。

b. 电烙印。电烙印发生在人体与带电体有良好接触的情况下，在皮肤表面将留下和被接触带电体形状相似的肿块痕迹。电烙印有时在触电后并不立即出现，而是相隔一段时间后才出现。电烙印一般不发炎或化脓，但往往造成局部麻木和失去知觉。

c. 皮肤金属化。电弧的温度极高（中心温度可达 6000～10000℃），可使其周围的金属熔化、蒸发并飞溅到皮肤表层而使皮肤金属化。金属化后的皮肤表面变得粗糙坚硬，肤色与金属种类有关，或灰黄（铅），或绿（紫铜），或蓝绿（黄铜）。金属化后的皮肤经过一段时间会自行脱落，一般不会留下不良后果。

③ 电磁场生理伤害是指高频电磁场的作用下，器官组织及其功能受到损伤。其主要表现为神经系统功能失调，如头晕、头痛、失眠、健忘、多汗、心悸、厌食等症状，有些人还会有脱发、颤抖、弱视、性功能减退、月经失调等异常症状；其次是出现较明显的心血管症状，如心律失常、血压变化、心区疼痛等；如果伤害严重，还可能在短时间内失去知觉。

电磁场对人体的伤害作用是功能性的，并具有滞后性特点，即伤害是逐渐积累的，脱离接触后症状会逐渐消失。但在高强度电磁场作用下长期工作，一些症状可能持续成痼疾，甚至遗传给后代。

(2) 触电的方式

① 单相触电。当人体直接碰触带电设备或线路的一相导体时，电流通过人体而发生的触电现象称为单相触电。在低压电力系统中，若人站在地上接触到一根火线，即为单相触电或称单线触电，如图 1.1 所示。当人的一只手接触到一相带电体时，就会发生单相触电，这种触电事故约占总触电事故的 75%以上。当低压电网中性点接地时，作用于人体的电压达 220V。

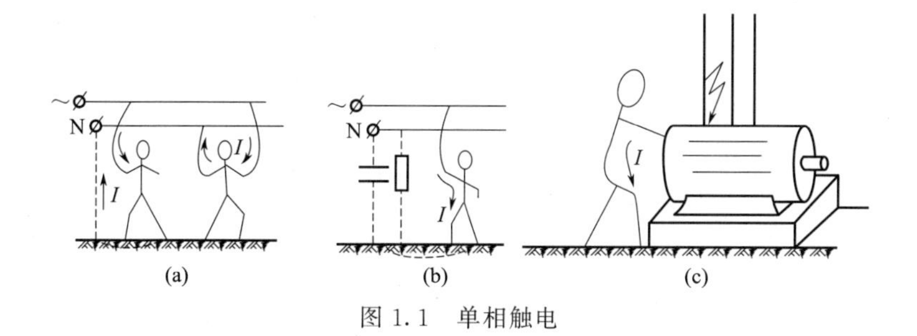

图 1.1　单相触电

人体接触漏电的设备外壳，也属于单相触电。

要避免单相触电，操作时必须穿上绝缘鞋或站在干燥的木凳上。

② 两相触电。人体不同部位同时接触两相带电体而引起的触电叫两相触电，如图 1.2 所示。

当人的两只手同时接触两相带电的导线时，不论低压电网的中性点是否接地，都会发生两相触电事故。此时作用于人体的电压达到380V，其触电的危险性最大。

两相触电时，作用于人体上的电压为线电压，电流将从一相导体经人体流入另一相导体，这种情况是很危险的。以380V/220V三相四线制为例，当加于人体的电压为380V，若人体电阻按1700Ω考虑，则流过人体内部的电流将达224mA，足以致人死亡。因此，两相触电要比单相触电严重得多。

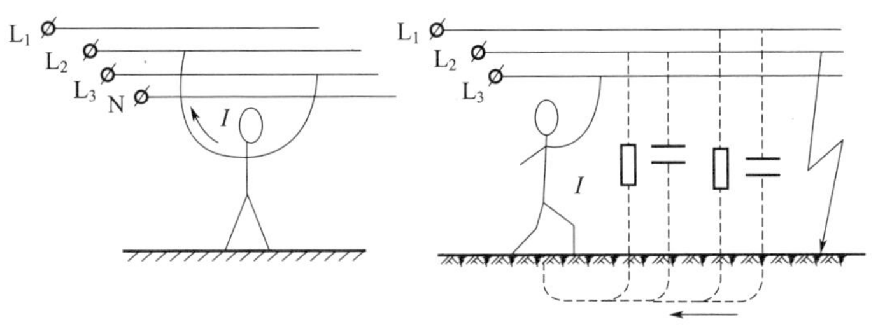

图1.2　两相触电

③ 跨步电压触电。电气设备发生接地故障时，在接地电流入地点周围电位分布区（以电流入地点为圆心，半径为20m的范围内）行走的人，其两脚将处于不同的电位，两脚之间（一般人的跨步约为0.8m）的电位差称为跨步电压。

人体受到跨步电压作用时，电流将从一只脚经胯部到另一只脚与大地形成回路。触电者的征象是脚发麻、抽搐、跌倒在地。跌倒后，电流可能改变路径（如从头到脚或手）而流经人体重要器官，使人致命。

必须指出，跨步电压触电还可发生在其他一些场合，如由于外力（如雷电、大风）的破坏等，电气设备、避雷针的接地点，或者断落电线断头着地点附近，将有大量的扩散电流向大地流入，从而使周围地面上分布着不同电位。当人的双脚同时踩在不同电位的地表面两点时，会引起跨步电压触电，其最大值可达160V。发生这种触电事故的次数虽然不是很多，但因此类触电而电死耕畜的事故常有发生，人们遇到这种危险场合，应立刻合拢双脚跳出接地点20m之外，这就可以保障人身安全。一般10m以外就没有危险了。

如图1.3所示，接触电压是指人站在地上触及设备外壳时所承受的电压，而跨步电压是指人站立在设备附近地面上，两脚之间所承受的电压。接触电压和跨步电压的大小与接地电流的大小、土壤电阻率、设备接地电阻及人体位置等因素有关。当人穿有靴鞋时，由

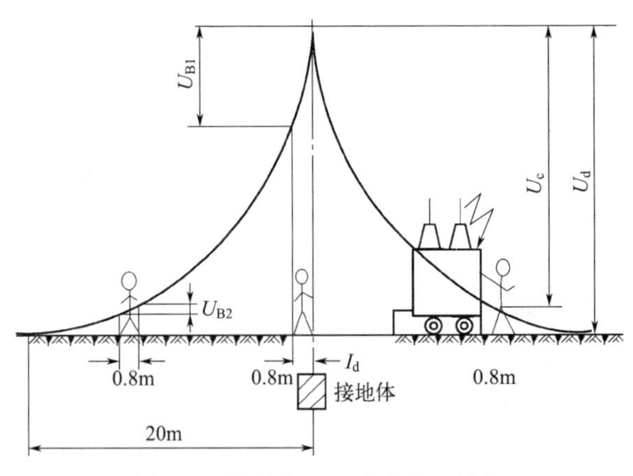

图1.3　接触电压和跨步电压触电

于地板和靴鞋的绝缘电阻上有电压降，人体受到的接触电压和跨步电压将明显降低，因此，严禁裸臂赤脚去操作电气设备。

1.1.3.2 电流伤害人体的因素

电流对人体的危害程度与通过人体的电流强度、通电持续时间、电流的频率、电流通过人体的部位（途径）以及触电者的身体状况等多种因素有关。

(1) 电流大小——通过人体的电流大小

通过人体的电流越大，人体的生理反应就越明显，感应就越强烈，引起心室颤动所需的时间就越短，致命的危害就越大。按照通过人体电流的大小和人体所呈现的不同状态，工频交流电大致分为下列三种：

① 感觉电流：引起人的感觉的最小电流（1～3mA）；

② 摆脱电流：人体触电后能自主摆脱电源的最大电流（10mA）；

③ 致命电流：在较短的时间内危及生命的最小电流（30mA）。

以工频电流为例，当1mA左右的电流通过人体时，会产生麻、刺等不舒服的感觉；10～30mA的电流通过人体，会产生麻痹、剧痛、痉挛、血压升高、呼吸困难等症状，但通常不致命；电流达到50mA以上，就会引起心室颤动而有生命危险；100mA以上的电流，足以致人于死地。

(2) 电压的高低——安全电压

安全电压是指不使人直接致死或致残的电压。根据欧姆定律，电压越大，电流也就越大。因此，可以把可能加在人身上的电压限制在某一范围内，使得在这种电压下，通过人体的电流不超过允许范围，这种电压就叫作安全电压。安全电压的工频有效值不超过50V，直流不超过120V。

国际电工委员会（IEC）规定安全电压限定值为50V。我国规定12V、24V、36V三个电压等级为安全电压级别。

一般环境条件下允许持续接触的“安全特低电压”是36V。行业规定安全电压为不高于36V，持续接触安全电压为24V，安全电流为10mA。

在湿度大、狭窄、行动不便、周围有大面积接地导体的场所（如金属容器内、矿井内、隧道内等）使用的手提照明灯具，应采用12V安全电压。

凡手提照明灯具，危险环境、特别危险环境的局部照明灯，高度不足2.5m的一般照明灯，携带式电动工具等，若无特殊的安全防护装置或安全措施，均应采用24V或36V安全电压。

(3) 频率的高低——通过人体的电流的频率

工频交流电的危害性大于直流电，因为交流电主要是麻痹破坏神经系统，往往难以自主摆脱。一般认为40～60Hz的交流电对人最危险，随着频率的增加，危险性将降低。当电源频率大于2000Hz时，所产生的损害明显减小，故医疗临床上有利用高频电流做理疗者，但电压过高的高频电流仍会使人触电致死，高压高频电流对人体仍然是十分危险的。

(4) 作用时间的长短——电流通过人体时间的长短

触电致死的生理现象是心室颤动。电流通过人体的持续时间越长，越容易引起心室颤动，触电的后果也越严重。这一方面是由于通电时间越长，能量积累越多，较小的电流通过人体就可以引起心室颤动；另一方面是由于心脏在收缩与舒张的时间间隙（约0.1s）内对电流最为敏感，通电时间一长，重合这段时间间隙的可能性就越大，心室颤动的可能性也就越大。此外，通电时间一长，电流的热效应和化学效应将会使人体出汗和组织电解，从而使人体电阻逐渐降低，流过人体的电流逐渐增大，使触电伤害更加严重。

据统计，触电1～5min内急救，有90%成功率，10min内急救有60%成功率，超过

15min则希望甚微。

触电保护器的一个主要指标就是额定断开时间与电流乘积小于30mA·s。实际产品一般额定动作电流30mA，动作时间0.1s，故小于30mA·s可有效防止触电事故。

（5）电流路径——电流通过人体的部位

电流通过头部可使人昏迷、通过脊髓可能导致瘫痪、通过心脏会造成心跳停止、血液循环中断，通过呼吸系统会造成窒息。因此，从左手到胸部是最危险的电流路径，从手到手、从手到脚也是很危险的电流路径，从脚到脚是危险性较小的电流路径。

一般认为：电流通过人体的心脏、肺部和中枢神经系统的危险性比较大，特别是电流通过心脏时，危险性最大。

触电还容易因剧烈痉挛而摔倒，导致电流通过全身并造成摔伤、坠落等二次事故。

（6）人体状况——触电者的身体状况

人的性别、健康情况、精神状态等与触电伤害程度有着密切关系。实验研究表明，触电危险性与人体状况有关。触电者的性别、年龄、健康状况、精神状态和人体电阻都会对触电后果发生影响。例如一个患有心脏病、结核病、内分泌器官疾病的人，由于自身的抵抗力低下，会使触电后果更为严重。处在精神状态不良、心情忧郁或醉酒状态中的人，触电的危险性也较大。相反，一个身心健康、经常从事体育锻炼的人，触电的后果相对来说会轻一些。妇女、老年人以及体重较轻的人耐受电流刺激的能力也相对要弱一些，他们触电的后果也比青壮年男子更为严重。

（7）人体电阻

人体也有电阻。一般人体的电阻分为皮肤的电阻和内部组织的电阻两部分，由于人体皮肤的角质外层具有一定的绝缘性能，因此，决定人体电阻的主要是皮肤的角质外层。人的外表面角质外层的厚薄不同，电阻值也不相同。一般人体承受50V的电压时，人的皮肤角质外层绝缘就会出现缓慢破坏的现象，几秒后接触点即产生水泡，从而破坏了干燥皮肤的绝缘性能，使人体的电阻值降低，电压越高电阻值降低越快。另外，人体出汗、身体有损伤、环境潮湿、接触带有能导电的化学物质、精神状态不良等情况，都会使皮肤的电阻值显著下降。人体内部组织的电阻不稳定，不同的人内部组织的电阻也不同，但有一个共同的特点：人体内部组织的电阻与外加的电压大小基本没有关系。

据测量和估计，一般情况下人体电阻值在2kΩ～20MΩ范围内。皮肤干燥时，当接触电压在100～300V时人体的电阻值大约为100～1500Ω。对于电阻值较小的人，甚至几十伏电压也会有生命危险。对大多数人来说，触及100～300V的电压，将具有生命危险。

当人体接触带电体时，人体就被当作一电路元件接入回路。人体阻抗通常包括外部阻抗（与触电当时所穿衣服、鞋袜以及身体的潮湿情况有关，从几千欧至几十兆欧不等）和内部阻抗（与触电者的皮肤阻抗和体内阻抗有关）。人体阻抗不是纯电阻，主要由人体内电阻决定，人体电阻也不是一个固定的数值。一般情况下，人体电阻在2kΩ～20MΩ范围内。皮肤干燥时一般为100kΩ左右，而一旦潮湿可降到1kΩ。不同人体，对电流的敏感程度也不一样，一般来说，儿童较成年人敏感，女性较男性敏感。患有心脏病者，触电后的死亡可能性就更大。

1.1.3.3　触电原因及预防措施

人体触电的方式多种多样，一般可分为直接接触触电和间接接触触电两种主要触电方式。此外，还有高压电场、高频电磁场、静电感应、雷击等对人体造成的伤害。

直接接触触电是指人体直接接触或过分接近带电体而触电，单相触电、两相触电、电弧伤害都属于直接接触触电。间接接触触电是指人体触及正常时不带电而发生故障时才带电的金属导体而触电。

（1）触电的原因

① 线路架设不合规。架设供电线路不合规：临时急用线路架设过低；电力线与电话线共用一根线杆，久而久之绕在一起，刮风下雨时人接电话而触电。

② 电气操作制度不严格、不健全。不遵照安全规程办事，一味蛮干。检修安装电灯、电器不拉断开关和闸盒；抢救触电者时，不用绝缘材料去挑开电线，而用手直接拉伤员，从而使救护人员触电。

③ 用电设备不合要求。用电设备损坏或不合规格。日常照明用的电灯开关、灯头损坏，插座盖子破损，小孩用手乱摸乱动易引起触电。电动机、变压器等电气设备不检修，铁壳上不装接地线，当线圈的绝缘层损坏，铁壳带电，人一接触即触电。

④ 用电不谨慎。电源进线、临时线路、电力设备不装单独的开关和保险线，因而不能在发生事故后立即切断电源。

日常生活中的意外事故很多，如孩子放风筝时，线搅在电线上；有人拉电线到池塘捕鱼；用鸟枪打停在电线上的鸟雀不慎打断电线；闪电打雷时在山坡上或树下躲雨，易遭受雷击。下雨天发生触电事故更多见，暴雨将电线刮落刮断，年久失修的电线易走电，雨中奔走视物不清易误触断落的电线。

总之，造成触电事故的原因有很多，很多触电事故都不是只有单一原因。希望人们提高警觉，尽量避免触电事故的发生。

（2）触电事故规律

为防止触电事故，应当了解触电事故的规律。根据对触电事故的分析，从触电事故的发生率上看，可找到以下规律。

① 触电事故季节性明显。统计资料表明，每年第二、三季度事故多。特别是 6～9 月，事故最为集中。主要原因为：一是这段时间天气炎热、人体穿衣单薄而多汗，触电危险性较大；二是这段时间多雨、潮湿，地面导电性增强，容易构成电击电流的回路，而且电气设备的绝缘电阻降低，容易漏电；三是这段时间在大部分农村都是农忙季节，用电量增加，触电事故因而增多。

② 低压设备触电事故多。国内外统计资料表明，低压触电事故远远多于高压触电事故。其主要原因是低压设备远远多于高压设备，与之接触的人比与高压设备接触的人多得多，而且都比较缺乏电气安全知识。应当指出，在专业电工中，情况是相反的，即高压触电事故比低压触电事故多。

③ 携带式设备和移动式设备触电事故多。携带式设备和移动式设备触电事故多的主要原因是：一方面，这些设备是在人的紧握之下运行，不但接触电阻小，而且一旦触电就难以摆脱电源；另一方面，这些设备需要经常移动，工作条件差，设备和电源线都容易发生故障或损坏；此外，单相携带式设备的保护零线与工作零线容易接错，也会造成触电事故。

④ 电气连接部位触电事故多。大量触电事故的统计资料表明，很多触电事故发生在接线端子、缠接接头、压接接头、焊接接头、电缆头、灯座、插销、插座、控制开关、接触器、熔断器等分支线、接户线处。这主要是由于这些连接部位机械牢固性较差、接触电阻较大、绝缘强度较低以及可能发生化学反应。

⑤ 错误操作和违章作业造成的触电事故多。大量触电事故的统计资料表明，有 85% 以上的事故是由错误操作和违章作业造成的。其主要原因是安全教育不够、安全制度不严、安全措施不完善、操作者素质不高等。

⑥ 不同行业触电事故不同。冶金、矿业、建筑、机械行业触电事故多。这主要是由于这些行业的生产现场经常伴有潮湿、高温、现场混乱、移动式设备和携带式设备多以及

金属设备多等不安全因素。

⑦ 不同年龄段的人员触电事故不同。中青年工人、非专业电工和临时工触电事故多。其主要原因是这些人是主要操作者，经常接触电气设备；而且，这些人经验不足，又比较缺乏电气安全知识，其中有的责任心还不够强。

⑧ 不同地域触电事故不同。部分省市统计资料表明，农村触电事故明显多于城市，发生在农村的事故约为城市的3倍。

触电事故的规律不是一成不变的。在一定的条件下，触电事故的规律也会发生一定的变化。例如，低压触电事故多于高压触电事故在一般情况下是成立的，但对于专业电气工作人员来说，情况往往是相反的。因此，应当在实践中不断分析和总结触电事故的规律，为做好电气安全工作积累经验。

(3) 预防触电的措施

① 预防直接接触触电的措施。绝缘、屏护和间距是最为常见的安全措施。

a. 绝缘措施。良好的绝缘是保证电气设备和线路正常运行的必要条件。

例如：新装或大修后的低压设备和线路，绝缘电阻不应低于0.5MΩ；高压线路和设备的绝缘电阻不低于1000MΩ。

绝缘，是用绝缘物把带电体封闭起来防止人体触及。瓷、玻璃、云母、橡胶、木材、胶木、塑料、布、纸和矿物油等都是常用的绝缘材料。

应当注意：很多绝缘材料受潮后会丧失绝缘性能，或在强电场作用下会遭到破坏而丧失绝缘性能。

b. 屏护措施。凡是金属材料制作的屏护装置，应妥善接地或接零。

屏护，即采用遮栏、护罩、护盖箱闸等把带电体同外界隔绝开来。

电气开关的可动部分一般不能使用绝缘，而需要屏护。高压设备不论是否有绝缘，均应采取屏护。

c. 间距措施。在带电体与地面间、带电体与其他设备间，应保持一定的安全间距。间距大小取决于电压的高低、设备类型、安装方式等因素。

间距，就是保证必要的安全距离。间距除用来防止触及或过分接近带电体外，还能起到防止火灾、防止混线、方便操作的作用。在低压工作中，最小检修距离不应小于0.1m。

② 预防间接接触触电的措施。

a. 加强绝缘。对电气设备或线路采取双重绝缘，使设备或线路绝缘牢固。加强绝缘就是采用双重绝缘或另加总体绝缘，即保护绝缘体以防止通常绝缘损坏后的触电。

b. 电气隔离。采用隔离变压器或具有同等隔离作用的发电机。

c. 自动断电保护。其包括漏电保护、过流保护、过压或欠压保护、短路保护、接零保护等。

③ 预防触电注意事项。

a. 不得随便乱动或私自修理车间内的电气设备。

b. 经常接触和使用的配电箱、配电板、闸刀开关、按钮开关、插座、插销以及导线等，必须保持完好，不得有破损或将带电部分裸露。

c. 不得用铜丝等代替保险丝，并保持闸刀开关、磁力开关等盖面完整，以防短路时发生电弧或保险丝熔断飞溅伤人。

d. 经常检查电气设备的保护接地、接零装置，保证连接牢固。

e. 在移动电风扇、照明灯、电焊机等电气设备时，必须先切断电源，并保护好导线，以免磨损或拉断。

f. 在使用手电钻、电砂轮等手持电动工具时，必须安装漏电保护器，工具外壳要进行防护性接地或接零，并要防止移动工具时导线被拉断，操作时应戴好绝缘手套并站在绝缘板上。

g. 在雷雨天，不要走进高压电杆、铁塔、避雷针的接地导线周围20m内。当遇到高压线断落时，周围10m之内，禁止人员进入；若已经在10m范围之内，应单足或并足跳出危险区。

h. 对设备进行维修时，一定要切断电源，并在明显处放置“禁止合闸，有人工作”的警示牌。

1.1.3.4　触电急救

（1）触电的现场抢救

① 使触电者尽快脱离电源

a. 如果触电现场远离开关或不具备关断电源的条件，救护者可站在干燥木板上，用一只手抓住衣服将其拉离电源，如图1.4所示，也可用干燥木棒、竹竿等将电线从触电者身上挑开，如图1.5所示。

图1.4　触电急救（1）

图1.5　触电急救（2）

b. 如触电发生在火线与大地间，可用干燥绳索将触电者身体拉离地面，或用干燥木板将人体与地面隔开，再设法关断电源。

c. 如果手边有绝缘导线，可先将一端良好接地，另一端与触电者所接触的带电体相接，将该相电源对地短路。

d. 也可用手头的刀、斧、锄等带绝缘柄的工具，将电线砍断或撬断。

② 对不同情况的救治。

a. 触电者神志尚清醒，但感觉头晕、心悸、出冷汗、恶心、呕吐等，应让其静卧休息，减轻心脏负担。

b. 触电者神志有时清醒，有时昏迷，则应静卧休息，并请医生救治。

c. 触电者无知觉，有呼吸、心跳。在请医生的同时，应施行人工呼吸。

d. 触电者呼吸停止，但心跳尚存，应施行人工呼吸；如果心跳停止，呼吸尚存，应采取胸外心脏按压法抢救；如果按呼吸、心跳均停止，则须同时采用人工呼吸法和胸外心脏按压法进行抢救。

（2）口对口人工呼吸法

人工呼吸法是在触电者停止呼吸后应用的急救方法。各种人工呼吸法中以口对口人工呼吸法效果最好。

人工呼吸法只对停止呼吸的触电者使用，其操作如图1.6所示，操作步骤如下：

a. 先使触电者仰卧，解开衣领、围巾、紧身衣服等，除去口腔中的痰液、血液、食物、假牙等杂物。

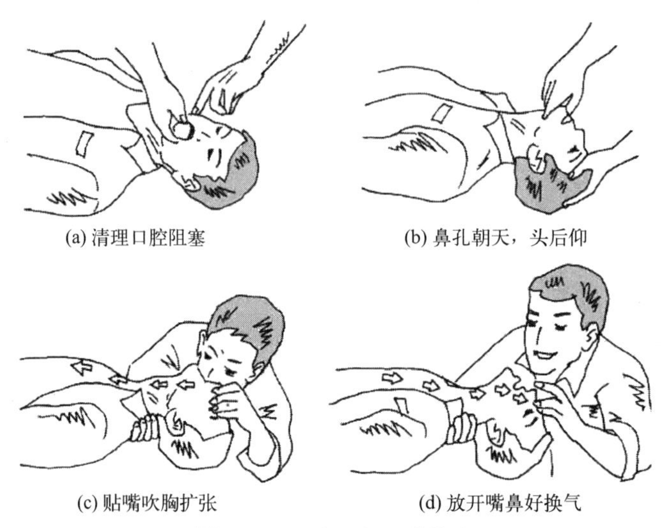

图 1.6　口对口人工呼吸法

b. 将触电者头部尽量后仰，鼻孔朝天，颈部伸直。救护人一只手捏紧触电者的鼻孔，另一只手掰开触电者的嘴巴。救护人深吸气后，紧贴着触电者的嘴巴大口吹气，使其胸部膨胀，之后救护人换气，放松触电者的嘴鼻，使其自动呼气。如此反复进行，吹气 2s，放松 3s，大约 5s 一个循环。

c. 吹气时要捏紧鼻孔，紧贴嘴巴，不要漏气，放松时应能使触电者自动呼气。

d. 如果触电者牙关紧闭，无法撬开，可采取口对鼻吹气的方法。

e. 对体弱者和儿童吹气时用力应稍轻，以免肺泡破裂。

(3) 胸外心脏按压法

胸外心脏按压法是触电者心脏跳动停止后的急救方法。进行胸外心脏按压时，应使触电者仰卧在比较坚实的地方，在触电者胸骨中段叩击 1～2 次，如无反应再进行胸外心脏按压。操作方法：使伤者仰卧在地上或硬板床上，救护人员跪或站于伤者一侧，面对伤者，将右手掌置于伤者胸骨下段及剑突部，左手置于右手之上，借助上身的重量用力把胸骨下段向后压向脊柱，随后将手腕放松，每分钟按压 60～80 次。在进行胸外心脏按压时，宜将伤者头放低以利静脉血回流。若伤者同时伴有呼吸停止，在进行胸外心脏按压时，还应进行人工呼吸。一般做四次胸外心脏按压，做一次人工呼吸。其操作如图 1.7 所示。

应急救援工具：绝缘手套、绝缘棒、电工绝缘钳、药箱、担架等。

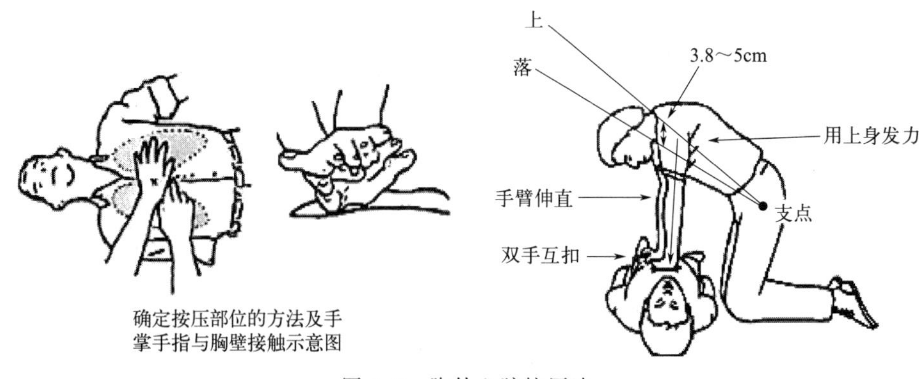

图 1.7　胸外心脏按压法

1.1.3.5　电气消防知识

在发生电气设备火警时，或邻近电气设备附近发生火警时，电工应运用正确的灭火知识，指导和组织群众采用正确的方法灭火。

① 当电气设备或电气线路发生火警时，要尽快切断电源，防止火情蔓延和灭火时发生触电事故。

② 不可用水或泡沫灭火器灭火，尤其是有油类的火警，应采用黄沙、二氧化碳灭火器或 1211 灭火器灭火。

③ 灭火人员不可使身体及手持的灭火器材碰到有电的导线或电气设备。

1.1.4　电气安全用具

电气安全用具按其基本作用可分为绝缘安全用具和一般防护安全用具两大类。

绝缘安全用具是用来防止工作人员直接受到电击的安全用具。它分为基本安全用具和辅助安全用具两种。基本安全用具是指那些绝缘强度能长期承受设备的工作电压，并且在该电压等级产生内部过电压时能保证工作人员安全的工具（绝缘棒、验电器等）。辅助安全用具是指那些主要用来进一步加强基本安全用具绝缘强度的工具（绝缘手套、绝缘靴、绝缘垫等）。

一般性防护安全用具没有绝缘性能，主要用于防止停电检修的设备突然来电、工作人员走错间隔、误登带电设备、电弧灼伤、高空坠落等事故的发生。

1.1.4.1　基本安全用具

（1）验电器

① 低压验电器。低压验电器就是我们使用的普通低压验电笔，低压验电笔是用来检验 220V 及以下低压电气设备及外壳是否带电的专用测量工具，也可以用它来区分相（火）线和中性（地）线。

a. 普通低压验电笔。普通低压验电笔前端为金属探头，后端也有金属挂钩或金属接触片等，以便使用时用手接触。中间绝缘管内装有发光氖管、电阻及压紧弹簧，外壳为透明绝缘体。为了工作和携带方便，低压验电器常做成钢笔式（如图 1.8 所示）或数字式（如图 1.9 所示）验电笔，但不管哪种形式，其基本结构和工作原理都是一样的。

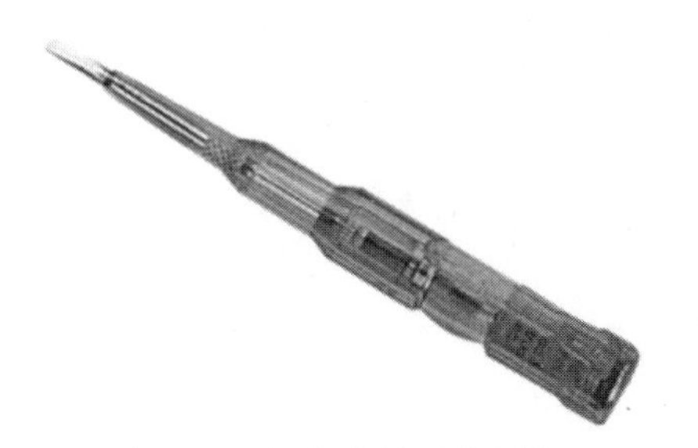

图 1.8　钢笔式低压验电笔

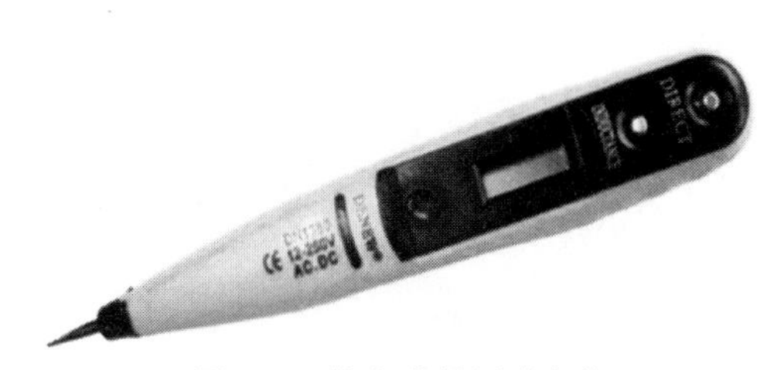

图 1.9　数字式低压验电笔

b. 数字式低压验电笔。数字式验电笔由笔尖（工作触头）、笔身、指示灯、电压显示屏、电压感应通电检测按钮、电压直接检测按钮、电池等组成，用于检测 12～220V 交直流电压和各种电气设备是否带电。

低压验电器要定期试验，试验周期为 6 个月。

② 高压验电器。高压验电器是用来检查高压线路和电力设备是否带电的工具，是变电所常用的较基本的安全用具。高压验电器一般以声响或语言作为指示。高压验电器由金

属工作触头、小氖管、电容器、手柄等组成。图1.10所示为一种高压声光验电器。

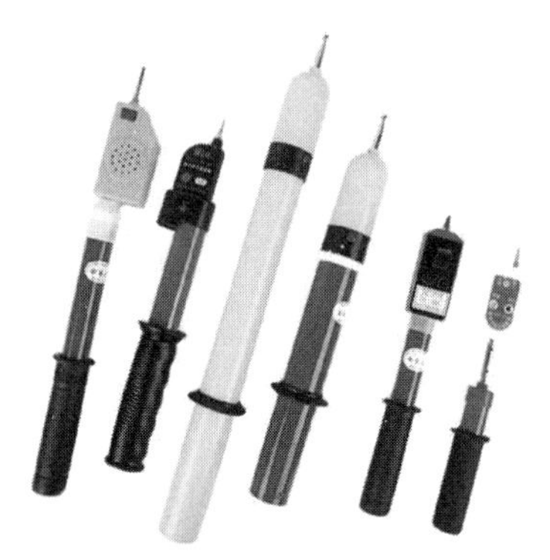

图1.10　高压声光验电器

使用高压验电器的注意事项如下：

a. 使用前确认验电器电压等级与被验设备或线路的电压等级一致。

b. 验电前后，应在有电的设备上试验，验证验电器良好。

c. 验电时，验电器应逐渐靠近带电部分，直至氖管发亮为止，不要直接接触带电部分。

d. 验电时，验电器不装接地线，以免操作时接地线碰到带电设备造成接地短路或电击事故。

e. 验电时应戴绝缘手套，手不超过握手的隔离护环。

f. 高压电器每半年试验一次。

(2) 绝缘杆

绝缘杆是用于短时间对带电设备进行操作的绝缘工具，如接通或断开高压隔离开关、跌落熔丝具等。绝缘杆按长度可分为3m，4m，5m，6m，8m，10m；按电压等级可分为10kV，35kV，110kV，220kV，330kV，500kV。接扣式绝缘杆一般采用黄色，伸缩式绝缘杆一般采用上红下黄颜色，红色部分经防滑处理，杆拉开后是黄色的，如图1.11所示。

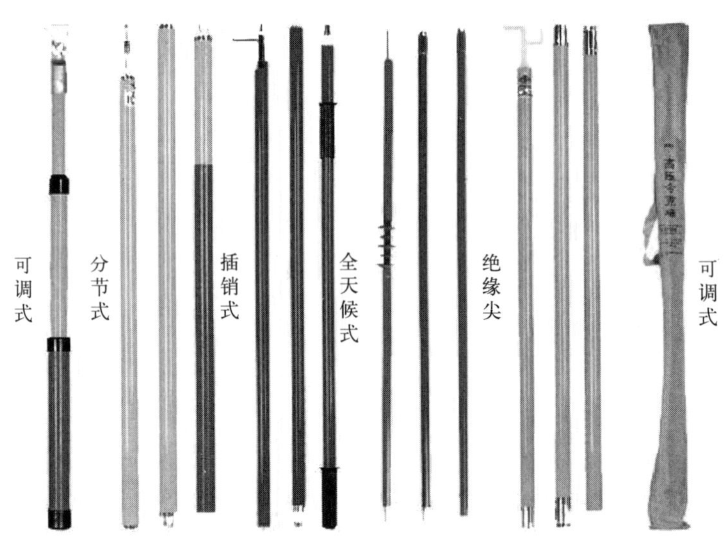

图1.11　绝缘杆外形

绝缘杆使用注意事项：

a. 使用前，必须核对绝缘杆的电压等级与所操作的电气设备的电压等级相同。

b. 使用绝缘杆时，工作人员应戴绝缘手套，穿绝缘靴，以加强绝缘杆的保护作用。

c. 在下雨、下雪或潮湿天气，无伞形罩的绝缘杆不宜使用。

d. 使用绝缘杆时要注意防止碰撞，以免损坏表面的绝缘层。

绝缘杆保管注意事项：

a. 绝缘杆应存放在干燥的地方，以防止受潮。

b. 绝缘杆应放在特制的架子上或垂直悬挂在专用挂架上，以防其弯曲。

c. 绝缘杆不得与墙或地面接触，以免碰伤其绝缘表面。

d. 绝缘杆应定期进行绝缘试验，一般每年试验一次，每三个月检查一次，检查有无裂纹、机械损伤、绝缘层破坏等。

1.1.4.2　辅助安全用具

(1) 绝缘手套、绝缘靴

绝缘手套对接触电压起一定防护作用，而绝缘靴在任何电压等级下可作为防护跨步电压的基本安全用具。

使用绝缘手套和绝缘靴注意事项：

a. 使用前应进行外部检查，确保外部无损伤，并检查有无砂眼漏气，有砂眼漏气的不能使用。

b. 使用绝缘手套时，最好先戴上一双棉纱手套，其在夏天可防止出汗造成动作不方便，冬天可以保暖，若操作时出现弧光短路接地，还可防止橡胶熔化灼烫手指。

c. 绝缘手套和绝缘靴应定期试验，试验周期为6个月，试验合格应有明显标志和试验日期。

绝缘手套和绝缘靴保存注意事项：

a. 使用后应擦净、晾干，并在绝缘手套上撒一些滑石粉，以免粘连。

b. 绝缘手套和绝缘靴应存放在通风、阴凉的专用柜子里，温度一般在5～20℃，湿度在50％～70％最合适。

(2) 绝缘垫

绝缘垫一般用来铺在配电室的地面上，用以提高操作人员对地的绝缘，防止接触电压和跨步电压对人体的伤害。在低压配电室地面铺上绝缘垫，工作人员站在上面可不使用绝缘手套和绝缘靴。

绝缘垫应定期进行检查，试验周期为每两年一次。

1.1.4.3　一般防护安全用具

一般防护安全用具不具备绝缘性能，但对保证电气工作的安全是不可少的。

(1) 携带型接地线

其作用是对设备停电检修或进行其他工作时，防止停电设备突然来电（如误操作合闸送电）和邻近高压带电设备所产生感应电压对人体的危害。将停电设备用携带型接地线三相短路接地，是生产现场防止人身电击必须采取的安全措施。图1.12所示为一种携带型短路接地线。

图1.12　携带型短路接地线

(2) 遮栏

低压电气设备部分停电检修时，为防止检修人员走错位置，误入带电间隔及过分接近带电部分，一般采用遮栏进行防护。此外，遮栏也用作检修安全距离不够时的安全隔离装置。

(3) 标示牌

标示牌的用途是警告工作人员不得接近设备的带电部分，提醒工作人员在工作地点采取安全措施，以及表明禁止向某设备合闸送电等。

标示牌按用途可分为禁止、允许和警告三类，共计六种：“止步　高压危险”“禁止攀登　高压危险”“禁止合闸　有人工作”“在此工作”“从此上下”“禁止合闸　线路有人工作。”

① 禁止类标示牌。例如“禁止合闸 有人工作”。这类标示牌挂在已停电的断路器和隔离开关的操作把手上，防止运行人员误合断路器和隔离开关，将电送到有人工作的设备上。

② 警告类标示牌。警告类标示牌有：“止步　高压危险”“禁止攀登　高压危险”。“止步　高压危险”标示牌用来挂在施工地点附近带电设备的遮栏上、室外工作地点的围栏上、禁止通行的过道上、高压试验地点以及室内构架和工作地点临近带电设备的横梁上。“禁止攀登 高压危险”标示牌用来挂在与工作人员上、下路线临近的有带电设备的铁钩架上和运行中变压器的梯子上。

(4) 安全牌

安全牌用于提醒工作人员注意危险或不安全因素，预防意外事故的发生。生产现场中用不同颜色设置了多种安全牌。

① 禁止类安全牌：禁止开动、禁止通行、禁止烟火。

② 警告类安全牌：当心电击、注意头上吊装、注意下落物、注意安全。

③ 指令类安全牌：必须戴安全帽、必须戴防护手套、必须戴防护目镜。

图 1.13 所示为部分电力安全牌、标示牌。

图 1.13　电力安全牌、标示牌

1.2　常用电工工具及仪表使用

在电工操作和电子产品生产装配中，会用到很多电工工具和仪器设备。面对种类繁多的工具和设备，只有充分了解它们的组成、类型、工作过程及作用，才能正确操作所需工具及设备。

1.2.1　常用电工工具的使用

电工常用工具一般是指专业电工经常使用的工具。电工工具的使用是维修电工的基本操作技能。在电工常用工具中主要介绍试电笔、钢丝钳、尖嘴钳、剥线钳的相关知识。

1.2.1.1　试电笔

(1) 分类与结构

试电笔是检验线路和设备是否带电的工具，它的测电范围是 60～500V，通常制成钢笔式或螺丝刀式两种，如图 1.14 所示。

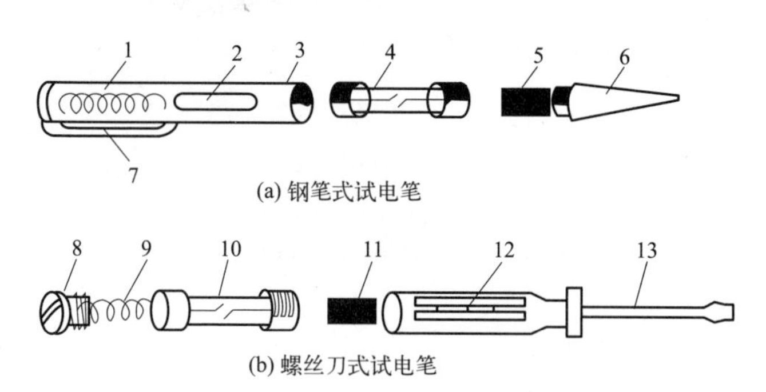

图 1.14　试电笔外形及结构

1,9—弹簧；2—小窗；3—笔身；4,10—氖管；5,11—电阻；6—金属笔尖；
7—金属笔尾；8—金属螺钉；12—螺丝刀身；13—螺丝刀头

其主要由氖管（俗称氖泡）、电阻、弹簧等组成。使用时，带电体通过电笔、人体与大地之间形成一个电位差，产生电场，电笔中的氖管在电场作用下就会发光。

(2) 使用注意事项

使用试电笔时，应注意以下事项。

① 使用试电笔之前，首先要检查试电笔里有无安全电阻，再直观检查试电笔是否有损坏，有无受潮或进水，检查合格后才能使用。

② 使用试电笔时，不能用手触及试电笔前端的金属探头，这样做会造成人身触电事故。

③ 使用试电笔时，一定要用手触及试电笔尾端的金属笔尾（钢笔式）或金属螺钉（螺丝刀式），否则，带电体、试电笔、人体与大地没有形成回路，试电笔中的氖管不会发光，会造成误判，认为带电体不带电，这是十分危险的。

④ 在测量电气设备是否带电之前，先要找一个已知电源测一测试电笔的氖管能否正常发光，能正常发光，才能使用。

⑤ 在明亮的光线下测试带电体时，应特别注意氖管是否真的发光（或不发光），必要时可用另一只手遮挡光线仔细判别。千万不要造成误判，将氖管发光判断为不发光，而将有电判断为无电。

1.2.1.2　螺丝刀

螺丝刀是一种用来拧转螺丝钉以迫使其就位的工具，俗称改锥、起子或改刀。

(1) 分类

螺丝刀按不同的头型可以分为一字、十字、米字、星型（电脑）、方头、六角头（内六角和外六角）、Y 型等。

如图 1.15 所示的一字和十字是我们生活中最常用的，像安装、维修这类都要用到。

六角头用得不多，常用内六角扳手，像一些机器上好多螺钉都带内六角孔，方便多角度使力。大的星型的螺丝刀也不多见，小的星型螺丝刀常用于拆修手机、硬盘、笔记本等，我们把小的星型螺丝刀叫钟表批。

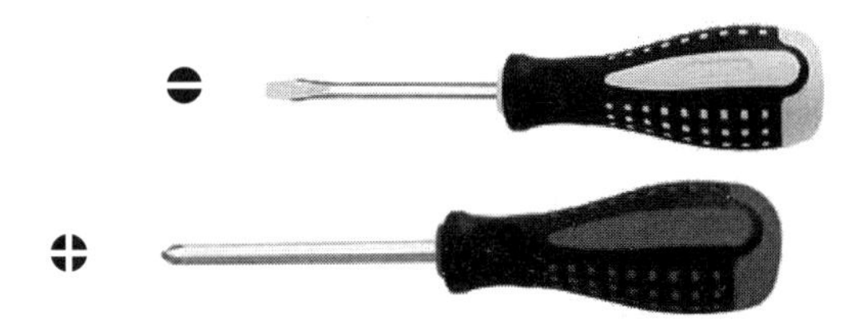

图1.15　常用螺丝刀（一字、十字）

(2) 使用方法

将螺丝刀拥有特定形状的端头对准螺钉的顶部凹坑，固定，然后开始旋转手柄。根据规格标准，顺时针方向旋转为嵌紧，逆时针方向旋转则为松出。

一字螺丝刀可以应用于十字螺钉，但十字螺钉拥有较强的抗变形能力。

(3) 维护措施

① 螺丝刀的刀刃必须正确地磨削，刀刃的两边要尽量平行。如果刀刃呈锥形，当转动螺丝刀时，刀刃极易滑出螺钉槽口。

② 螺丝刀的头部不要磨得太薄，或磨成除方形外其他形状。

③ 在砂轮上磨削螺丝刀时要特别小心，避免因为过热，而使螺丝刀的锋口变软。在磨削时，要戴上护目镜。

1.2.1.3　电工刀

电工刀是电工常用的一种切削工具，用来剖切导线、电缆的绝缘层、切割木台缺口等。

(1) 分类及组成

电工刀可分为普通电工刀和多功能电工刀。普通的电工刀由刀片、刀刃、刀把、刀挂等构成。多功能电工刀在普通电工刀的基础上，增加了尺子、锯子、剪子、锥子和开瓶扳手等工具，不用时可折叠回刀把内。其具体如图1.16所示。

图1.16　普通电工刀、多功能电工刀示意图

(2) 使用注意事项

① 切忌把刀刃垂直对着导线切割绝缘层，容易割伤电线线芯。

② 电工刀的刀刃部分要磨得锋利才好剥削电线，但不可太锋利，太锋利容易削伤线芯，若磨得太钝，则无法剥削绝缘层。

③ 对双芯护套线的外绝缘层的剥削，可以用刀刃对准芯线的中间部位，把导线一剖为二。

④ 应将刀口朝外剥削，并注意避免伤及手指。

⑤ 电工刀刀柄是无绝缘保护的，不能在带电导线或器件上剥削，以免触电。

⑥ 使用完毕，立即将刀身折进刀柄。

1.2.1.4 金属钳

金属钳是一种用于夹持、固定加工工件或者扭转、弯曲、剪断金属丝线的手工工具。钳子的外形呈V形，通常包括手柄、钳腮和钳嘴三个部分，在电工操作中主要有以下几种。

(1) 钢丝钳

钢丝钳是电工用于剪切或夹持导线、金属丝、工件的钳类工具。电工应选用带绝缘塑料手柄的钢丝钳，其绝缘性能为500V。常用的钢丝钳规格为150mm、175mm、200mm等。

钢丝钳如图1.17所示由钳头和钳柄组成，钳头包括钳口、齿口、刀口和铡口。

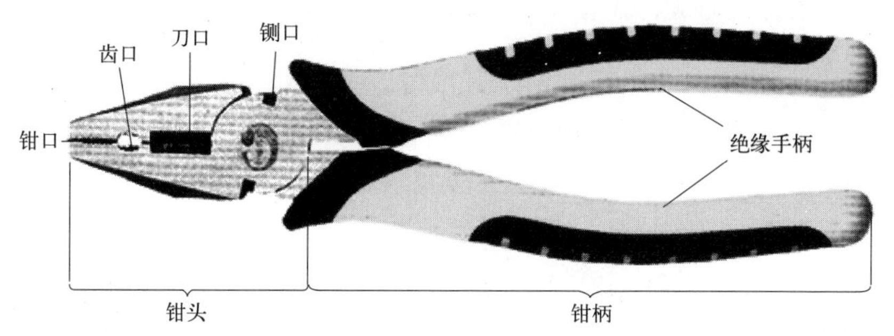

图1.17 钢丝钳示意图

钢丝钳各部位的作用是：

① 齿口可用来紧固或拧松螺母；

② 刀口可用来剖切软电线的橡胶皮或塑料绝缘层，也可用来剪切电线、铁丝；

③ 铡口可以用来切断电线、钢丝等较硬的金属线。

钢丝钳使用过程中应注意以下几点：

① 在使用电工钢丝钳之前，必须检查绝缘手柄的绝缘层是否完好，绝缘层如果损坏，则进行带电作业时非常危险，会发生触电事故；

② 用电工钢丝钳剪切带电导线时，切勿用刀口同时剪切火线和零线，以免发生短路故障；

③ 带电工作时注意钳头金属部分与带电体的安全距离。

(2) 尖嘴钳

尖嘴钳又叫修口钳、尖头钳，是一种电工常用的钳形工具。如图1.18所示，尖嘴钳是由尖头、刀口和钳柄组成，钳柄上套有额定电压500V的绝缘套管，主要用来剪切线径较细的单股与多股线，以及给单股导线接头弯圈、剥塑料绝缘层等，能在较狭小的工作空间操作。其中不带刀口的只能夹捏工作，带刀口的能剪切细小零件。

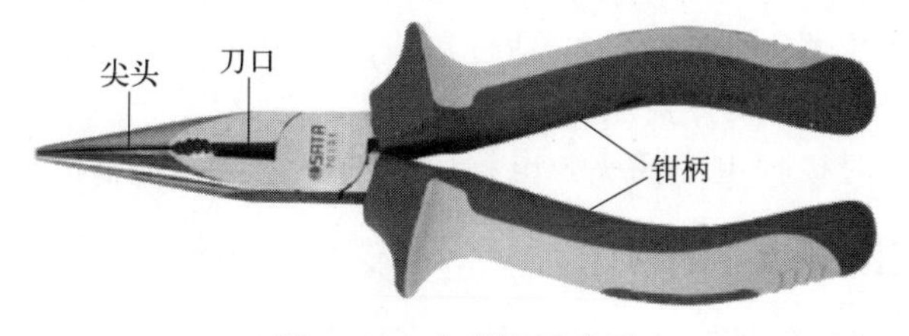

图1.18 尖嘴钳示意图

使用及注意事项：

① 一般用右手操作，使用时握住尖嘴钳的两个钳柄，开始夹持或剪切工作。

② 不用尖嘴钳时，应在其表面涂上润滑防锈油，以免生锈，或者支点发涩。

③ 使用时注意刀口不要对向自己，使用完放回原处，放置在儿童不易接触的地方，以免受到伤害。

(3) 剥线钳

剥线钳是内线电工、电机修理工、仪器仪表电工常用的工具之一，主要用于塑料、橡胶绝缘电线，电缆芯线的剥皮。如图 1.19 所示，剥线钳是由刀口、压线口和钳柄组成，钳柄上套有额定工作电压 500V 的绝缘套管，使用时要根据导线直径，选择剥线钳刀片的孔径。

1.2.1.5　手电钻

手电钻是以交流电源或直流电源为动力的钻孔工具，是手持式电动工具的一种。主要用于金属材料、木材、塑料等钻孔。

(1) 组成

手电钻主要由钻头夹、输出轴、齿轮、转子、定子、机壳、开关和电缆线构成，如图 1.20 所示。

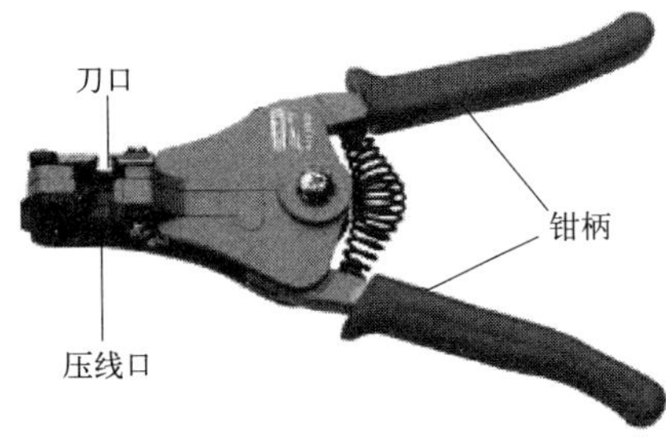

图 1.19　剥线钳示意图

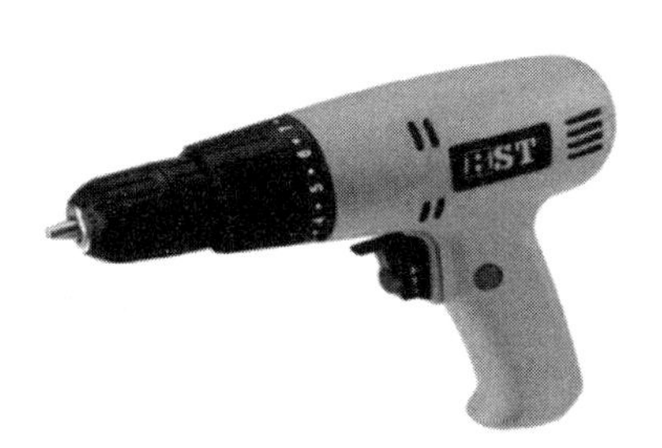

图 1.20　手电钻示意图

(2) 使用注意事项

① 用前检查电源线有无破损，若有则必须包缠好绝缘胶带，使用中切勿受水浸或乱拖乱踏。

② 对于金属外壳的手电钻必须采取保护接地（接零）措施。

③ 使用前要确认手电钻开关处于关断状态，防止插头插入电源插座时手电钻突然转动。

④ 电钻在使用前应先空转 0.5～1min，检查传动部分是否灵活，有无异常杂音，螺钉有无松动，换向器火花是否正常。

⑤ 钻孔时双手紧握电钻，尽量不要单手操作，不能使用有缺口的钻头，钻孔时向下压的力不要太大，防止钻头断裂。

⑥ 清理刀头废屑、换刀头等动作，都必须在断开电源的情况下进行。

⑦ 使用中发现整流器上火花大，电钻过热，必须停止使用，进行检查，如清除污垢、更换磨损的电刷、调整电刷架弹簧压力等。

⑧ 不使用时应及时拔掉电源插头，电钻应存放在干燥、清洁的环境。

1.2.2　常用电工仪表的使用

在人类社会进入知识经济时代、信息技术高速发展的背景下，仪器仪表及其测量控制技术得到日益广泛的应用。仪器仪表是信息产业的源头和组成部分，是信息技术的重要基础，其广泛应用于装备、改造传统产业的工艺流程的测量和控制，是现代化大型重点成套装备的重要组成部分，是信息化带动工业化的重要纽带。

1.2.2.1　万用表

万用表是一种多功能、多量程的便携式电工仪表，一般的万用表可以测量直流电流、交直流电压和电阻，有些万用表还可测量电容、功率、晶体管共射极直流放大系数（hFE）等。万用表按显示方式分为指针万用表和数字万用表。本文以MF47D型万用表为例，分别介绍其组成结构及使用方法。

（1）万用表认知

① MF47型万用表特点。MF47型万用表采用高灵敏度的磁电整流式表头，结构牢固，携带方便，有良好的电气性能和机械强度。其特点为：

a. 测量机构采用高灵敏度表头，性能稳定；

b. 测量机构采用硅二极管保护，保证过载时不损坏表头，并且线路设有0.5A保险丝以防止误用时烧坏电路；

c. 线路部分保证可靠、耐磨、维修方便；

d. 设计上考虑了温度和频率补偿，使温度影响小，频率范围大；

e. 电阻挡选用2节干电池（2号电池和叠层电池）；

f. 配有晶体管静态直流放大系数检测装置，有ADJ、hFE两个挡位；

g. 分别按交流红色、晶体管绿色、其余黑色对应制成，共有七条专用刻度线，刻度分开，便于读数；配有反光铝膜，消除视差，提高了读数精度；

h. 除交直流2500V和直流5A分别有单独的插座外，其余只需转动一个选择开关，使用方便。

② MF47D型万用表面板认知。其面板结构如图1.21所示。

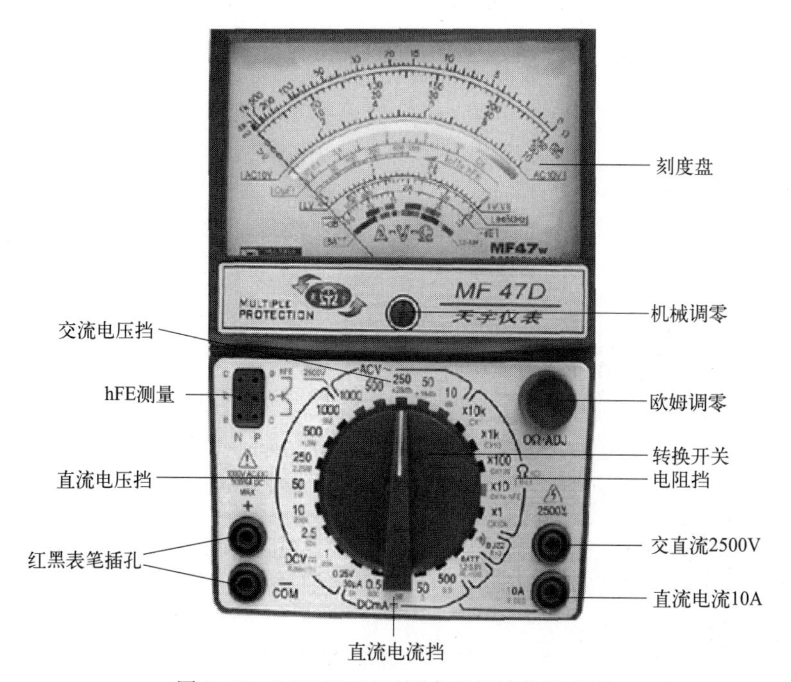

图1.21　MF47D型万用表面板结构示意图

③ 使用的注意事项：

a. 使用前要了解性能、符号和字母的含义，各标度尺的读法。

b. 检查前观察指针是否在“0”位置（欧姆调零、机械调零）。

c. 测量前根据测量项目选挡（指针偏到满刻度三分之二）。

d. 测量时读哪条刻度线，眼睛要位于指针的正上方。

e. 测量完毕后转换开关打到交流1000V挡上（防止转到欧姆挡上，表笔相碰，消耗电池电能）。

f. 存放在干燥、无振荡、无强磁场处，长期不用应取下电池（防止电解质腐蚀表壳）。

(2) 万用表测量使用方法

① 元器件参数测量。将量程选择开关转到合适的电阻挡，先将测试表笔两端短接，调节欧姆调零旋钮，使指针对准第一条欧姆刻度线的零位上。然后将表笔接至被测电阻两端，使指针指示在电阻刻度的中部附件进行读数。注意测量较小阻值电阻时，要使表笔与电阻接触良好，测量较大阻值电阻时，要防止两手或者其他物体造成旁路，影响测量结果。每次转换量程后都要重新调整欧姆调零旋钮进行调零后再测量。

参数读取：电阻值=读数×倍率

② 直流电压测量。使用万用表之前，应先进行“机械调零”，即在没有被测电量时，使万用表指针指在零电压或零电流的位置上。

将量程选择开关转到合适的电压量程，将表笔跨接在被测电压的两端，按第三条刻度线读数。如果不能估计被测电压的大约数值，可以先转到最大量程，经测试后再确定合适量程。用2500V挡测量时，量程开关应位于DC 1000V量程上，表笔应插在“2500V”和“COM”插孔中。

参数读取：所选挡位即为对应表盘满刻度值，直接读数即可。

③ 交流电压测量。交流电压10V挡按第二条刻度线读数，其他量程按第三条刻度线读数。用2500V挡测量时，量程开关应位于AC 1000V量程上，表笔应插在“2500V”和“COM”插孔中，并按第三条刻度线读数。

参数读取：所选挡位即为对应表盘满刻度值，直接读数即可。

④ 直流电流测量。将量程选择开关转到合适的直流电流挡（mA），表笔与被电路串联，红笔串入被测电路的正端，黑笔串入被测电路的负端，切记不能将电流表并接入电路中，否则会烧坏表头。按第二条刻度线读数。用10A挡测量时，表笔应插在“10A”和“COM”插孔中，量程开关可位于电流量程的任意位置上。

参数读取：所选挡位即为对应表盘满刻度值，直接读数即可。

1.2.2.2 兆欧表

兆欧表俗称摇表，是电工常用的一种测量仪表，如图1.22所示，主要用来检查电气设备、家用电器或电气线路对地及相间的绝缘电阻，以保证这些设备、电器和线路工作在正常状态，避免发生触电伤亡及设备损坏等事故。

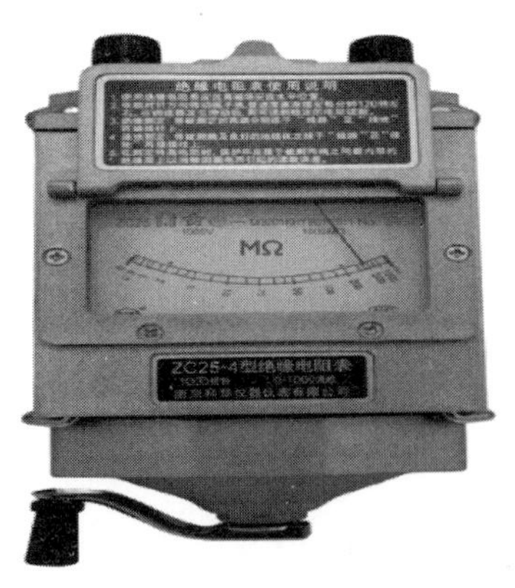

图1.22　兆欧表示意图

(1) 使用方法

① 测量前必须将被测设备电源切断，并对地短路放电，绝不能让设备带电进行测量，以保证人身和设备的安全。

② 被测物表面要清洁，减少接触电阻，确保测量结果的正确性。

③ 测量前应对兆欧表进行一次开路和短路试验，检查兆欧表是否良好。在兆欧表未接上被测物之前，摇动手柄使发电机达到额定转速（120r/min）观察指针是否在标尺无穷大的位置，将接线柱L和E短接，缓慢摇动手柄，观察指针是否指在标尺的0位，若指针不能指到0位置，表明兆欧表有故障。

④ 兆欧表使用时应放在平稳、牢固的地方，应远离大的外电流导体和外磁场。

⑤ 正确接线，接线柱L接被测物和大地绝缘的导体部分，接线柱E接被测物的外壳或大地，接线柱G接被测物的屏蔽上或不需要测量的部分。

⑥ 摇测时将兆欧表置于水平位置，摇动手柄应由慢变快。

⑦ 读数完毕，将被测设备放电，即将测量时使用的地线从兆欧表上取下来与设备短接一下。

(2) 注意事项

① 禁止在雷电时或高压设备附近测量绝缘电阻，只能在设备不带电、没有感应电的情况下测量。

② 兆欧表在测量过程中，被测设备上不能有人。

③ 兆欧表的线不能绞在一起，要分开。

④ 兆欧表未停止转动前或被测设备未放电前，严禁用手触摸，拆线时，也不能触及引线金属部分。

⑤ 测量结束时，对于大电容设备要进行放电。

⑥ 兆欧表接线柱引出的测量软线绝缘应良好，两根导线之间和导线与地之间应保持适当距离，以免影响测量精度。

⑦ 为防止被测设备表面存在泄漏电阻，使用兆欧表时，应将被测设备的中间层接于保护环。

1.2.2.3 示波器

(1) 示波器概述

示波器主要用来观测信号波形、测量电压、频率、时间等参数，是电子测量三大仪器之一。从示波器的性能和结构出发，可将示波器分为模拟示波器、数字示波器、混合示波器和专用示波器。

示波器是一种电子图示测量仪器，它可以用来观察和测量随时间变化的电信号图形，可以定性地观察电路的动态过程，如观察电压、电流的变化过程；还可以定量测量各种电参数，例如测量脉冲幅值、上升时间、重复周期或峰值电压等。

由于示波器能够直接对被测电信号的波形进行显示、测量，并能对测量结果进行运算、分析和处理，功能全面，加之具有灵敏度高、输入阻抗高和过载能力强等一系列特点，因此其在生产、维修、教学、科学研究等领域中得到了极其广泛的应用。

(2) YLDS106D数字示波器

① YLDS106D数字示波器的特点如下。

a. 全新的超薄外观设计，体积小巧，携带方便。

b. 彩色TFT LCD显示，波形显示更清晰、稳定。

c. 丰富的触发功能：边沿、脉冲、视频、斜率、交替、延迟。

d. 具有手动、追踪、自动光标测量功能。

e. 标准配置接口为USB Host，即支持U盘存储并通过U盘进行系统软件升级。

② 其面板结构功能如图1.23所示。

③ 探头的补偿。将探头与任一通道连接时，进行此调节，使探头与通道匹配，未经补偿或补偿偏差的探头都会导致测量误差或错误，波形如图1.24所示。

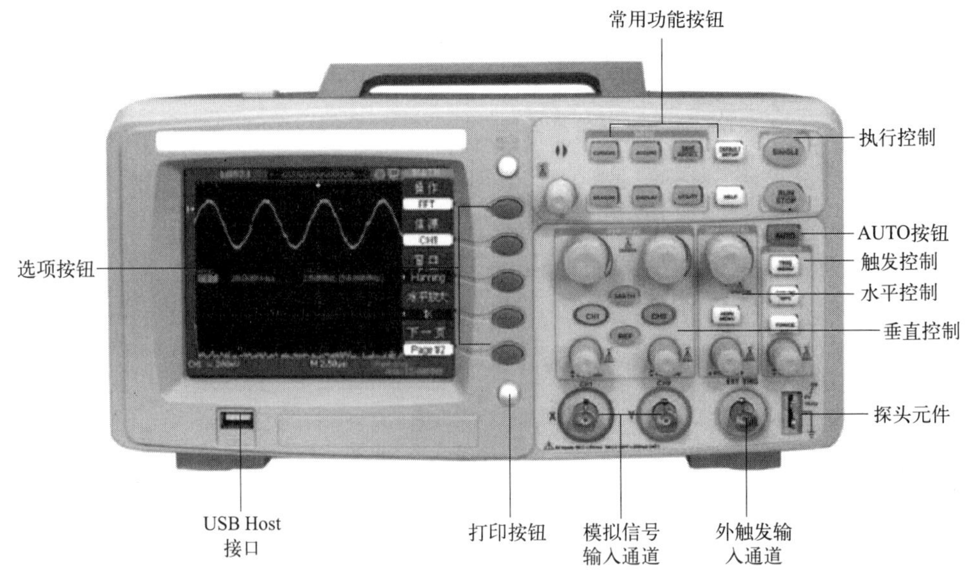

图 1.23　YLDS106D 数字示波器面板示意图

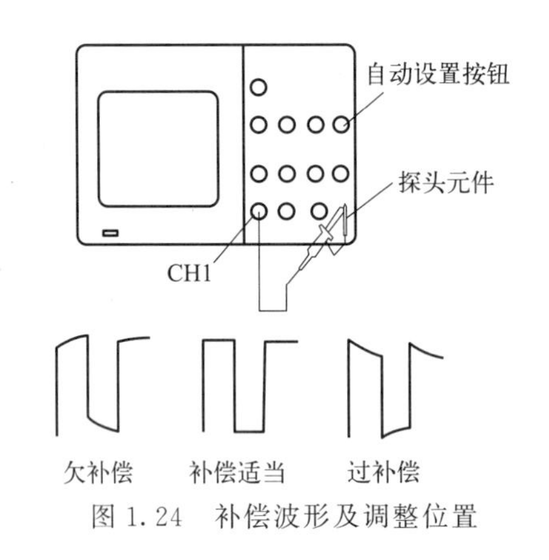

图 1.24　补偿波形及调整位置

④ 功能介绍。

a. 自动设置。根据输入信号，可自动调整电压挡位、时基，以及触发方式。自动设置功能菜单如表 1.1 所示。

表 1.1　自动设置功能菜单

选项	说明	选项	说明
(多周期)	设置屏幕自动显示多个周期信号	(下降沿)	自动设置并显示下降时间
(单周期)	设置屏幕自动显示单个周期信号	(撤销)	调出示波器以前的设置
(上升沿)	自动设置并显示上升时间		

b. 通道设置。每个通道有独立的垂直菜单，每个项目都按不同的通道单独设置，如图 1.25 所示。

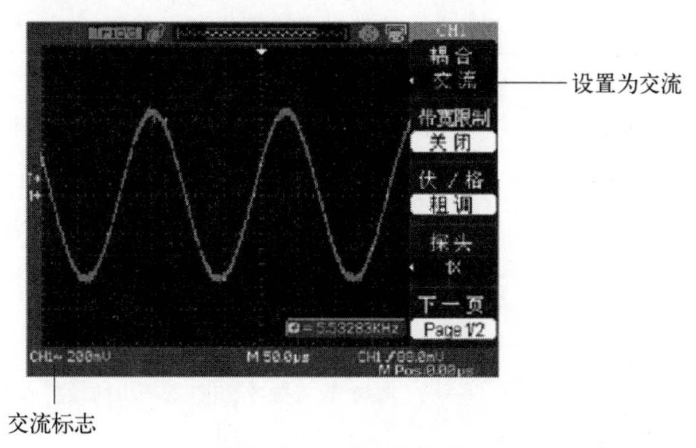

图 1.25　通道设置

c. REF 功能的实现：在实际测试过程中，可以把波形和参考波形样板进行比较，从而判断故障原因。

d. 触发系统。数字示波器的触发系统提供五种触发类型，有边沿、脉冲、视频、斜率和交替。各功能键作用如表 1.2 所示。

表 1.2　功能键作用

功能键	作用
TRIG MENU	触发菜单
SET TO 50%	可以自动将“触发电平”设置为大约是最小和最大电压电平的一半
FORCE	无论示波器是否检测到触发，可以使用“FORCE”按钮完成当前波形采集，主要应用于触发方式中的“正常”和“单次”
ZERO	触发电平设定触发点对应的信号电压，以便进行采样，按“LEVEL”旋钮可使用触发电平归零

其中边沿触发类型和脉冲触发类型的相关说明见表 1.3、表 1.4。

表 1.3　边沿触发类型说明

选项	设置	说明
类型	边沿	当跨过触发电平时，输入信号的上升或下降边沿用于触发
信源	CH1、CH2、CH3、CH4	将输入信号源作为触发信号
	EXT	设置外触发输入通道作为信源触发信号
	EXT/5	设置外触发源除以 5，扩展外触发电平范围
	AC Line	来自电源线导出的信号用作触发信源，触发耦合设置为直流，触发电平为 0V
斜率	↑	选择触发信号在上升沿触发
	↓	选择触发信号在下降沿触发
	↑↓	选择触发信号在上升沿和下降沿触发
触发方式	自动	可以在没有有效触发时自动运行采集。允许在 100ms/div 或更慢的时基设置下处理未触发的扫描波形
触发方式	正常	想查看有效触发的波形时使用此模式
	单次	设置为检测到一次触发时采集一个波形后停止

表 1.4　脉冲触发类型说明

<table>
<tr><th>选项</th><th>设置</th><th>说明</th></tr>
<tr><td>类型</td><td>脉冲</td><td>选择脉冲时，将触发符合触发条件的脉冲</td></tr>
<tr><td rowspan="2">信源</td><td>CH1、CH2、CH3、CH4</td><td>将输入信号源选为触发信号</td></tr>
<tr><td>EXT、EXT/5</td><td>把外加在“EXT TRIG”连接器上的信号用作信号源</td></tr>
<tr><td rowspan="6">条件</td><td>正脉宽大于</td><td rowspan="6">选择“设置脉冲宽度”选项中的设定值比较触发脉冲</td></tr>
<tr><td>正脉宽小于</td></tr>
<tr><td>正脉宽等于</td></tr>
<tr><td>负脉宽大于</td></tr>
<tr><td>负脉宽小于</td></tr>
<tr><td>负脉宽等于</td></tr>
<tr><td>脉冲设置</td><td>20.2ns～10.0s</td><td>选择此项可以使用“万能”旋钮设置脉冲宽度</td></tr>
<tr><td>触发方式</td><td>自动、正常、单次</td><td>选择触发类型，“正常”模式最适用于大多数“脉冲宽度”触发的应用</td></tr>
</table>

e. 信号获取系统。

采样：示波器以均匀时间间隔对信号进行取样来建立波形。

峰值检测：示波器在每个取样间隔中找到输入信号的最大值和最小值并使用这些值显示波形。

平均值：示波器采集几个波形，将它们平均，然后显示最终波形。

设置平均次数：当选择“平均值”采样模式时，按“平均次数”选项按钮选择“4”“16”“32”“64”“128”或“256”，平均次数越大，波形越稳定。

设置插值函数：按“Sin×/×”按钮开启函数插值

f. 自动测量。如果采用自动测量，示波器会为用户进行所有的计算，因为这种测量使用波形的记录点，所以此刻度或光标测量更精确。自动测量有三种测量类型：电压测量、时间测量、延迟测量。

g. 存储系统。此系列示波器前面提供 USB Host 接口，可以将配置数据、波形数据、LCD 显示的界面位图及 CSV 文件一次性最大限度地存储到 U 盘中，配置数据、波形数据文件名后缀分别为“.SET”“.DAV”。其中配置数据、波形数据可以重新调回到当前示波器和其他同型号示波器。图片数据不能在示波器中重新调回，但图片为通用 BMP 图片文档，可以通过电脑相关软件打开，CSV 文件可在电脑上通过 Excel 软件打开。

1.2.2.4　函数发生器

测量用信号发生器可以给被测设备提供各种不同频率的正弦波信号、方波信号、三角波信号等，信号的幅值可按需要进行调节，然后由其他的测试仪器观测其输出响应。信号发生器是最基本和应用最广泛的电子测量仪器之一。

函数信号发生器是一种产生正弦波、方波、三角波等函数波形的仪器，其频率范围约为几兆赫至几十兆赫。由于其输出波形均为数学函数，故称其为函数信号发生器。现代函数信号发生器一般具有调频、调幅等调制功能和压控频率（VCF）特性，被广泛应用于生产测试、仪器维修等工作中，是一种不可缺少的通用信号发生器。

(1) 信号发生器的概述

① 信号发生器的用途。信号源产生不同频率、不同波形或调制的电压/电流信号并加

到被测电路与设备上，用其他测量仪器观察、测量被测对象的输出响应，可以分析确定被测对象的性能参数。信号发生器的功用主要有以下三方面：

a. 用作激励源：产生的信号可作为电子设备的激励信号；

b. 用作信号仿真：产生模拟实际环境相同特性的信号（如干扰信号），对电子设备进行仿真测量；

c. 用作校准源：产生标准信号，可用于对一般的信号源进行校准或比对。

② 信号发生器的分类。按照输出信号的频率范围对无线电测量用正弦信号发生器进行分类是传统的分类方法，如表 1.5 所示。频率范围的划分并不是绝对的，各类信号发生器的频率范围也存在重叠的情况，这与它们的不同应用范围有关。例如，有的低频信号发生器的频率上限高于 1MHz，有时也将 0～6MHz 划分为视频信号发生器的频率范围。

表 1.5　信号发生器分类

类别	频率范围	应用
超低频信号发生器	1kHz 以下	地震测量，声呐、医疗、机械的测量等
低频信号发生器	1Hz～1MHz	音频设备、通信设备、家电等的测试、维修
视频信号发生器	20Hz～10MHz	电视设备的测试、维修
高频信号发生器	300kHz～30MHz	短波等无线通信设备、电视设备的测试、维修
甚高频信号发生器	30MHz～300MHz	超短波等无线通信设备、电视设备的测试、维修
特高频信号发生器	300MHz～3000MHz	UHF 超短波、微波、卫星通信设备的测试、维修
超高频信号发生器	3GHz 以上	雷达、微波、卫星通信设备的测试、维修

③ 信号发生器的基本组成。不同类型的信号发生器其性能、用途虽不相同，但基本构成是类似的，如图 1.26 所示，一般包括振荡器、变换器、指示器、电源及输出电路五部分。

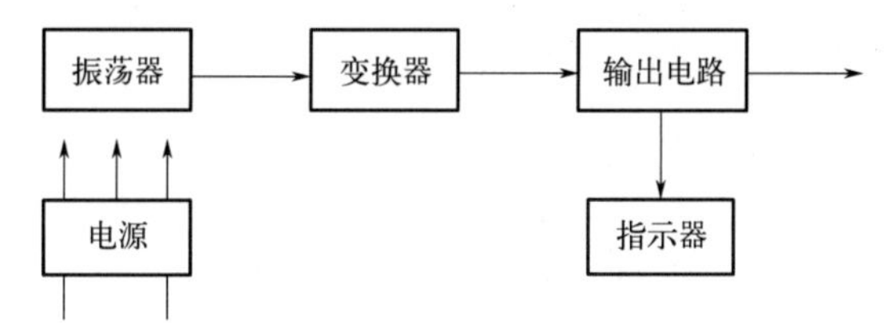

图 1.26　信号发生器的基本组成框图

振荡器是信号发生器的核心部分，由它产生各种不同频率的信号，通常是正弦波振荡器或自激脉冲发生器。它决定了信号发生器的一些重要工作特性，如工作频率范围、频率的稳定度等。

变换器可以是电压放大器、功率放大器或调制器、脉冲形成器等，它将振荡器的输出信号进行放大或变换，进一步提高信号的电平并给出所要求的波形。

输出电路为被测设备提供所要求的输出信号电平或信号功率，包括调整信号输出电平和输出阻抗的装置，如衰减器、匹配用阻抗变换器、射极跟随器等。

电源为信号源各部分提供所需的直流电压，除了便携式仪器带有电池外，一般的仪器都采用直流稳压电源，将 220V、50Hz 的市电进行变压、整流、滤波及稳压后，供给仪器使用。

指示器是用来指示输出信号的电平、频率及调制度的，它可能是电压表、功率计、频率计或调制度仪等，可采用指针表、数码 LED 或 LCD 显示。指示器本身的准确度一般不高，其示值仅供使用时参考。

(2) YB1602 函数信号发生器

YB1600 系列函数信号发生器是一种新型高精度信号源，该仪器外形美观、新颖、操作直观方便，具有数字频率计、计数器及电压显示功能，仪器功能齐全、各端口具有保护功能，有效地防止了输出短路和外电路电流的倒灌对仪器的损坏，大大提高了整机的可靠性。其广泛用于教学、电子实验、科研开发、邮电通信、电子仪器测量等领域。

① 主要特点：

- 频率计和计数器功能（6 位 LED 显示）；
- 输出电压指示（3 位 LED 显示）；
- 轻触开关、面板功能指示、直观方便；
- 采用金属外壳，具有优良的电磁兼容性，外形美观坚固；
- 内置线性/对数扫频功能；
- 数字频率微调功能，使测量更精确；
- 50Hz 正弦波输出，方便于教学实验；
- 外接调频功能；
- VCF 压控输入；
- 所有端口具有短路保护和抗输入电压保护功能。

② 面板操作键功能。YB1600 系列函数信号发生器面板结构如图 1.27 所示，其面板操作键功能如表 1.6 所示。

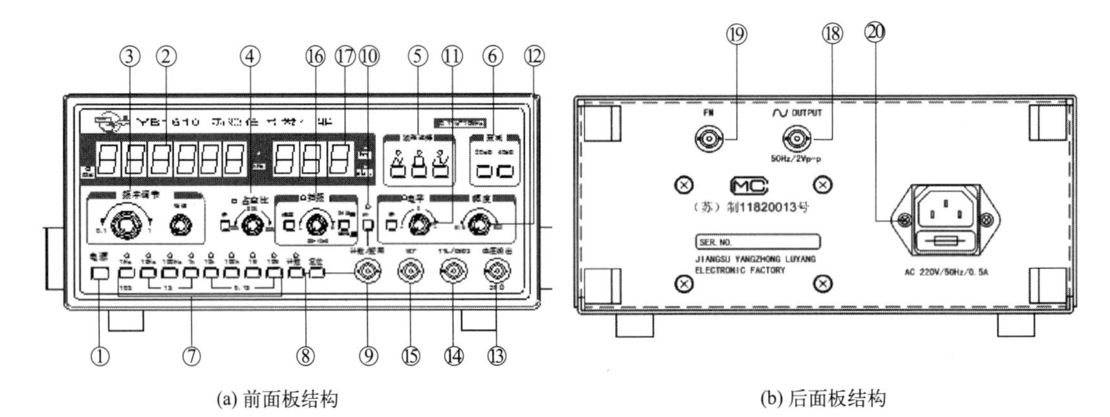

(a) 前面板结构　　(b) 后面板结构

图 1.27　YB1600 系列函数信号发生器面板结构

表 1.6　面板操作键功能

序号	操作键名称	功能
1	电源开关(POWER)	电源开关按键弹出即为“关”位置，此时将电源线接入，按电源开关，以接通电源
2	LED 显示窗口	此窗口指示输出信号的频率，当外测开关按下，显示外测信号的频率，若超出测量范围，溢出指示灯亮
3	频率调节旋钮(FREQUENCY)	调节此旋钮可改变输出信号频率，顺时针旋转，频率增大，逆时针旋转，频率减小，微调旋钮可以微调频率
4	占空比(DUTY)开关及旋钮	将占空比开关按入，占空比指示灯亮，调节占空比旋钮，可改变波形的占空比

续表

序号	操作键名称	功能
5	波形选择开关（WAVE FORM）	按对应波形的某一键，可选择需要的波形
6	衰减开关(ATTE)	电压输出衰减开关，二挡开关组合为20dB、40dB、60dB
7	频率范围选择开关（并兼频率计闸门开关）	根据所需要的频率，按其中一键
8	计数、复位开关	按计数键，LED显示窗口开始计数，按复位键，LED显示窗口全为0
9	计数/频率端口	计数、外测频率输入端口
10	外测开关	按下此开关，LED显示窗口显示外测信号频率或计数值
11	电平调节	按下电平调节开关，电平指示灯亮，此时调节电平调节旋钮，可改变直流偏置电平
12	幅度调节旋钮（AMPLITUDE）	顺时针调节此旋钮，可增大电压输出幅度；逆时针调节此旋钮，可减小电压输出幅度
13	电压输出端口（VOLTAGE OUT）	电压输出由此端口输出。
14	TTL/CMOS输出端口	由此端口输出TTL/CMOS信号
15	VCF	由此端口输入电压控制频率变化(0～5V)
16	扫频开关	按下扫频开关，电压输出端口输出信号为扫频信号，调节速率旋钮，可改变扫频速率，改变线性/对数开关可产生线性扫频和对数扫频
17	电压输出指示	3位LED显示窗口显示输出电压，输出接50Ω负载时应将读数除以2
18	50Hz正弦波输出端口	50Hz约2Vp-p正弦波由此端口输出
19	调频(FM)输入端口	外调频波由此端口输入
20	交流220V输入插座	交流电源220V接入

③ 使用注意事项：

a. 工作环境和电源应满足技术指标中给定的要求；

b. 初次使用本机或久贮后再用，建议放置通风和干燥处几小时后再通电1～2h后使用；

c. 为了获得高质量的小信号（mV级），可暂将“外测开关”置“外”以降低数字信号的波形干扰；

d. 外测频率时，请先选择高量程挡，然后根据测量值选择合适的量程，确保测量精度；

e. 电压幅度输出、TTL/CMOS输出要尽可能避免长时间短路或电流倒灌；

f. 各输入端口，输入电压请不要高于±35V；

g. 为了观察到准确的函数波形，建议示波器带宽应高于该仪器上限频率的二倍；

h. 如果仪器不能正常工作，重新开机检查操作步骤，如果仪器确已出现故障，请及时修理。

④ YB1602函数信号发生器基本操作方法。打开电源开关之前，首先检查输入的电压，将电源线插入后面板上的电源插孔，如表1.7所示设定各个控制键。

表 1.7　控制键设置

电源(POWER)	电源开关键弹出
衰减开关(ATTE)	弹出
外测开关(COUNTER)	外测开关弹出
电平开关	电平开关弹出
扫频开关	扫频开关弹出
占空比开关	占空比开关弹出

所有的控制键如表 1.7 设定后，打开电源。函数信号发生器默认为 10kHz 挡正弦波，LED 显示窗口显示本机输出信号频率。

将电压输出信号由幅度（VOLTAGE OUT）端口通过连接线送入示波器 Y 输入端口。

⑤ 三角波、方波、正弦波产生：

a. 波形选择开关（WAVE FORM）中分别按正弦波、方波、三角波按钮，此时示波器屏幕上将分别显示正弦波、方波、三角波；

b. 改变频率选择开关，示波器显示的波形以及 LED 显示窗口显示的频率将发生明显变化；

c. 幅度旋钮（AMPLITUDE）顺时针旋转至最大，示波器显示的波形幅度将≥20Vp-p；

d. 将电平开关按下，顺时针旋转电平旋钮，示波器波形向上移动，逆时针旋转电平旋钮，示波器波形向下移动，最大变化量在±10V 以上［注意：信号超过±10V 或±5V（50Ω）时被限幅］；

e. 按下衰减开关，输出波形将被衰减。

⑥ 计数、复位：

a. 按复位键，LED 显示窗口全为 0；

b. 按计数键、计数/频率输入端输入信号时，LED 显示窗口开始计数。

⑦ 斜波产生：

a. 波形开关置为“三角波”；

b. 占空比开关按下，指示灯亮；

c. 调节占空比旋钮，三角波将变成斜波。

⑧ 外测频率：

a. 按下外测开关，外测频率指示灯亮；

b. 外测信号由计数/频率输入端输入；

c. 选择适当的频率范围，由高量程向低量程选择合适的有效数，确保测量精度（注意：当有溢出指示时，请提高一挡量程）。

⑨ TTL 输出：

a. TTL/CMOS 端口接示波器 Y 轴输入端（DC 输入）；

b. 示波器将显示方波或脉冲波，该输出端可作为 TTL/CMOS 数字电路实验时钟信号源。

⑩ 扫频（SCAN）：

a. 按下扫频开关，此时幅度输出端口输出的信号为扫频信号；

b. 线性/对数开关在扫频状态下弹出时为线性扫频，按下时为对数扫频；

c. 调节扫频旋钮，可改变扫频速率，顺时针调节，增大扫频速率，逆时针调节，减小扫频速率。

⑪ VCF（压控调频）：由VCF输入端口输入0～5V的调制信号，此时，幅度输出端口输出为压控信号。

⑫ 调频（FM）：由FM输入端口输入电压为0～3Vp-p，频率为10Hz～20kHz的调制信号，此时，幅度端口输出为调频信号。

⑬ 50Hz正弦波：由交流OUTPUT输出端口输出50Hz约2Vp-p的正弦波。

1.2.2.5　频率计

（1）频率计概述

频率，即信号周期的倒数，也就是说，信号每单位时间内完成周期的个数，一般取1s为基本单位时间。

频率计又称为频率计数器，是一种专门对被测信号频率进行测量的电子测量仪器。频率计主要由四个部分构成：时基（T）电路、输入电路、计数显示电路以及控制电路。

测量频率的方法有很多，按照其工作原理分为无源测频法、比较法、示波器法和计数法等。计数法在实质上属于比较法，其中最常用的方法是电子计数器法。电子计数器是一种最常见、最基本的数字化测量仪器。

衡量频率计数器性能的主要指标是测量范围、测量功能、精度和稳定性，这些也是决定价格高低的主要依据。随着电子测试技术的发展，频率计数器日趋成熟。频率计数器能方便地测量射频、微波频段信号。除频率测量外，大多数频率计数器还综合了以下功能：频率比、时间间隔、周期、上升/下降时间、相位、占空比、正/负脉冲宽度、总和、峰值电压以及时间间隔平均等的测量。频率计功能延伸的最高境界就是综合了调制域分析仪的功能。

（2）F1000L型多功能等精度频率计

本节以F1000L型多功能等精度频率计为例进行介绍。它可广泛应用于实验室、工矿企业、大专院校、生产调试以及无线通信设备维修。高灵敏度的测量设计可满足通信领域超高频信号的正确测量，并取得最好的测量效果。

① 主要功能及特点。HC-F1000L多功能计数器是采用单片机对测量进行智能化控制和数据处理的多功能计数器，测量结果由数码管进行显示，采用低功耗线路设计。其主要测量功能有A通道测频、B通道测频、A通道测周期，以及A通道具有的输入信号衰减、低通滤波器功能，可实现全频段等精度测量、等数位显示（本机基础为10MHz等精度计数器）。其内部晶体振荡器稳定性高，可保证仪器的测量精度和全输入信号的测量，具有体积小、灵敏度高、性价比极高等优点。

② 面板按键功能。F1000L型多功能等精度频率计面板结构如图1.28所示。其面板

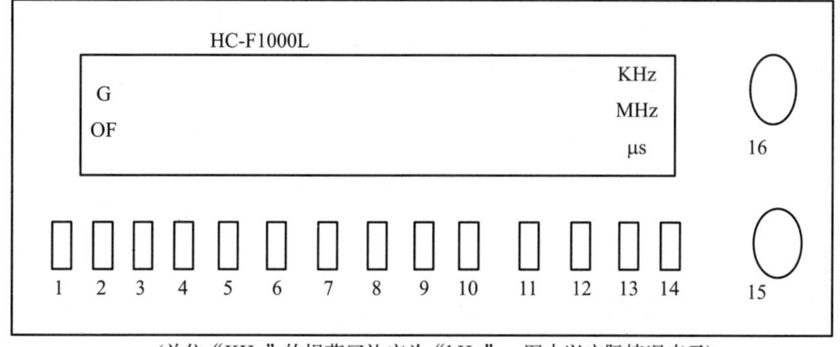

（单位“KHz”的规范写法应为“kHz”，图中以实际情况表示）

图1.28　F1000L型多功能等精度频率计面板结构

按键功能如表1.8所示。当功能键全部弹起时，显示器始终显示本机型号。

表1.8　面板按键功能

序号	按键名称	功能
1	电源开关	按下按钮打开，显示器将显示两秒钟本机型号
2	暂停(HOLD)	按下按钮，中止测量，并保持中止前数据
3	复位(REST)	被按下时，立即复位计数器，可开始新的测试
4	闸门周期(GATE TIME)	用于频率、周期测量时，选择不同的分辨率及计数器计数的周期
5	自校(CHECK)	主要检查整个计数器以及显示功能是否正常，按下此键，八位显示器同时反复显示0～9字符
6	A. TOT	累计测量(A通道输入)
7	A. PERI	周期测量(A通道输入)
8	A. FREQ	10MHz：10Hz～10MHz量程(A通道输入)
9	A. FREQ	100MHz：10MHz～100MHz量程(A通道输入)
10	B. FREQ	按下该按钮，测量范围为100MHz～1GHz
11	A. ATTN	输入信号衰减开关，当按下时，输入灵敏度被降低20倍(仅限于A通道)
12	A. INPUT	选择A通道输入端。当输入信号幅度大于300mV时，应按下衰减开关(A. ATTN)降低输入信号，这样能提高测量值的精确度
13	B. INPUT	选择B通道输入端
14	低通滤波器	低通滤波器选择，AC. 100kHz，－3dB
15	A. INPUT	A通道输入端口
16	B. INPUT	B通道输入端口
17	显示屏	闸门指示(G)：指示闸门的开关状态，门开时显示灯亮 溢出指示(OF)：显示超出8位时灯亮 kHz：显示器所显示的频率单位 MHz：显示器所显示的频率单位 μs：显示器所显示的周期单位

③ 维护与校准。本仪器使用一段时间后，为保证仪器测量的准确度和小信号的正常测量，应对其时基振荡器频率和A通道触发电平进行一次校正。

1.3　电工职业道德及职业守则

(1) 电工职业道德规范十五条

① 热爱电工这个职业，有事业心，有责任心，并愿为之付出自己的精力和智慧。

② 对技术精益求精，一丝不苟，在实践中不断学习进取，提高技术技能，从理论上不断充实自己。

③ 对工作认真负责，兢兢业业，所从事的专业工作，必须做到测试和接线准确无误、连接紧密可靠，做到滴水不漏。

④ 在工作中，当感到自己不能胜任工作时，应该虚心向他人或书本求教，做到不耻

下问，严禁胡干蛮干，杜绝敷衍了事。

⑤ 在工作当中要干净利索，美观整洁，工作完毕后要清理现场，及时将遗留杂物清理干净，避免污染环境，杜绝妨碍他人或其他工作运行。

⑥ 任何时间、任何地点、任何情况，专业工作者必须遵守安全操作规程，设置安全措施，保证设备、线路、人员的安全。

⑦ 运行维护保养必须做到“勤”，要防微杜渐，巡视检查，对制造作业设备的每一部分、每一参数要勤检、勤测、勤校、勤查、勤扫、勤紧、勤修，把事故、故障消灭在萌芽状态。勤就是要制定巡检周期，负荷增加时要增加或加强巡视检查。

⑧ 对设备运行维护、保养、修理的过程中必须做到“严”，要严格要求，严格执行操作规程、试验标准、作业标准、质量标准、管理制度及其他各种规程、规范及标准，严禁粗制滥造。

⑨ 对用户诚信为本、终身负责、热情耐心、不卑不亢。进入用户地点工作时必须遵守用户的管理制度，保证质量、工期、环保、安全。

⑩ 积极宣传指导电工技术，禁止用电中的不当行为和错误做法。

⑪ 专业作业前、维修作业中严禁饮酒。

⑫ 在工作中节约每一米导线、每一个螺钉、每一个垫片、每一团胶布，严禁大手大脚，杜绝铺张浪费。不得以任何形式将电工仪表设备及附件、材料、元件、工具、设备配件赠予他人或归为己有。

⑬ 凡自己使用的电工仪表设备、材料、元件及其他物件，使用前应认真核实其使用说明书、合格证、生产制造许可证，必要时要进行通电测试或试验，杜绝假冒伪劣产品混入生产过程中。

⑭ 凡是自己参与维修/安装/调试的较大项目，应建立相应的技术档案，记录相关数据和关键部位的内容，做到心中有数，并按周期回访，掌握设备的动态。

⑮ 认真学习电气一次配线、二次配线的理论知识与实际操作，设备组装技能及安全操作规范，并将电气及设备组装工程安全技术贯彻于维修/安装/调试中，对用户、对设备、对线路的安全运行负责。

（2）电工守则

① 进入现场必须遵守安全生产六大纪律。

② 在拉设临时电源时，电线均应架空，过道处必须穿管保护，不得乱拖乱拉，防止电线被车碾物压。

③ 电箱内电气设备应完整无缺，设有专用漏电保护开关，必须执行“一机一闸一漏一箱”。

④ 所有移动电动工具，都应在二级漏电开关保护之中，电线无破损，插头、插座应完整，严禁不用插头而用电线直接插入插座内。

⑤ 各类电动工具要管好、用好，严禁机械带“病”运转。

⑥ 电气设备所用保险丝的额定电流应与其负荷容量相适应，禁止用其他金属代替保险丝

⑦ 现场所用各种电线的绝缘层不准有老化、破皮、漏电等现象。

巩固与提高

钳形电流表又称为钳表，它是测量交流电流的专用电工仪表，可以用来测量电缆、电线的交流/直流电流、电压、电阻与电路的通断性等，从而检测线路是否存在短路等情况。现在数字钳形电流表的广泛使用，给钳形电流表增加了很多万用表的功能，如电压、温

度、电阻等的测量（称这类多功能钳形表为钳形万用表），可通过旋钮选择不同功能，使用方法与一般数字万用表相差无几。

(1) 钳形电流表的构成

图1.29所示为VC3266A型钳形电流表的结构组成。

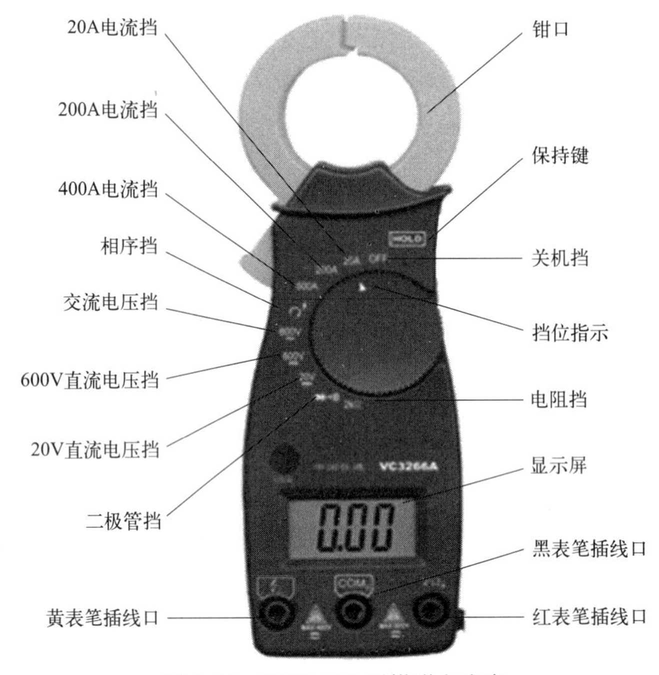

图1.29　VC3266A型钳形电流表

(2) 钳形电流表的操作方法

① 相序的测试。

a. 将挡位转至相序检测挡。

b. 将黄、黑、红表笔依次插入“ϟc”“COM_b”“$V\Omega_a$”插线口。

c. 将表笔的红、黑、黄分别与A、B、C（或L1、L2、L3）对应。接入红、黑表笔时，指示灯微亮，再接入黄表笔时，指示灯亮，说明是正相序；指示灯灭，说明是反相序。

d. 相序检测挡同时还能测得相间电压。

② 交流电压测量。

a. 将挡位转至交流电压挡。

b. 将红、黑表笔分别插入“$V\Omega_a$”“COM_b”插线口。

c. 将红、黑表笔另一端接入待测点，读取数值。

③ 交流电流测量。

a. 选择合适的电流挡位。

b. 用钳口完全钳住待测的单根电线，读取数据。

注意：本仪表的最大测试电流仅600A，不得测试超过600A以上的电流。

④ 直流电压测量。

a. 选择合适的直流电压挡。

b. 将红、黑表笔分别插入“$V\Omega_a$”“COM_b”插线口。

c. 将红、黑表笔另一端接入待测点，读取数值。

⑤ 电阻测量。

a. 将挡位转至 2kΩ 电阻挡。

b. 将红、黑表笔分别插入"$V\Omega_a$""COM_b"插线口。

c. 将红、黑表笔另一端接入待测点，读取数值。

注意：必须在停电的状态下，才能测试电阻。

⑥ 线路通断测量。

a. 将挡位转至二极管挡。

b. 将红、黑表笔分别插入"$V\Omega_a$""COM_b"插线口。

c. 将红、黑表笔另一端接入待测点，读取数值。若数值很小，且万用表发出"嘀嘀"声响，则线路为通路；反之，数值显示"1"，且万用表不响，则线路为断路或阻值很大。

注意：必须在停电的状态下，才能测试线路通断。

本仪表不具备自动断电功能，使用完毕后应将挡位拨至"OFF"。另外，仪表右侧的"HOLD"按钮是保持键，测量时按下则保持按下时刻的数值，使用完后应及时复位。

(3) 钳形电流表的使用注意事项

为了避免触电或人身伤害，使用钳形电流表时应注意以下几个问题。

① 测量电流时，要将测试导线与仪表断开，将手指放在触摸挡板之后。

② 测量电流时，每次只能测量一相导线的电流，被测导线应置于钳形窗口中央，不可以将多相导线都夹入窗口测量。

③ 测量电压时，使用测试探针，手指应握在护指装置的后面。

④ 测量电阻与通断性时，请确保已经切断电路的电源，并将所有电容器放电。

⑤ 测量时要使用正确的端子、功能挡和量程。钳形电流表测量前应先估计被测电流的大小，再决定用哪一量程。若无法估计，可先用最大量程挡然后适当换小些，以准确读数。不能使用小电流挡去测量大电流，以防损坏仪表。

⑥ 被测电路电压不能超过钳形表上所标明的数值，否则容易造成接地事故，或者引起触电危险。

(4) 钳形电流表的日常维护

① 在取下仪表电池盖或后盖前，要先断开测试导线。

② 切勿在电池盖或后盖拆除时使用仪表。

③ 钳形口铁芯的两个面应很好地吻合，不应夹有杂质和污垢。

④ 不要将仪表存放在高温或高湿度的环境中。

⑤ 为了避免损坏仪表，请勿接触腐蚀剂或溶剂。

项目复习题

① 触电的方式有哪些？

② 安全电压等级是多少？安全电压一定安全吗？

③ 触电的原因有哪些？如何预防触电？

④ 触电急救方法有哪些？结合自身情况，当发现有人触电，你能采取哪些急救方法？

⑤为什么说高、低压触电都是危险的？

⑥ 如何运用电工工具布置符合标准的电气布线？

⑦ 怎样合理运用万用表测量电路相关参数？

⑧ 如何将前面所学仪器合理组合来测量相关参数？

⑨ 运用电工工具布置符合标准的白炽灯电路布线板。

⑩ 运用万用表测量直流稳压电路相关参数。

⑪ 用示波器测量波形周期数与频率的关系（信号幅度约 1V）。

第2章

可编程控制系统的连接

知识目标

① 掌握PLC的硬件组成及软件组成。

② 熟悉PLC的结构及工作原理。

③ 掌握PLC编程元件的功能和使用方法。

④ 掌握FX_{2N}系列PLC的型号、安装与接线。

能力目标

① 能够熟练使用软件。

② 能够熟练进行硬件接线。

2.1 PLC的结构组成与工作原理

2.1.1 PLC认知

(1) PLC的定义

PLC是可编程控制器（programmable logic controller）的简称，由于现代PLC的功能已经很强大，不仅仅局限于逻辑控制，故也称为PC，但为了避免与个人计算机的缩写混淆，仍习惯称为PLC。三菱PLC硬件如图2.1所示。

PLC的历史只有30多年，但发展极为迅速，国际电工委员会IEC（International Electrical Committee）于1987年对PLC做了如下定义：PLC是一种数字运算操作的电子系统，专为在工业环境下应用而设计。它采用可编程存储器来存储执行逻辑运算、顺序控制、定时、计数和算术运算等操作的指令，并通过数字式或模拟式的输入/输出，控制各种类型的机械或生产过程。PLC及相关设备，都应按照易与工业控制系统形成一个整体，易扩展其功能的原则设计。

(2) PLC 控制系统与继电器-接触器控制系统的比较

图 2.1　三菱 FX_{2N} 可编程控制器

① 组成方式不同。传统的继电器-接触器控制系统大量地采用硬件机械触点，易受外界因素影响使系统的可靠性降低。PLC 控制系统采用无机械触点的“软继电器”，复杂的控制由内部的运算器完成，可靠性高，寿命长。

② 控制方式不同。继电器-接触器控制系统是通过硬接线完成元件之间的连接，功能固定。PLC 的控制功能是通过软件编程来实现的，若程序改变，则功能发生改变。

③ 触点数量。继电器-接触器控制系统的触点数量少，一般只有 4～8 对。PLC 的“软继电器”可供编程的触点数有无穷多对。

(3) PLC 的产生及发展

1968 年，美国通用汽车公司（GM）为了适应汽车型号的不断翻新，提出设想：把计算机的功能完善、通用灵活等优点与继电器-接触器控制系统简单易懂、操作方便、价格便宜等优点结合起来，制成一种通用的控制装置，取代原有的继电器-接触器控制系统，并要求把计算机的编程方法和程序输入形式简化，用语言进行编程。美国数字设备公司（DEC）根据以上设想，在 1969 年研制出世界上第一台可编程控制器，并在 GM 的汽车生产线上使用并获得了成功。当时的 PLC 仅具有执行继电器逻辑控制、计时、计数等较少的功能，这是第一代 PLC。

20 世纪 70 年代中期出现了微处理器和微型计算机，人们把微机技术应用到 PLC 中，使得它兼有一些计算机的功能，不但用逻辑编程取代了硬连线，还增加了数据运算、数据传输与处理，以及对模拟量进行控制等功能，使之真正成为一种电子计算机工业控制设备。PLC 现在已经发展到第五代。

(4) PLC 产品介绍

随着 PLC 市场的不断扩大，PLC 生产已经发展成为一个庞大的产业，其主要厂家集中在欧美国家及日本。美国和欧洲一些国家的 PLC 是在相互隔离的情况下独立研究开发的，产品有较大的差异；日本的 PLC 则是由美国引进，对美国的 PLC 有一定的继承性。欧美的产品主要定位在中、大型 PLC，而日本主推产品定位在小型 PLC 上。

① 美国的 PLC 产品。美国有 100 多家 PLC 制造商，主要有 AB 公司、通用电气公司（GE）、莫迪康公司（Modicon）、德州仪器公司（TI）、西屋公司。AB 公司的产品规格齐全，其主推的产品为中、大型 PLC 的 PLC-5 系列。中型的 PLC 有 PLC-5/10、PLC-5/12、PLC-5/14、PLC-5/25；大型的 PLC 有 PLC-5/11、PLC-5/20、PLC-5/30、PLC-5/40、PLC-5/60。AB 公司的小型产品有 SLC-500 系列等。

② 欧洲的 PLC 产品。德国的西门子（SIMENS）是欧洲著名的 PLC 制造商。西门子公司的主要 PLC 产品有 S5 系列和 S7 系列，其中 S7 系列是近年来开发的产品，含有 S7-200、S7-300 和 S7-400 系列。其中 S7-200 是微型机，S7-300 是中小型机，S7-400 是大型机。S7 系列性价比较高，近年来在我国市场的占有份额不断上升。

③ 日本的 PLC 产品。日本有许多 PLC 制造商，如三菱、欧姆龙、松下、富士、东芝等，在世界 PLC 小型机市场上，日本的 PLC 产品占到近七成的份额。

三菱公司的 PLC 主要产品有 FX 系列，近年来三菱公司还推出了 FX_{0S}、FX_{1S}、FX_{0N}、FX_{1N}、FX_{2N} 等系列的产品。本书主要以三菱 FX_{2N} 系列机型介绍 PLC 的应用技术。

欧姆龙（OMRON）公司的产品有SP系列的微型机；P型、H型、CMP系列的小型机；C200H、C200HS、C200HX、C200HG、C200HE系列的中型机。

松下公司产品主要有FP系列。

④ 我国的PLC产品。我国研制与应用PLC起步较晚，1973年开始研制，1977年开始应用，20世纪80年代初期以前发展较慢，80年代随着成套设备或专用设备引进了不少PLC，例如宝钢一期工程整个生产线上就使用了数百台PLC，二期工程使用更多。近几年来国外PLC产品大量进入我国市场，我国已有许多单位在消化吸收引进PLC技术的基础上，仿制和研制了PLC产品。例如北京机械自动化研究所、上海起重电器厂、上海电力电子设备厂、无锡电器厂等。

目前PLC主要是朝着小型化、廉价化、系列化、标准化、智能化、高速化和网络化方向发展，这将使PLC功能更强、可靠性更高、使用更方便、适应面更广。

(5) 可编程控制器的分类

按结构分类，PLC可分为整体式和机架模块式两种。

整体式：整体式结构的PLC是将中央处理器、存储器、电源部件、输入和输出部件集中配置在一起，结构紧凑、体积小、重量轻、价格低。小型PLC常采用这种结构，适用于工业生产中的单机控制，如FX_2-32MR、S7-200等。

机架模块式：机架模块式PLC是将各部分单独的模块分开，如CPU模块、电源模块、输入模块、输出模块等，使用时可将这些模块分别插入机架底板的插座上，配置灵活、方便，便于扩展，可根据生产实际的控制要求配置各种不同的模块，构成不同的控制系统。一般大、中型PLC采用这种结构，如西门子S7-300、S7-400等等。

按PLC的I/O点数、存储容量和功能来分，PLC大体可以分为大、中、小三个等级。

小型PLC的I/O点数在120点以下，用户程序存储器容量为2K字（1K＝1024，存储一个“0”或“1”的二进制码称为一“位”，一个字为16位）以下，具有逻辑运算、定时、计数等功能，也有些小型PLC增加了模拟量处理、算术运算功能，其应用面更广，主要适用于对开关量的控制，可以实现条件控制，定时、计数控制，顺序控制，等。

中型PLC的I/O点数在120～512点之间，用户程序存储器容量达2～8K字，具有逻辑运算、算术运算、数据传送、数据通信、模拟量输入/输出等功能，可完成既有开关量又有模拟量的较为复杂的控制。

大型PLC的I/O点数在512点以上，用户程序存储器容量达到8K字以上，具有数据运算、模拟调节、联网通信、监视、记录、打印等功能，能进行中断控制、智能控制、远程控制，用于大规模的过程控制中，可构成分布式控制系统或整个工厂的自动化网络。

PLC还可根据功能分为低档机、中档机和高档机。

(6) PLC应用领域

随着微电子技术的快速发展，PLC的制造成本不断下降，而功能却大大增加。其应用领域已经覆盖了所有的工业门类，其应用范围大致可以归纳为以下几种。

① 开关量逻辑控制。这是PLC最基本、最广泛的应用方向。PLC的输入和输出信号都是通/断的开关信号，对于输入/输出的点数可以不受限制。在开关量逻辑控制中，它取代了传统的继电器-接触器控制系统，实现了逻辑控制、顺序控制。用PLC进行开关量控制遍及许多行业，如机床电气控制、电梯运行控制、汽车装配线、啤酒灌装生产线等。

② 运动控制。PLC可用于直线运动或圆周运动的控制。目前，制造商已经可以提供拖动步进电动机或伺服电动机的单轴或多轴位置控制模块，即把描述目标位置的数据送给模块，模块移动一轴或多轴到目标位置。当每个轴运动时，位置控制模块保持适当的速度

和加速度，确保运动平衡。

③ 闭环控制。PLC通过模块实现A/D、D/A转换，可以实现对温度、压力、流量、液位高度等连续变化的模拟量的PID控制。如锅炉、冷冻、反应堆、水处理、酿酒等。

④ 数据处理。现代的PLC具有数学运算（包括函数运算、逻辑运算、矩阵运算）、数据处理、排序和查表、位操作等功能，可以完成数据的采集、分析和处理，可以和存储器中的参考数据进行比较，也可以传送给其他职能装置或传送给打印机打印制表。现代PLC还具有把支持顺序控制的PLC与数字控制设备紧密结合的能力，即CNC功能。数据处理一般用在大、中型控制系统中。

⑤ 联网通信。PLC的通信包括PLC和PLC之间、PLC与上位机之间、PLC与其他智能设备之间的通信。PLC与计算机之间具有串行通信接口，利用双绞线、同轴电缆将它们连成网络，可实现信息交换，还可以构成“集中管理，分散控制”的分布控制系统。联网可增加系统的控制规模，甚至可以使整个工厂实现自动化。

目前全世界有200多家企业生产的300多种PLC产品。这些PLC产品主要应用在汽车（23%）、粮食加工（16.4%）、化学/制药（14.6%）、金属/矿山（11.5%）、纸浆/造纸（11.3%）等行业。

2.1.2　PLC的结构组成

PLC是专为工业现场应用而设计的控制器，由硬件和软件两大系统组成。PLC硬件系统主要由CPU、输入/输出接口电路、存储器、电源等组成，PLC硬件组成图如图2.2所示。

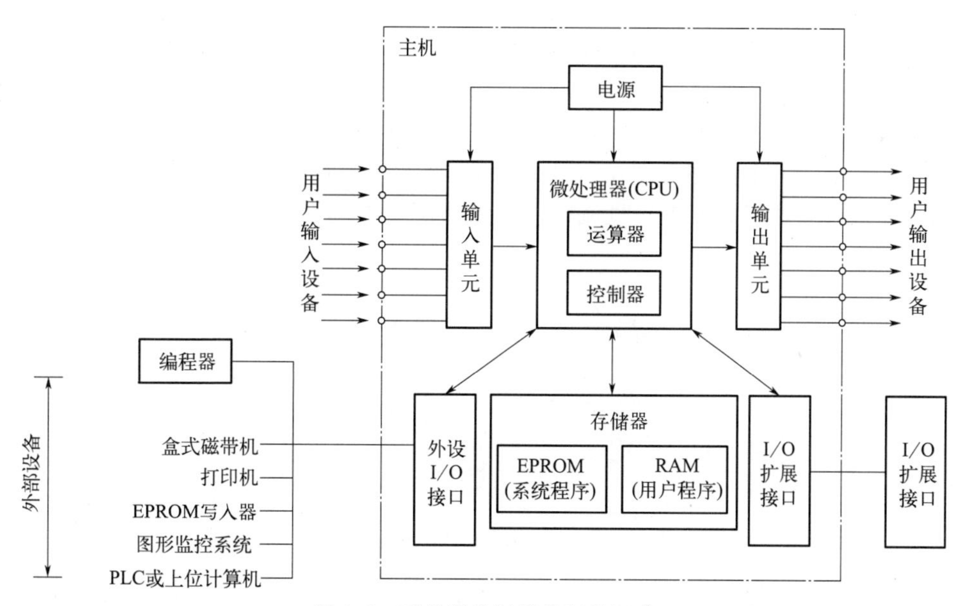

图2.2　可编程控制器的硬件组成

(1) 微处理器 (CPU)

CPU单元又叫作中央器处理器或微处理器。它主要由运算器和控制器组成。

CPU的作用类似于人的大脑和心脏。它采用扫描工作方式，每一次扫描完成以下工作：

- 输入处理：将现场的开关量输入信号读进输入映像寄存器。
- 程序执行：逐条执行用户程序，完成数据的存取、传送和处理工作，并根据运算结果更新各有关映像寄存器的内容。

• 输出处理：将输出映像寄存器的内容传送给输出单元，控制外部负载。

CPU 是 PLC 核心元件，是 PLC 控制运算中心，它在系统程序的控制下，完成逻辑运算、数学运算、协调系统内部各部分工作等任务。可编程控制器中常用的 CPU 主要采用通用微处理器、单片机和位片式微处理器三种类型。通用微处理器有 8080、8086、80286、80386 等；单片机有 8031、8096 等；位片式微处理器有 AM2900、AM2901、AM2903 等。可编程控制器的档次越高，CPU 的位数也越多，运算速度也越快，功能指令越强，FX_{2N} 系列可编程控制器使用的微处理器是 16 位的 8096 单片机。

(2) 存储器

存储器是可编程控制器存放系统程序、用户程序及运算数据的单元。和一般计算机一样，可编程控制器的存储器有只读存储器（ROM）和随机读写存储器（RAM）两大类。只读存储器是用来保存那些需永久保存的数据，即使机器断电也不丢失数据的存储器，因此只读存储器通常用来存放系统程序。随机读写存储器的特点是写入与擦除都很容易，但在断电情况下存储的数据就会丢失，一般用来存放用户程序及系统运行中产生的临时数据，为了能使用户程序及某些运算数据在可编程控制器脱离外界电源后也能保持，在实际使用中都为一些重要的随机读写存储器配备电池或电容等断电保持装置。

(3) 输入输出单元

① 开关量输入单元。开关量输入单元是连接可编程控制器与其他外设之间的桥梁。生产设备的控制信号通过输入模块传送给 CPU。

开关量输入单元用于接收按钮、选择开关、行程开关、接近开关和各类传感器传来的信号。PLC 输入电路中有光耦合器隔离，并设有 RC 滤波器，用以消除输入触点的抖动和外部噪声干扰。当输入开关闭合时，一次电路中流过电流，输入指示灯亮，光耦合器被激励，三极管从截止状态变为饱和导通状态，这是一个数据输入过程。图 2.3 给出了直流及交流两类输入单元的电路图，图中虚线框内的部分为 PLC 内部电路，框外为用户接线。在一般整体式可编程控制器中，直流输入单元都使用可编程控制器本机的直流电源供电，不需要外接电源。

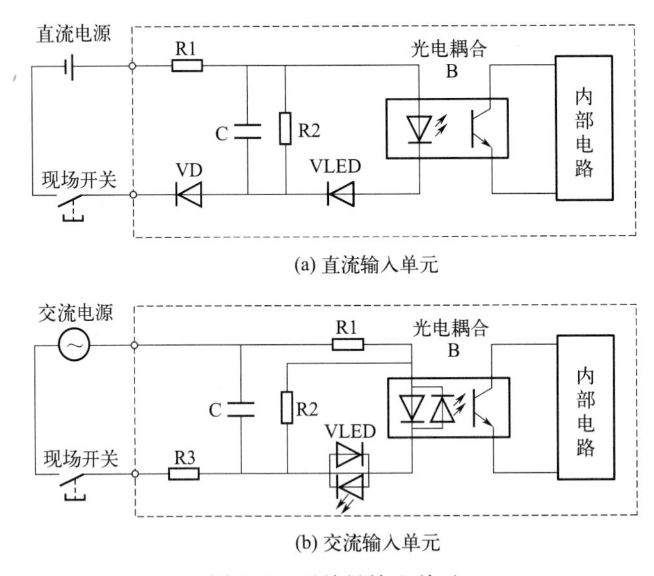

(a) 直流输入单元

(b) 交流输入单元

图 2.3 开关量输入单元

② 开关量输出单元。开关量输出单元用于连接继电器、接触器、电磁阀线圈，是PLC 的主要输出口，是连接可编程控制器与控制设备的桥梁。CPU 运算的结果通过输出单元模块输出。输出单元模块是通过将 CPU 运算的结果经隔离和功率放大后来驱动外部执行元件。输出单元类型很多，但是它们的基本原理是相似的。PLC 有三种输出方式：晶体管输出、晶闸管输出、继电器输出。图 2.4 为 PLC 的三种输出电路图。

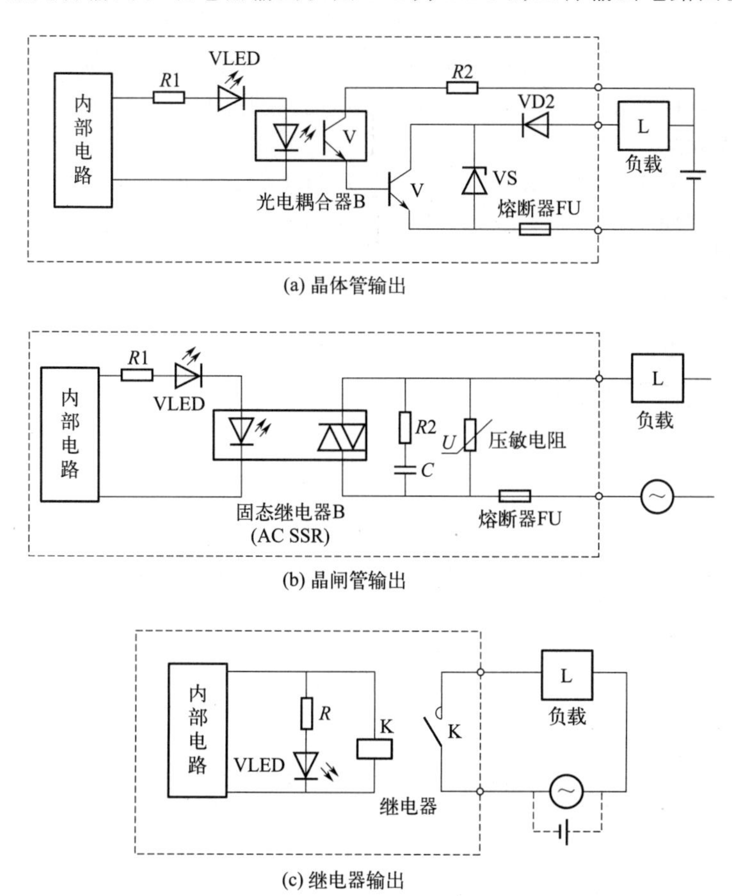

图 2.4　开关量输出单元

继电器输出型最常用，当 CPU 有输出时，接通或断开输出线路中继电器的线圈，继电器的触点闭合或断开，通过该触点控制外部负载线路的通断。继电器输出型的继电器输出线圈与触点已完全分离，故不再需要隔离措施，用于开关速度要求不高且又需要大电流输出负载能力的场合，响应较慢。晶体管输出型是通过光电耦合器驱动开关使晶体管截止或饱和来控制外部负载线路，并对 PLC 内部线路和输出晶体管线路进行电气隔离，用于要求快速断开、闭合或动作频繁的场合。晶闸管输出型采用了光触发型双向晶闸管。

输出线路的负载电源由外部提供。负载电流一般不超过 2A。实际应用中，输出电流额定值与负载性质有关。

(4) 外部设备

① 编程器。编程器是 PLC 必不可少的重要外部设备，它主要用来输入、检查、修改、调试用户程序，也可用来监视 PLC 的工作状态。编程器分为简易编程器和智能型编程器。简易编程器价廉，用于小型 PLC，智能型编程器价高，用于要求比较高的场合。编程器可被计算机替代，在计算机上添加适当的硬件和相关的编程软件，即可用计算机对

PLC编程。利用计算机作编程器，可以直接编制、显示、运行梯形图，并能进行PC-PLC的通信。

② 其他外部设备。根据需要，PLC还可能配设一些其他外部设备，如盒式磁带机、打印机、EPROM写入器以及高分辨率大屏幕彩色图形监控系统（用以显示或监视有关部分的运行状态）。

(5) 电源部分

PLC一般使用220V的交流电源或24V的直流电源作为工作电源。在PLC中，为了避免干扰影响运行的稳定，输入接口与输出接口电路的电源应彼此相互独立。

(6) 扩展单元

扩展单元是对基本单元的输入、输出接口进行扩展。扩展单元一般需要与基本单元配合使用，不能单独使用。

(7) 通信接口

PLC通信接口主要是为了实现“人-机”或“机-机”之间的对话。PLC通过通信接口可以与打印机、计算机、扫描仪、触摸屏等外部设备相连，也可以与其他PLC相连。

2.1.3 PLC的工作原理

(1) PLC的基本工作原理

① 继电器直接控制的电路。继电器控制电路如图2.5所示，按下启动按钮SB1，交流接触器KM线圈得电吸合，主触点闭合，电动机得电运行，同时接触器的常开辅助触点闭合形成自锁回路。当按下停止按钮SB2时，交流接触器KM线圈断电，主触点及常开辅助触点断开，电动机失电停止运行。

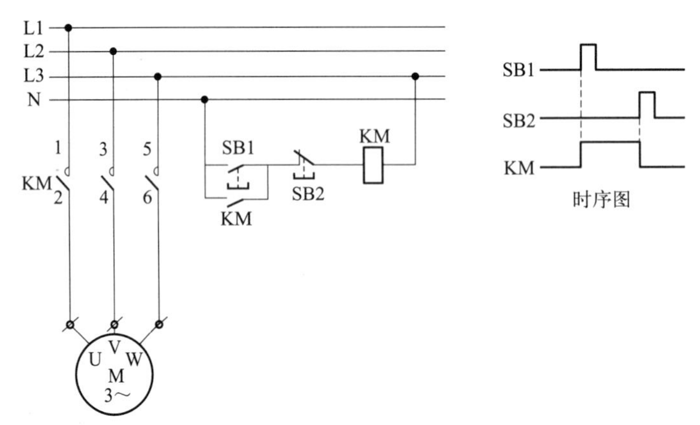

图2.5 继电器控制电路简图

② PLC控制的电路。PLC可看成是由普通继电器、定时器、计数器等组合而成的电气控制系统。当输入到存储单元的逻辑状态为1时，则表示相应继电器的线圈通电，其常开触点闭合，常闭触点断开；而当输入到存储单元的逻辑状态为0时，则表示相应继电器的线圈断电，其常开触点断开，常闭触点闭合。根据PLC外部接线及内部等效电路，PLC可分成输入、内部控制电路和输出三部分。PLC控制系统等效电路如图2.6所示。

(2) PLC的工作方式

PLC是采用循环扫描的工作方式执行程序的。PLC中用户程序按先后顺序存放，CPU从第一条指令开始执行程序，直到遇到结束符号后又返回第一条，如此重复，不断循环。

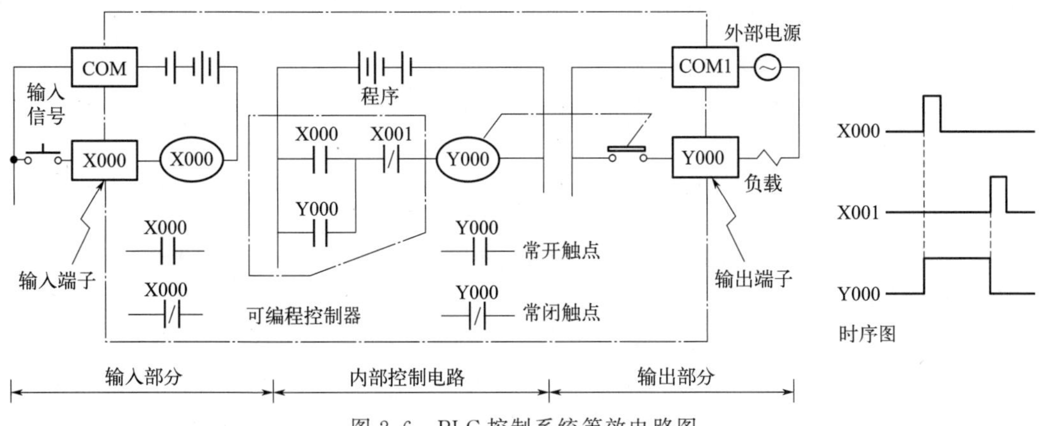

图 2.6　PLC 控制系统等效电路图

PLC 工作时的扫描过程可分为内部处理、通信处理、输入扫描、程序执行、输出处理五个阶段。

① 内部处理阶段。PLC 的 CPU 对硬件各部分进行检查，如果发现异常，则停机并显示报警信息。

② 通信处理阶段。PLC 与一些智能模块通信，响应编程器键入的命令，更新编程器内容，等。

③ 输入处理阶段。输入处理阶段又叫输入采样阶段。PLC 在输入采样阶段，首先扫描所有输入端子，并将各输入状态存入相应的输入映像寄存器中。

④ 程序执行阶段。PLC 根据 PLC 梯形图扫描原则，按先左后右，先上后下的步序，逐条指令进行扫描，执行程序。

⑤ 输出处理阶段。输出处理阶段又叫输出刷新阶段。程序执行完毕后，输出映像寄存器中所有输出继电器的状态在输出刷新阶段存储到输出锁存器中，最后集中输出。PLC 正常运行时完成一次扫描所用的时间称作 PLC 扫描周期。PLC 扫描工作过程示意图如图 2.7 所示。

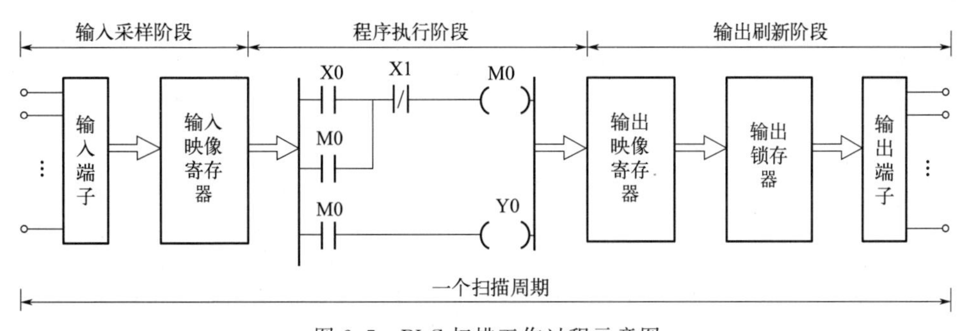

图 2.7　PLC 扫描工作过程示意图

2.2　PLC 的回路连接与软件编程

2.2.1　PLC 型号说明

列举 FX 系列 PLC 型号，其名称说明可按如下格式：

FX□□-□□□□-□
① ②③④⑤

① 子系列名称，如1S、1N、1NC、2N、2NC等。

② 输入输出的总点数。

③ 单元类型：M为基本单元，E为输入输出混合扩展单元与扩展模块，EX为输入专用扩展模块，EY为输出专用扩展模块。

④ 输出形式：R为继电器输出，T为晶体管输出，S为双向晶闸管输出（或称为可控硅输出）。

⑤ 其他定义：D表示DC电源，DC输入；UA1/UL表示AC电源，AC输入；001表示专为中国推出的产品。如果“其他定义”这一项无符号，则表示为AC电源、DC输入。

例如型号为FX_{2N}-48MR-D的PLC表示该PLC属于FX_{2N}系列，是具有48个I/O点的基本单元，输出形式为继电器输出，使用DC 24V电源。

2.2.2 PLC的硬件结构

(1) 基本单元

基本单元即主机或本机。它包括CPU、存储器、基本输入/输出点和电源等，是PLC的主要部分。它实际上是一个完整的控制系统，可以独立完成一定的控制任务。表2.1给出的是FX_{2N}系列PLC的基本单元。

表2.1　FX_{2N}系列PLC基本单元

型号			输入点数	输出点数	输入输出总点数
继电器输出	晶闸管输出	晶体管输出			
FX_{2N}-16MR-001	FX_{2N}-16MS-001	FX_{2N}-16MT-001	8	8	16
FX_{2N}-32MR-001	FX_{2N}-32MS-001	FX_{2N}-32MT-001	16	16	32
FX_{2N}-48MR-001	FX_{2N}-48MS-001	FX_{2N}-48MT-001	24	24	48
FX_{2N}-64MR-001	FX_{2N}-64MS-001	FX_{2N}-64MT-001	32	32	64
FX_{2N}-80MR-001	FX_{2N}-80MS-001	FX_{2N}-80MT-001	40	40	80
FX_{2N}-128MR-001	—	FX_{2N}-128MT-001	64	64	128

(2) 扩展单元

扩展单元由内部电源、内部输入输出电路组成，需要和基本单元一起使用。在基本单元的I/O点数不够时，可采用扩展单元来扩展I/O点数。

(3) 扩展模块

扩展模块由内部输入输出电路组成，自身不带电源，由基本单元、扩展单元供电，需要和基本单元一起使用。在基本单元的I/O点数不够时，可采用扩展模块来扩展I/O点数。

(4) 特殊功能模块

FX_{2N}系列PLC提供了各种特殊功能模块，当需要完成某些特殊功能的控制任务时，就需要用到特殊功能模块。FX_{2N}系列PLC提供的特殊功能模块如下：

① 模拟量输入输出模块；

② 数据通信模块；

③ 高速计数器模块；

④ 运动控制模块。

(5) 相关设备

① 专用编程器。FX_{2N} 系列 PLC 有自己专用的液晶显示的手持式编程器 FX-10P-E 和 FX-20P-E。它们不能直接输入和编辑梯形图程序，只能输入和编辑指令表程序，可以监视用户程序的运行情况。

② 编程软件。在开发和调试过程中，专用编程器编程不方便，使用范围和寿命也有限，因此目前的发展趋势是在计算机上使用编程软件来编程。目前常用的 FX_{2N} 系列 PLC 的编程软件是 FX-FCS/WIN-E/-C 和 SWOPC-FXGP/WIN-C。它们是汉化软件，可以编辑梯形图和指令表，并可以在线监控用户程序的执行情况。

③ 显示模块。显示模块 FX-10DM-E 可以安装在控制屏的面板上，用电缆与 PLC 相连。它有 5 个键和带背光的 LED 显示器，显示两行数据，每行 16 个字符，可用于各种型号的 FX 系列 PLC，可以监视和修改定时器 T、计数器 C 的当前值和设定值，监视和修改数据寄存器 D 的当前值。

④ 图形操作终端。GOT-900 系列图形操作终端是 FX_{2N} 系列 PLC 人机操作界面中较常用的一种。它采用电压为 DC 24V 的电源，用 RS-232C 或 RS-485 接口与 PLC 通信，有 50 个触摸键，可以设置 500 个画面，可以用于监控或现场调试。

(6) FX_{2N} 系列 PLC 性能指标

在使用 PLC 的过程中，除了需要熟悉 PLC 的硬件结构，还应了解 PLC 的一些性能指标：

① FX_{2N} 的一般技术指标；

② FX_{2N} 的电源指标；

③ FX_{2N} 的输入技术指标；

④ FX_{2N} 的输出技术指标。

2.2.3 PLC 的编程软件应用

(1) GX Works2 编程软件的基本操作

① 双击桌面 GX Works2 快捷图标（图 2.8）启动 GX Works2，启动后如图 2.9 所示。

图 2.8　GX Works2 快捷图标

② 创建新工程。在 GX Works2 编程软件的操作界面下，执行“工程”→“新建工程”菜单命令，系统弹出“新建工程”对话框。选择合适内容后单击“确定”按钮，系统生成新的工程文件，如图 2.10 所示，工程创建后的界面如图 2.11 所示。其中主菜单由工程、编辑、搜索/替换、转换/编译、视图、在线、调试、诊断、工具、窗口、帮助组成。快捷工具按钮由程序通用工具按钮、窗口操作工具按钮、梯形图工具按钮、标准工具按钮、智能模块工具按钮组成。具体如图 2.12～图 2.16 所示。

程序通用工具按钮：用于梯形图的剪切、复制、粘贴、撤销、搜索，PLC 程序的读写、运行监视等操作。

窗口操作工具按钮：用于导航、部件选择、输出、软元件使用列表、监视等窗口的打开/关闭操作。

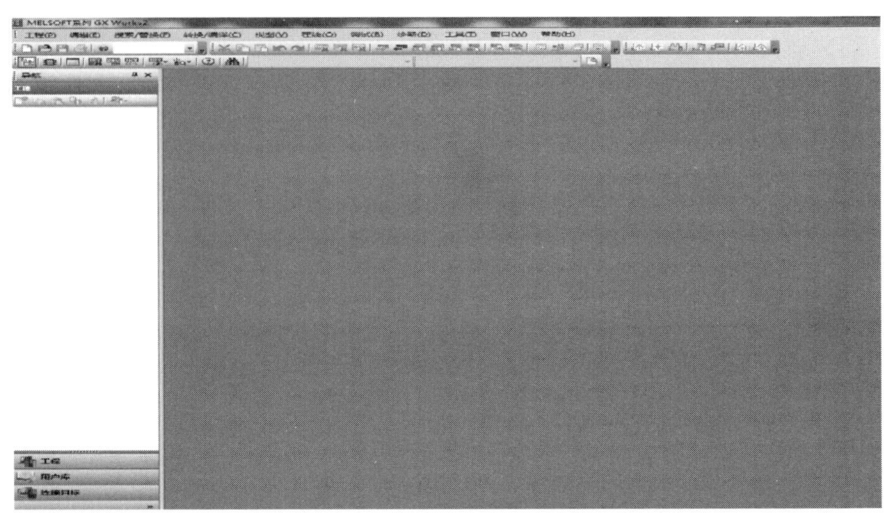

图 2.9　GX Works2 窗口

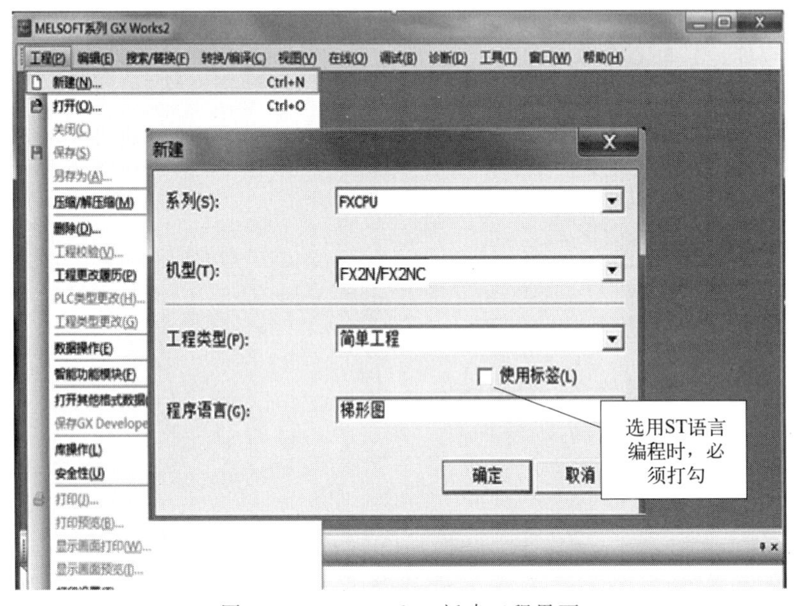

图 2.10　GX Works2 新建工程界面

梯形图工具按钮：用于梯形图编辑的添加常开和常闭触点、添加线圈、添加功能指令、画线、删除线、添加边沿触发触点等操作；用于软元件注释编辑、声明编辑、注解编辑、梯形图放大/缩小等操作。

标准工具按钮：用于工程的创建、打开和关闭等操作

智能模块工具按钮：用于特殊功能模块的操作。

③ 梯形图编程界面介绍。梯形图编程界面主要由标题栏、菜单栏、工具栏、折叠窗口、程序编辑窗口、状态栏等组成。用户可根据自己的使用习惯，改变栏目、窗口的数量、排列方式、颜色、字体、显示方式、显示比例等。梯形图编程界面如图 2.17 所示。

④ 梯形图编程操作。在 GX Works2 编程软件的操作界面下，可通过主菜单或梯形图

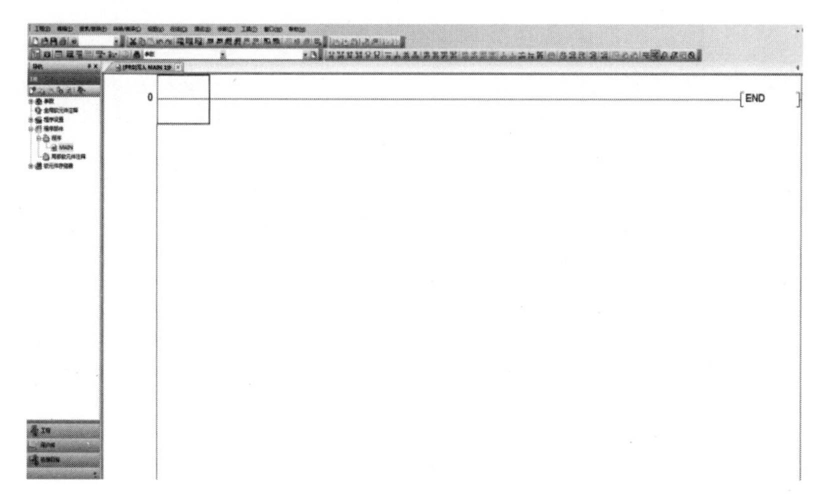

图 2.11　GX Works2 软件编程界面

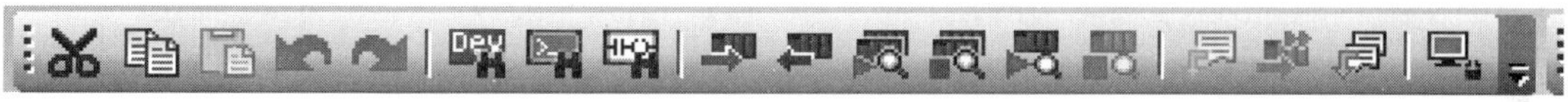

图 2.12　程序通用工具按钮

图 2.13　窗口操作工具按钮

图 2.14　梯形图工具按钮

图 2.15　标准工具按钮

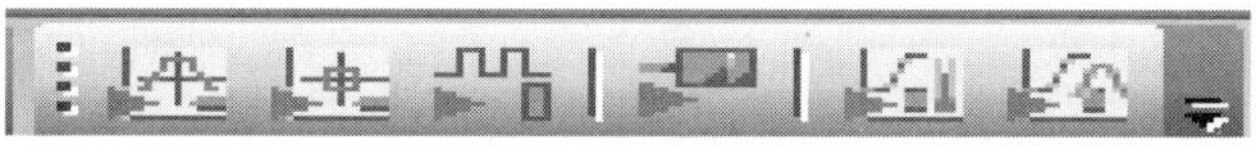

图 2.16　智能模块工具按钮

快捷工具按钮（软元件图标、连线图标、软元件注释编辑、声明编辑等）进行编程或注释。进行梯形图编程时，在程序编辑区的 END 梯级上选中某一点，单击梯形图快捷工具上的软元件按钮，如图 2.18 所示，弹出“梯形图输入”对话框，如图 2.19 所示。选取相应的软元件，填写软元件的地址（或操作符），然后单击“确定”按钮，软元件编辑完成。

⑤ 注释编辑操作。在主菜单中选择“视图”→“注释显示”菜单命令或单击梯形图快捷工具按钮中的“软元件注释编辑”按钮，梯形图进入软元件注释编辑状态。

梯形图软元件注释编辑状态下，双击某个软元件，弹出“注释输入”对话框，如图 2.20 所示。编辑后的梯形图会在软元件下面显示符号注释。注释编辑后界面如图 2.21

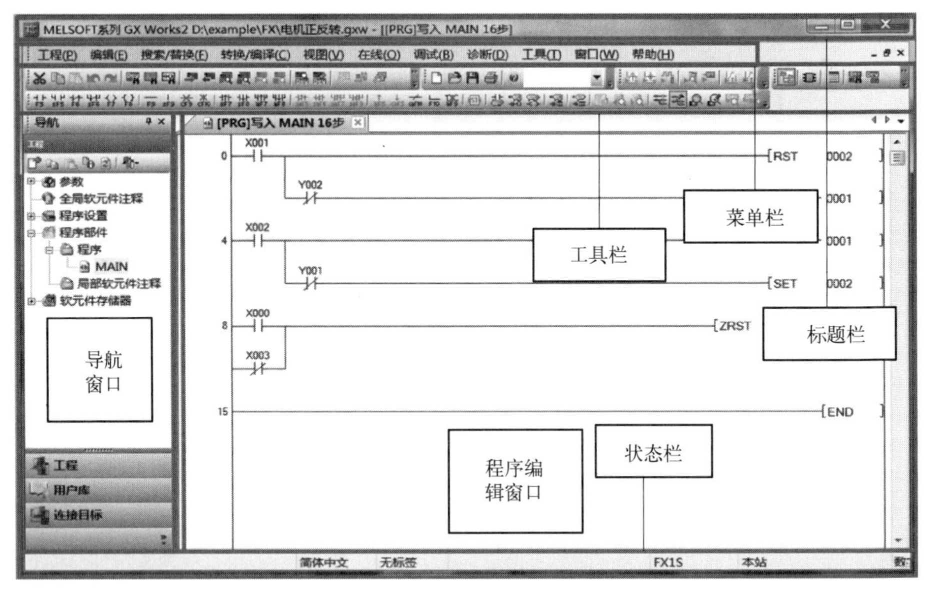

图 2.17　梯形图编程界面

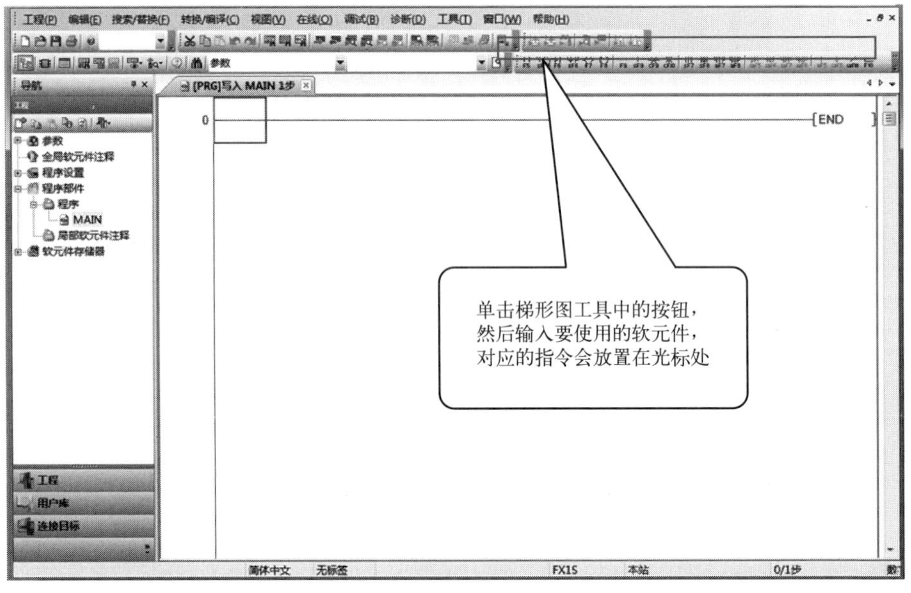

图 2.18　软元件按钮

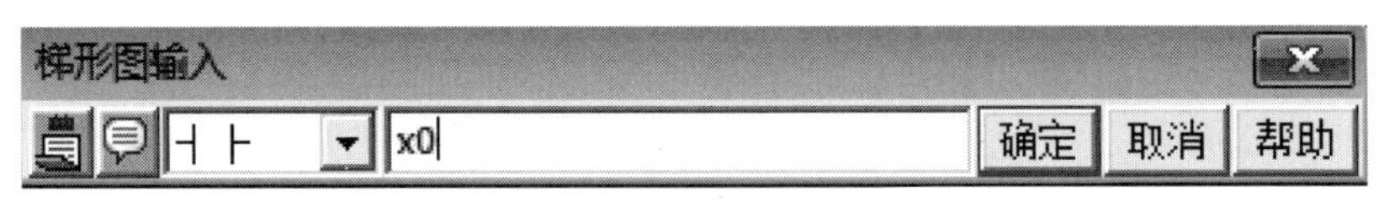

图 2.19　“梯形图输入”对话框

所示。在编程界面下，可对软元件注释显示格式进行设定或修改。执行“视图”→“软元件注释显示格式”菜单命令，系统弹出软元件注释显示的“选项”对话框，如图 2.22 所示。

⑥ 梯形图编辑模式。

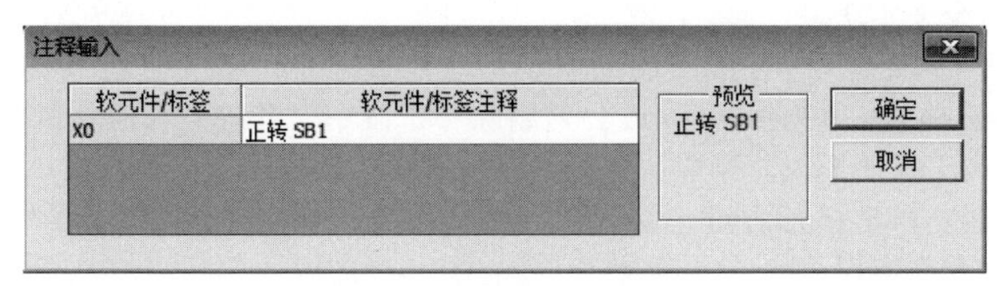

图 2.20　“注释输入”对话框

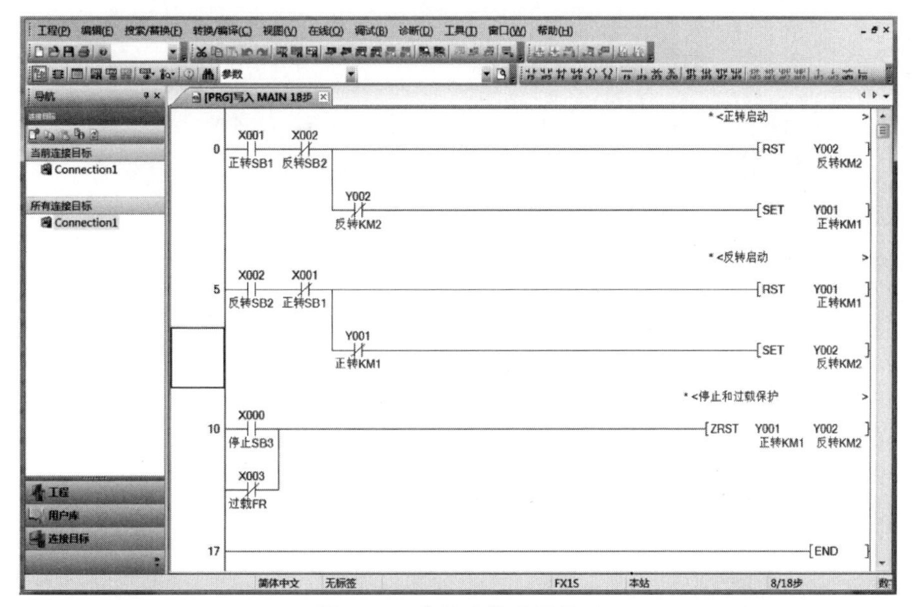

图 2.21　注释后梯形图界面

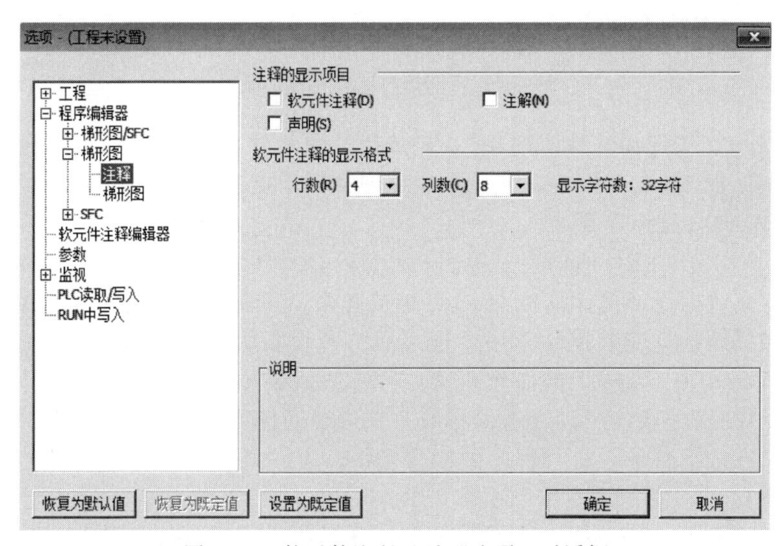

图 2.22　软元件注释显示“选项”对话框

a. 行插入（行删除）梯形图的编辑（修改）过程中，需要进行行的插入（删除）操作时，可执行“编辑”→“行插入”（或“行删除”）命令，系统会在激活的当前行前插入（删除）一行，需要插入（删除）多行时，可多次执行该命令。行插入（行删除）也可在选定当前行后，单击鼠标右键，在弹出的快捷菜单中执行“编辑”→“行插入”（或

“行删除”）命令来实现。

b. 列插入（列删除）。梯形图的编辑（修改）过程中，需要进行列的插入（删除）时，可执行“编辑”→“列插入”（或“列删除”）命令，系统会在激活的当前列左侧插入（删除）一列，需要插入（删除）多列时，可多次执行该命令。列插入（列删除）也可在选定当前行后，单击鼠标右键，在弹出的快捷菜单中执行“编辑”→“列插入”（或“列删除”）命令来实现。

c. 颜色及字体设置。梯形图的编辑过程中，可对程序及注释内容的字体和颜色进行设置或修改。实施颜色及字体设置时，执行“视图”→“颜色及字体”菜单命令，弹出“颜色及字体”对话框，如图 2.23 所示。

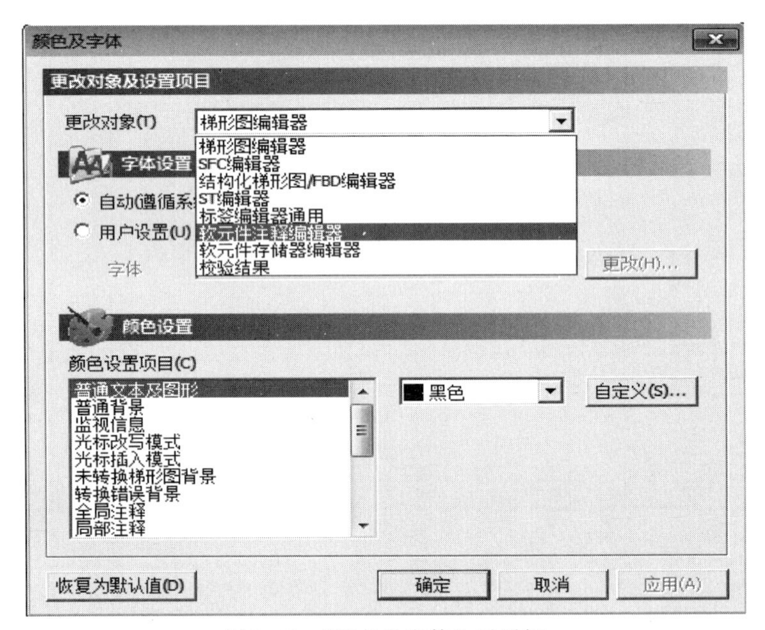

图 2.23　“颜色及字体”对话框

在图 2.23 中，先选择“更改对象”，再选择“颜色设置项目”进行颜色、字体的设置等操作，然后单击“确定”按钮，颜色及字体便得到了更改。

(2) GX Works2 程序下载

① GX Works2 与 PLC 通信。

a. 使用专用数据线，把计算机与 PLC 连接起来，实现程序的读写、监控等操作。

b. 使用数据线前先安装驱动程序，连接后打开设备管理器，查看端口。旧版的驱动程序不支持 Windows 7 及以上的操作系统，可借助驱动大师安装新驱动程序。

c. 在 GX Works2 软件中设置通信参数，并进行通信测试。

d. 调用“在线”菜单，进行程序的读写操作。

② 通信连接。

a. 通信连接采用 USB-SC-09 通信数据线。该数据线可将计算机的 USB 口模拟成串口（通常为 COM3 或 COM4），属于 RS-422 转 RS-232 的连接方式，每台计算机只能接一根数据线与 PLC 通信，通信时 PLC 要接通电源。USB-SC-09 通信数据线及连接如图 2.24、图 2.25 所示。

b. 安装完驱动程序后，把数据线的 PC-USB 口接入计算机 USB 口，八针圆公头插入 PLC 的 RS-422 通信端口，最后给 PLC 接通电源。

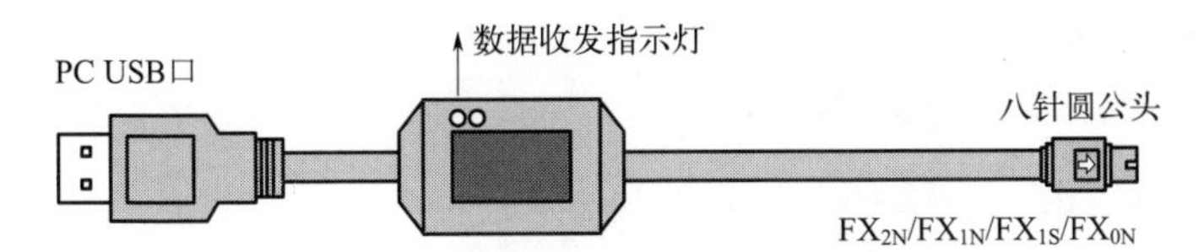

图 2.24　USB-SC-09 通信数据线

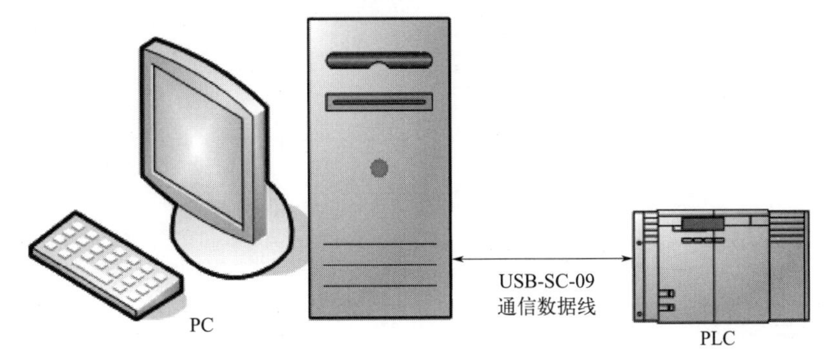

图 2.25　USB-SC-09 通信数据线与 PLC 连接

c. 进入设备管理器，查看端口，端口中显示（COM 和 LPT）/Prolific USB-to-Serial Comn（COMx），表明驱动程序安装成功，然后记住这个“COMx”。其多数是 COM3 或 COM4，如果出现 COM1 或 COM2，会导致连接不正确，需要重新找另一个 USB 端口连接。

③ PLC 的程序读写操作。

a. GX Works2 中执行“连接目标”→“connection1”命令，进入传输设置，设置对应的 COM 口。

b. 进行通信测试，测试成功后，单击“确定”按钮。

c. 打开“在线”菜单，执行“PLC 存储器操作”→“PLC 存储器清除”命令（也可以不操作此步骤）。

d. 打开“在线”菜单，执行“PLC 写入”命令。程序下载过程如图 2.26 所示。

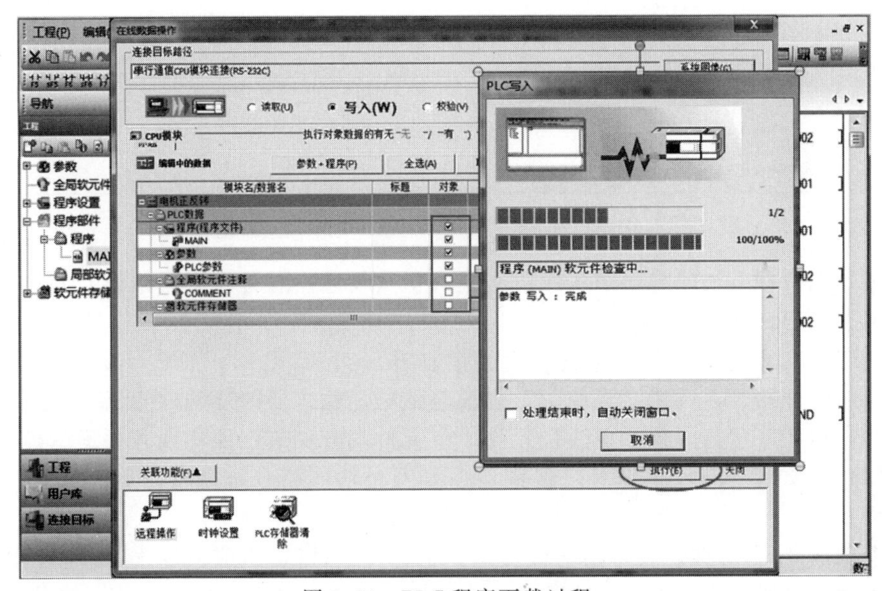

图 2.26　PLC 程序下载过程

(3) 程序仿真与调试

方法 1：调用调试菜单下的“模拟开始/停止”命令，如图 2.27 所示。

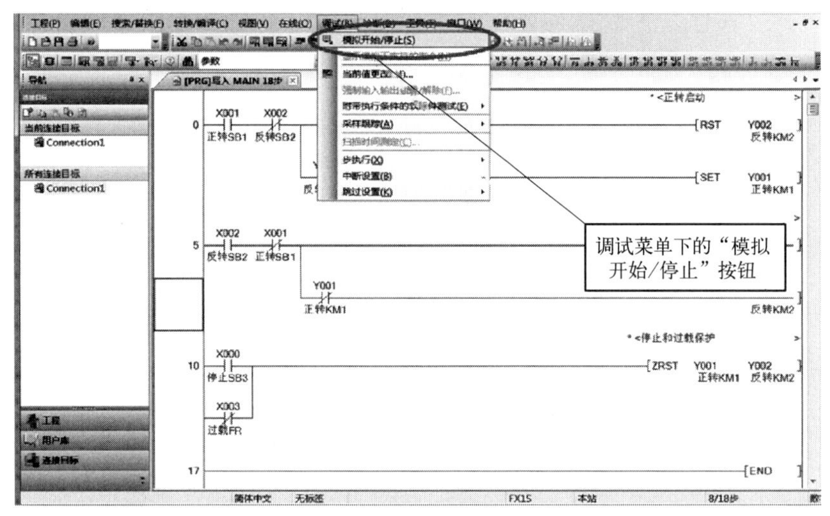

图 2.27　调用调试菜单下的“模拟开始/停止”命令

方法 2：单击工具栏中的“模拟开始/停止”按钮，如图 2.28 所示。

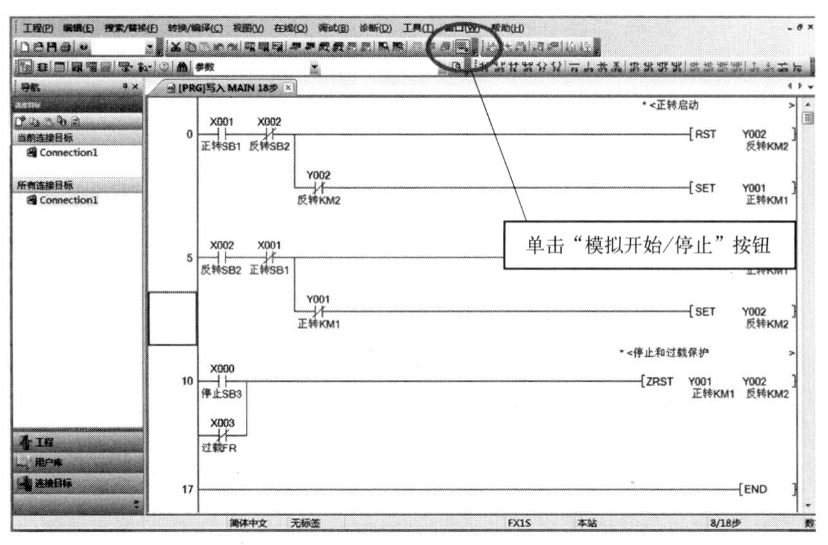

图 2.28　单击工具栏中的“模拟开始/停止”按钮

通过以上两种方法使梯形图程序进入在线仿真状态。若程序中无错误，则程序将被自动写入模拟的 PLC 中，同时弹出 GX Simulator2 仿真窗口。梯形图程序装载完成后，自动进入“RUN”状态。梯形图仿真装载过程如图 2.29 所示。

模拟运行开始后，调用“当前值”更改对话框，输入要改变的软元件，更改软元件的存储值，观察程序运行效果。更改位元件、字元件的存储值，能实现开关量、模拟量（缓冲存储器）的仿真。PLC 仿真时，若触点、线圈、功能指令被激活，则符号两端会显示蓝色区块。

选中 X1，单击右键，在弹出的快捷菜单中选择“调试/当前值更改”选项，出现软元件状态选项，将其定义为 ON。梯形图上的 X1 软元件上出现蓝色块，表示该点接通（等

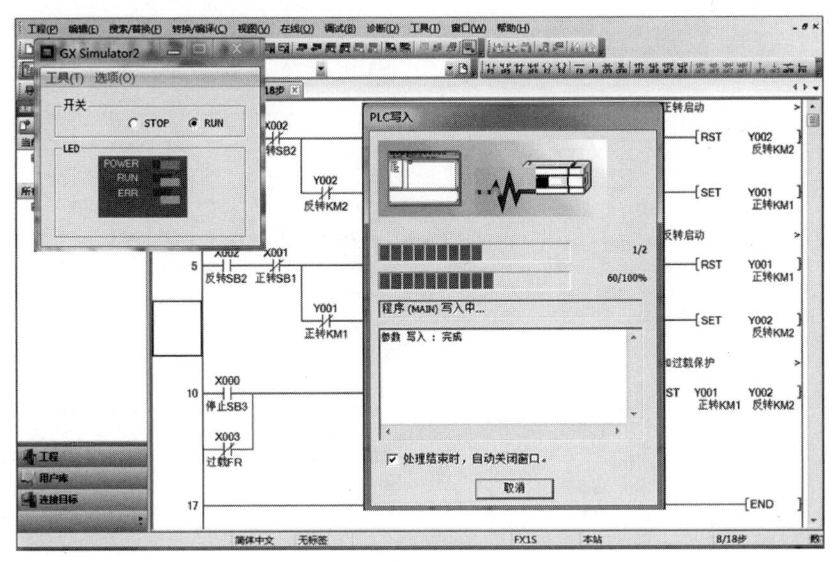

图 2.29　梯形图仿真装载过程

效按钮先单击“ON”，再单击“OFF”）。当前值更改界面如图 2.30 所示。按照同样的方法将其他点置于 ON 状态，此时，对应输出点的状态也是导通。仿真结束后，需要把编辑状态从读取模式改为写入模式，才能修改程序。当前值更改后界面如图 2.31 所示。

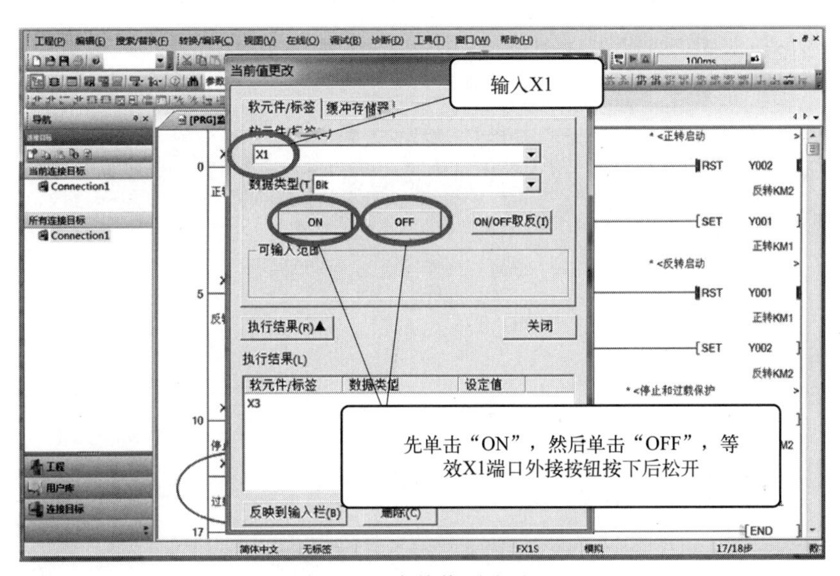

图 2.30　当前值更改界面

（4）梯形图程序的编写注意事项

① 使用梯形图工具栏中的触点、线圈、功能指令及画线工具按钮，在程序编辑区编辑程序。

② 如果不知道某个功能指令的正确用法，可以按 F1 键调用帮助信息。

③ 编辑好程序后，按 F4 键执行变换（编译）操作。变换的过程就是检查编辑的程序是否符合规范要求。

④ 梯形图程序要注意避免出现双线圈错误，SFC 程序可以忽略双线圈错误。

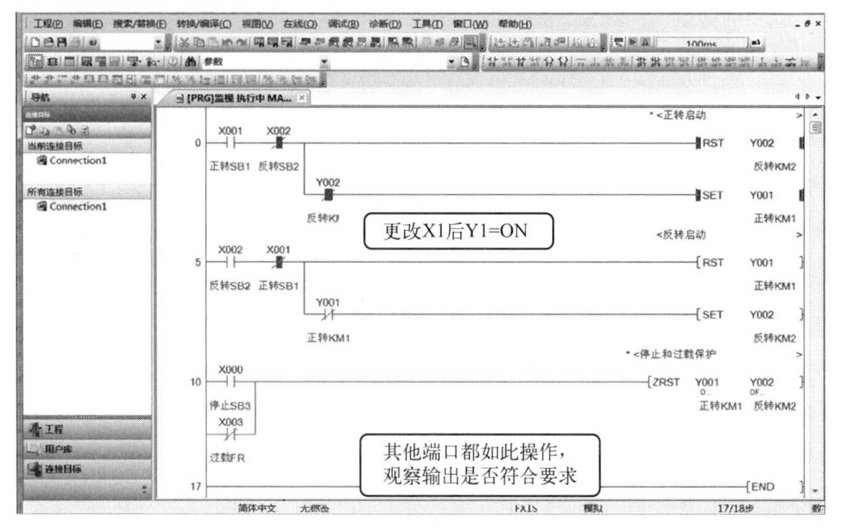

图 2.31　当前值更改后界面

巩固与提高

（1）GX Developer 编程软件的使用

双击桌面上的“GX Developer”图标，即可启动 GX Developer，其界面如图 2.32 所示。GX Developer 的界面由项目标题栏、下拉菜单、快捷工具栏、编辑窗口、管理窗口等部分组成，在调试模式下，可打开远程运行窗口、数据监视窗口等。

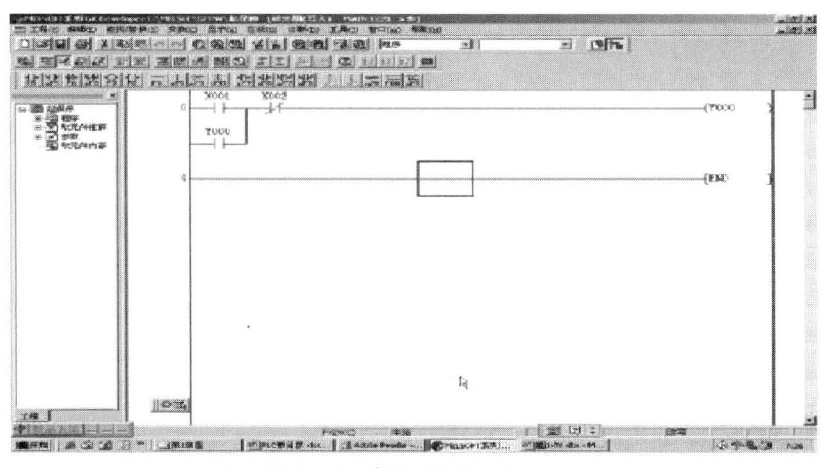
图 2.32　启动 GX Developer

① 下拉菜单。GX Developer 共有 10 个下拉菜单，每个菜单又有若干个菜单项。许多菜单项的使用方法和目前文本编辑软件的同名菜单项的使用方法基本相同。多数使用者一般很少直接使用菜单项，而是使用快捷工具。常用的菜单项都有相应的快捷键，GX Developer 的快捷键直接显示在相应菜单项的右边。

② 快捷工具栏。GX Developer 共有 8 个快捷工具栏，即标准、数据切换、梯形图标记、程序、注释、软元件内存、SFC、SFC 符号工具栏。以鼠标选取“显示”菜单下的“工具条”命令，即可打开这些工具栏。常用的有标准、梯形图标记、程序工具栏，将鼠

标停留在快捷按钮上片刻，即可获得该按钮的提示信息。

③ 编辑窗口。PLC 程序是在编辑窗口进行输入和编辑的，其使用方法和众多的编辑软件相似。

④ 管理窗口。管理窗口实现项目管理、修改等功能。

(2) 工程的创建和调试范例

① 系统的启动与退出。要想启动 GX Developer，可用鼠标双击桌面上的图标。图 2.33 为打开的 GX Developer 窗口。

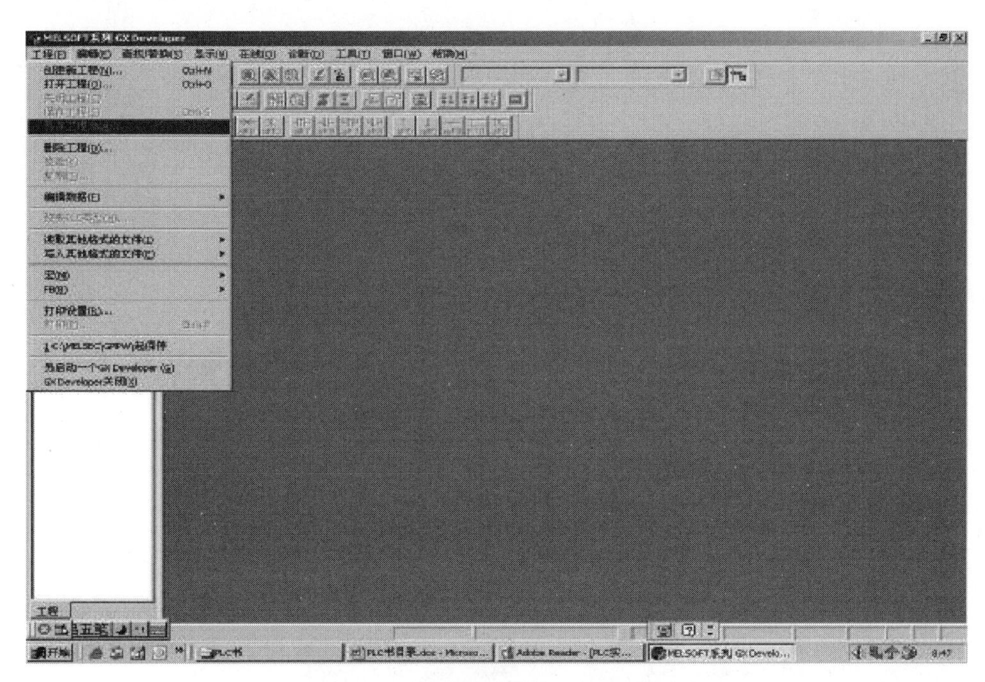

图 2.33　打开的 GX Developer 窗口

以鼠标选取“工程”菜单下的“关闭”命令，即可退出 GX Developer 软件系统。

② 文件的管理。

a. 创建新工程。选择“工程”→“创建新工程”菜单项，或者按［Ctrl］+［N］键操作，在出现的创建新工程对话框中选择 PLC 类型（如选择“FX_{2N}”系列 PLC）后，单击“确定”，如图 2.34 所示。

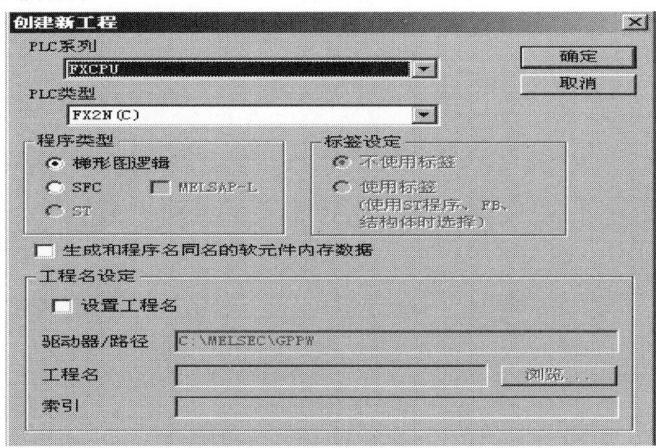

图 2.34　创建新工程对话框

b. 打开工程。选择“工程”→“打开工程”菜单或按［Ctrl］+［O］键，在出现的打开工程对话框中选择已有工程，单击“打开”，如图2.35所示，即可打开一个已有工程。

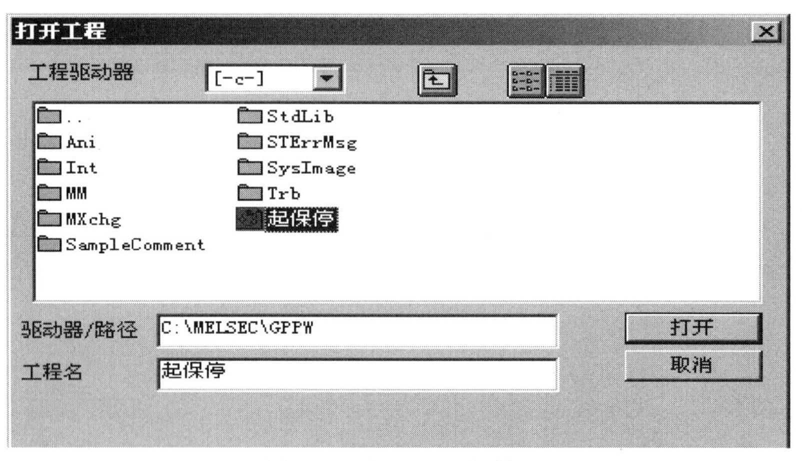

图2.35　打开工程对话框

c. 文件的保存和关闭。保存当前PLC程序、注释数据以及其他在同一文件名下的数据，操作方法是：执行“工程”→“保存工程”菜单命令或按［Ctrl］+［S］键操作。将已处于打开状态的PLC程序关闭，操作方法是：执行“工程”→“关闭工程”菜单命令。

③ 编程操作。

a. 输入梯形图。使用“梯形图标记”工具条（见图2.36）或通过执行“编辑”→“梯形图符号”菜单命令（见图2.37），将已编好的程序输入到计算机。

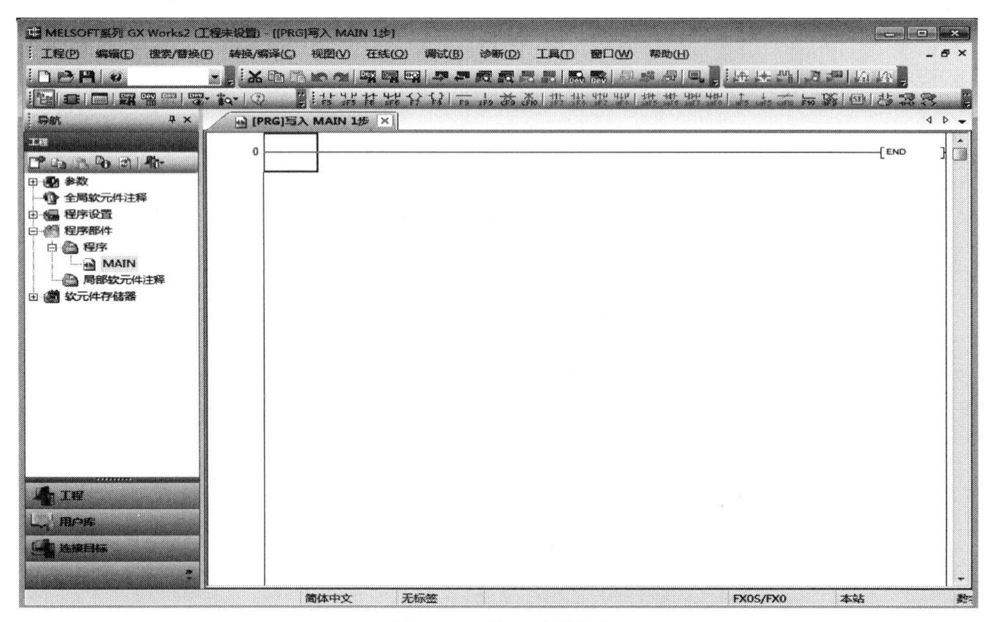

图2.36　输入梯形图

b. 编辑操作。通过执行“编辑”菜单栏中的指令，对输入的程序进行修改和检查。

c. 梯形图的变换及保存操作。编辑好的程序先通过执行“变换”菜单中的“变换”

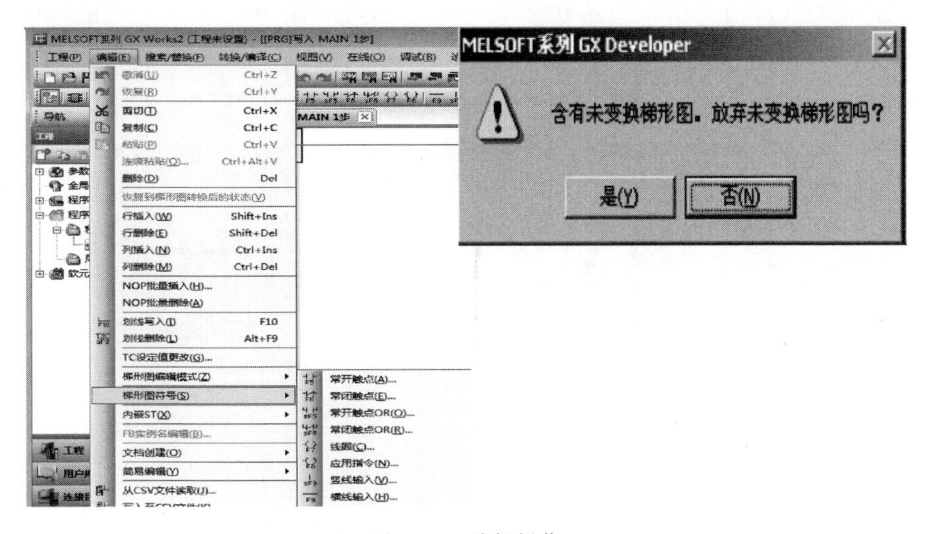

图 2.37　编辑操作

操作或按 F4 键变换后，才能保存，如图 2.38 所示。变换过程中显示梯形图变换信息，如果在未完成变换的情况下关闭梯形图窗口，新创建的梯形图将不被保存。

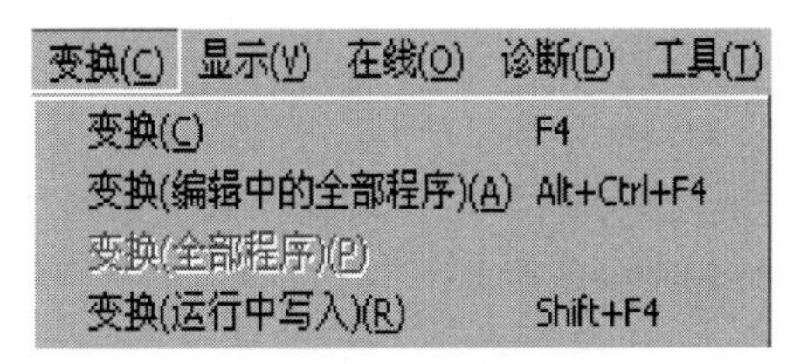

图 2.38　变换操作

④ 程序调试及运行。

a. 程序的检查。执行“诊断”→“PLC 诊断”菜单命令，进行程序检查，如图 2.39 所示。

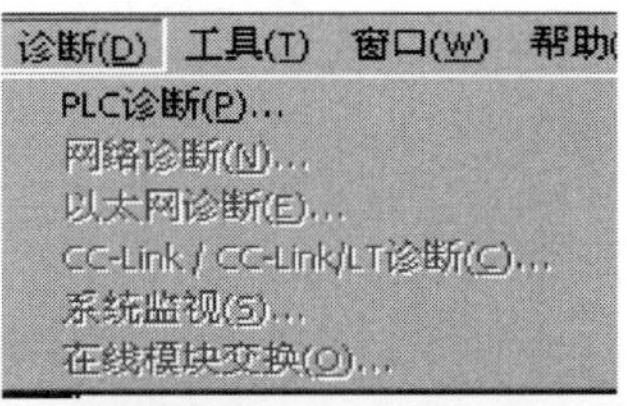

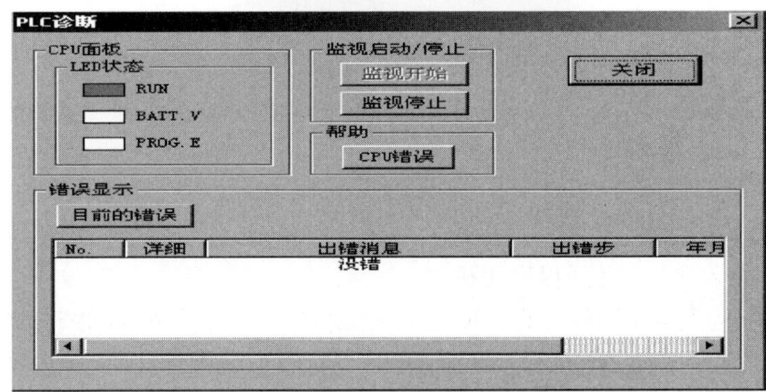

图 2.39　诊断操作

b. 程序的写入。PLC 在 STOP 模式下，执行“在线”→“PLC 写入”菜单命令，出现“PLC 写入”对话框，如图 2.40 所示，选择“参数＋程序”，再按“执行”，将程序写入 PLC。

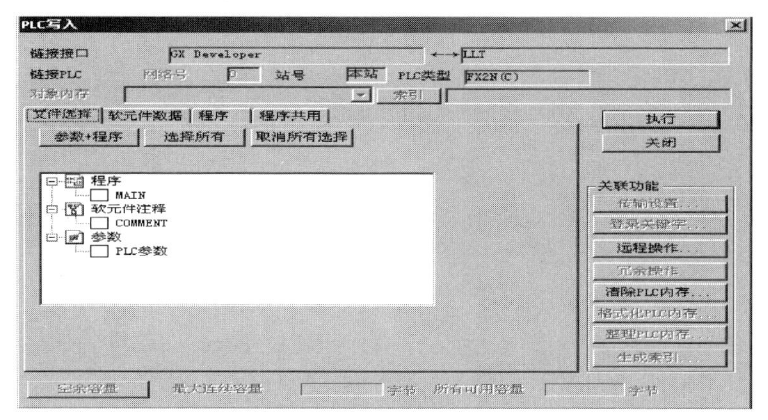

图 2.40　程序的写入操作

c. 程序的读取。PLC 在 STOP 模式下，执行“在线”→“PLC 读取”菜单命令，将 PLC 中的程序发送到计算机中。

⑤ 程序的运行及监控。

a. 运行。执行“在线”→“远程操作”菜单命令，将 PLC 设为 RUN 模式，程序运行，如图 2.41 所示。

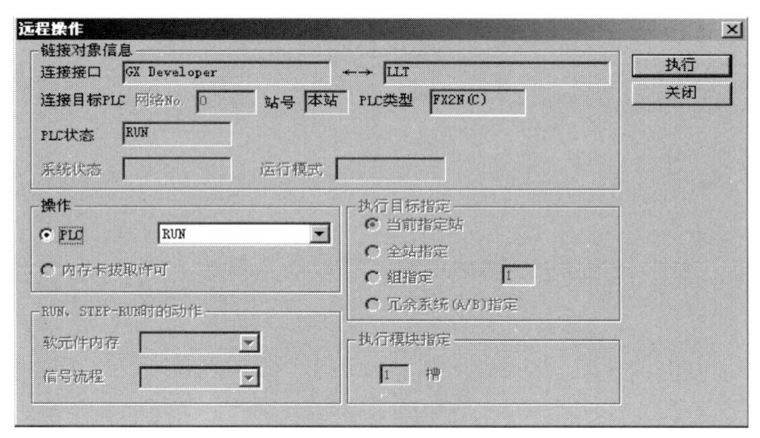

图 2.41　运行操作

b. 监控。程序运行后，再执行“在线”→“监视”菜单命令，可对 PLC 的运行过程进行监控，结合控制程序，操作有关输入信号，观察输出状态，如图 2.42 所示。

⑥ 程序调试的注意事项。

a. 运行的结果与设计的要求不一致需要修改程序时，先执行“在线”→“远程操作”命令，将 PLC 设为 STOP 模式，再执行“编辑”→“写模式”命令，再从上面第③点开始执行（输入正确的程序），直到程序正确。

b. PLC 停止运行，PLC 上的 ERROR 指示灯亮，需要修改程序时，先执行“在线”→“清除 PLC 内存”命令，如图 2.43 所示，将 PLC 内的错误程序全部清除，再从上面第③点开始执行（输入正确的程序），直到程序正确。

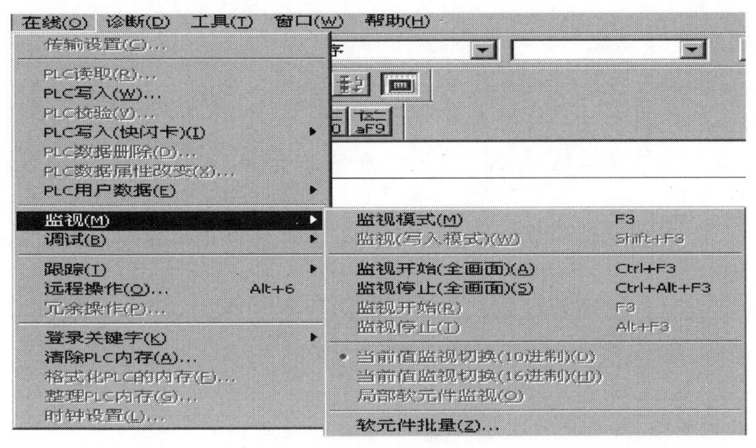

图 2.42　监控操作

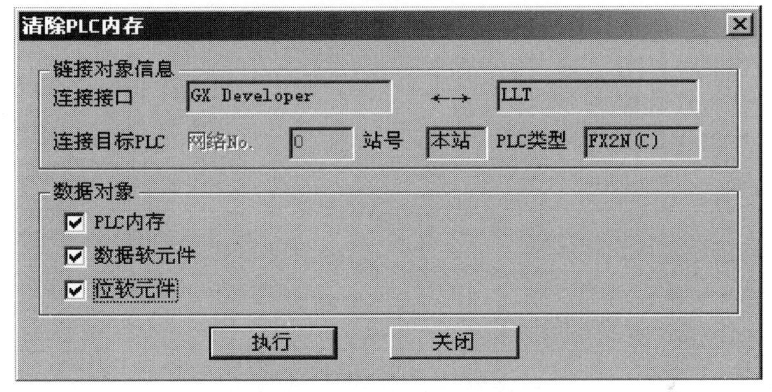

图 2.43　清除 PLC 内存操作

⑦ 传送程序时，应注意以下问题：

a. 计算机的 RS-232C 端口及 PLC 之间必须用指定的线缆及转换器连接；

b. PLC 必须在 STOP 模式下，才能执行程序传送；

c. 执行完“PLC 写入”后，PLC 中原有的程序将丢失，原有的程序将被写入的程序所替代；

d. 执行“PLC 读取”时，程序必须在 RAM 或 EE-PROM 内存保护关断的情况下读取。

项目复习题

(1) 填空题

① PLC 是通过一种周期扫描的工作方式来完成控制的，每个周期主要包括______、______、______三个阶段。

② PLC 的硬件主要由______、______和______三部分组成。

③ PLC 的基本结构由______、______、输入输出接口、电源、扩展接口、通信接口、编程工具、智能 I/O 接口、智能单元等组成。

④ PLC 的软件由系统程序和______两大部分组成。

⑤ PLC 常用的编程语言有______、______、高级语言。

⑥ 为避免数据丢失，可编程控制器装有锂电池，当锂电池电压降至______相应的信号灯亮时，要及时更换电池。

⑦ 可编程控制器自检结果首先反映在各单元面板上的________上。

⑧ 正常时每个输出端口对应的指示灯应随该端口________。

⑨ 将程序写入可编程控制器时，首先将存储器清零，然后按操作说明写入，结束时用________结束指令。

⑩ ________阶段把逻辑解读的结果，通过输出部件输出给现场的受控元件。

(2) 简答题

① 可编程控制器由哪几部分组成？各部分的功能及作用是什么？

② 可编程控制器的工作方式是什么？它的工作过程有什么显著特点？

③ 可编程控制器有哪些基本性能指标？

④ FX_{2N} 系列 PLC 提供哪几种继电器？各有什么功能？

⑤ 简述可编程控制器的工作过程。

⑥ 什么是可编程控制器的扫描周期？

⑦ 可编程控制器通常使用哪些语言？

⑧ 可编程控制器的 I/O 接口分为几种类型？

⑨ 可编程控制器的编程器有几种？

⑩ 常用的可编程控制器产品有哪些？

第3章

可编程控制系统逻辑指令编程

知识目标

① 熟悉PLC的内部编程元件。

② 掌握PLC的基本指令的功能和应用。

③ 理解梯形图的特点和设计规则。

④ 掌握定时器和计数器的种类和应用。

⑤ 理解主控指令的功能。

能力目标

① 能正确应用PLC基本指令。

② 能利用定时器和计数器设计典型的延时、闪烁、报警等程序。

③ 能正确应用主控指令。

④ 能应用梯形图特点和设计规则进行程序设计。

3.1 PLC 位逻辑指令的应用

3.1.1 PLC 的内部编程元件

三菱 FX_{2N} 系列 PLC 的内部编程元件是指支持该系列 PLC 编程语言的元件，如输入继电器、输出继电器、辅助继电器等。FX_{2N} 系列 PLC 的内部编程元件分配如表 3.1 所示。

表 3.1　FX_{2N} 系列 PLC 的内部编程元件分配

序号	名称	地址域	功能
1	输入继电器	X0～X267,共 184 点	输入映像寄存器

续表

序号	名称	地址域	功能
2	输出继电器	Y0～Y267，共184点	输出映像寄存器
3	辅助继电器	M0～M499，共500点	通用辅助继电器
		M500～M3071，共2572点	断电保持型辅助继电器
		M8000～M8255，共256点	特殊辅助继电器

（1）输入继电器

输入继电器是PLC的内部存储器（输入映像），用符号X表示。它们均按八进制编号，如X0～X7、X10～X17等，而其中X7和X10是两个相邻的整数。扩展单元与扩展模块的输入端子编号与基本单元的输入端子编号接连。输入继电器X的输入点数最多可达268点，对应的编号为X0～X267。

输入继电器的状态由PLC输入接口锁存器（输入接口锁存器与外部设备连接并被实时刷新）的状态所决定（程序无法对其进行改变）。当PLC程序扫描结束后，输入接口锁存器状态刷新输入继电器的当前值并锁存。输入继电器X的状态一经锁存，将在PLC执行程序扫描过程中保持不变。输入继电器X是一种位元件，只有两种不同的状态，即闭合或断开，相当于继电器逻辑控制电路中的常开触点和常闭触点，分别用二进制数1和0来表示这两种状态。在梯形图中，可以多次使用输入继电器X的常开、常闭触点。

（2）输出继电器

输出继电器是PLC的内部存储器（输出映像），用符号Y表示。它们均按八进制编号，如Y0～Y7、Y10～Y17等。扩展单元与扩展模块的输出端子编号与基本单元的输出端子编号接连。输出继电器Y的输出点数最多可达268点，对应的编号为Y0～Y267。

输出继电器的状态由PLC用户程序运行的结果所决定（监控过程中可对其状态进行强制改变）。当PLC程序扫描结束后，输出继电器的状态刷新输出接口锁存器的当前值并锁存。输出接口锁存器的状态一经锁存，将在PLC执行程序扫描过程中保持不变。输出继电器Y是一种位元件，只有两种不同的状态，即闭合或断开，相当于继电器逻辑控制电路中的接触器线圈，分别用二进制数的1和0来表示这两种状态。在梯形图中，输出继电器Y的状态只能被赋值一次，所有能够改变输出继电器的条件均为逻辑“与”“或”关系。

（3）辅助继电器

辅助继电器主要有三类：通用辅助继电器、断电保持型辅助继电器、特殊辅助继电器。

① 通用辅助继电器（M0～M499）。FX_{2N}系列共有500点通用辅助继电器。通用辅助继电器在PLC运行时，如果电源突然断电，则全部线圈均为OFF。当电源再次接通时，除了因外部输入信号而变为ON的线圈以外，其余的线圈仍将保持OFF状态，它们没有断电保护功能。通用辅助继电器常在逻辑运算中用于辅助运算、状态暂存、移位等。根据需要可通过程序设定，将M0～M499变为断电保持型辅助继电器。

② 断电保持型辅助继电器（M500～M3071）。FX_{2N}系列有M500～M3071共2572个断电保持型辅助继电器。它们与通用辅助继电器不同的是具有断电保护功能，即能记忆电源中断瞬时的状态，并在重新通电后再现其状态。它们之所以能在电源断电时保持其原有的状态，是因为电源中断时PLC中的锂电池供电保持它们映像寄存器中的内容。其中M500～M1023可由软件将其设定为通用辅助继电器。

③ 特殊辅助继电器。PLC内有大量的特殊辅助继电器，它们都有各自的特殊功能。

FX_{2N} 系列中有 256 个特殊辅助继电器，可分成触点型和线圈型两大类。

a. 触点型：其线圈由 PLC 自动驱动，用户只可使用其触点。

• M8000：运行监视器（在 PLC 运行中接通），M8001 与 M8000 相反逻辑。

• M8002：初始脉冲（仅在运行开始时瞬间接通），M8003 与 M8002 相反逻辑。

• M8011、M8012、M8013 和 M8014 分别是产生 10ms、100ms、1s 和 1min 时钟脉冲的特殊辅助继电器。

M8000、M8002、M8012 的波形如图 3.1 所示。

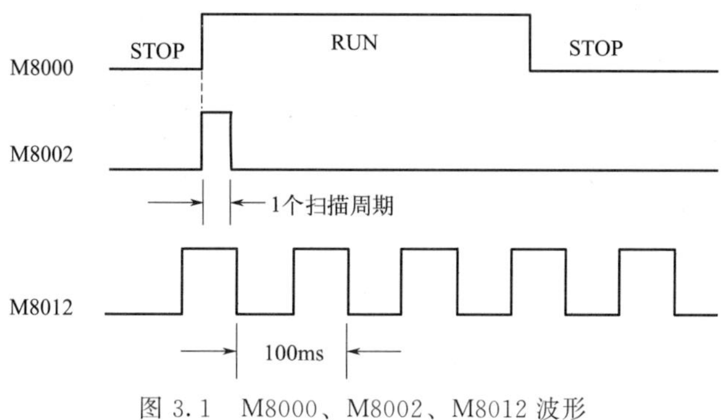

图 3.1　M8000、M8002、M8012 波形

b. 线圈型：由用户程序驱动线圈后 PLC 执行特定的动作。

• M8033：若使其线圈得电，则 PLC 停止时保持输出映像存储器和数据寄存器内容。

• M8034：若使其线圈得电，则 PLC 的输出将全部禁止。

• M8039：若使其线圈得电，则 PLC 按 D8039 中指定的扫描时间工作。

3.1.2　PLC 的基本指令

3.1.2.1　基本指令（LD、LDI、OUT、END、ANI、OR、SET、RST）

(1) 指令功能

LD（取指令）：逻辑运算开始指令，用于与左母线连接的常开触点。

LDI（取反指令）：逻辑运算开始指令，用于与左母线连接的常闭触点。

OUT（输出指令）：驱动线圈的输出指令，将运算结果输出到指定的继电器。

END（结束指令）：程序结束指令，表示程序结束，返回起始地址。

ANI（与非指令）：常闭触点串联指令，把指定操作元件中的内容取反，然后和原来保存在操作数里的内容进行逻辑“与”运算，并将逻辑运算的结果存入操作数。

OR（或指令）：常开触点并联指令，把指定操作元件中的内容和原来保存在操作数里的内容进行逻辑“或”运算，并将这一逻辑运算的结果存入操作数。

SET（置位指令或称自保持指令）：使被操作的目标元件置位（置 1）并保持。

RST（复位指令或称解除指令）：使被操作数的目标元件复位（置 0）并保持清零状态。

(2) 编程实例

LD、OUT、END 指令在编程应用时的梯形图、指令表和时序图如图 3.2 所示

ANI、OR、SET、RST 指令在编程应用时的梯形图、指令表和时序图如图 3.3 所示。

(3) 指令使用说明

LD 指令将指定操作元件中的内容取出并送入操作数。

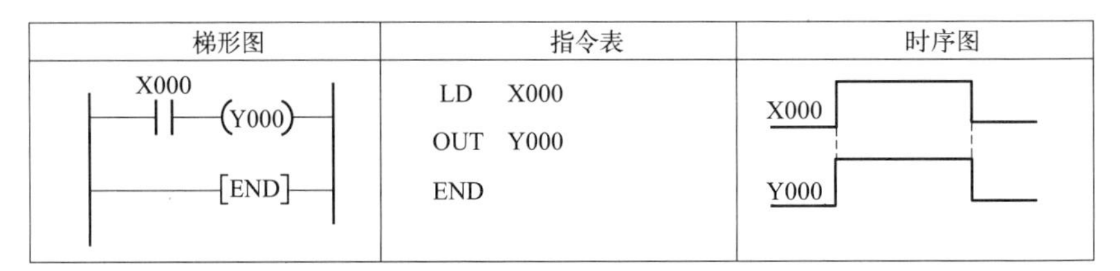

图 3.2　梯形图、指令表和时序图（LD、OUT、END）

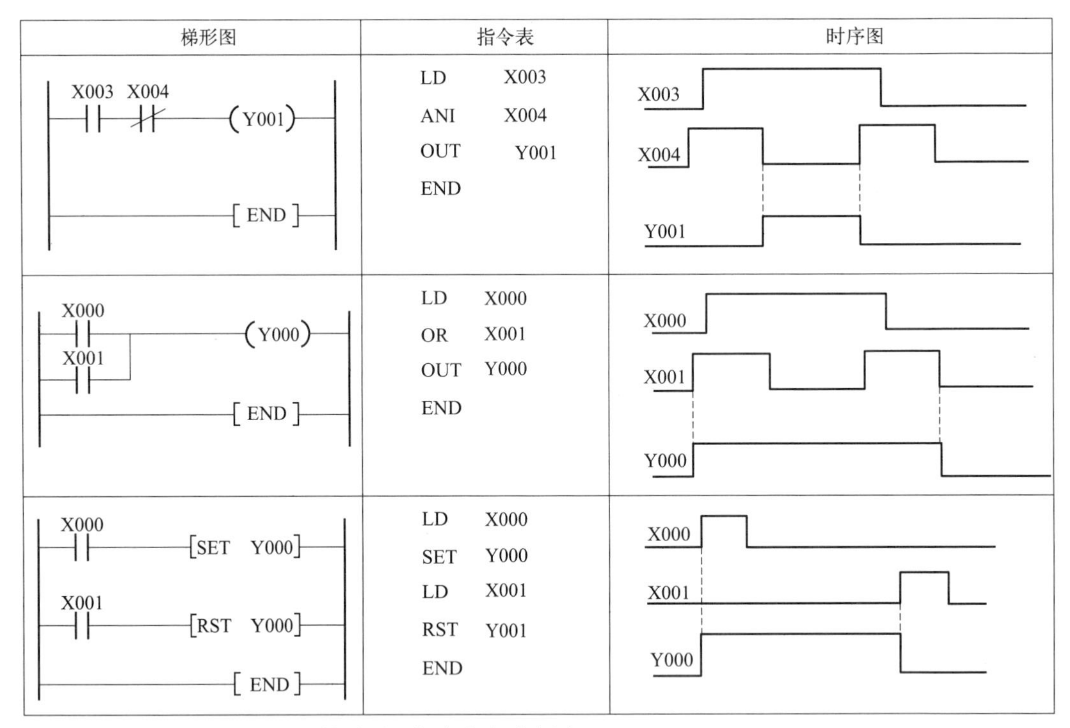

图 3.3　梯形图、指令表和时序图（ANI、OR、SET、RST）

OUT 指令在使用时不能直接从左母线输出（应用步进指令控制除外），不能串联使用，在梯形图中位于逻辑行末紧靠右母线处，可以连续使用，相当于并联输出，如果未特别设置（输出线圈使用设置），则 OUT 指令在程序中同名输出继电器的线圈只能使用一次。

在程序中写入 END 指令，将强制结束当前的扫描执行过程，即 END 以后的程序步不再扫描，而是直接进行输出处理。调试时，可将程序分段后插入 END 指令，从而依次对各程序段的运算进行检查。

ANI 指令是指单个触点串联连接的指令，串联次数没有限制，可反复使用。

OR 指令是指单个触点并联使用的指令，并联次数没有限制，可反复使用。

对同一操作元件，SET、RST 指令可以多次使用，且不限制使用顺序，但最后执行者有效。

3.1.2.2　基本指令（AND、ANDP、ANDF、ORI、ORP、ORF）

（1）指令功能

AND（与指令）：常开触点串联指令，把指定操作元件中的内容和原来保存在操作器里的内容进行逻辑“与”运算，并将逻辑运算的结果存入操作器。

ANDP（上升沿与指令）：上升沿检测串联连接指令，仅在指定操作元件的上升沿（OFF→ON）时接通 1 个扫描周期。

ANDF（下降沿与指令）：下降沿检测串联连接指令，仅在指定操作元件的下降沿（ON→OFF）时接通 1 个扫描周期。

ORI（或非指令）：常闭触点并联指令，把指定操作元件中的内容取反，然后和原来保存在操作器里的内容进行逻辑“或”运算，并将运算结果存入操作器。

ORP（上升沿或指令）：上升沿检测并联连接指令，仅在指定操作元件的上升沿（OFF→ON）时接通 1 个扫描周期。

ORF（下降沿或指令）：下降沿检测并联连接指令，仅在指定操作元件的下降沿（ON→OFF）时接通 1 个扫描周期。

（2）编程实例

AND、ANDP、ANDF、ORI、ORP、ORF 指令在编程应用时的梯形图、指令表和时序图如图 3.4 所示。

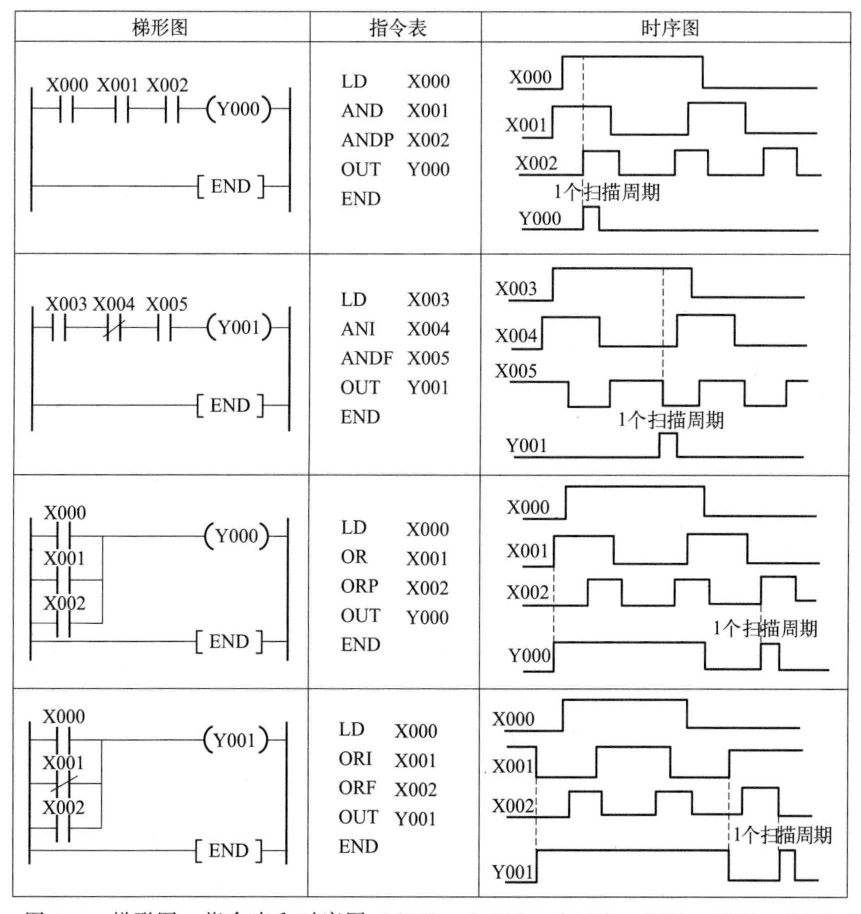

图 3.4　梯形图、指令表和时序图（AND、ANDP、ANDF、ORI、ORP、ORF）

（3）指令使用说明

AND、ANDP、ANDF 指令都是指单个触点串联连接的指令，串联次数没有限制，可反复使用。

ORI、ORP、ORF 指令都是指单个触点并联连接的指令，并联次数没有限制，可反复使用。

3.1.2.3　基本指令（ORB、ANB、MPS、MRD、MPP）

（1）基本功能

ORB（块或指令）：两个或两个以上的触点串联电路之间的并联。

ANB（块与指令）：两个或两个以上的触点并联电路之间的串联。

MPS（进栈指令）：将运算结果（数据）压入栈存储器的第一层（栈顶），同时将先前送入的数据依次向下移动一层。

MRD（读栈指令）：将栈存储器的第一层内容读出且该数据继续保存在栈存储器的第一层，栈内的数据不发生移动。

MPP（出栈指令）：将栈存储器中的第一层内容弹出且该数据从栈中消失，同时将栈中其他数据依次上移。

（2）编程实例

ORB 指令和 ANB 指令编程应用时的梯形图、指令表如图 3.5 所示。

梯形图	指令表(一)	指令表(二)
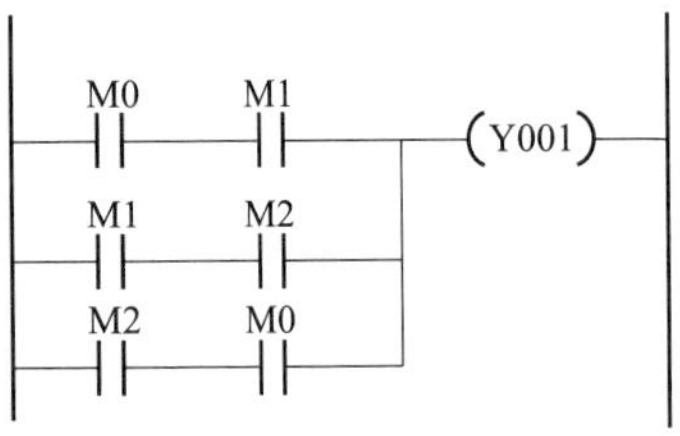 M0 M1 (Y001) M1 M2 M2 M0	LD M0 AND M1 LD M1 AND M2 ORB LD M2 AND M0 ORB OUT Y001	LD M0 AND M1 LD M1 AND M2 LD M2 AND M0 ORB ORB OUT Y001
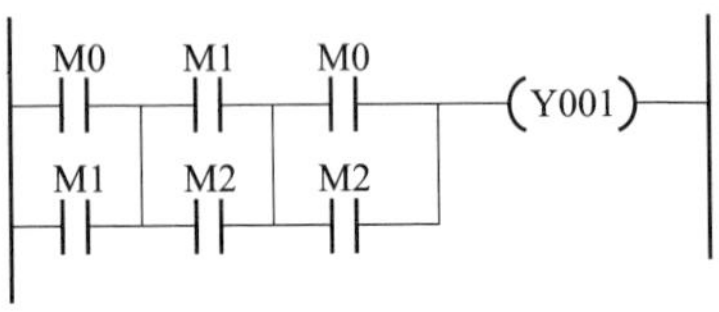 M0 M1 M0 (Y001) M1 M2 M2	LD M0 OR M1 LD M1 OR M2 ORB LD M0 OR M2 ORB OUT Y001	LD M0 OR M1 LD M1 OR M2 LD M0 OR M2 ORB ORB OUT Y001
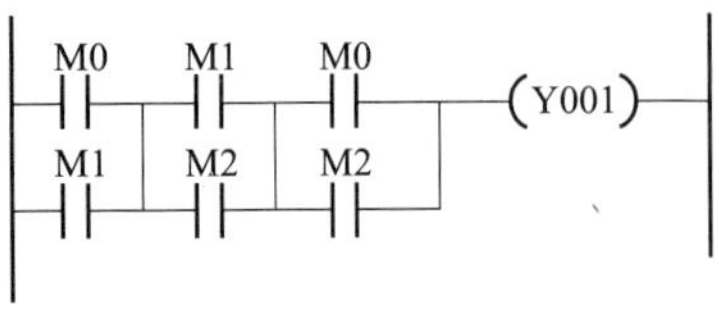 M0 M1 M0 (Y001) M1 M2 M2	LD M0 OR M1 LD M1 OR M2 ORB LD M0 OR M2 ORB OUT Y001	LD M0 OR M1 LD M1 OR M2 LD M0 OR M2 ORB ORB OUT Y001

梯形图	指令表(一)		指令表(二)
X000 X001 X002 X003 X004 X005 X006 X007 Y001	LD	X000	
	OR	X002	
	LDP	X001	分支的起点
	OR	X003	
	ANB		与前面的电路块串联连接
	LD	X004	分支的起点
	ANI	X005	
	ORB		与前面的电路块并联连接
	LDI	X006	分支的起点
	AND	X007	
	ORB		与前面的电路块并联连接
	OUT	Y001	

图 3.5　ORB 指令和 ANB 指令编程应用时的梯形图、指令表

栈操作指令用于多重输出的梯形图中，如图 3.6 所示。

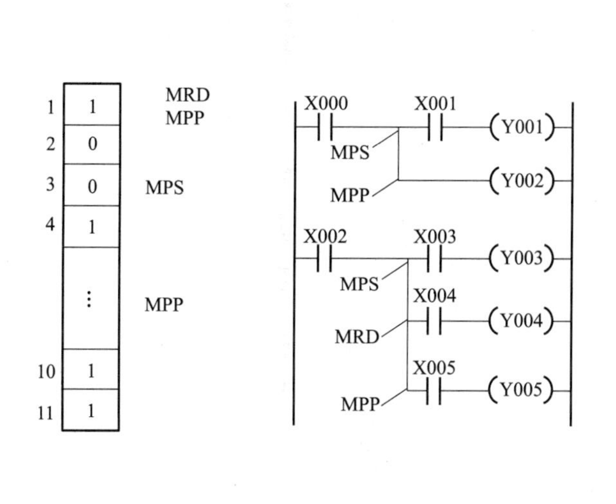

程序步	指令	元件号
0	LD	X000
1	MPS	
2	AND	X001
3	OUT	Y001
4	MPP	
5	OUT	Y002
6	LD	X002
7	MPS	
8	AND	X003
9	OUT	Y003
10	MPD	
11	AND	X004
12	OUT	Y004
13	MPP	
14	AND	X005
15	OUT	Y005

(c) 指令表

图 3.6　栈存储器和多重输出程序

在编程时，若要将中间运算结果存储，可以通过栈操作指令来实现。FX_{2N} 提供了 11 个存储中间运算结果的栈存储器。使用一次 MPS 指令，当时的逻辑运算结果压入栈的第一层，栈中原来的数据依次向下一层推移。当使用 MRD 指令时，栈内的数据不会变化（即不上移或下移），而是将栈的最上层数据读出。当执行 MPP 指令时，栈的最上层数据被弹出，同时该数据从栈中消失，而栈中其他层的数据向上移动一层，因此也称为弹栈。

以下通过几个堆栈的实例来掌握堆栈的应用。

例 3-1：一层堆栈编程，如图 3.7 所示。

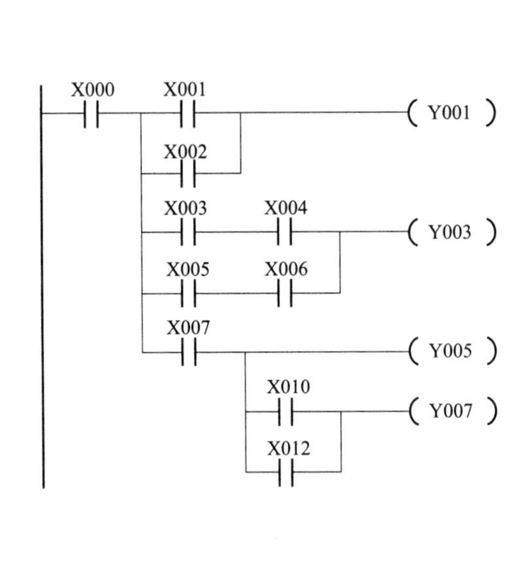

(a) 梯形图

程序步	指令	元件号
0	LD	X000
1	MPS	
2	LD	X001
3	OR	X002
4	ANB	
5	OUT	Y001
6	MRD	
7	LD	X003
8	AND	X004
9	LD	X005
10	AND	X006
11	ORB	
12	ANB	
13	OUT	Y003
14	MPP	
15	AND	X007
16	OUT	Y005
17	LD	X010
18	OR	X012
19	ANB	
20	OUT	Y007

(b) 指令表

图 3.7 一层堆栈编程

例 3-2：二层堆栈编程，如图 3.8 所示。

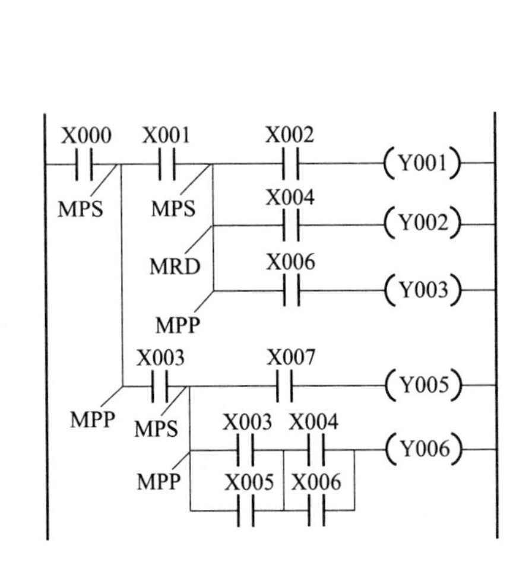

(a) 梯形图

程序步	指令	元件号
0	LD	X000
1	MPS	
2	AND	X001
3	MPS	
4	AND	X002
5	OUT	Y001
6	MRD	
7	AND	X004
8	OUT	Y002
9	MPP	
10	AND	X006
11	OUT	Y003
12	MPP	
13	AND	X003
14	MPS	
15	AND	X007
16	OUT	X005
17	MPP	
18	LD	X003
19	OR	X005
20	LD	X004
21	OR	X006
22	ANB	
23	ANB	
24	OUT	Y006

(b) 指令表

图 3.8 二层堆栈编程

例 3-3：四层堆栈编程，如图 3.9 所示。

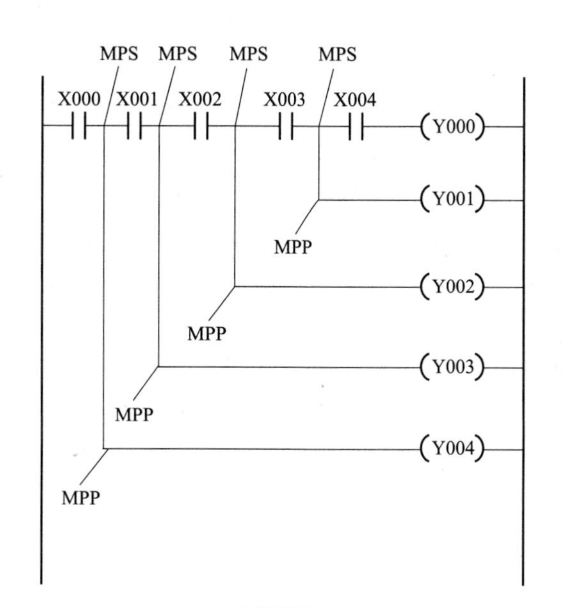

(a) 梯形图

程序步	指令	元件号
0	LD	X000
1	MPS	
2	AND	X001
3	MPS	
4	AND	X002
5	MPS	
6	AND	X003
7	MPS	
8	AND	X004
9	OUT	Y000
10	MPP	
11	OUT	Y001
12	MPP	
13	OUT	Y002
14	MPP	
15	OUT	Y003
16	MPP	
17	OUT	Y004

(b) 指令表

图 3.9 四层堆栈编程

图 3.9 所示的梯形图也可以通过适当的变换不使用栈操作指令，从而简化指令表，变换后的梯形图和指令表如图 3.10 所示。

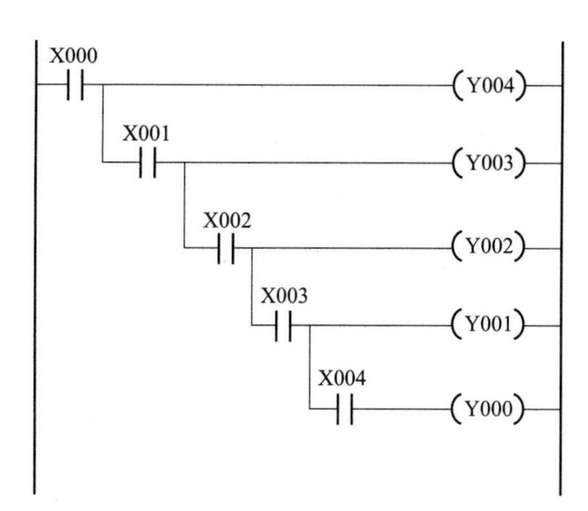

(a) 梯形图

程序步	指令	元件号
0	LD	X000
1	OUT	Y004
2	AND	X001
3	OUT	Y003
4	AND	X002
5	OUT	Y002
6	AND	X003
7	OUT	Y001
8	AND	X004
9	OUT	Y000

(b) 指令表

图 3.10 四层堆栈简化后编程

(3) 指令使用说明

几个串联电路块并联连接或几个并联电路块串联连接时，每个串联电路块或并联电路块的开始指令应该用 LD、LDI、LDP 或 LDF 指令。

ORB 指令和 ANB 指令均为不带操作元件的指令，可以连续使用，但使用次数不超过 8 次。

MPS 指令用于分支的开始处，MRD 指令用于分支的中间段，MPP 指令用于分支的结束处。

MPS指令、MRD指令及MPP指令均为不带操作元件的指令，其中MPS指令和MPP指令必须配对使用。

由于FX_{2N}只提供了11个栈存储器，因此MPS指令和MPP指令连续使用的次数不能超过11次。

3.1.3　梯形图的特点及设计规则

梯形图与继电器控制电路图相近，在结构形式、元件符号及逻辑控制功能方面是类似的，但梯形图具有自己的特点及设计规则。

（1）梯形图的特点

① 梯形图按自上而下、从左到右的顺序排列。每个继电器线圈为一个逻辑行，即一层阶梯。每一逻辑行开始于左母线，然后是触点的连接，最后终止于继电器线圈。在母线与线圈之间一定要有触点，而线圈与右母线之间不能有任何触点。

② 梯形图中，每个继电器均为存储器中的一位，称“软继电器”。当存储器状态为“1”，表示该继电器线圈得电，其常开触点闭合或常闭触点断开。

③ 梯形图中，梯形图两端的母线并非实际电源的两端，而是“概念”电源。“概念”电流只能从左到右流动。

④ 在梯形图中，某个编号的继电器只能出现一次，而继电器触点可无限次引用。如果同一继电器的线圈使用两次，PLC将其视为语法错误，绝对不允许。

⑤ 梯形图中，前面的每个继电器线圈为一个逻辑执行结果，立刻被后面的逻辑操作利用。

⑥ 梯形图中，除了输入继电器没有线圈，只有触点外，其他继电器既有线圈，又有触点。

（2）梯形图编程的设计规则

① 触点不能接在线圈的右边，如图3.11(a)所示；线圈也不能直接与左母线相连，必须通过触点连接，如图3.11(b)所示。

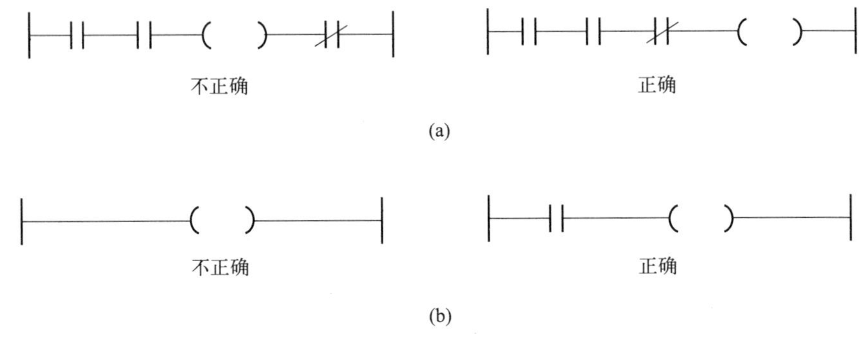

图3.11　规则①说明

② 在每一个逻辑行上，当几条支路并联时，串联触点多的应该安排在上边，如图3.12(a)所示；几条支路串联时，并联触点多的应该安排在左边，如图3.12(b)所示。这样，可以减少编程指令。

③ 梯形图中的触点应画在水平支路上，不应画在垂直支路上，如图3.13所示。

④ 遇到不可编程的梯形图时，可根据信号单向从左至右、自上而下流动的原则对原梯形图重新编排，以便于正确应用PLC基本指令来编程，如图3.14所示。

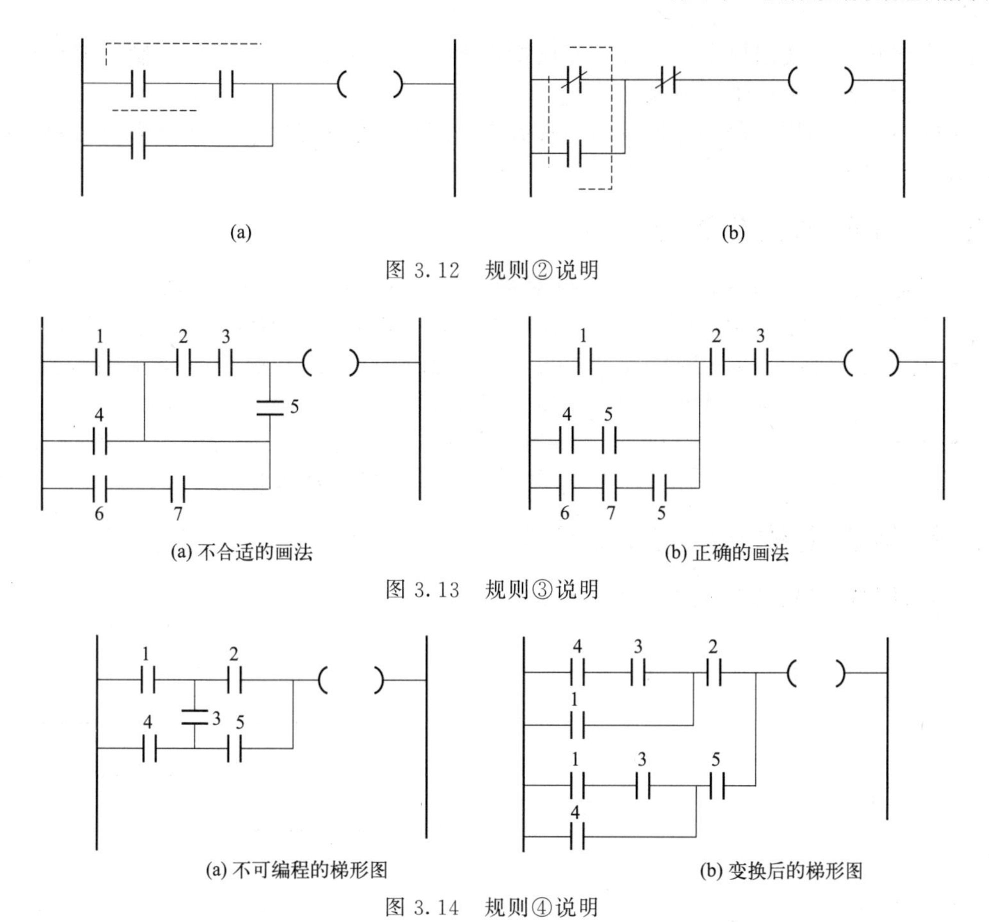

(a)　(b)

图 3.12　规则②说明

(a) 不合适的画法　(b) 正确的画法

图 3.13　规则③说明

(a) 不可编程的梯形图　(b) 变换后的梯形图

图 3.14　规则④说明

⑤ 双线圈输出不可用。如果在同一程序中同一元件的线圈使用两次或多次，则称为双线圈输出。这时前面的输出无效，只有最后一次有效，如图 3.15 所示。一般不应出现双线圈输出。

(3) 输入信号的最高频率问题

输入信号的状态是在 PLC 输入处理时间内被检测的，如果输入信号的 ON 时间或 OFF 时间过窄，有可能检测不到。也就是说，PLC 输入信号的 ON 时间或 OFF 时间，必须比 PLC 的扫描周期长。若考虑输入滤波器的响应延迟为 10ms，扫描周期为 10ms，则输入的 ON 时间或 OFF 时间至少为 20ms。因此，要求输入脉冲的频率低于 1000Hz/(20+20)=25Hz。不过，用 PLC 后述的功能指令结合使用，可以处理较高频率的信号。

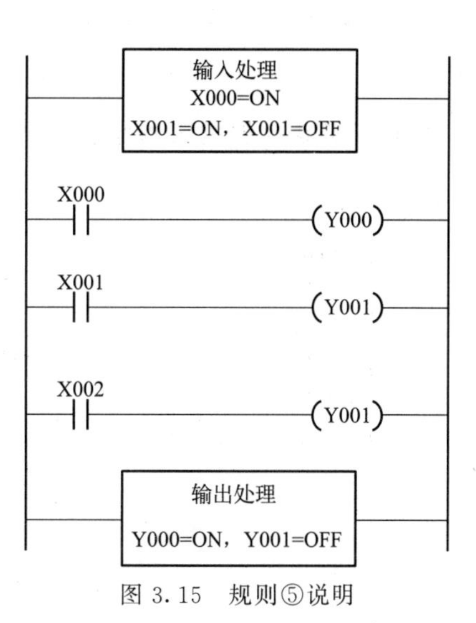

图 3.15　规则⑤说明

3.2　定时器指令的编程与调试

定时器在可编程控制器中的作用相当于一个时间继电器，它有一个设定值寄存器（字）、一个当前值寄存器（字）以及无数个触点（bit）。对于每一个定时器，这三个量使用同一个名称，但使用场合不一样，其所指也不一样。通常一个可编程控制器中有几十个至数百个定时器，可用于定时操作。

定时器可以用用户程序存储器内的常数 K 或 H 作为设定值，也可以用数据寄存器 D 的内容作为设定值。

3.2.1　定时器主要类型

定时器实际是内部脉冲计数器，可对内部 1ms、10ms 和 100ms 时钟脉冲进行加计数，当达到用户设定值时，触点动作。定时器根据工作原理不同可分为以下两类：

• 通用定时器（T0～T245）：100ms 定时器有 T0～T199 共 200 点，设定范围 0.1～3276.7s；10ms 定时器有 T200～T245 共 46 点，设定范围 0.01～327.67s。

• 积算定时器（T246～T255）：1ms 定时器有 T246～T249 共 4 点，设定范围 0.001～32.767s；100ms 定时器有 T250～T255 共 6 点，设定范围为 0.1～3276.7s。

3.2.2　定时器的原理与基本应用

(1) 通用定时器的工作原理（图 3.16）

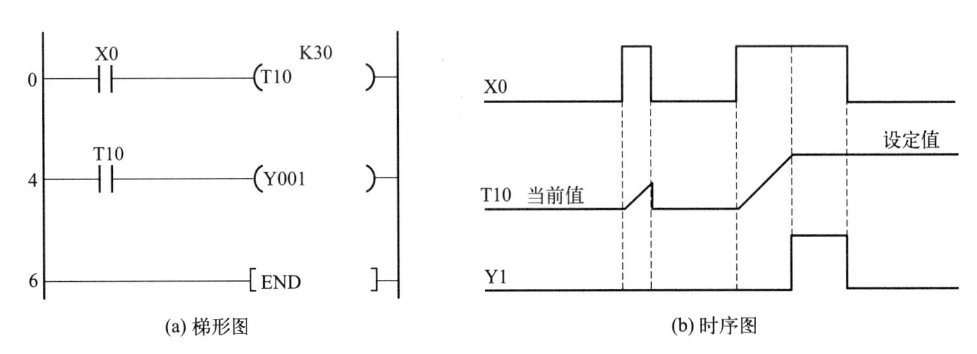

图 3.16　通用定时器的工作原理

(2) 积算定时器的工作原理（图 3.17）

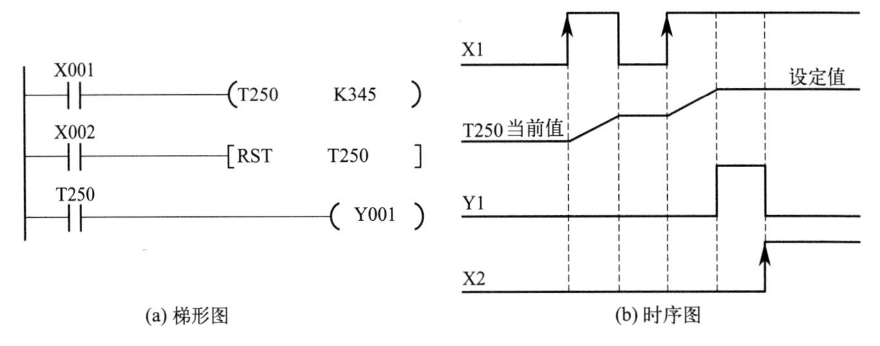

图 3.17　积算定时器的工作原理

(3) 定时器的基本应用电路

① 通电延时/断电延时，如图 3.18 所示。

② 定时器的串联电路，如图 3.19 所示。

其中，延时时间＝T0＋T1＝3600s。

③ 定时器闪烁（振荡）电路，如图 3.20 所示。

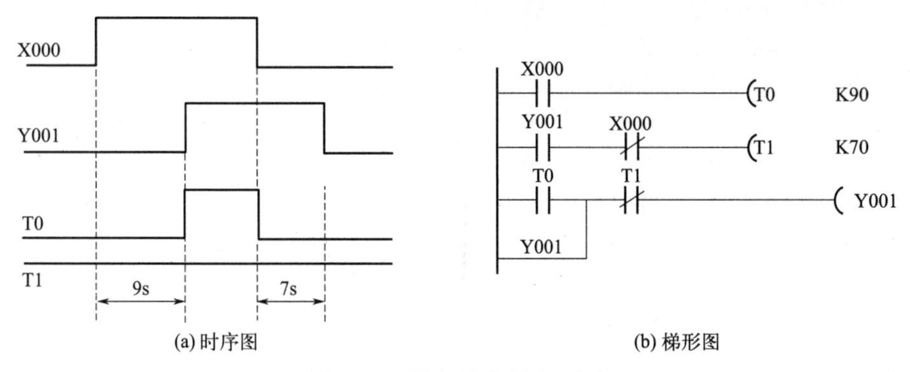

(a) 时序图　　(b) 梯形图

图 3.18　通电延时/断电延时

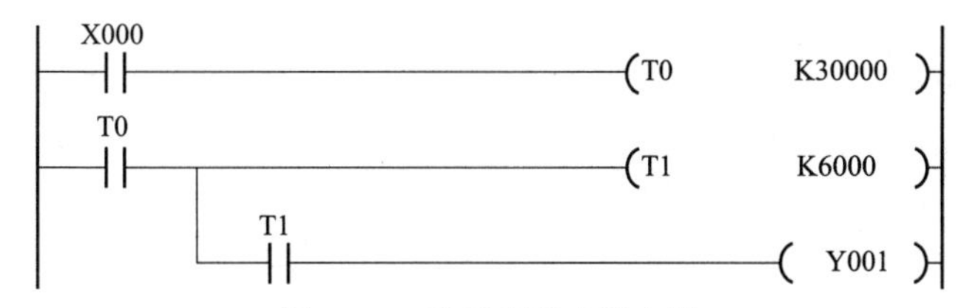

图 3.19　定时器的串联电路

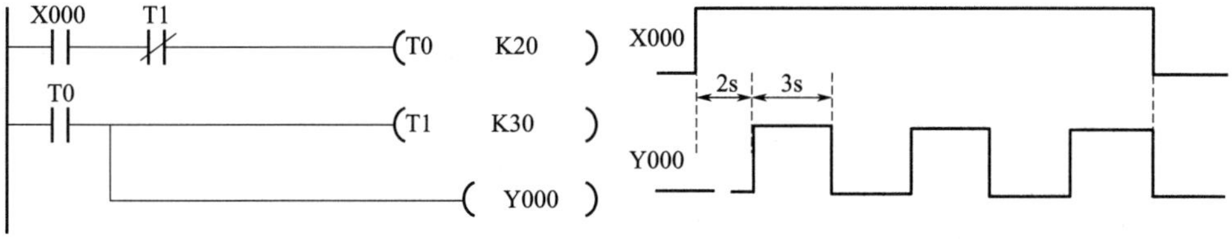

(a) 梯形图　　(b) 时序图

图 3.20　闪烁（振荡）电路

3.3　计数器指令的编程与调试

3.3.1　计数器的主要类型与原理

FX_{2N}PLC 提供了两类计数器：一类为内部计数器，它是 PLC 在执行扫描操作时对内部信号等进行计数的计数器，要求输入信号的接通或断开时间应大于 PLC 的扫描周期；另一类是高速计数器，其响应速度快，因此对于频率较高的计数就必须采用高速计数器。本节仅介绍内部计数器。

内部计数器分为 16 位加计数器和 32 位加/减计数器两类，计数器的编号采用 C 和十进制数共同组成。

(1) 16 位加计数器

C0～C199 共 200 点是 16 位加计数器，其中 C0～C99 共 100 点为通用型，C100～C199 共 100 点为断电保持型（断电保持型即断电后能保持当前值，待通电后继续计数）。这类计数器为递加计数，应用前先对其设置某一设定值，当输入信号（上升沿）个数累加到设定值时，计数器动作，其常开触点闭合、常闭触点断开。16 位加计数器的设定值为

1～32767，设定值可以用常数K或者通过数据寄存器D来设定。

16位加计数器的工作过程如图3.21所示。图中计数输入X000是计数器的工作条件，X000每次驱动计数器C0的线圈时，计数器的当前值加1。K5为计数器的设定值。当第5次执行线圈指令时，计数器的当前值和设定值相等，输出触点就动作。Y000为计数器C0的工作对象，在C0的常开触点接通时置1，而后即使计数器输入X000再动作，计数器的当前值保持不变。由于计数器的工作条件X000本身就是继续工作的，外电源正常时，其当前值寄存器具有记忆功能，因此即使是非断电保持型的计数器也需要复位指令才能复位。图3.21中X001为复位条件。当复位输入X001在上升沿接通时，执行RST指令，计数器的当前复位为0，输出触点也复位。

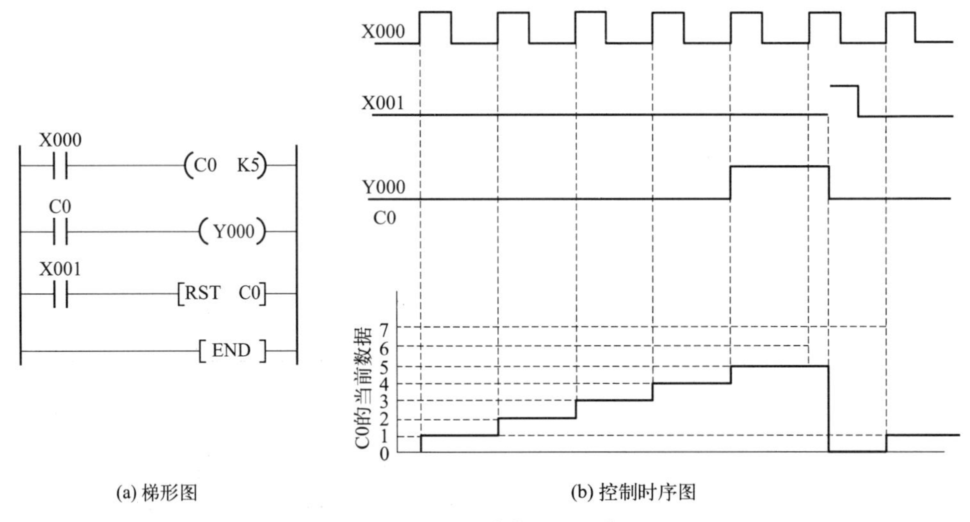

(a) 梯形图　(b) 控制时序图

图3.21　16位加计数器的工作过程

(2) 32位加/减计数器

C200～C234共有35点，其中C200～C219共20点为通用型，C220～C234共15点为断电保持型。这类计数器与16位加计数器除位数不同外，还能通过控制实现加/减双向计数。32位加/减计数器的设定值为－214783648～＋214783647。

C200～C234是加计数还是减计数，分别由特殊辅助继电器M8200～M8234设定。其对应的特殊辅助继电器被置1时为减计数，被置0时为加计数。32位加/减计数器的设定值与16位加计数器一样，可直接用常数K或间接用数据寄存器D的内容作为设定值，在间接设定时，要用编号紧连在一起的两个数据计数器。

32位加/减计数器的工作过程如图3.22所示。X012用来控制M8200，M012闭合时为减计数方式，否则为加计数方式。X013为复位信号，X013的常开触点接通时，C200被复位。X014作为计数输入驱动C200线圈进入加计数或减计数。计数器设定值为－5，当计数器的当前值由－6增加为－5时，其触点置1，由－5减少为－6时，其触点置0。

3.3.2　计数器的基本应用

(1) 定时器和计数器配合使用

定时器和计数器配合使用形成1h延时电路，梯形图与时序图如图3.23所示。

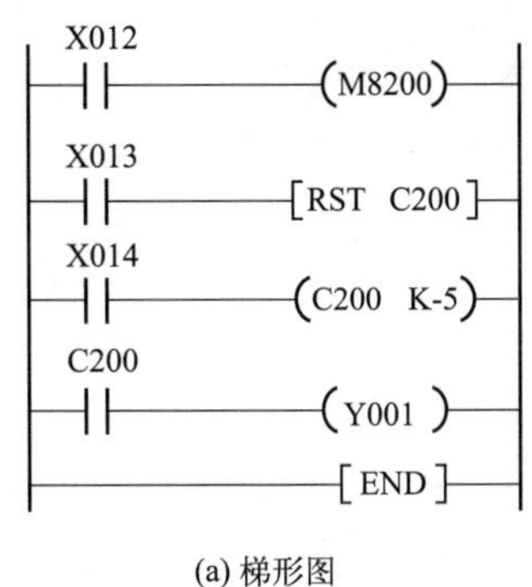

(a) 梯形图

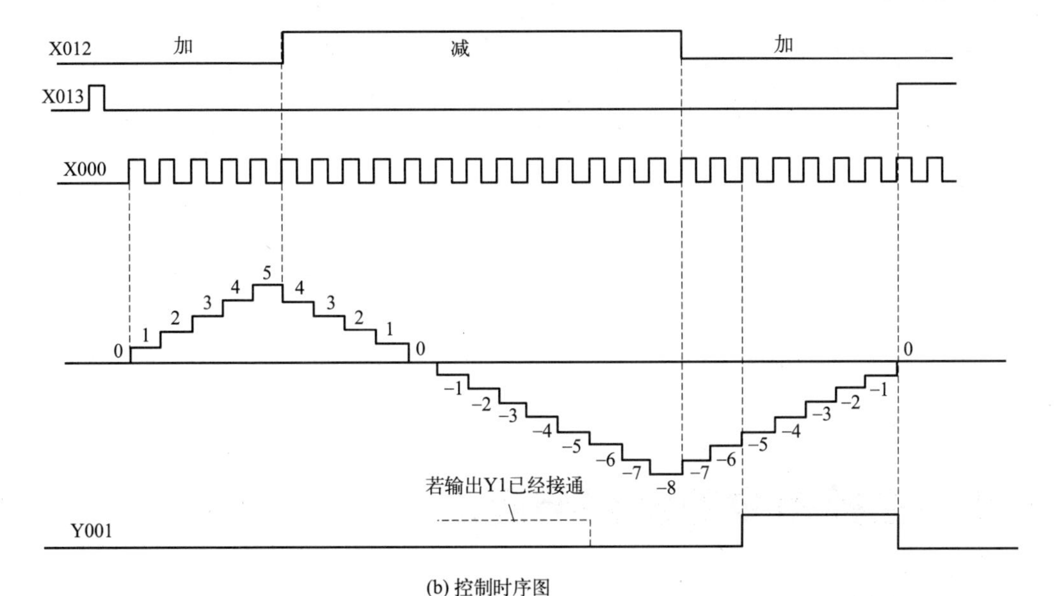

(b) 控制时序图

图 3.22　计数器的工作过程

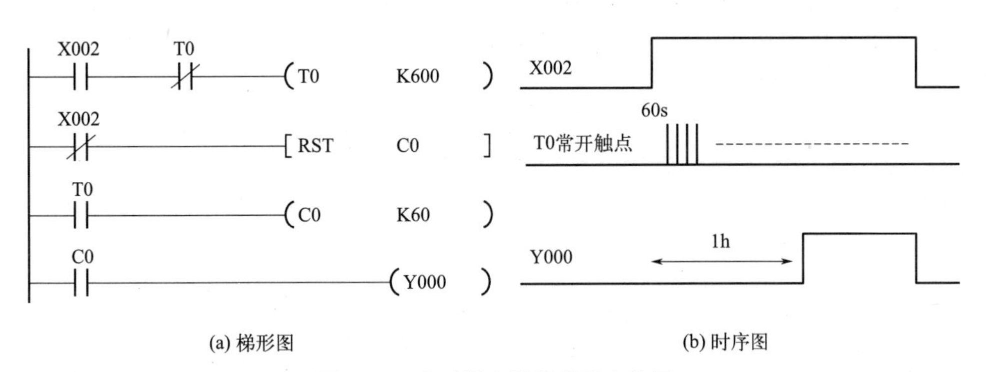

(a) 梯形图　　(b) 时序图

图 3.23　定时器和计数器配合使用

(2) 一个按钮控制三盏灯

用一个按钮控制组合吊灯三挡亮度，控制功能如图 3.24(a) 所示，控制按钮按一下，一组灯亮，按两下，两组灯亮，按三下，三组灯都亮，按四下，全灭。组合吊灯三挡亮度 PLC 控制梯形图如图 3.24(b) 所示。

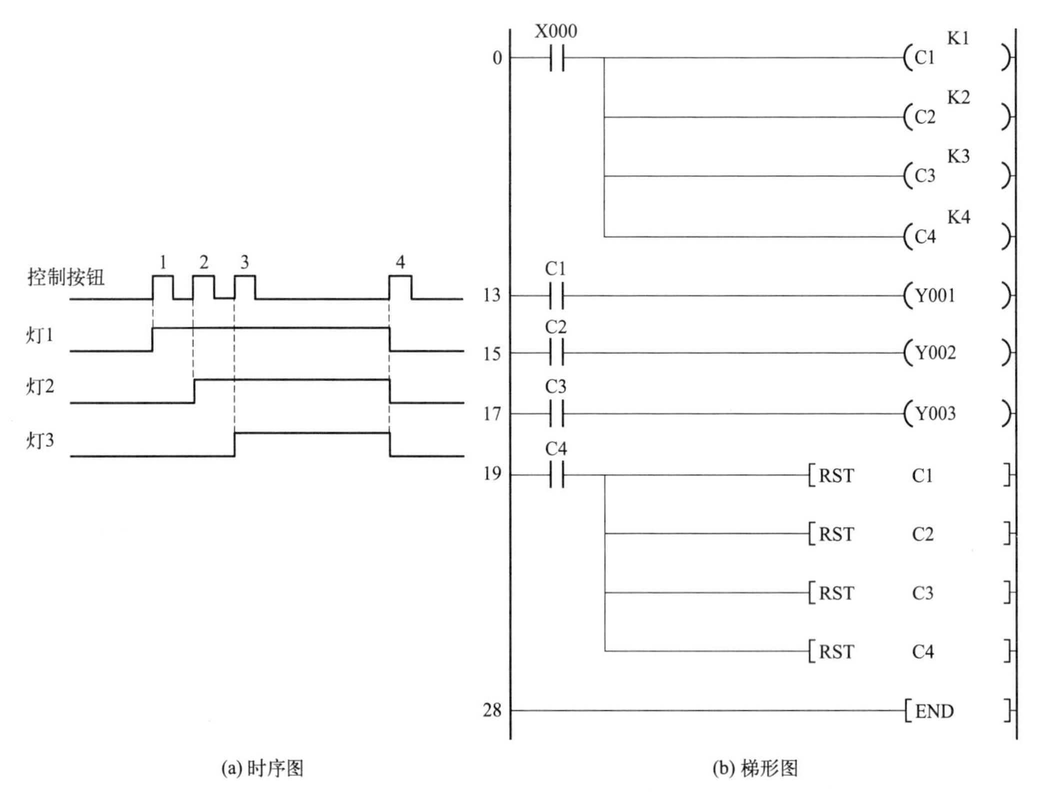

(a) 时序图　　(b) 梯形图

图 3.24　一个按钮控制三盏灯时的时序图和梯形图

3.4　主控指令的编程与调试

3.4.1　主控指令

在编程时，遇到许多线圈同时受控于一个触点的问题时，为节省存储单元，可用主控指令建立一个主控触点，此触点为与母线相连的垂直触点，相当于受控电路的总开关。主控及主控复位指令见表 3.2。

表 3.2　主控及主控复位指令说明表

助记符及名称	功能	回路表示和操作元件	程序步
MC 主控	公共串联触点的连接	MC N Y0 Y、M(除特殊M)	3
MCR 主控复位	公共串联触点的清除	MCR N N：嵌套级数	2

指令说明：

① 输入接通时执行 MC 与 MCR 之间的指令，输入断开时，积算定时器、计数器及用 SET/RST 指令驱动的元件保持当前状态。

② MC 指令使编辑母线移至 MC 触点之后，若要返回主母线，必须用 MCR 指令。

③ 使用不同的 Y、M 元件号，可多次使用 MC 指令，但是若同一软元件号多次使用 MC 指令，程序会出错。

④ 在 MC 指令内再使用 MC 指令时，嵌套级 N 的编号要顺次增大，嵌套级别为 N0～N7。采用 MCR 指令时，嵌套级 N 按从大到小的顺序开始消除（N7、N6、…、N0）。

含有主控指令的应用梯形图和指令表如图 3.25 所示。

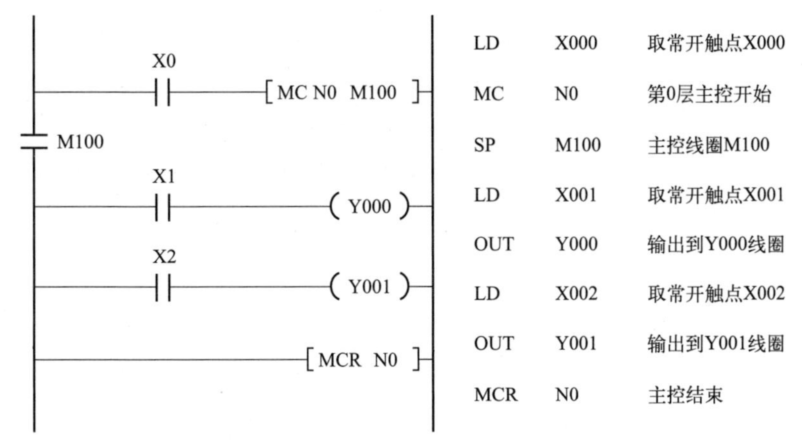

图 3.25　含有主控指令的梯形图及指令表

3.4.2　脉冲输出指令（PLS/PLF）

脉冲输出指令（PLS/PLF）的助记符、功能和软元件见表 3.3。

表 3.3　脉冲输出指令的助记符、功能和软元件

助记符	名称	功能	可用软元件
PLS	上升沿脉冲输出	产生上升沿脉冲	Y、M
PLF	下降沿脉冲输出	产生下降沿脉冲	Y、M

PLS/PLF 是脉冲输出指令。PLS 指令使操作组件在输入信号上升沿时产生一个扫描周期的脉冲输出；PLF 指令使操作组件在输入信号下降沿时产生一个扫描周期的脉冲输出，梯形图与指令表如图 3.26 所示，脉冲波形图如图 3.27 所示。

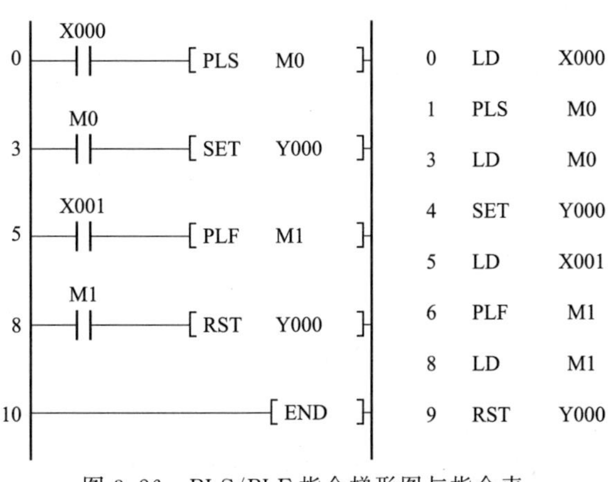

图 3.26　PLS/PLF 指令梯形图与指令表

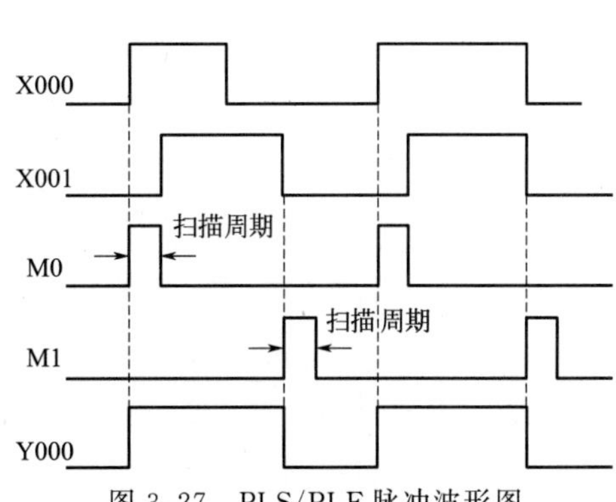

图 3.27　PLS/PLF 脉冲波形图

3.4.3　取反指令（INV）

INV 指令是将 INV 指令之前的运算结果取反。INV 指令的助记符、功能、可用软元件见表 3.4。

表 3.4　INV 指令说明表

助记符	名称	功能	可用软元件
INV	取反	运算结果取反	无可用软元件

使用 INV 指令编程时，可以在 AND/ANI/ANDP/ANDF 指令位置后编程，也可以在 ORB/ANB 指令回路中编程，但不能像 OR/ORI/ORP/ORF 指令那样单独并联使用，也不能像 LD/LDI/LDP/LDF 指令那样单独与左母线连接。INV 指令梯形图与指令表如图 3.28 所示。

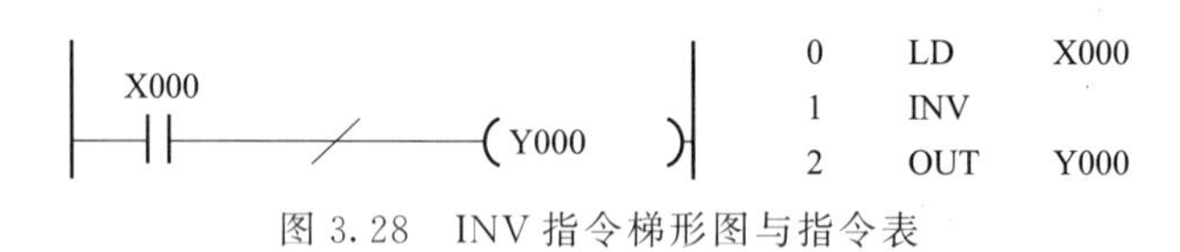

图 3.28　INV 指令梯形图与指令表

3.4.4　空操作指令（NOP）

空操作指令（NOP）的助记符、功能和可用软元件见表 3.5。

表 3.5　NOP 指令说明表

助记符	名称	功能	可用软元件
NOP	空操作	无动作	无可用软元件

空操作指令就是使该步无操作。程序中加入空操作指令，在变更程序或增加指令时可以使步序号不变化。用 NOP 指令替换或修改已写入的指令时要注意，若将 LD/LDI/ANB/ORB 等指令换成 NOP 指令，可能会造成程序出错：

① AND/ANI 指令改成 NOP 指令使触点短路（见图 3.29）；

② ANB 指令改成 NOP 指令使前面电路全部短路（见图 3.30）；

③ OR 指令改成 NOP 指令时使电路切断（见图 3.31）；

④ ORB 指令改成 NOP 指令时使电路切断（见图 3.32）。

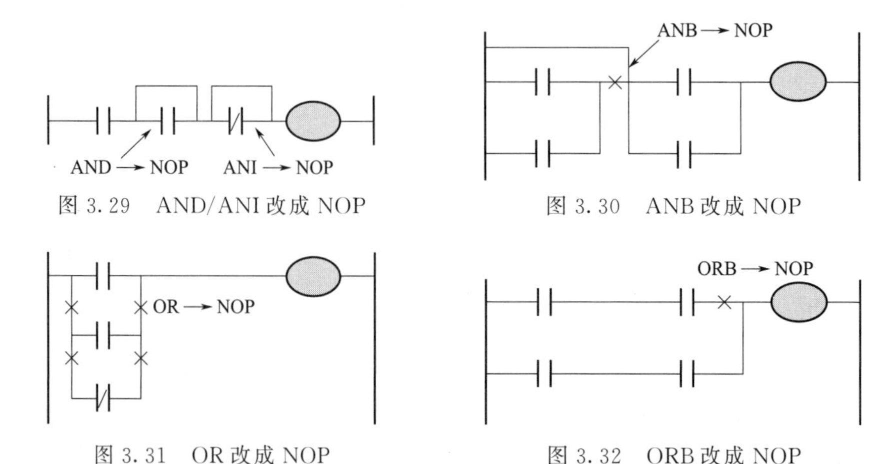

图 3.29　AND/ANI 改成 NOP

图 3.30　ANB 改成 NOP

图 3.31　OR 改成 NOP

图 3.32　ORB 改成 NOP

3.4.5 程序结束指令（END）

程序结束指令（END）的助记符、功能和可用软元件见表 3.6。

表 3.6　END 指令说明表

助记符	名称	功能	可用软元件
END	结束	输入输出处理及返回程序开始处	无可用软元件

END 是程序结束指令，PLC 按照输入采样、程序执行和输出刷新循环工作。若在程序中不写入 END 指令，则 PLC 从用户程序的第一步扫描到最后一步。若在程序中写入 END 指令，则 END 指令后的程序步不再执行，直接进行输出处理。END 指令如图 3.33 所示。

END

图 3.33　END 指令使用说明

END 指令还可以用于程序的分段调试。可以在程序中人为地加入几条 END 指令，将程序进行分段，从前往后分别运行各程序段，若运行无误，将 END 指令删除。

巩固与提高

三菱 FX_{2N} 系列 PLC 内部编程元件还包括数据寄存器、变址寄存器、地址指针、常数等，见表 3.7。

表 3.7　FX_{2N} 系列 PLC 的内部编程元件分配表

序号	名称	地址域	功能
1	数据寄存器	D0～D199，共 200 点	16 位通用
		D200～D7999，共 7800 点	16 位保持
		D1000～D7999，共 7000 点	文件寄存器
		D8000～D8195，共 196 点	16 位特殊
		V0～V7，Z0～Z7，共 16 点	16 位变址
2	指针	P0～P127，共 128 点	跳转用
3	嵌套	N0～N7，共 8 点	主控用

（1）数据寄存器

① 通用型数据寄存器。通用型数据寄存器 D0～D199 为 16 位数据格式，1 个数据寄存器称为 1 个字（或 1 个通道），占用 2 字节。数据寄存器用于存放 16 位二进制数或其他进制的数据。2 个数据寄存器合并起来可以存放 32 位数据（双字），如 D10 和 D11 组成的双字中，D10 中存放 32 位数据的低 16 位，D11 中存放 32 位数据的高 16 位。字或双字的最高位为符号位，0 表示寄存器中的数据为正值，1 表示寄存器中的数据为负值。

数据寄存器中的数据一旦被写入将不会自行丢失，只有被新的数据刷新，寄存器中的数据才会改写。PLC 从 RUN 状态进入 STOP 状态时，所有的通用型寄存器的值都被清为 0。但是也有特殊情况，即如果特殊型辅助继电器 M8033 接通，PLC 从 RUN 状态进入 STOP 状态时，通用型寄存器的值保持不变。

② 断电保持型数据寄存器。断电保持型数据寄存器 D200～D7999 也是 16 位数据格式。但它的特点是具有断电保持功能，即当 PLC 由通电状态进入断电状态时，以上编号的数据寄存器的值保持不变。利用参数设定，可改变电池保持的数据寄存器的范围。

③ 特殊型数据寄存器。特殊型数据寄存器 D8000～D8195 可用来控制和监视 PLC 内

部的各种工作方式和元件，如电池电压和扫描时间等。PLC通电时，特殊型数据寄存器均被写入默认的值。

④ 文件型数据寄存器。文件型数据寄存器D1000～D7999以500点为单位，可被外部设备存取。它实际上被设置为PLC的参数区，与断电保持型数据寄存器是重叠的，可保证数据不会丢失，并且可通过块传送指令改写。

(2) 变址寄存器

三菱FX_{2N}系列PLC有16个变址寄存器V/Z。它们均为16位寄存器，里面存放的是偏移量，用于改变编程元件的地址编号，实现变址寻址，即以变址的方式求得数据单元的地址。例如，当变址寄存器V=12时，数据寄存器D6V相当于D18(6+12=18)。通过修改变址寄存器V的值，可以改变实际的操作数。变址寄存器V也可以用来修改常数的值。例如，当变址寄存器Z=21时，K48Z相当于K69(21+48=69)。另外，变址寄存器V/Z也可合并使用，且Z为低16位，V为高16位。

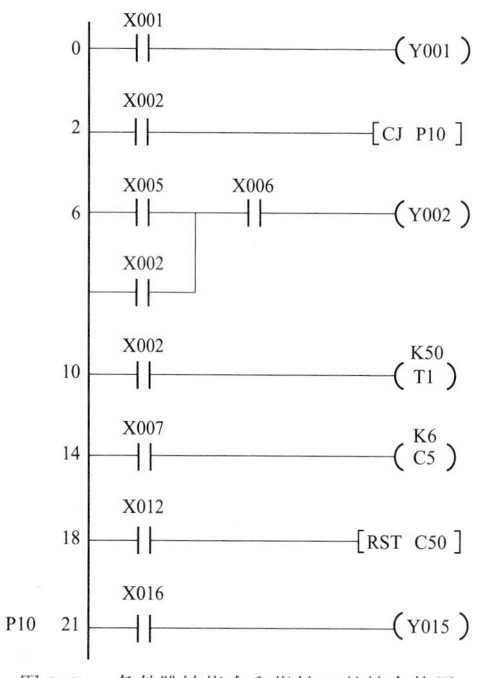

图3.34　条件跳转指令和指针P的结合使用

(3) 指针

PLC梯形图中指针P/I放在左侧母线的左边，它给程序指定了一个节点，用来执行特定指令的跳转。图3.34所示为条件跳转指令和指针P的结合使用。

① 分支用指针。分支用指针P0～P127在使用时，要与相应的条件跳转指令相结合。例如，在图3.34中，若输入继电器X002的常开触点闭合，则程序跳转到指针P10处，此时，不执行被跳过的那部分指令；若输入继电器X002的常开触点断开，则程序不执行跳转，而按原顺序进行。多条跳转指令可以使用相同的指针。

② 中断用指针。中断用指针I□□□是指明某一中断源的中断程序入口指针，执行到中断返回指令时返回主程序。中断用指针应在主程序结束指令之后使用。

a. 输入中断用指针。输入中断用指针I00□～I50□可用来接收特定输入地址号的输入信号，输入中断用指针的编号如图3.35所示。输入中断用指针为I□0□，最高位与X0～X3的元件号相对应，最低位为0时表示下降沿中断，反之为上升沿中断。例如图3.35中，I001之后的中断程序在输入信号X0的上升沿执行。

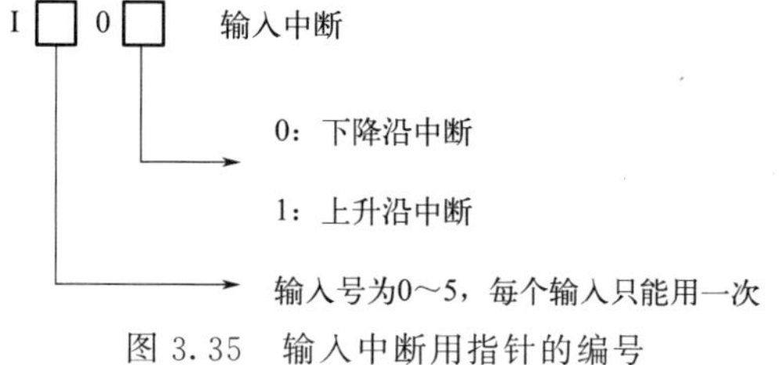

图3.35　输入中断用指针的编号

b. 定时器中断用指针。定时器中断用指针I6□□～I8□□的低两位是以毫秒为单位的定时时间。定时器中断用指针使PLC以指定的周期定时执行中断子程序，循环处理某些任务，处理时间不受PLC扫描周期的影响。

c. 计数器中断用指针。计数器中断用指针I010～I060与高速计数器比较置位指令配合使用，根据高速计数器的计数当前值与计数设定值的关系来确定是否执行相应的中断服务程序。

(4) 寄存器组合

在使用内部编程元件时，各种寄存器可以按位的组合形式使用，其中 K1 表示寄存器的 4 位，K2 表示寄存器的 8 位，K3 表示寄存器的 12 位，K4 表示寄存器的 16 位，位组合由低位开始计算。例如，K2X0 表示 X000～X007，K1M0 表示 M0～M3，K4Y0 表示 Y000～Y017。

(5) 常数

常数 K 用来表示十进制常数，16 位常数的范围为－32768～＋32767。32 位常数的范围为－2147483648～＋2147483647。

常数 H 用来表示十六进制常数，十六进制包括 0～9 和 A～F 这 16 个数字，16 位常数的范围为 0～FFFF，32 位常数的范围为 0～FFFFFFFF。

项目复习题

① 三菱 FX_{2N} 系列 PLC 的基本逻辑指令有哪些？

② 输出继电器和辅助继电器的主要区别是什么？

③ 主控指令的主要特点是什么？一般什么情况下使用？

④ 如何实现定时器、计数器设定值的变量控制？

⑤ 计数器是否具有记忆功能？系统断电后再来电其累计值是否会被保存？

⑥ 根据以下的 PLC 基本指令，画出其对应的梯形图。

LD	X7	AND	T0	ANI	C1	AND	X13
AND	X10	ANI	M2	ORB		OUT	Y5
AND	X11	ORB		AND	M10	AND	M5
ANI	X12	LD	X14	ANI	Y2	OUT	Y3
LDI	M1	AND	M3	OUT	Y1	END	

⑦ 根据图 3.36 所示波形图设计梯形图程序。

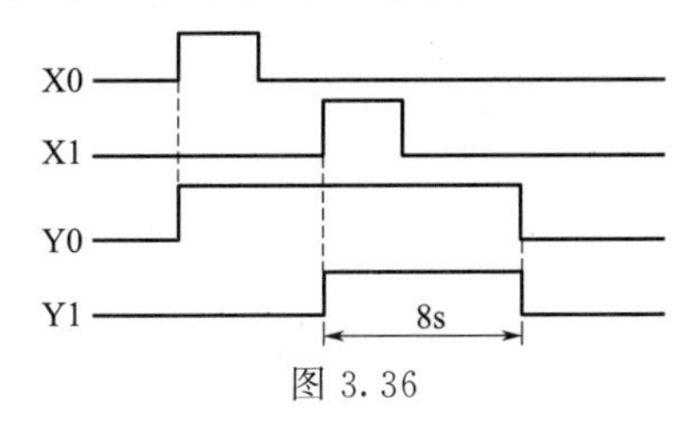

图 3.36

⑧ M8000、M8002、M8011、M8012、M8013 属于什么类型的软元件？分别简述它们的作用。

⑨ 设计声光报警电路：X0 为闪光或长亮加声报警，X1 为灯长亮报警，X2 为声报警允许控制信号；Y0 为灯光输出，Y1 为声报警蜂鸣器。

⑩ 根据图 3.37 所示 PLC 梯形图画出 M100、M101 和 M206 的波形图。

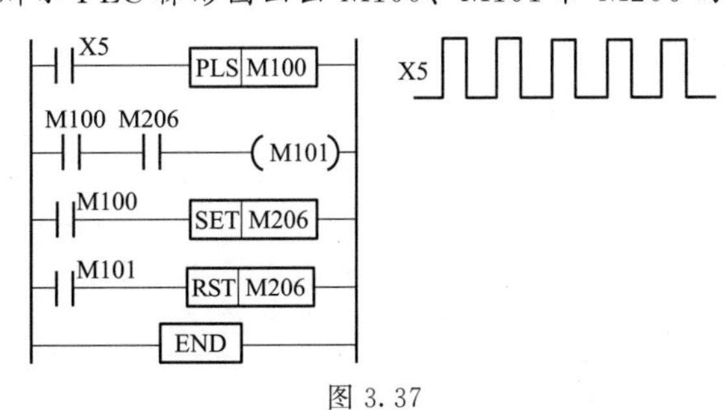

图 3.37

第4章

可编程控制系统应用指令的编程

知识目标

① 熟悉功能图的特点及功能图控制的应用。
② 掌握数据传送指令与比较指令的用法。
③ 掌握运算指令的用法。
④ 掌握循环移位指令的用法。

能力目标

① 能够熟练使用顺序控制方法编程。
② 能够熟练使用数据传送指令与比较指令。
③ 能够熟练使用运算指令。
④ 能够熟练使用循环移位指令。

4.1 顺序指令的编程与应用

4.1.1 顺序控制概述

4.1.1.1 顺序控制的概念

在工业控制系统中，顺序控制经常被使用。所谓顺序控制就是按照预先规定的顺序，对生产设备进行有序的操作。它是将系统的一个工作过程分为若干前后顺序相连的阶段，每个阶段都称为步（状态），并使每一步独立工作，而每个步按照条件进行顺序转换。

顺序控制的特点是将较复杂的生产过程分解成若干工作步骤，每个工作步骤都包含一个具体的控制任务，即形成一个状态。由于顺序控制属于节拍性的工作流程，所以它可以不考虑相邻节拍中控制对象之间的互锁或联锁。这在某种程度上可使控制程序大大简化。

4.1.1.2　顺序控制设计方法

设计理念：系统工艺流程分析→顺序功能图→梯形图

根据系统顺序功能图设计梯形图的方法，称为顺序控制功能图编程法。

前面项目中各梯形图的设计方法一般称为经验设计法，经验设计法实际上是用输入信号直接控制输出信号，如果无法直接控制或为了解决记忆、连锁和互锁等，就只能被动地增加一些辅助元件和辅助触点。由于各系统输出量与输入量之间的关系和对联锁、互锁的要求千变万化，因此不可能找出一种简单通用的设计方法。

顺序控制设计方法实际上是用输入信号控制代表各步的编程元件（如辅助继电器 M 和状态继电器 S），再用它们控制输出信号。步是根据输出信号的状态来划分的。顺序控制设计法又称为步进控制设计法，很容易被初学者接受，程序的调试、修改和阅读也很容易，并且大大缩短了设计周期，提高了设计效率。所谓顺序控制，就是按照生产工艺预先规定的顺序，在各个输入信号的作用下，各个执行机构根据内部状态和时间的顺序，在生产过程中自动地有秩序地进行操作。

4.1.1.3　顺序功能图的概念

顺序功能图（sequence function chart，SFC）是 IEC 标准规定的用于顺序控制的标准化语言。SFC 用来全面描述控制系统的控制过程、功能和特性，而不涉及系统所采用的具体技术，它是一种通用的技术语言，可供进一步设计时使用和不同专业的人员之间进行技术交流使用。

SFC 以功能为主线，由步、有向连线、转换、转换条件及动作（或命令）组成，表达意义准确、条理清晰、规范、简洁，是设计 PLC 顺序控制程序的重要工具。由于 SFC 只是一种反映控制组织结构的流程图，不能在 PLC 中作为执行程序运行，所以 SFC 必须通过转换才能被 PLC 接受，SFC 的变换通常以梯形图居多。

使用顺序控制设计法时首先根据系统的工艺过程，画出顺序功能图，然后根据顺序功能图画出梯形图。

① 步及其划分。顺序控制设计法最基本的思想是分析被控对象的工作过程及控制要求，根据控制系统输出状态的变化将系统的一个工作周期划分为若干个顺序相连的阶段，这些阶段称为步（step），可以用编程元件（如辅助继电器 M 和状态继电器 S）来代表各步。步是根据 PLC 输出量的状态变化来划分的，在每一步内，各输出量的 ON/OFF 状态均保持不变，但是相邻两步输出量总的状态是不同的。只要系统的输出量状态发生变化，系统就从原来的步进入新的步。

总之，步的划分应以 PLC 输出量状态的变化来划分。如果 PLC 输出状态没有变化，就不存在程序的变化，步的这种划分方法使代表各步的编程元件的状态之间有着极为简单的逻辑关系。

与系统的初始状态相对应的步称为初始步。初始状态一般是系统等待启动命令的相对静止状态。初始步用双线框表示，每一个顺序功能图至少应该有一个初始步。当系统处于某一步所在的阶段时，该步处于活动状态，称该步为活动步。步处于活动状态时，相应的动作被执行；步处于不活动状态时，相应的非存储命令被停止执行。

② 与步对应的动作或命令。可以将一个控制系统划分为被控系统和施控系统，例如在数控车床系统中，数控装置是施控系统，而车床是被控系统。对于被控系统，在某一步中要完成某些“动作”；对于施控系统，在某一步中则要向被控系统发出某些“命令”。为了叙述方便，将命令或动作统称为动作。

步并不是 PLC 的输出触点动作，步只控制系统中的一个稳定状态。在这个状态下，可以有一个或多个 PLC 的输出触点动作，也可以没有任何输出触点动作。

“动作”是指某步活动时，PLC 向被控系统发出的命令，或被控系统应执行的动作。“动作”用矩形框中的文字或符号表示，该矩形框应与相应步的矩形框相连接。如果某一步有几个动作，可以用图 4.1 中的两种画法来表示，但是并不隐含这些动作之间的任何顺序。

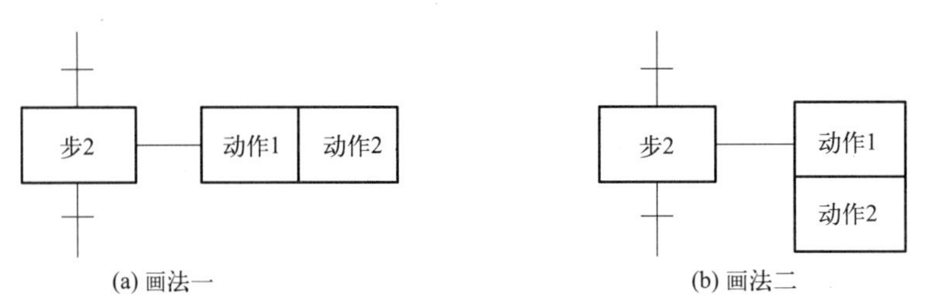

图 4.1 多个动作的表示方法

当该步处于活动状态时，相应的动作被执行。但是应注意表明动作是保持型还是非保持型的。保持型动作是指该步活动时执行该动作，该步变为不活动后继续执行该动作。非保持型动作是指该步活动时执行该动作，该步变为不活动步后停止执行该动作。一般保持型动作在顺序功能图中应该用文字或指令标注，而非保持型动作不需要标注。

③ 有向连线、转换和转换条件。如图 4.2 所示，步与步之间用有向连线连接，并且用转换将步与步分隔开。步的活动状态进展是按有向连线规定的路线进行。有向连线上无箭头标注时，其进展方向是从上而下、从左到右。如果不是上述方向，应在有向线段上用箭头注明方向。

转换用与有向线段垂直的短线来表示，步与步之间不允许直接相连，必须有转换隔开，而转换与转换之间也同样不能直接相连，必须有步隔开。转换条件是与转换相关的逻辑命题。转换条件可以用文字语言、布尔代数式或图形符号标在表示转换的短线旁边，如图 4.2 所示。

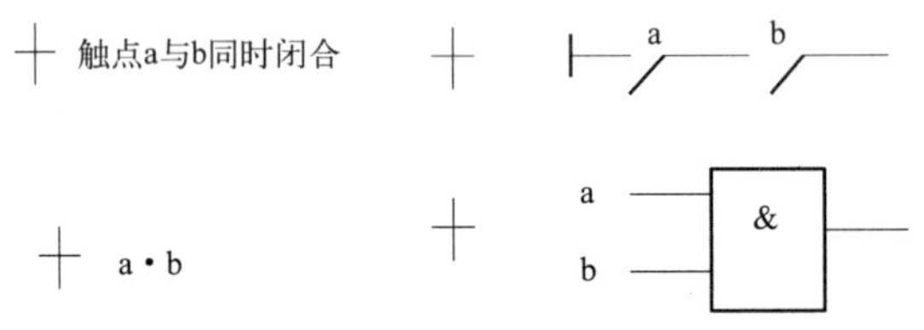

图 4.2 转换与转换条件

在顺序功能图中，步的活动状态的进展是由转换来实现的。转换的实现必须同时满足两个条件：一是该转换所有的前级步都是活动步；二是相应的转换条件得到满足。当同时具备以上两个条件时，才能实现步的转换。转换实现时应完成以下两个操作：一是使所有由有向连线与相应转换符号相连的后续步都变为活动步；二是使所有由有向连线与相应转换符号相连的前级步都变为不活动步。

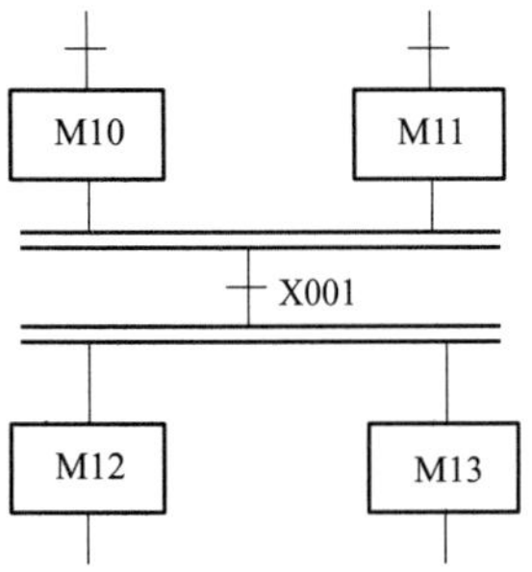

M10 M11 X001 M12 M13

图 4.3 转换的同步实现

如果转换的前级步或后续步不止一个，则该转换的实现称为同步实现（图 4.3）。为了强调同步实现，有向连线的水平部分用双线表示。

在梯形图中，用编程元件（如 M 和 S）代表步，当某步活动时，该步对应的编程元件为 ON。当该步之后的转换条件满足时，转换条件对应的触点或电路接通，因此可以将该触点或电路与代表所有前级步的编程元件的常开触点串联，作为与转换实现的两个条件同时满足所对应的电路。例如图 4.3 中的转换条件为 $\overline{X005}+X001$，它的两个前级步为步 M10 和步 M11，应将逻辑表达式 M10 • M11 • （X001）对应的触点串联电路作为转换实现的两个条件同时满足所对应的电路。在梯形图中，该电路接通时，应使代表前级步的编程元件 M10 和 M11 复位。同时使代表后续步的编程元件 M12 和 M13 置位。

4.1.2　GX Works 2 编程软件中 SFC 流程图的编写

用 SFC 编程实现自动闪烁信号生成，PLC 上电后 Y0、Y1 以 1s 为周期交替闪烁。以下为编程过程讲解。

① 启动 GX Works 2 编程软件，单击“工程”菜单，点击创建新工程菜单项或点击新建工程按钮 （如图 4.4）。

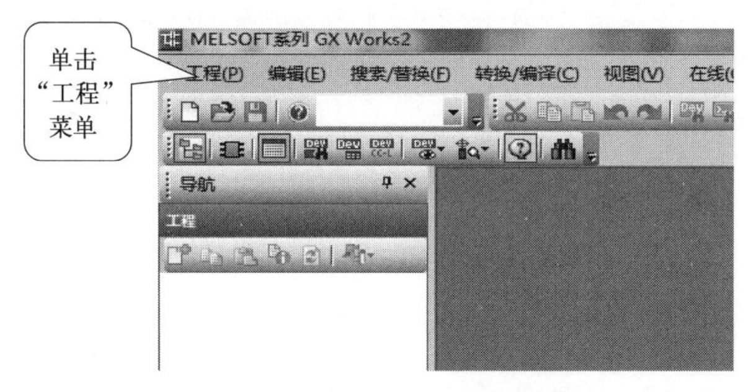

图 4.4　GX Works 2 编程软件窗口

② 弹出“新建工程”对话框如图 4.5 所示。工程类型下拉列表中选择“简单工程”，PLC 系列下拉列表框中选择“FXCPU”，PLC 类型下拉列表框中选择“FX_{2N}”，程序语言选择“SFC”，点击“确定”按钮。

③ 弹出如图 4.6 所示“块信息设置”窗口，0 号块一般作为初始程序块，所以选择“梯形图块”。点击“执行”。

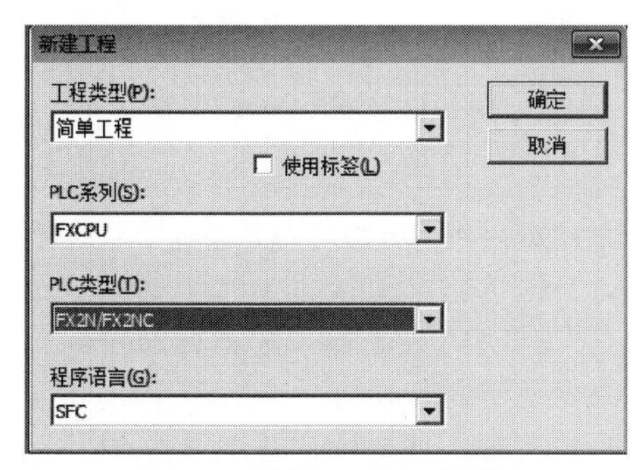

图 4.5　“新建工程”对话框

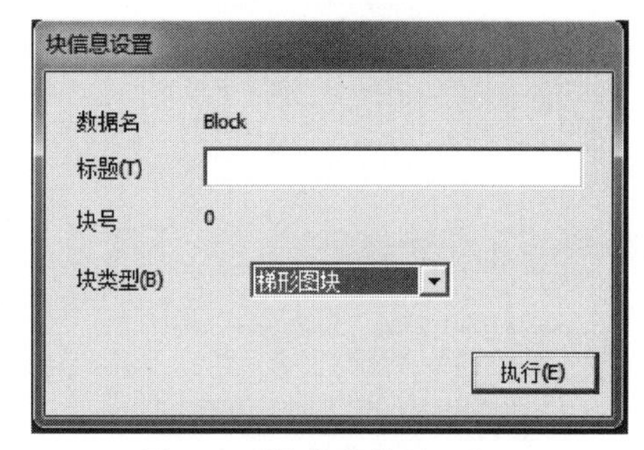

图 4.6　“块信息设置”窗口

在块标题文本框中可以填入相应的块标题（也可以不填），在块类型中选择梯形图块。为什么选择梯形图块，不是在编辑 SFC 程序吗？原因是在 SFC 程序中初始状态必须是激活的，而激活的方法是利用一段梯形图程序，而且这一段梯形图程序必须放在 SFC 程序的开头部分。

④ 点击“执行”按钮弹出梯形图编辑窗口（图 4.7），在右边梯形图编辑窗口中输入

启动初始状态的梯形图，本例中利用PLC的一个辅助继电器M8002的上电脉冲使初始状态生效。初始化梯形图，输入完成后单击“转换”菜单选择“转换”项或按F4快捷键，完成梯形图的转换（图4.8）。

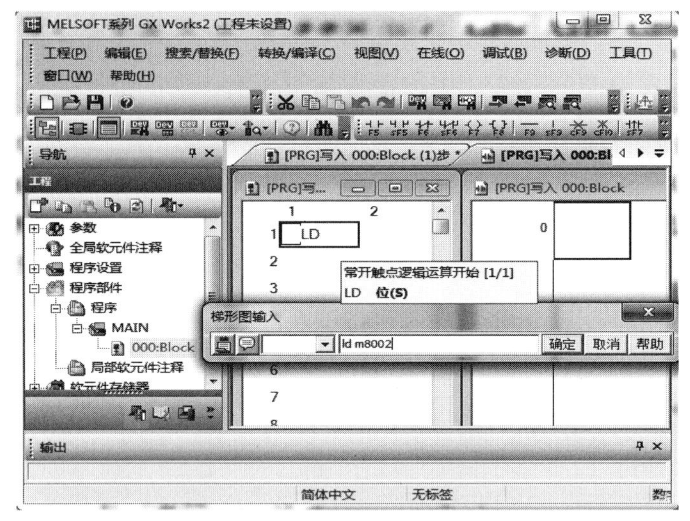

图4.7　梯形图编辑窗口

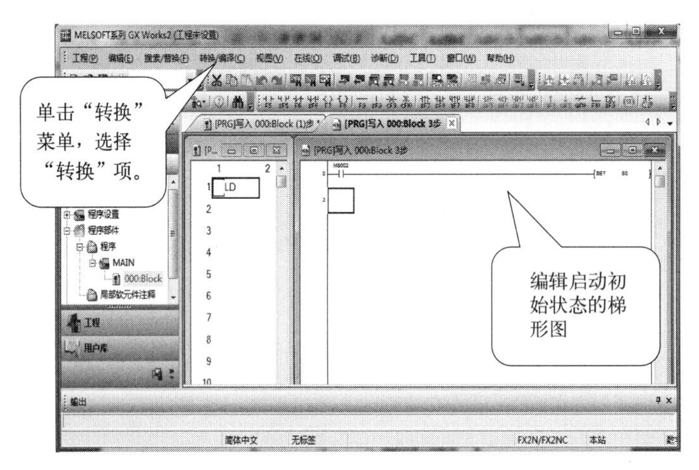

图4.8　启动初始状态梯形图编程界面

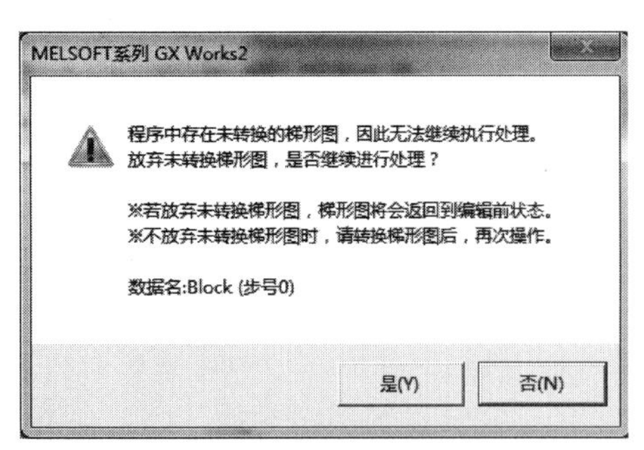

图4.9　出错信息窗口

如果想使用其他方式启动初始状态，只需要改动上图中的启动脉冲M8002即可，如果有多种方式启动初始状态，则进行触点的并联即可。需要说明的是在每一个SFC程序中至少有一个初始状态，且初始状态必须在SFC程序的最前面。在SFC程序的编制过程中每一个状态中的梯形图编制完成后必须进行转换，才能进行下一步工作，否则弹出出错信息（图4.9）。

⑤ 编辑好0号块的初始梯形图程序后，编辑1号块SFC程序，右键单击工程数据列表窗口中的“程序”→“MAIN”选择“新建数据”，

弹出新建数据设置对话框（图 4.10）。点击“确定”按钮，弹出 1 号块信息设置对话框（图 4.11），在块类型中选择“SFC 块”。点击“执行”按钮，进入 1 号块 SFC 编程界面（图 4.12）。

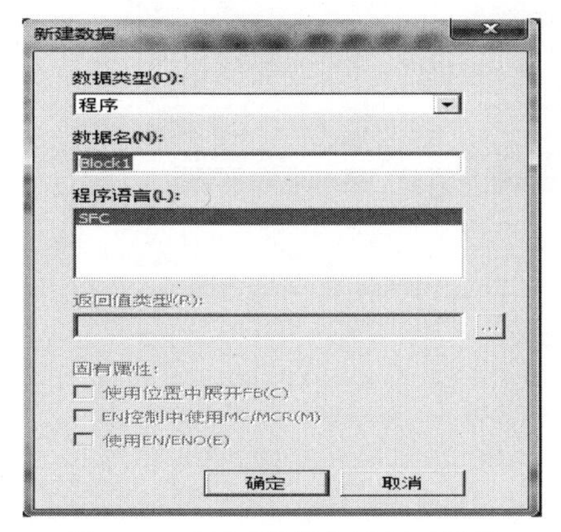

图 4.10　“新建数据”设置对话框

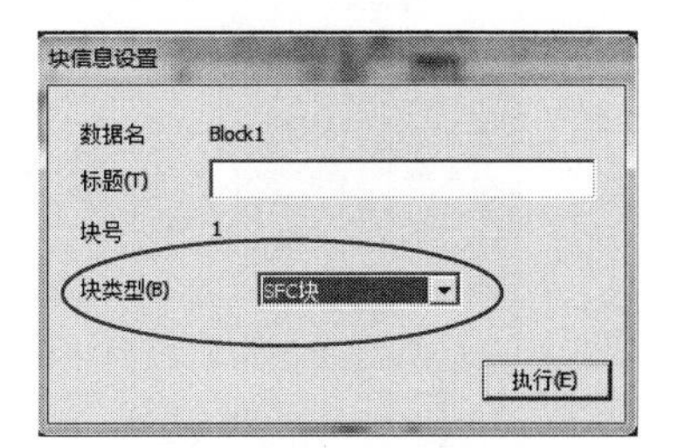

图 4.11　“块信息设置”对话框

图 4.12　SFC 编程编写内部程序界面

⑥ 光标在状态或转换条件处停留，即可在右边编写状态梯形图。在 SFC 程序中每一个状态或转换条件都是以 SFC 符号的形式出现在程序中，每一种 SFC 符号都对应有图标和图标号。输入使状态发生转换的条件，在 SFC 程序编辑窗口将光标移到第一个转换条件符号处（如图 4.12 标注），在右侧梯形图编辑窗口输入使状态转换的梯形图（图 4.13）。T0 触点驱动的不是线圈，而是 TRAN 符号，意思是表示转换（transfer），在 SFC 程序中所有的转换用 TRAN 表示，不可以用 SET＋S 语句表示。编辑完一个条件后按 F4 快捷键转换，转换后梯形图由原来的灰色变成亮白色，再看 SFC 程序编辑窗口中 1 前面的问号（?）不见了。下面输入下一个工步，在左侧的 SFC 程序编辑窗口中把光标下移到方向线底端，单击工具栏中的工具按钮 F5 或按 F5 快捷键弹出步输入设置对话框，如图 4.14 所示。再单击工具栏中的工具按钮 F5 或按 F5 快捷键弹出转换条件输入设置对话框，如图 4.15 所示。

输入图标号后点击“确定”，这时光标将自动向下移动，此时可看到步图标号前面有

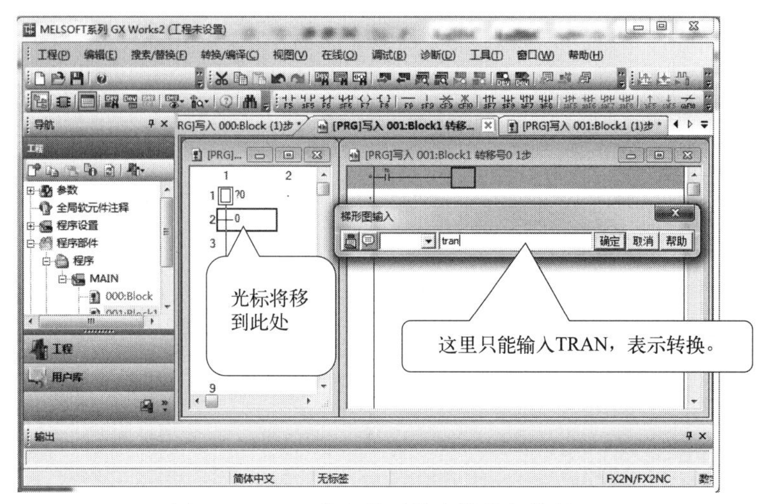

图 4.13　SFC 编程编写状态转换条件界面

图 4.14　步输入设置对话框

图 4.15　转换条件输入设置对话框

一个问号（?）。这表示对此步我们还没有进行梯形图编辑，同样右边的梯形图编辑窗口是灰色的不可编辑状态（图 4.16）。

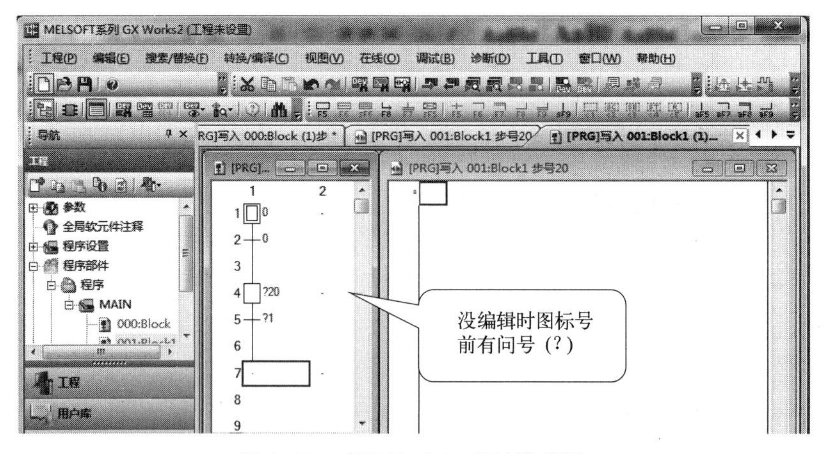

图 4.16　有问号（?）表示没编辑

下面对工步进行梯形图编程，将光标移到步符号处（在步符号处单击），此时再看右边的窗口变成可编辑状态，在右侧的梯形图编辑窗口中输入梯形图，此处的梯形图是指程序运行到此工步时要驱动哪些输出线圈，本例中要求工步 20 驱动输出线圈 Y0 以及线圈 T0，用相同的方法把控制系统的一个周期编辑完后，最后要求系统能周期性工作，所以在 SFC 程序中要有返回原点的符号。

⑦ 在 SFC 程序中用 F8（JUMP）加目标号进行返回操作。输入方法是把光标移到方向线的最下端按 F8 快捷键或者点击 F8 按钮，在弹出的对话框中填入跳转的目的步号，点击“确定”按钮（图 4.17）。

图 4.17　跳转符号输入

当输入完跳转符号后，在 SFC 编辑窗口中可以看到有跳转返回的步符号的方框中多了一个小黑点儿，这说明此工步是跳转返回的目标步，这为阅读 SFC 程序也提供了方便（图 4.18）。编好完整的 SFC 程序，先进行全部程序的转换，可以用菜单选择或热键 Shift+Alt+F4 完成，只有全部转换程序后才可下载调试程序（图 4.19）。

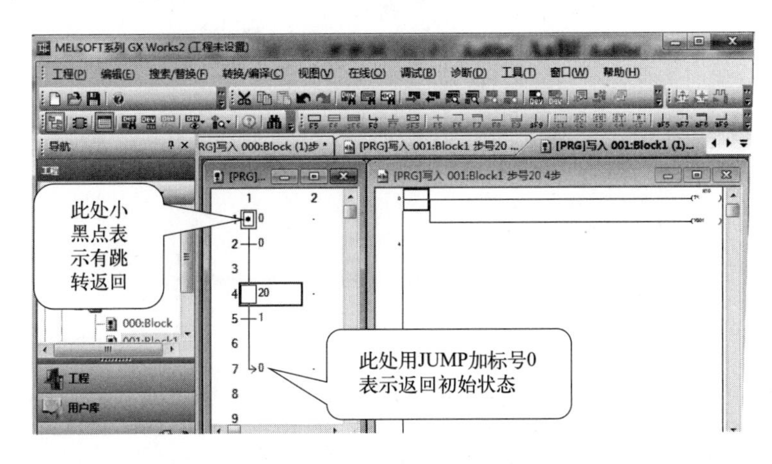

图 4.18　编辑完的 SFC 程序

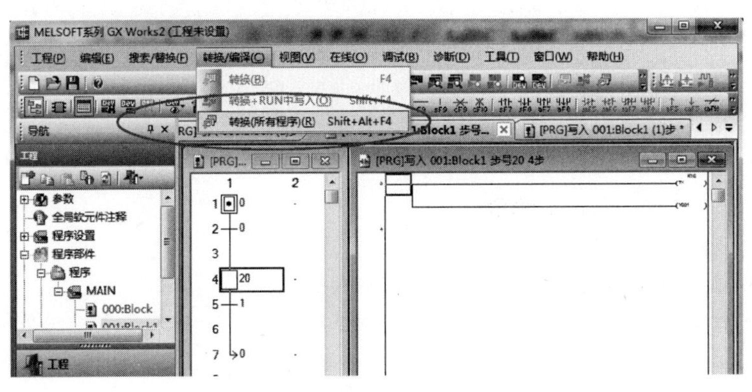

图 4.19　程序转换

⑧ 编写好的程序可以在线调试也可以离线仿真调试，观察编程功能是否实现。单击菜单“调试”可以选择调试项目（图 4.20）。

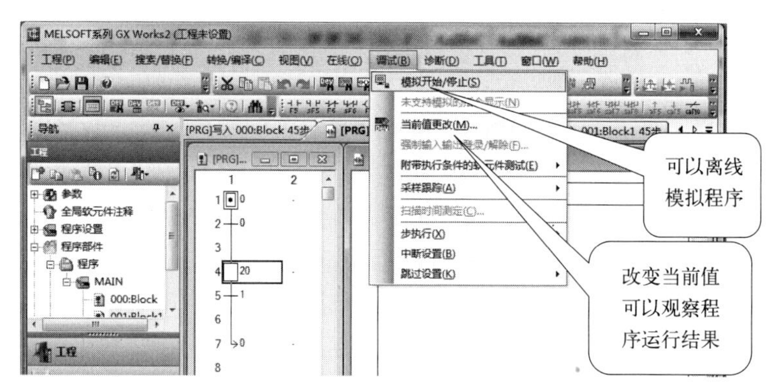

图 4.20　程序调试选择菜单

选择“模拟开始/停止”菜单后，会弹出图 4.21 所示模拟写入对话框，并显示程序写入进程。调试监控界面如图 4.22 所示。

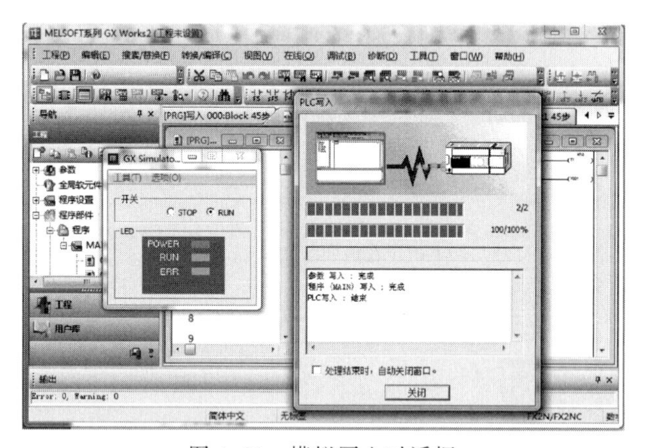

图 4.21　模拟写入对话框

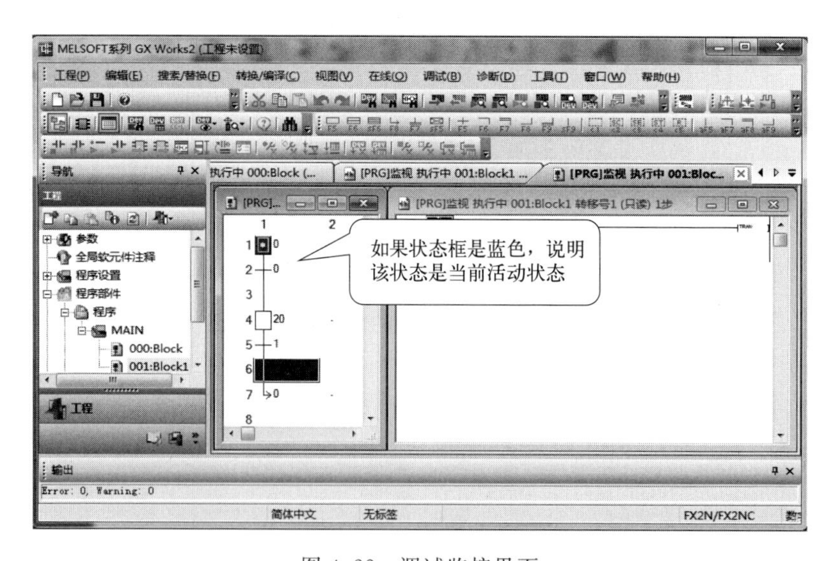

图 4.22　调试监控界面

以上介绍了单序列的 SFC 程序的编制方法，通过学习我们基本了解了 SFC 程序中状态符号的输入方法。在 SFC 程序中仍然需要进行梯形图的设计，SFC 程序中所有的状态转换用 TRAN 表示。

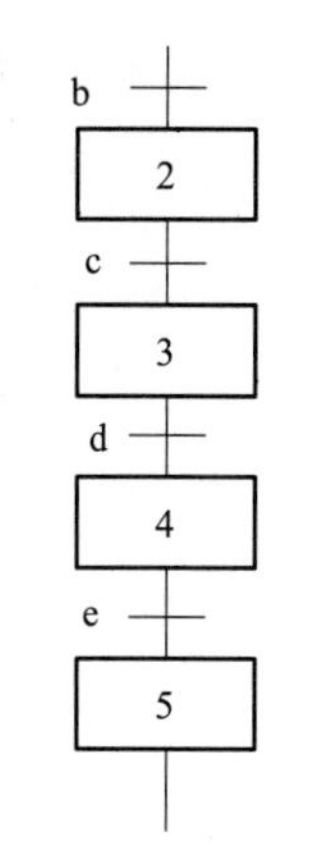

图 4.23　单序列结构

4.1.3　单序列结构形式的顺序功能图

根据步与步之间转换的不同情况，顺序功能图有三种不同的基本结构形式：单序列结构、选择序列结构和并行序列结构。本节介绍顺序功能图的单序列结构形式。顺序功能图的单序列结构形式没有分支，它由一系列按顺序排列、相继激活的步组成。每一步的后面只有一个转换，每一个转换后面只有一步，如图 4.23 所示。

顺序功能图作为控制的组织流程，在一定程度上反映了控制逻辑的顺序，其转换条件为执行某段梯形图的输入条件，状态下的工作任务可由梯形图构成。下面以具体实例进行说明，如图 4.24 和图 4.25 所示。

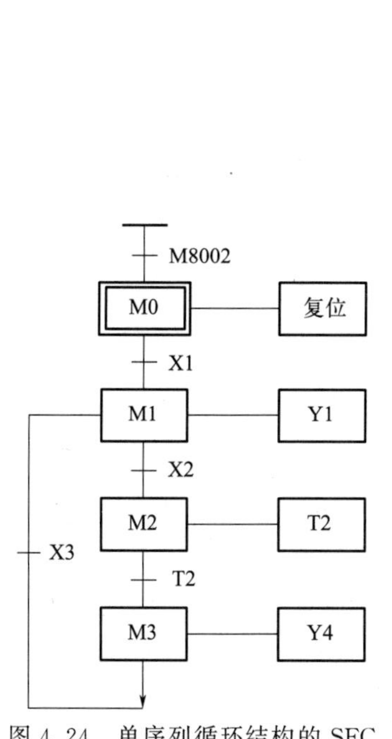

图 4.24　单序列循环结构的 SFC

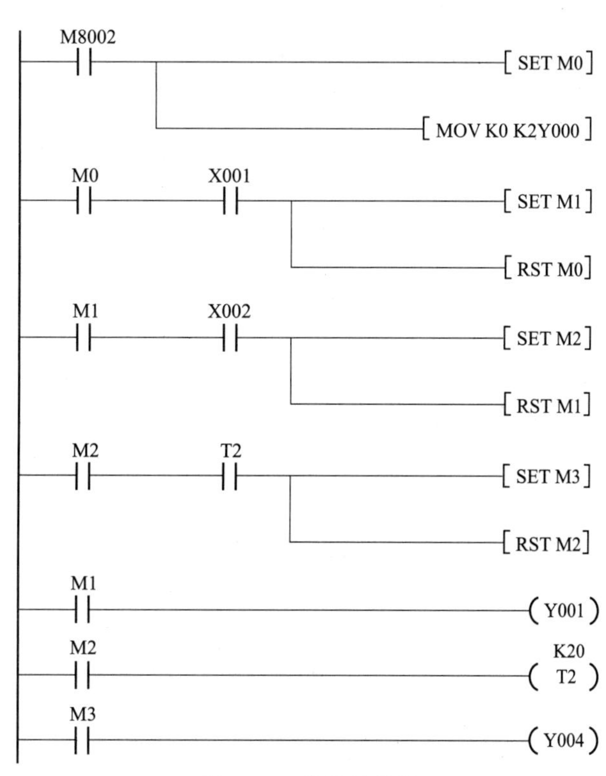

图 4.25　梯形图程序

在图 4.25 中，PLC 上电的第一个扫描周期将 Y000～Y007 清零复位，辅助继电器 M0 置位构成了顺序控制的第一步；辅助继电器 M0 与输入继电器 X001 同时闭合时，将辅助继电器 M1 置位，辅助继电器 M0 复位，使 M0 状态变为非活动步，M1 变为活动步，构成了顺序控制的第二步，此时将输出继电器 Y001 激活；当输入继电器 X002 闭合时，将辅助继电器 M2 置位，辅助继电器 M1 复位，使 M1 状态变为非活动步，M2 变为活动步，构成了顺序控制的第三步，此时将定时器 T2 激活开始定时；当定时 20s 时间到达后，T2 常开触点闭合，将辅助继电器 M3 置位，辅助继电器 M2 复位，使 M2 状态变为非活动步，M3 变为活动步，构成了顺序控制的第四步，此时输出继电器 Y004 激活，输出相应的动作。

4.1.4　选择序列结构形式的顺序功能图

顺序过程进行到某步，该步后面有多个转换方向，而当该步结束后，只有一个转换条件被满足以决定转换的去向，即只允许选择其中的一个分支执行，这种顺序控制过程的结构就是选择序列结构。

选择序列有开始和结束之分。选择序列的开始称为分支，各分支画在水平单线之下，各分支中表示转换的短线只能画在水平线之下的分支上。选择序列的结束称为合并，选择序列的合并是指几个选择分支合并到一个公共序列上，各分支也都有各自的转换条件。各分支画在水平单线之上，各分支中表示转换的短线只能画在水平线之上的分支上。图4.26(a)所示为选择序列的分支。假设步4为活动步，如果转换条件a成立，则步4向步5实现转换；如果转换条件b成立，则步4向步7转换；如果转换条件c成立，则步4向步9转换。分支中一般只允许同时选择其中一个序列。图4.26(b)所示为选择序列的合并。无论哪个分支的最后一步成为活动步，当转换条件满足时，都要转向步11。如果步6为活动步，转换条件d成立，则由步6向步11转换；如果步8为活动步，转换条件e成立，则由步8向步11转换；如果步10为活动步，转换条件f成立，则由步10向步11转换。

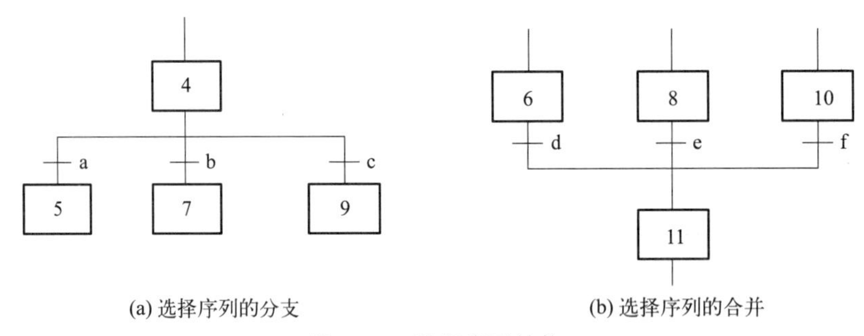

(a) 选择序列的分支　　(b) 选择序列的合并

图4.26　选择序列结构

(1) 选择序列分支的编程方法

如果某一步的后面有一个由 n 条分支组成的选择序列，该步可能转换到不同的分支去，应将这 n 个后续步对应的辅助继电器的常闭触点与该步的线圈串联，作为结束该步的条件。如图4.27(a)所示，步M2之后有一个选择序列的分支，当它的后续步M3、M4或者M5变为活动步时，它应变为不活动步。所以需将M3、M4和M5的常闭触点串联作为步M2的停止条件，如图4.27(b)所示。

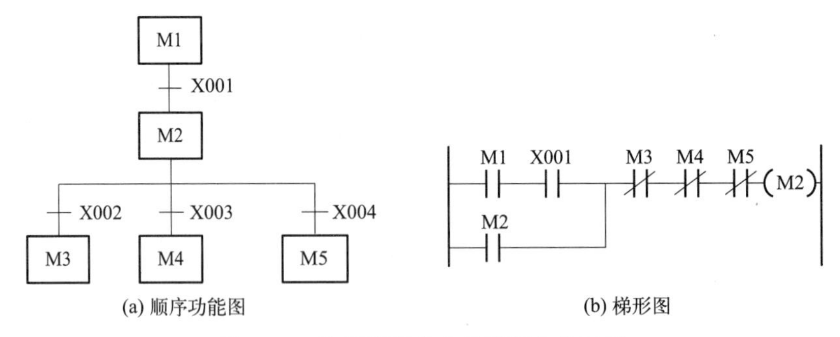

(a) 顺序功能图　　(b) 梯形图

图4.27　选择序列分支的编程方法示例

(2) 选择序列合并的编程方法

对于选择序列的合并，如果某一步之前有 n 个转换（即有 n 条分支在该步之前合并后进入该步），则代表该步的辅助继电器的启动电路由 n 条支路并联而成，各支路由某一前级步对应的辅助继电器的常开触点与相应转换条件对应的触点或电路串联而成。如图 4.28(a) 所示，步 M4 之前有一个选择序列的合并。当步 M1 为活动步并且转换条件 X001 满足，或步 M2 为活动步并且转换条件 X002 满足，或步 M3 为活动步并且转换条件 X003 满足时，步 M4 都应变为活动步，即控制步 M4 的“启-保-停”电路的启动条件应为 M1 · X001＋M2 · X002＋M3 · X003，对应的启动条件由三条并联支路组成，每条支路分别由 M1/X001、M2/X002 还有 M3/X003 的常开触点串联而成，如图 4.28(b) 所示。

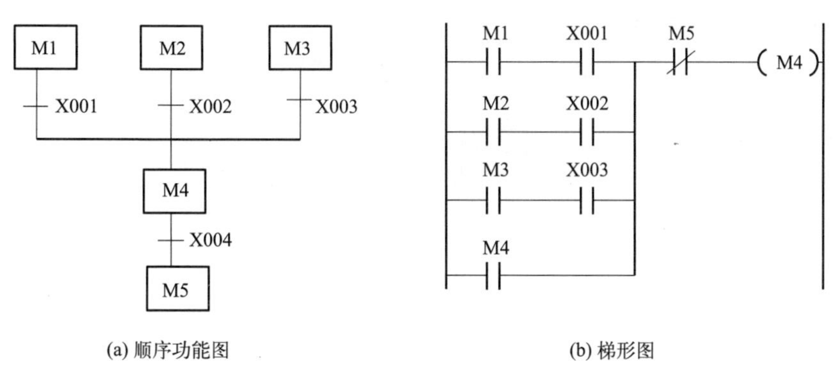

图 4.28　选择序列合并的编程方法示例

4.1.5　并行序列结构形式的顺序功能图

在步进梯形图中，顺序过程进行到某步，该步后有多个分支，而当该步结束后，若转换条件满足，则同时开始所有分支的顺序动作，或全部分支的顺序动作同时结束后，汇合到同一状态，这种顺序控制过程的结构称为并行序列结构。

并行序列也有开始和结束之分。并行序列的开始叫分支，并行序列的结束称为合并。图 4.29(a) 所示为并行序列的分支。它是指当转换实现后同时使多个后续步激活，每个序列中活动步的进展是独立的。为了区别于选择序列顺序功能图，强调转换的同步实现，水平线连线用双线表示，转换条件放在水平双线之上。如果步 3 为活动步，且转换条件 e 成立，则 4、6、8 三步同时变为活动步，而步 3 变为不活动步。当步 4、6、8 被同时激活后，每一序列接下来的转换将是独立的。图 4.29(b) 所示为并行序列的汇合。它是指当 5、7、9 三步同时为活动步，且转换条件 d 成立，才激活步 10。

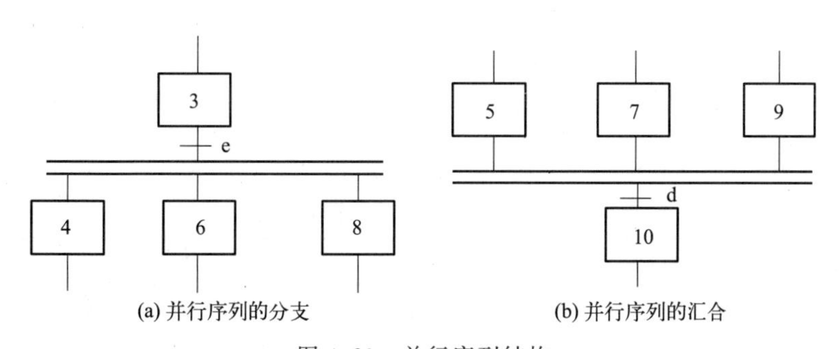

图 4.29　并行序列结构

(1) 并行序列分支的编程方法

并行序列中各单序列的第一步应同时变为活动步。对控制这些步的“启-保-停”电路使用同样的启动电路，就可以实现这一要求。图 4.30(a) 中步 M1 之后有一个并行序列的分支，当步 M1 为活动步并且转换条件满足时，步 M2 和步 M3 应同时变为 ON。图 4.30(b) 中步 M2 和步 M3 的启动电路相同，都为逻辑关系式 M1 · X001。

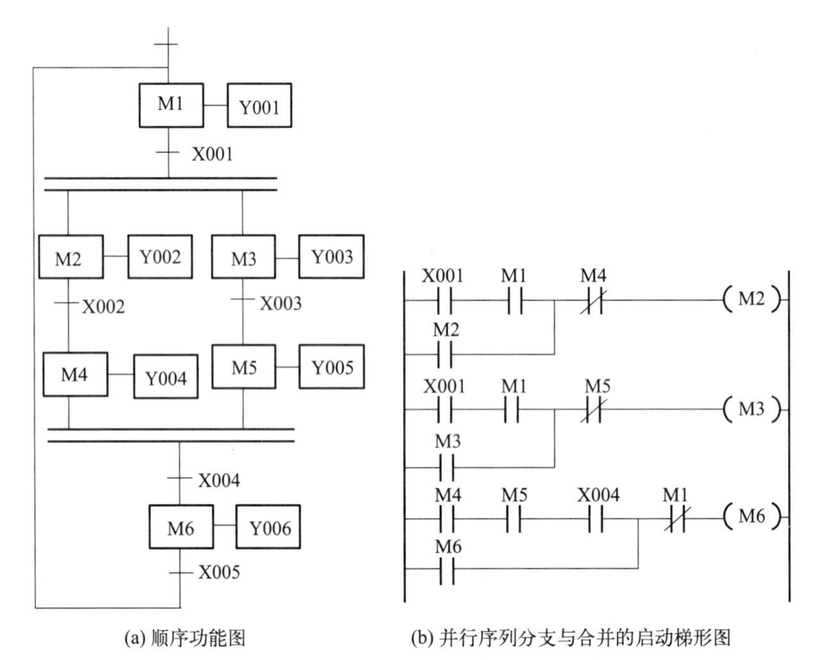

(a) 顺序功能图　　(b) 并行序列分支与合并的启动梯形图

图 4.30　并行序列分支的编程方法示例

(2) 并行序列合并的编程方法

图 4.30(a) 中步 M6 之前有一个并行序列的合并，该转换实现的条件是所有的前级步（即步 M4 和步 M5）都是活动步和转换条件 X004 满足。由此可知，应将 M4、M5 和 X004 常开触点串联，作为控制 M6 的“启-保-停”电路的启动电路［如图 4.30(b) 所示］。

4.2　数据传送与比较指令的编程与调试

4.2.1　位元件与字元件

(1) 位元件

只具有接通（ON 或 1）或断开（OFF 或 0）两种状态的元件称为位元件。

(2) 字元件

字元件是位元件的有序集合。FX 系列 PLC 的字元件最少 4 位，最多 32 位。字元件范围如表 4.1 所示。

表 4.1　字元件范围表

符号	表示内容
K*n*X	输入继电器位元件组合的字元件，也称为输入位组件
K*n*Y	输出继电器位元件组合的字元件，也称为输出位组件

续表

符号	表示内容
K*n*M	辅助继电器位元件组合的字元件，也称为辅助位组件
K*n*S	状态继电器位元件组合的字元件，也称为状态位组件
T	定时器 T 的当前值寄存器
C	计数器 C 的当前值寄存器
D	数据寄存器
V、Z	变址寄存器

(3) 位组件

多个位元件按一定规律组合叫位组件，例如输出位组件 K*n*Y0，K 表示十进制，*n* 表示组数，*n* 的取值为 1～8，每组有 4 个位元件，Y0 是输出位组件的最低位。K*n*Y0 的全部组合及适用指令范围如表 4.2 所示。

表 4.2　K*n*Y0 的全部组合及适用指令范围

指令适用范围		K*n*Y0	包含的位元件 最高位～最低位	位元件个数
n 取值 1～8 适用 32 位指令	*n* 取值 1～4 适用 16 位指令	K1Y0	Y3～Y0	4
		K2Y0	Y7～Y0	8
		K3Y0	Y13～Y0	12
		K4Y0	Y17～Y0	16
	n 取值 5～8 只能使用 32 位指令	K5Y0	Y23～Y0	20
		K6Y0	Y27～Y0	24
		K7Y0	Y33～Y0	28
		K8Y0	Y37～Y0	32

4.2.2　数据比较指令

比较指令是根据运算比较结果，去控制相应的对象。比较类指令包括三种，即组件比较指令 CMP、区间比较指令 ZCP、触点比较指令。

(1) 组件比较指令

① 组件比较指令说明。

组件比较指令 CMP 的源操作数是［S1.］和［S2.］，比较的结果将被送到目标操作数［D.］中。组件比较指令如图 4.31 所示，其参数的取值范围如表 4.3 所示。

图 4.31　组件比较指令结构

表 4.3　组件比较指令参数取值范围

比较指令		操作数	
D	FNC10 CMP	S1、S2	K、H、K*n*X、K*n*Y、K*n*M、K*n*S、T、C、D、V、Z
P		D	Y、M、S

② 组件比较指令的应用实例。

比较指令梯形图如图 4.32 所示。

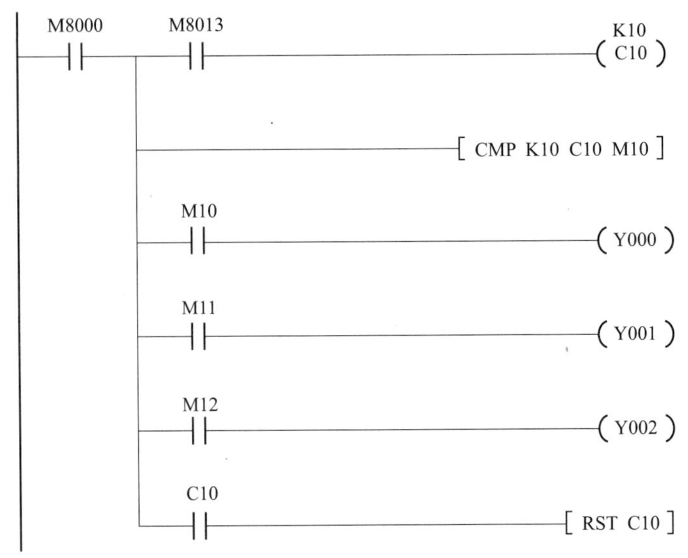

图 4.32　比较指令的梯形图

图 4.32 中，PLC 工作时振荡脉冲 M8013 开始给计数器 C10 计数，计数器的当前值实时地与十进制数 10 比较，当 C10＜10 时，辅助继电器 M10 常开触点闭合，指示灯 Y000 亮；当 C10＝10 时，辅助继电器 M11 常开触点闭合，指示灯 Y001 亮；当 C10＞10 时，辅助继电器 M12 常开触点闭合，指示灯 Y002 亮。计数器计数到位后自动清零。

（2）区间比较指令

① 区间比较指令说明。

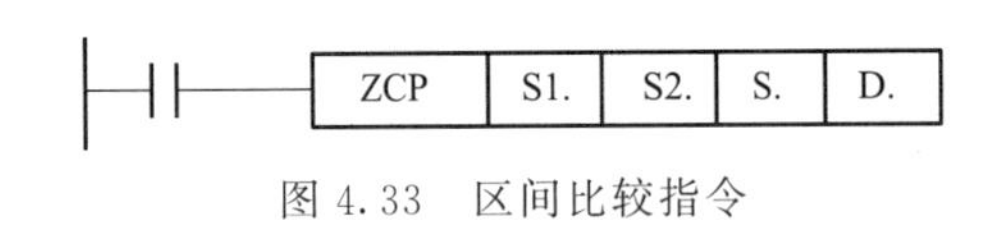

图 4.33　区间比较指令

区间比较指令 ZCP 的功能是将一个源操作数［S.］的数值与另外两个源操作数［S1.］和［S2.］的数据进行比较，结果送到目标操作元件［D.］中，其中，［S1.］为下限值，［S2.］为上限值。区间比较指令如图 4.33 所示，其参数的取值范围如表 4.4 所示。

表 4.4　区间比较指令参数取值表

比较指令		操作数	
D	FNC11 ZCP	S1、S2、S	K、H、KnX、KnY、KnM、KnS、T、C、D、V、Z
P		D	Y、M、S

② 区间比较指令的应用实例。

区间比较指令梯形图如图 4.34 所示。

图 4.34 中，PLC 工作时振荡脉冲 M8013 开始给计数器 C10 计数，计数器的当前值实时地与十进制数［5,15］区间比较，C10＜5 时，辅助继电器 M10 常开触点闭合，指示灯 Y000 亮；5≤C10≤15 时，辅助继电器 M11 常开触点闭合，指示灯 Y001 亮；C10＞15 时，辅助继电器 M12 常开触点闭合，指示灯 Y002 亮。计数器计数到位后自动清零。

（3）触点比较指令

FX_{2N} 系列 PLC 功能指令中有触点比较指令 18 条，功能号为 FNC224～FNC246（编号不连续），使用这些触点比较指令编写程序，可使程序结构更加简洁。本节以 LD 起始

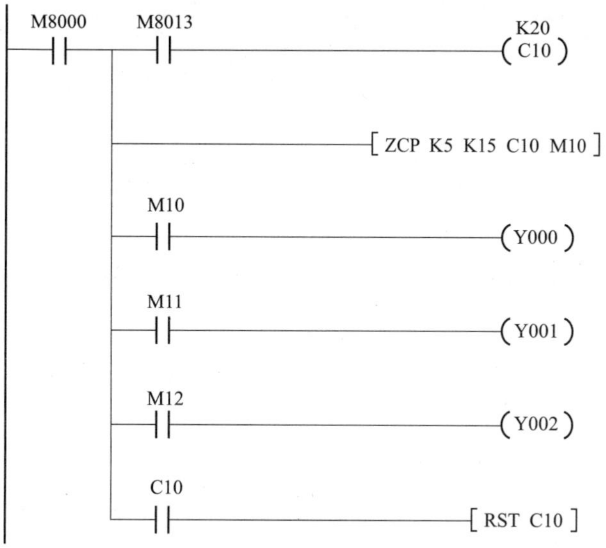

图 4.34　区间比较指令梯形图

触点比较指令为例对该类型功能指令应用进行说明。LD 起始触点比较指令的指令助记符、逻辑功能、名称、比较条件见表 4.5。

表 4.5　LD 起始触点比较指令表

	FNC 编号	助记符	比较条件	逻辑功能
取比较触点	224	LD=	S1=S2	S1 与 S2 相等
	225	LD>	S1>S2	S1 大于 S2
	226	LD<	S1<S2	S1 小于 S2
	228	LD<>	S1≠S2	S1 与 S2 不相等
	229	LD<=	S1≤S2	S1 小于等于 S2
	230	LD>=	S1≥S2	S1 大于等于 S2

LD=指令应用实例如图 4.35 所示，其余指令基本类似，请读者参照此例进行分析。

由图 4.35 可知，D0 为操作数［S1.］、K100 为操作数［S2.］，若 D0=100，则 Y000 为 ON，若 D0≠100，则 Y000 为 OFF。

4.2.3　数据传送指令

（1）传送指令

① 传送指令说明。传送指令 MOV 是将源操作数［S.］的数据传送到目标操作数［D.］中，传送后源操作数［S.］中的数据不变。传送指令如图 4.36 所示，其参数取值范围如表 4.6 所示。

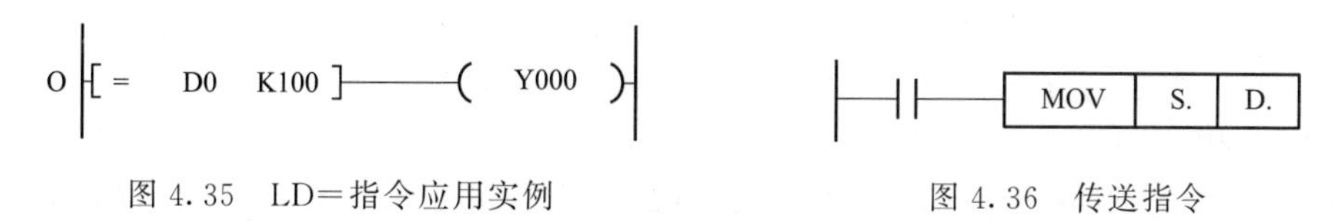

图 4.35　LD=指令应用实例

图 4.36　传送指令

表 4.6　传送指令的参数取值范围

参数	功能号	取值
[S.]	FNC12	KnX、KnY、KnM、KnS、T、C、D、V/Z、K/H
[D.]		KnX、KnY、KnM、KnS、T、C、D、V/Z、K/H

② 传送指令的应用实例。传送指令梯形图如图 4.37 所示。

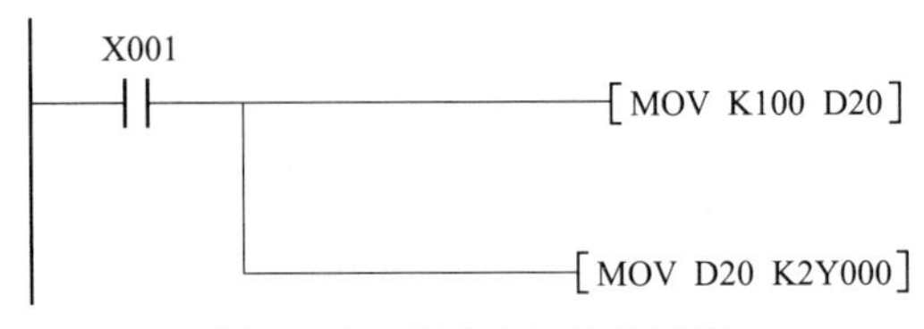

图 4.37　传送指令的梯形图

图 4.37 中，当输入继电器 X001 的常开触点闭合时，MOV 指令执行，CPU 会自动将十进制数 K100 转换成二进制数，然后送到数据寄存器 D20 中，同时，D20 中的低 8 位数据被传送到 Y0～Y7 的组合区中，传送指令执行后的结果如图 4.38 所示。

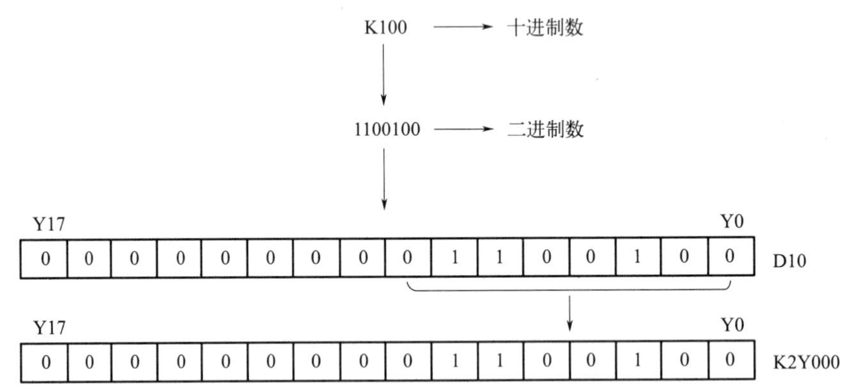

图 4.38　传送指令执行后的结果

(2) 块传送指令

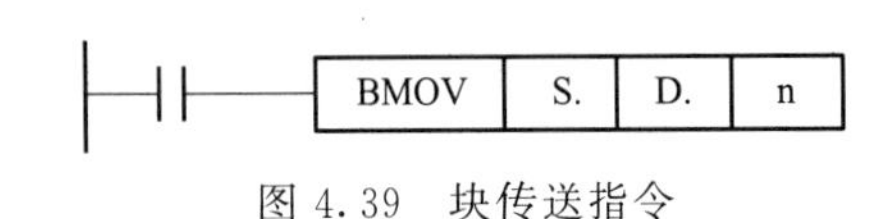

图 4.39　块传送指令

① 块传送指令说明。块传送指令 BMOV 是将以源操作数 [S.] 为首址的 n 个寄存器的数据传送给以目标操作数 [D.] 为首址的 n 个寄存器中。块传送指令如图 4.39 所示，其参数的取值范围如表 4.7 所示。

表 4.7　块传送指令的参数取值范围

参数	功能号	取值
[S.]	FNC15	KnX、KnY、KnM、KnS、T、C、D、V/Z
[D.]		KnY、KnM、KnS、T、C、D、V/Z
n		D、K/H

② 块传送指令的应用实例。块传送指令梯形图如图 4.40 所示。

图 4.40 中，PLC 工作时将 K515、K721、K624、K315 分别传送给数据寄存器 D10、D11、D20、D21，然后再将 D10、D11 中的数据对应传送给 D20、D21，如图 4.41 和图 4.42 所示。

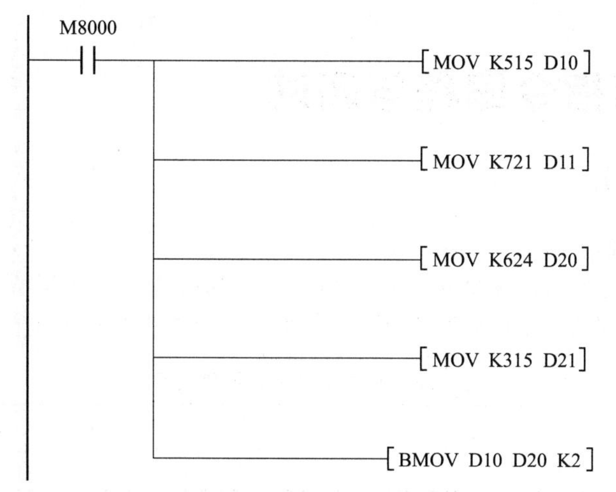

图 4.40　块传送指令梯形图

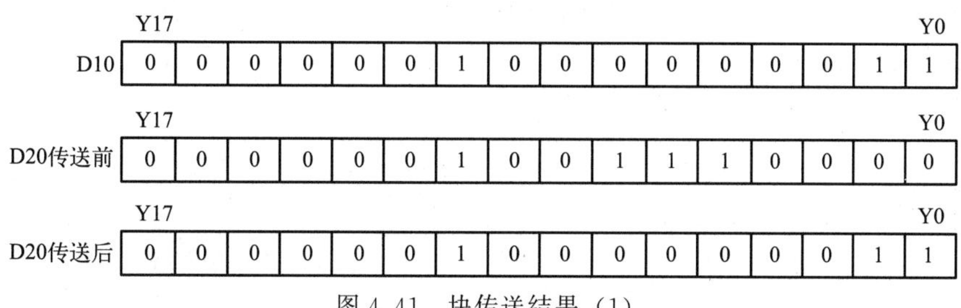

	Y17															Y0
D10	0	0	0	0	0	0	1	0	0	0	0	0	0	0	1	1
D20传送前	0	0	0	0	0	0	1	0	0	1	1	1	0	0	0	0
D20传送后	0	0	0	0	0	0	1	0	0	0	0	0	0	0	1	1

图 4.41　块传送结果（1）

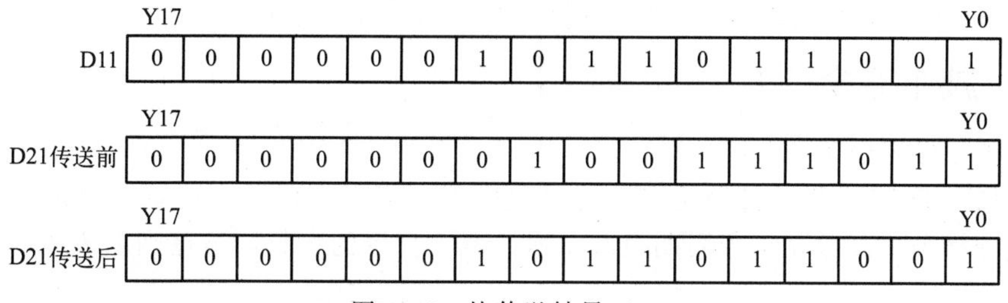

	Y17															Y0
D11	0	0	0	0	0	0	1	0	1	1	0	1	1	0	0	1
D21传送前	0	0	0	0	0	0	0	1	0	0	1	1	1	0	1	1
D21传送后	0	0	0	0	0	0	1	0	1	1	0	1	1	0	0	1

图 4.42　块传送结果（2）

4.2.4　区间复位指令

（1）区间复位指令说明

区间复位指令 ZRST 的指令代码为 FNC40，其功能是将［D1］、［D2］指定的元件号范围内的同类元件成批复位，目标操作数可取 T、C、D 或 Y、M、S。［D1.］、［D2.］指定的元件应为同类元件，［D1.］的元件号应小于［D2.］的元件号。若［D1.］的元件号大于［D2.］的元件号，则只有［D1.］指定的元件被复位。

（2）区间复位指令的应用实例

区间复位指令梯形图如图 4.43 所示。

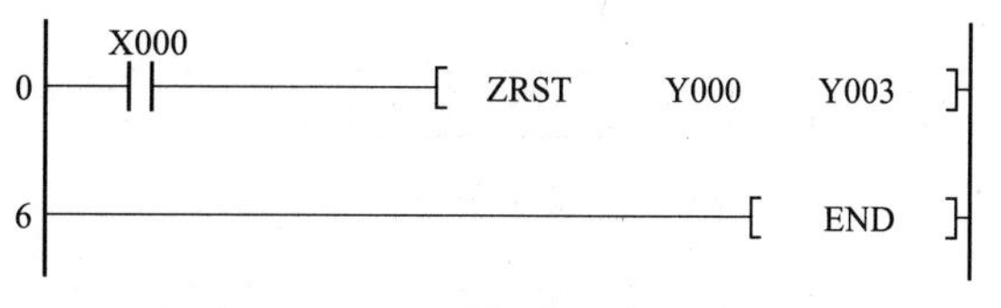

图 4.43　区间复位指令梯形图

图 4.43 中，当指令语句“ZRST Y0　Y3”执行时将 Y0、Y1、Y2、Y3

全部复位为0状态。

4.3　运算指令编程与调试

4.3.1　加1指令

（1）加1指令说明

加1指令INC是当条件满足时，每个扫描周期都将执行加1运算，通常输入条件要附加上微分指令，以保证每个周期只加1次。加1指令的参数取值范围如表4.8所示。

表4.8　加1指令参数取值范围

参数	功能号	取值
[D.]	FNC24	KnY、KnM、KnS、T、C、D、V、Z

INC即加1指令，当输入逻辑为接通时，程序自动将目标寄存器中的数据［D.］自动加1后存入［D.］中。加1指令的结构如图4.44所示。

（2）加1指令应用实例

INC的应用实例如图4.45所示。

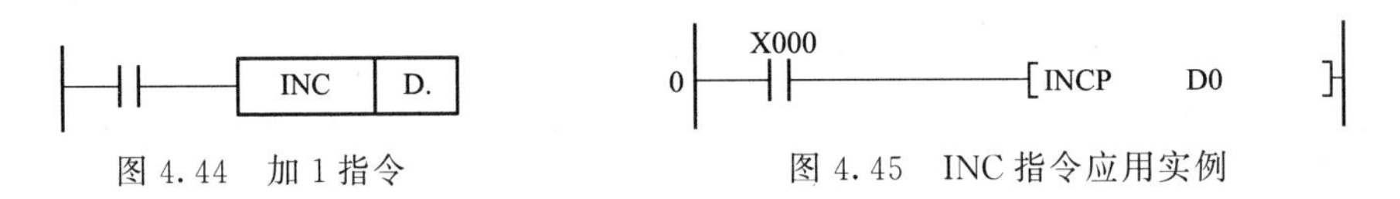

图4.44　加1指令　　图4.45　INC指令应用实例

图4.45中，当执行条件X000由OFF变为ON时，由［D.］指定的元件D0中的二进制数加1存入D0中。其中D0既是源操作数又是目标操作数。

4.3.2　减1指令

（1）减1指令说明

减1指令DEC是当条件满足时，每个扫描周期都将执行减1运算，通常输入条件要附加上微分指令，以保证每个周期只减1次。减1指令的参数取值范围如表4.9所示。

表4.9　减1指令参数取值范围

参数	功能号	取值
[D.]	FNC25	KnY、KnM、KnS、T、C、D、V、Z

DEC即减1指令，当输入逻辑为接通时，程序自动将目标寄存器中的数据［D.］自动减1后存入［D.］中。减1指令的结构如图4.46所示。

（2）减1指令应用实例

DEC的应用实例如图4.47所示。

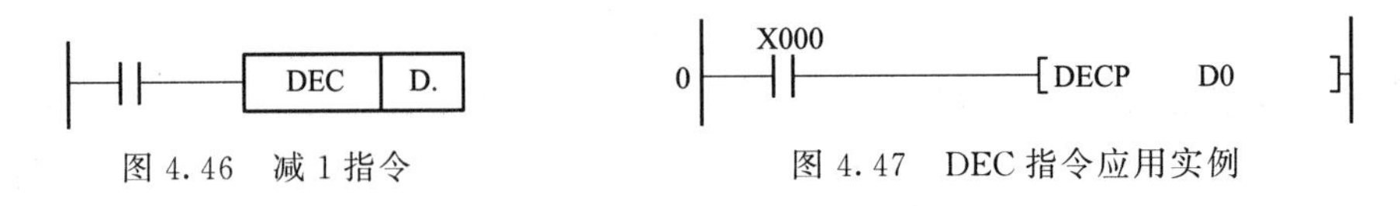

图4.46　减1指令　　图4.47　DEC指令应用实例

图4.47中，当执行条件X000由OFF变为ON时，由［D.］指定的元件D0中的二

进制数减 1 存入 D0 中。其中 D0 既是源操作数又是目标操作数。

4.3.3 BCD 转换指令

(1) BCD 转换指令说明

BCD 转换指令是将源数据［S.］中的二进制数转换成 BCD 码并存放到目标数据区［D.］中。BCD 转换指令的参数取值范围如表 4.10 所示。

表 4.10　BCD 转换指令参数取值范围

参数	功能号	取值
［S.］	FNC18	KnX、KnY、KnM、KnS、T、C、D、V、Z
［D.］		KnY、KnM、KnS、T、C、D、V、Z

BCD 转换指令可使程序在输入逻辑为接通时，自动将源操作数［S.］中的二进制数码转换成 BCD 码并送至目标操作数［D.］中。BCD 转换指令的结构如图 4.48 所示。

(2) BCD 转换指令应用实例

BCD 转换指令应用实例如图 4.49 所示。

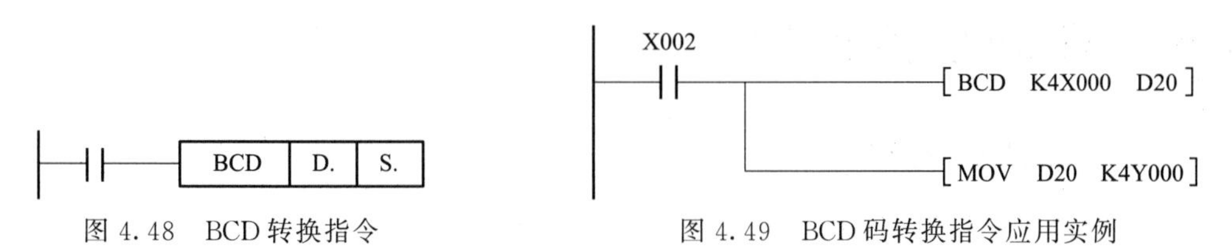

图 4.48　BCD 转换指令　　图 4.49　BCD 码转换指令应用实例

图 4.49 中，当输入继电器 X002 闭合时，程序将输入继电器组合 K4X0 中的二进制数转换成 BCD 码后存放到数据寄存器 D20 中，然后再将 D20 中的数据传送给输出继电器组合 K4Y0。BCD 码指令常用于 PLC 的二进制数转换为七段数码管显示等需要用 BCD 码向外部输出的场合。

4.3.4 七段译码（SEGD）指令

(1) SEGD 指令说明

七段译码指令 SEGD 是将 1 位十六进制数（0～F）以 7 段笔画的方式进行数字显示。七段译码指令 SEGD 的参数取值范围如表 4.11 所示。

表 4.11　七段译码指令 SEGD 参数取值范围

参数	功能号	取值
［S.］	FNC73	KnX、KnY、KnM、KnS、T、C、D、V、Z、K、H
［D.］		KnY、KnM、KnS、T、C、D、V、Z

SEGD 指令，即七段译码指令，可将指定元件所确定的十六进制数（0～F）译码后驱动 1 位七段数码管。七段译码指令 SEGD 中的源数据只对低 4 位有效，目标数据对低 8 位有效，高 8 位数据保持不变，［S.］指定软元件存储待显示数据，［D.］指定译码后的七段码存储元件。七段译码指令的结构如图 4.50 所示。

(2) 七段译码指令应用实例

七段译码指令应用实例如图 4.51 所示。

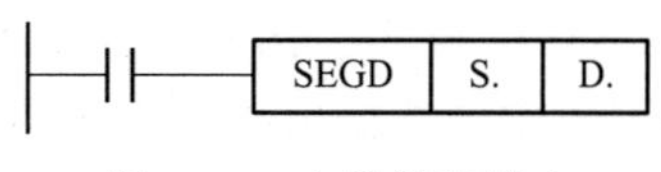

图 4.50　七段译码指令

图 4.51 中，输入继电器 X10 每闭合一次，计数器 C1

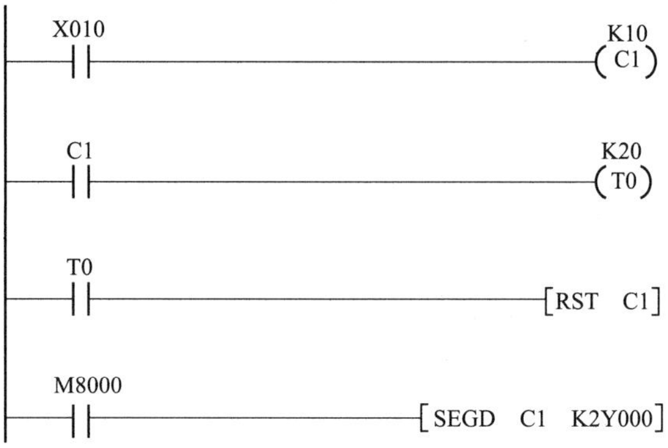

X010
K10
C1
C1
K20
T0
T0
RST C1
M8000
SEGD C1 K2Y000

图 4.51　SEGD 指令应用实例

开始进行加计数。计数器当前值等于 10 时，延时 2s 后计数器清零。计数器的当前值经过 7 段译码后实时地传送给输出继电器 Y0～Y7，输出继电器的 Y0～Y6 对应着 7 段数码管的 a、b、c、d、e、f、g 段。

4.4　循环移位指令

4.4.1　循环移位指令

循环移位指令主要包括循环右移指令和循环左移指令。

(1) 右循环移位指令

① 右循环移位指令说明。右循环移位指令 ROR 在执行时需带有目标操作数［D.］，移动位数 *n*。右循环移位指令的参数如表 4.12 所示。

表 4.12　右循环移位指令参数表

参数	功能号	取值
[D.]	FNC30	K*n*X、K*n*Y、K*n*M、K*n*S、T、C、D、V、Z
n		H、k

在执行右循环移位操作时，目标操作数［D.］中的数据向右循环移动 *n* 位（*n* 为常数），16 位指令和 32 位指令中的 *n* 应分别小于 16 和 32，每次移出来的那一位同时存入进位标志特殊辅助继电器 M8022 中。指令如图 4.52 所示。

② 右循环移位指令应用实例。右循环移位指令梯形图如图 4.53 所示。

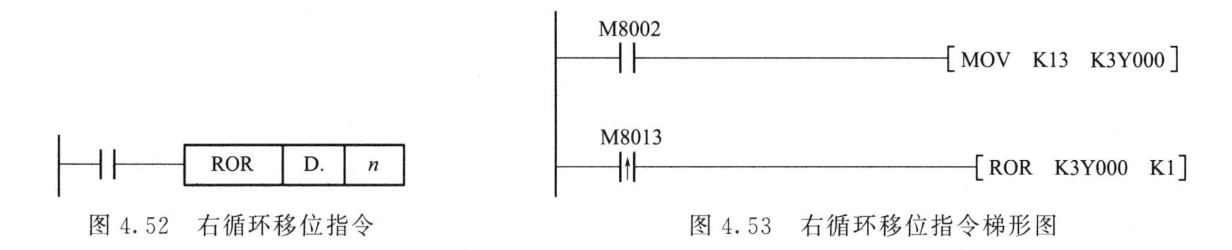

ROR
D.
n

图 4.52　右循环移位指令

M8002
MOV K13 K3Y000
M8013
ROR K3Y000 K1

图 4.53　右循环移位指令梯形图

图 4.53 中，PLC 初次上电，扫描脉冲 M8002 闭合时，将十进制数 K13（二进制数 1101）传送给输出继电器 K3Y0 组合（000000001101），按照每 1s 的周期执行右循环移位操作，当 M8013 发出 1 个脉冲时 K3Y0 就会向右移动 1 位，移动 3 次后 K3Y0 组合中的

数据为 101000000001，同时进位标志位 M8022 为 1。右循环移位指令执行情况如图 4.54 所示。

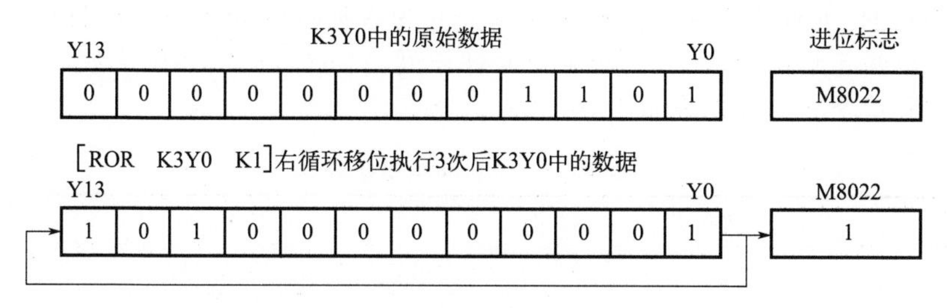

图 4.54　右循环移位指令执行过程

(2) 左循环移位指令

① 左循环移位指令说明。左循环移位指令 ROL 在执行时需带有目标操作数［D.］，移动位数 n。左循环移位指令的参数取值与右循环移位指令相同不再叙述。指令如图 4.55 所示。

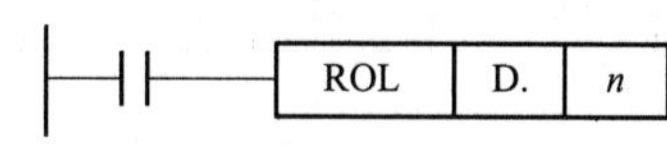

图 4.55　左循环移位指令

左循环移位指令执行过程与右循环移位指令基本相同，只是移位的方向不同。

② 左循环移位指令应用实例。左循环移位指令梯形图如图 4.56 所示。

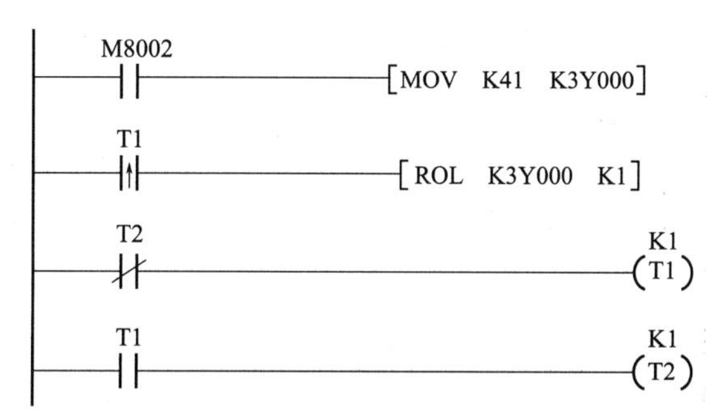

图 4.56　左循环移位指令梯形图

图 4.56 中，PLC 初次上电，扫描脉冲 M8002 闭合时，将十进制数 K41（二进制 101001）传送给输出继电器 K3Y0 组合（000000101001），按照每 2s 的周期执行左循环移位操作 3 次后 K3Y0 组合中的数据为 000101001000，左循环移位指令执行情况如图 4.57 所示。

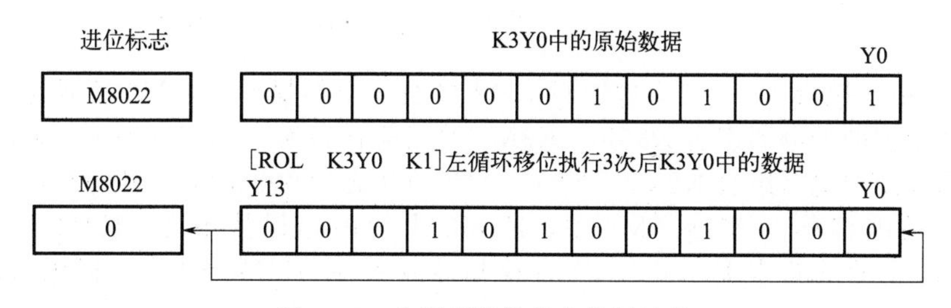

图 4.57　左循环移位指令执行过程

4.4.2　移位指令

移位指令可以分为位右移指令、位左移指令。

(1) 位右移指令

① 位右移指令说明。位右移指令 SFTR 是将以［S.］为首址的位元件内容向以［D.］为首址的位元件中右移，源操作数［S.］为数据位的起始位置，目标操作数［D.］为移位数据位的起始位置，［n1］指定位元件长度，［n2］指定移位位数，［n2］＜［n1］＜1024。位右移指令的参数如表 4.13 所示。

表 4.13　位右移指令参数表

参数	功能号	取值
［S.］	FNC34	X、Y、M、S
［D.］		Y、M、S
［n1］		H、k
［n2］		H、k

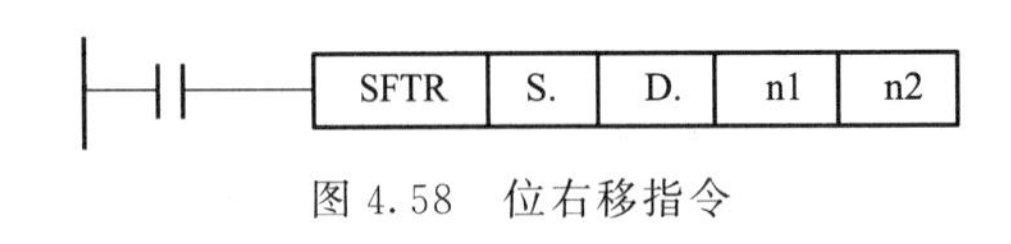

图 4.58　位右移指令

在执行位右移指令时，移动完成后以［S.］为首址的［n2］位内容保持不变，以［D.］为首址的内容整体向右移动了［n2］次（对应寄存器的低［n2］位内容丢失）。位右移指令如图 4.58 所示。

② 位右移指令应用实例。位右移指令梯形图如图 4.59 所示。

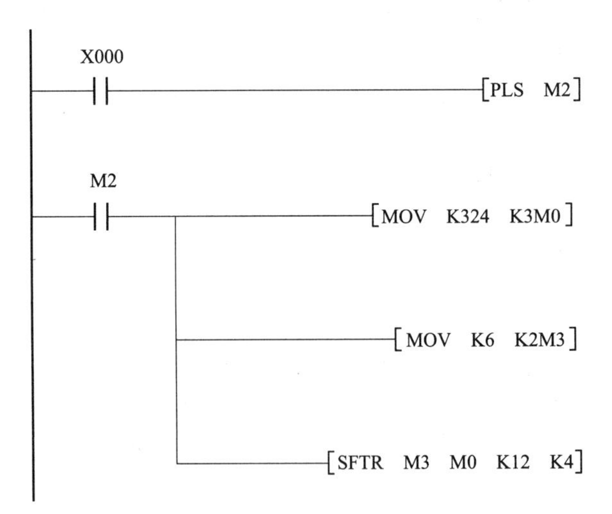

图 4.59　位右移指令梯形图

图 4.59 中，执行 X000 的一次通断，M2 接通一个扫描周期，M2 接通时，将十进制数 324 传送给辅助继电器组合 K3M0，K3M0 的当前状态为 000101000100，同时将十进制数 6 传送给辅助继电器组合 K2M3，K2M3 的当前状态为 00000110，执行位右移指令后将 M6～M3 中的内容移入 M11～M8 中，K2M3 中的内容保持不变，K3M0 中的内容为 011000010100，即十进制数 1556。位右移指令执行后 K3M0 中的数据内容如图 4.60 所示。

(2) 位左移指令

① 位左移指令说明。位左移指令 SFTL 是将以［S.］为首址的位元件内容向以［D.］为首址的位元件中左移，其参数取值与位右移指令相同不再叙述，位左移指令如图 4.61 所示。

图 4.60　位右移指令执行结果

② 位左移指令应用实例。位左移指令梯形图如图 4.62 所示。

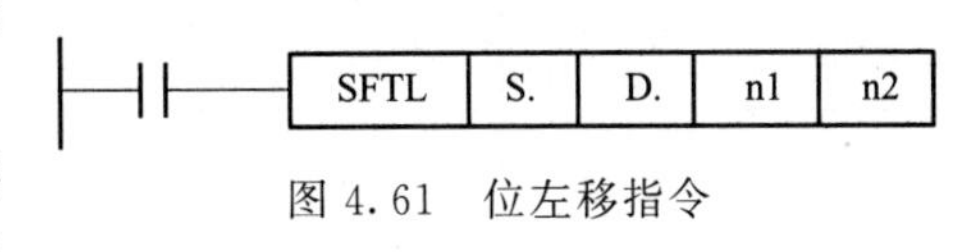

图 4.61　位左移指令

图 4.62 中，执行 X000 的一次通断，M2 接通一个扫描周期，M2 接通时，将十进制数 324

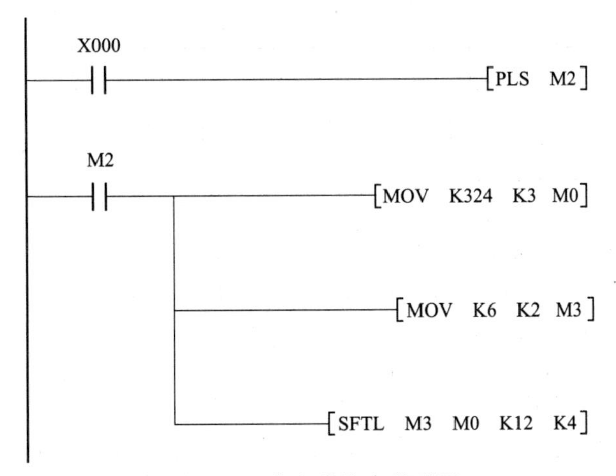

图 4.62　位左移指令梯形图

传送给辅助继电器组合 K3M0，K3M0 的当前状态为 000101000100，同时将十进制数 6 传送给辅助继电器组合 K2M3，K2M3 的当前状态为 00000110，执行位左移指令后将 M6～M3 中的内容移入 M3～M0 中，K2M3 中的内容保持不变，K3M0 中的内容为 011000010100，即十进制数 1556。位左移指令执行后 K3M0 中的数据内容如图 4.63 所示。

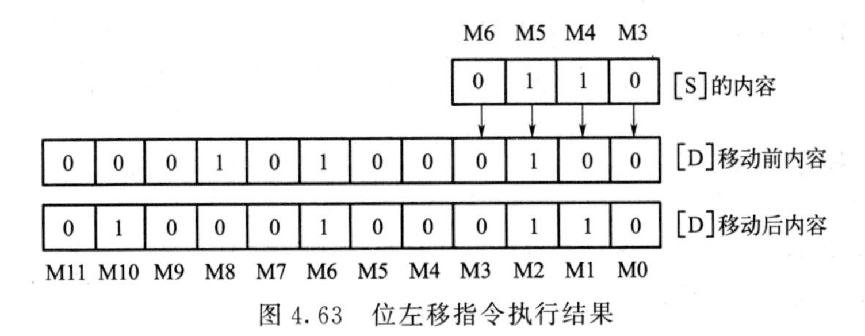

图 4.63　位左移指令执行结果

注意：位左移、位右移指令通常使用脉冲执行型，即使用时一般在指令后加 P；其在执行条件的上升沿时执行；用连续指令时，若执行条件满足，则每个扫描周期执行一次。

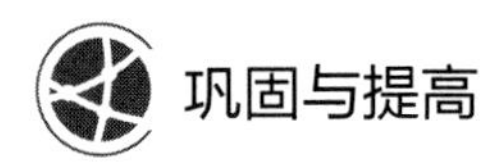

巩固与提高

(1) 加法指令 ADD

指令格式：

FNC20　ADD　[S1.][S2.][D.]

指令概述如表 4.14 所示。

表 4.14　加法指令概述

指令名称	助记符	指令代码	操作数			程序步
			S1	S2	D	
加法指令	ADD	FNC20	K、H KnX、KnY、KnM、KnS T、C、D V、Z		KnY、KnM、KnS T、C、D V、Z	ADD ADDP　7 步 DADD DADDP　13 步

指令说明：

① [S1.][S2.]：用于指定参与加法运算的被加数和加数。

② [D.]：用于存放加法运算的结果。

③ 该指令的功能是将源操作数 [S1.] [S2.] 中的内容相加，结果送入 [D.] 中，并根据运算结果使相应的标志位置 1。加法指令影响三个标志位，若相加结果为 0，则零标志位 M8020=1；若发生进位，即运算结果在 16 位运算时大于 32767，在 32 位运算时大于 2147483647，则进位标志位 M8022=1；若相加结果在 16 位运算时小于-32768，在 32 位运算时小于-2147483648，则借位标志位 M8021=1。若将浮点标志位 M8023 置 1，则可以进行浮点数加法运算。

④ ADD 指令可以进行 32 位运算，使用前缀 D。这时指令中给出的源组件、目标组件是它们的首地址。为避免重复使用某些元件，建议用偶数元件号。

⑤ 该指令可以使用连续/脉冲执行方式。

```
  X003
|--| |------------[ADD   K10   D10   D20  ]
|
```

图 4.64　加法指令 ADD 举例

指令的示例梯形图如图 4.64 所示，对应的指令为 ADD K10 D10 D20。

举例：

在图 4.64 中，如果 X003 断开，则不执行这条 ADD 指令，源操作数、目标操作数中的数据均保持不变，三个标志位也将保持原状态不变；如果 X003 接通，则将执行加法运算，即将 K10 与 D10 中的内容相加，结果送入 D20 中，并根据运算的结果使相应标志位置 1。

(2) 减法指令 SUB

指令格式：

FNC21　SUB　[S1.][S2.][D.]

指令概述如表 4.15 所示。

指令说明：

① [S1.][S2.]：用于指定参与减法运算的被减数和减数。

② [D.]：用于存放减法运算的结果。

③ 该指令的功能是将源操作数 [S1.][S2.] 中的有符号数相减，然后将相减的结果

送入指定的目标组件［D.］中。

④ SUB指令进行运算时，每个标志位的功能、能否进行32位运算、元件指定方法、连续执行和脉冲执行的区别都与加法指令中的解释相同。

表4.15　减法指令概述

指令名称	助记符	指令代码	操作数			程序步
			S1	S2	D	
减法指令	SUB	FNC21	K、H KnX、KnY、KnM、KnS T、C、D V、Z		KnY、KnM、KnS T、C、D V、Z	SUB SUBP　7步 DSUB DSUBP　13步

举例：

指令的示例梯形图如图4.65所示，对应的指令为SUB K10 D10 D20。

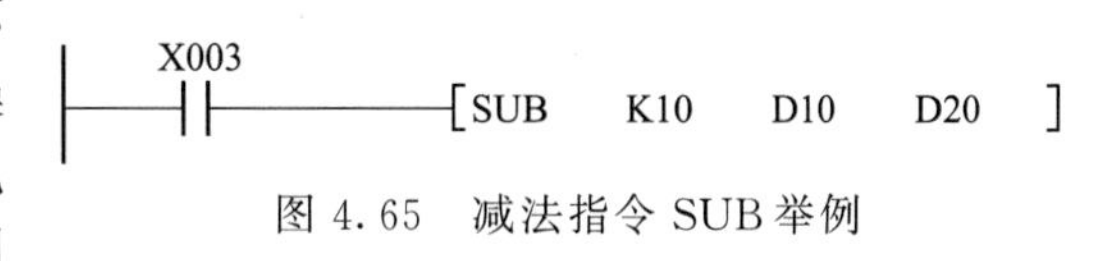

图4.65　减法指令SUB举例

在图4.65中，如果X003断开，则不执行这条SUB指令，源操作数、目标操作数中的数据均保持不变，三个标志位也将保持原状态不变；如果X003接通，则将执行减法运算，即将K10与D10中的内容相减，结果送入D20中，并根据运算的结果使相应标志位置1。

（3）乘法指令MUL

指令格式：

FNC22　MUL　［S1.］［S2.］［D.］

指令概述如表4.16所示。

表4.16　乘法指令概述

指令名称	助记符	指令代码	操作数			程序步
			S1	S2	D	
乘法指令	MUL	FNC22	K、H KnX、KnY、KnM、KnS T、C、D V、Z		KnY、KnM、KnS T、C、D Z在16位运算时可用	MUL MULP　7步 DMUL DMULP　13步

指令说明：

①［S1.］［S2.］：用于指定参与乘法运算的被乘数和乘数。

②［D.］：用于存放乘法运算的结果。

③ 该指令的功能是将源操作数［S1.］［S2.］中的数进行二进制有符号数相乘运算，然后将相乘的积送入指定的目标组件［D.］中。

举例：

指令的示例梯形图如图4.66所示，对应的指令为MUL D10 D20 D30。

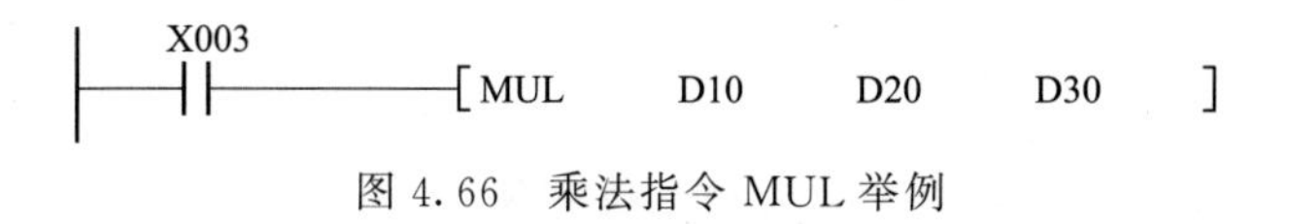

图4.66　乘法指令MUL举例

在图4.66中，如果X003断开，则不执行这条MUL指令，源操作数、目标操作数中的数据均保持不变；如果 X003 接通，则将执行有符号数的乘法运算，即将 D10 与 D20 中的内容相乘，积送入 D31 和 D30 两个目标单元中去。

注意：MUL 指令进行的是有符号数乘法运算，被乘数和乘数的最高位是符号位。MUL 指令分为 16 位运算和 32 位运算两种情况，在 32 位运算中，如用位组件作为目标组件，则乘积只能得到低 32 位，而高 32 位数据将丢失，在这种情况下，应先将数据移入字元件中再运算。

(4) 除法指令 DIV

指令格式：

FNC23　DIV　[S1.] [S2.] [D.]

指令概述如表 4.17 所示。

表 4.17　除法指令概述

指令名称	助记符	指令代码	操作数			程序步
			S1	S2	D	
除法指令	DIV	FNC23	K、H KnX、KnY、KnM、KnS T、C、D V、Z		KnY、KnM、KnS T、C、D Z 在 16 位运算时可用	DIV DIVP　7 步 DDIV DDIVP　13 步

指令说明：

① [S1.] [S2.]：用于指定参与除法运算的被除数和除数。

② [D.]：为商和余数的目标组件的首地址。

③ 该指令的功能是将源操作数 [S1.] [S2.] 中的数进行二进制有符号数除法运算，然后将相除的商和余数送入从首地址开始的相应的目标组件 [D.] 中。

举例：

指令的示例梯形图如图 4.67 所示，对应的指令为 DIV D10 D20 D30。

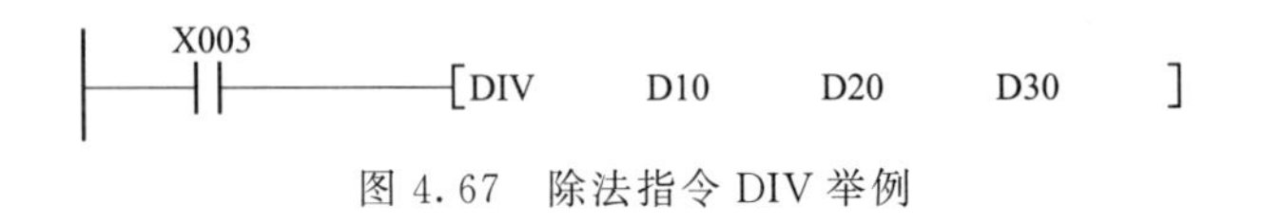

图 4.67　除法指令 DIV 举例

在图 4.67 中，如果 X003 断开，则不执行这条 DIV 指令，源操作数、目标操作数中的数据均保持不变；如果 X003 接通，则将执行除法运算，即将 D10 与 D20 中的内容相除，商送入 D30 中，而余数送入 D31 中。

注意：① 除法运算中除数不能为 0，否则会出错；

② 被除数和除数中有一个为负数时，商为负数，当被除数为负数时，余数也为负数；

③ 若位元件被指定为目标组件，则不能获得余数；

④ 商和余数的最高位是符号位。

项目复习题

(1) 问答题

① 简述顺序控制系统的主要特点。

② 在步进指令编程中，最常见的结构类型有哪几种？

③ 简要介绍顺序控制系统的设计步骤。

④ 在 FX_{2N} 系列 PLC 中，用于步进控制的状态寄存器有哪几种类型？

(2) 技能题

① 图 4.68 所示为送料小车控制示意图。初始时刻小车处于 A 地，按下启动按钮后，小车在 A 地装料，1min 后前往 B 地卸料，2min 后返回 A 地重新装料，2min 后前往 C 地卸料，4min 后返回 A 地，并重复以上过程。按下停机按钮后，小车必须在 A 地且未开始装料，系统才会停机。试用顺序指令进行设计。

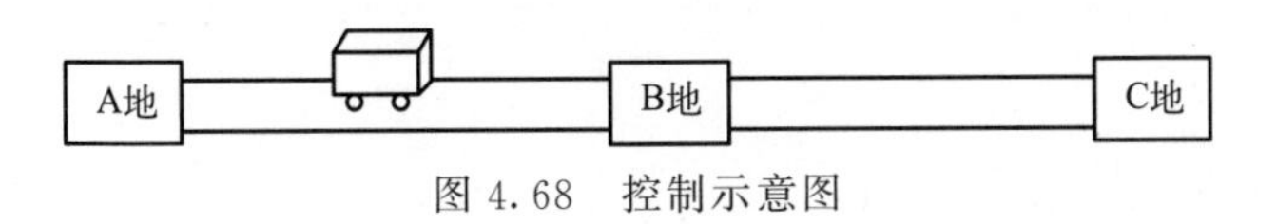

图 4.68 控制示意图

② 试设计一霓虹灯控制程序。用 Y0～Y7 分别控制“欢迎光临科创学院”八个霓虹灯大字，系统上电时八个字同时以 1s 为周期（占空比 50%）闪烁 5 次。然后，从“欢”字开始移位点亮，时间间隔为 0.5s。移位完后重复上述过程，试用顺序控制系统进行程序设计实现以上功能。

③ 如图 4.69 所示，条形运输带顺序相连，按下启动按钮，3 号运输带开始运行，5s 后 3 号运输带自动启动，再过 5s 后 1 号运输带自动启动。停机的顺序与启动的顺序正好相反，间隔时间仍然为 5s。试用顺序功能图完成任务。

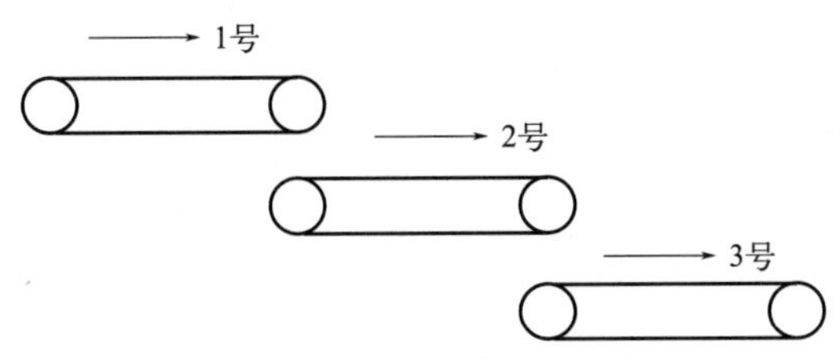

图 4.69 运输带顺序控制示意图

第5章

可编程控制系统设计

知识目标 

① 掌握变频器基本构成及其工作原理。

② 掌握变频器各种控制方式的特点及应用。

③ 掌握变频器的选型方法。

④ 熟悉变频器的安装、拆卸、保养和维护。

⑤ 了解国内外常用变频器的特点。

能力目标

① 能够正确使用变频器。

② 能够完成PLC和变频器综合设计。

5.1 变频器概述

(1) 变频技术的基本概念

变频技术是将电源频率按照控制要求，通过具体的电路（电力电子器件）实现电源的频率变换，主要用于交流电动机的无级调速。它不但具有卓越的调速性能，还具有显著的节能作用。

变频技术的发展是建立在电力电子技术的创新、电力电子器件及材料的开发和制造工艺水平的提高的基础之上的，尤其是高压大容量绝缘栅双极晶体管、集成门极换流晶闸管的成功开发，使大功率变频技术得以迅速发展且性能日益完善。

(2) 变频器的主要分类（图5.1）

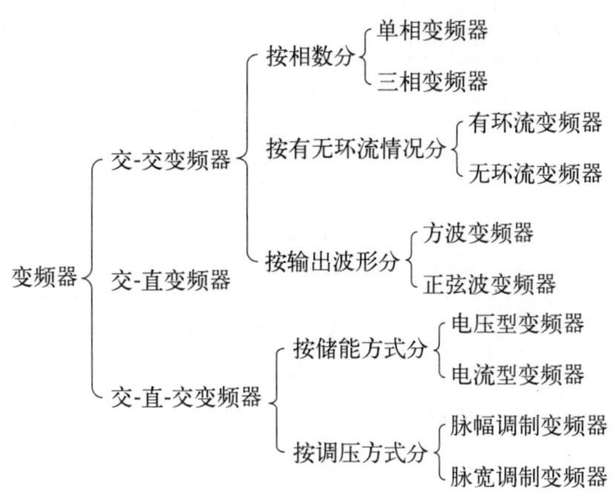

图5.1　变频器按原理分类

(3) 通用变频器的工作原理

通用变频器控制输出正弦波的驱动电源，并以恒定的压频比（U/f）保持磁通不变。经过正弦波脉宽调制（SPWM）驱动主电路，以产生U、V、W三相交流电，驱动三相交流异步电动机。

正弦波脉宽调制电路原理框图如图5.2所示。它先将50Hz交流电经变压器调压得到所需的电压后，经二极管整流桥和LC滤波器，形成恒定的直流电压，再送入6个大功率晶体管构成的逆变器主电路，输出三相频率和电压均可调整的等效于正弦波的脉宽调制波（SPWM波），如图5.3所示，即可驱动三相异步电动机运转。

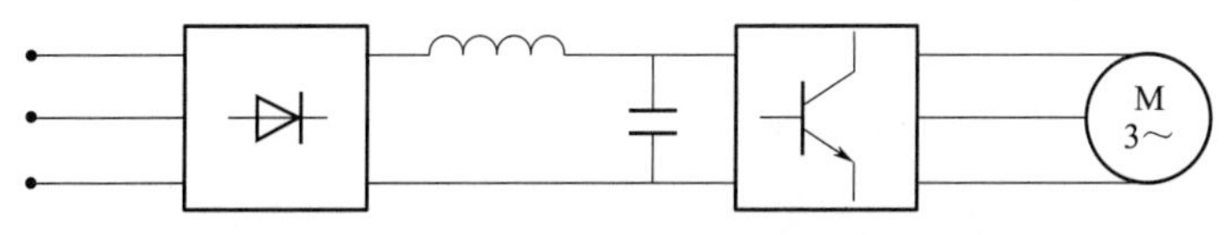

图5.2　正弦波脉宽调制电路原理框图

把正弦半波分成n等份，每一区间的面积用与其相等的等幅不等宽的矩形面积代替，则矩形脉冲所组成的波形就与正弦波等效。正弦波的正负半周均如此处理。

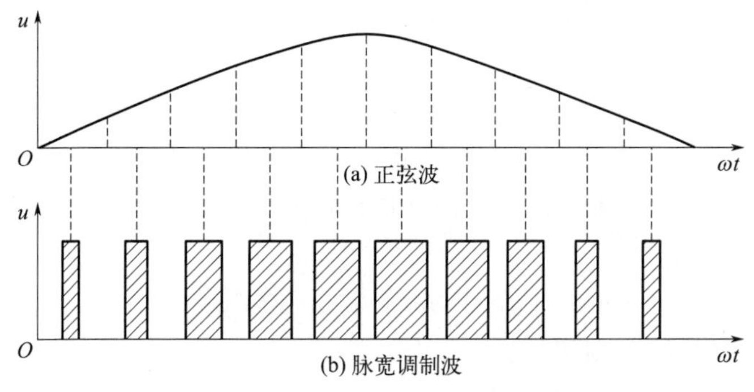

图5.3　等效于正弦波的脉宽调制波

脉宽调制波SPWM调制的控制信号为幅值和频率均可调的正弦波，载波信号为三角波，如图5.4(a)所示。该电路采用正弦波控制三角波调制。当控制电压高于三角波电压时，变频器输出电压u_d为高电平，否则输出低电平。

以A相为例，只要正弦控制波的最大值低于三角波的幅值，就导通VT1，阻断VT4，这样就输出等幅不等宽的SPWM脉宽调制波。

SPWM经功率放大后才能驱动电动机。图5.4(b)所示的SPWM变频器功率放大主回路中，左侧的桥式整流器将工频交流电变成恒压直流电，给图中右侧逆变器供电。等效正弦脉宽调制波 u_a、u_b、u_c 送入VT1～VT6的基极，则逆变器输出脉宽按正弦规律变化的等效矩形电压波，经过滤波后变成正弦交流电用来驱动交流伺服电动机。

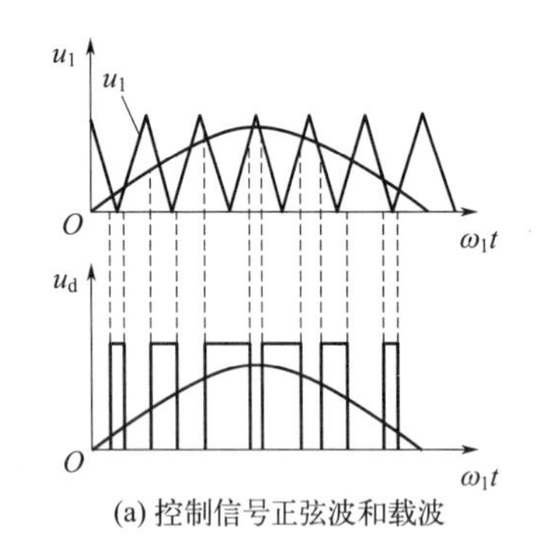

(a) 控制信号正弦波和载波

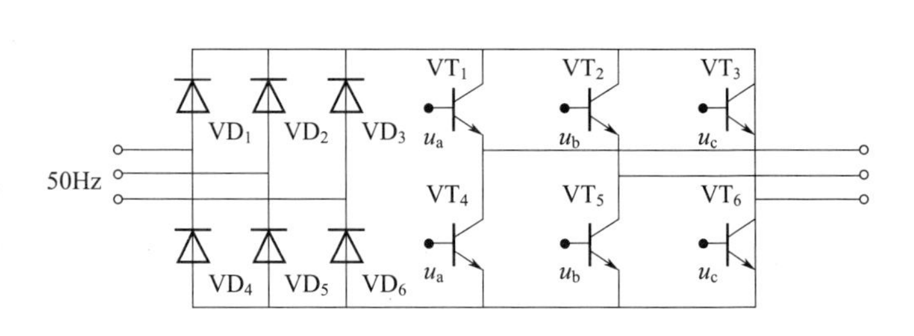

(b) SPWM变频器功率放大主回路

图5.4　脉宽调制波SPWM

(4) 西门子MM420变频器的主要结构及工作原理

西门子MM420型变频器用于控制三相交流电动机调速。它由微处理器控制，并采用具有先进技术水平的绝缘栅双极型晶体管作为功率输出器件。因此，它具有很高的运行可靠性和功能多样性。其脉冲宽度调制开关的频率可选，因而降低了电动机运行的噪声。西门子MM420型变频器的结构框图如图5.5所示。

5.1.1　变频器参数设置

变频器的参数只能用基本操作面板（BOP）、高级操作面板（AOP）或者通过串行通信接口进行修改。用BOP可以修改和设定系统参数，使变频器具有期望的特性，例如，斜坡时间、最小和最大频率等。选择的参数号和设定的参数值在五位数字的LCD（可选件）上显示，具体如下：

① 只读参数用r××××表示，P××××表示设置的参数；

② P0010启动“快速调试”；

③ 如果P0010被访问以后没有设定为0，变频器将不运行，如果P3900>0，则这一功能是自动完成的；

④ P0004的作用是过滤参数，据此可以按照功能去访问不同的参数；

⑤ 如果试图修改一个参数，而在当前状态下此参数不能修改（例如，不能在运行时修改该参数或者该参数只能在快速调试时才能修改），那么将显示 -----。

(1) 忙碌信息

某些情况下在修改参数的数值时BOP上显示 P---- 最多可达5s。这种情况表示变频器正忙于处理优先级更高的任务。

(2) 访问级

变频器的参数有4个用户访问级，即标准访问级、扩展访问级、专家访问级和维修级。访问的等级由参数P0003来选择。对于大多数应用对象，只要访问标准级（P0003=1）和扩展级（P0003=2）参数就足够了。每组功能中出现的参数号取决于P0003中设定的访问级。

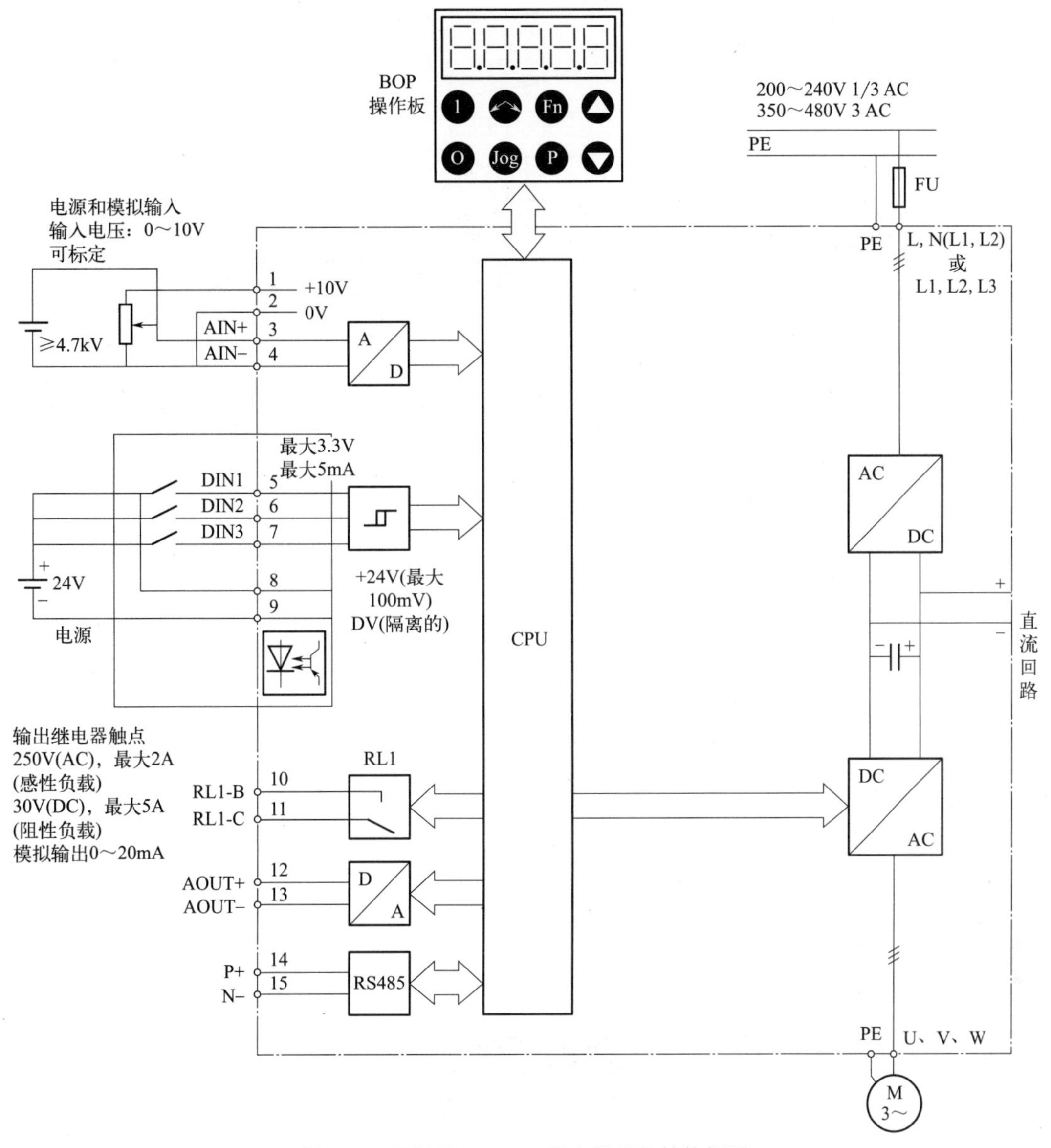

图 5.5 西门子 MM420 型变频器的结构框图

(3) 参数概览

参数概览如图 5.6 所示。

5.1.2 变频器面板操作

MM420 变频器的 BOP 操作面板的外形如图 5.7 所示。BOP 操作面板按钮功能如表 5.1 所示。

5.1.3 变频器外部端子接线

打开变频器的盖子后就可以看到连接电源和电动机的接线端子。接线端子在变频器机壳下盖板内，如图 5.8 所示。

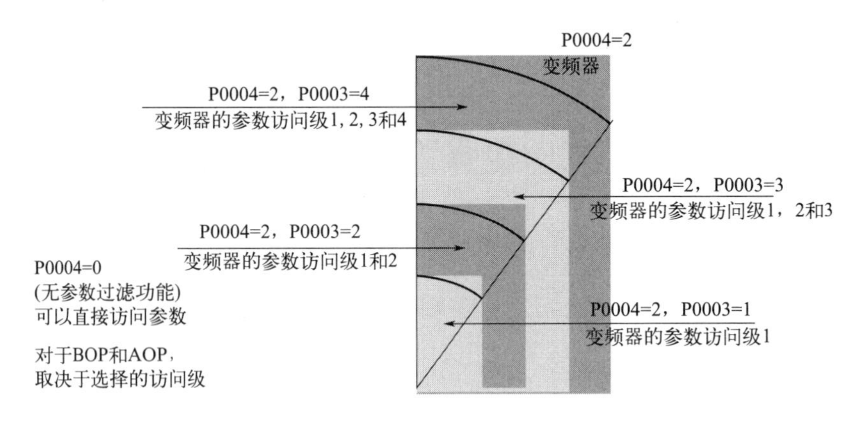

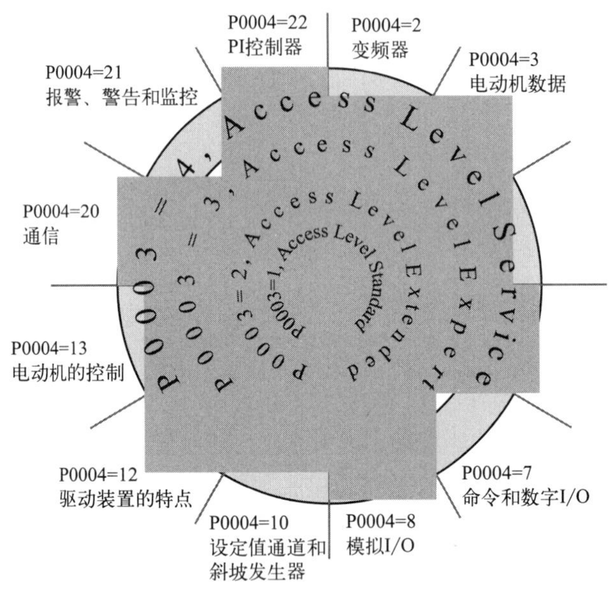

图 5.6　西门子 MM420 变频器参数概览

图 5.7　MM420 变频器的 BOP 操作面板

表 5.1　BOP 操作面板按钮功能

显示/按钮	功能	功能的说明
r0000	状态显示	LCD 显示变频器当前的设定值
	启动变频器	按此键启动变频器。缺省值运行时此键是被封锁的，为了使此键的操作有效，应设定 P0700=1

续表

显示/按钮	功能	功能的说明
0	停止变频器	OFF1：按此键，变频器将按选定的斜坡下降速率减速停车。缺省值运行时此键被封锁，为了允许此键操作，应设定 P0700=1 OFF2：按此键两次（或一次，但时间较长）电动机将在惯性作用下自由停车。此功能总是“使能”的
	改变电动机的转动方向	按此键可以改变电动机的转动方向。电动机的反向用负号（—）表示或用闪烁的小数点表示。缺省值运行时此键是被封锁的，为了使此键的操作有效，应设定 P0700=1
jog	电动机点动	在变频器无输出的情况下按此键，将使电动机启动，并按预设定的点动频率运行。释放此键时，变频器停车。如果变频器/电动机正在运行，按此键将不起作用
Fn	功能	此键用于浏览辅助信息 变频器运行过程中，在显示任何一个参数时按下此键并保持不动 2s，将显示以下参数值（在变频器运行中，从任何一个参数开始）： ① 直流回路电压（用 *d* 表示，单位：V）； ② 输出电流（A）； ③ 输出频率（Hz）； ④ 输出电压（用 *O* 表示，单位：V）； ⑤ 由 P0005 选定的数值[如果 P0005 选择显示上述参数中的任何一个（3，4 或 5），这里将不再显示] 连续多次按下此键，将轮流显示以上参数 跳转功能 在显示任何一个参数（r×××× 或 P××××）时短时间按下此键，将立即跳转到 r0000，如果需要的话，可以接着修改其它的参数。跳转到 r0000 后，按此键将返回原来的显示点
P	访问参数	按此键即可访问参数
	增加数值	按此键即可增加面板上显示的参数数值
	减少数值	按此键即可减少面板上显示的参数数值

5.1.4　变频器参数功能

表 5.2～表 5.11 中有关信息的含义是：

① Default：设备出厂时的设置值；

② Level：用户访问的等级；

③ DS：变频器的状态（驱动装置的状态），表明变频器的这一参数在什么时候可以进行修改（参看 P0010）；

④ Q：该参数在快速调试状态时可以进行修改；

⑤ N：该参数在快速调试状态时不可以进行修改。

表 5.2　常用的参数

参数号	参数名称	Default	Level	DS	QC
r0000	驱动装置只读参数的显示值	—	2	—	—
P0003	用户的参数访问级	1	1	CUT	—
P0004	参数过滤器	0	1	CUT	—
P0010	调试用的参数过滤器	0	1	CT	N
P3950	访问隐含的参数	0	4	CUT	—

表 5.3　快速调速

参数号	参数名称	Default	Level	DS	QC
P0100	适用于欧洲/北美地区	0	1	C	Q
P3900	“快速调试”结束	0	1	C	Q

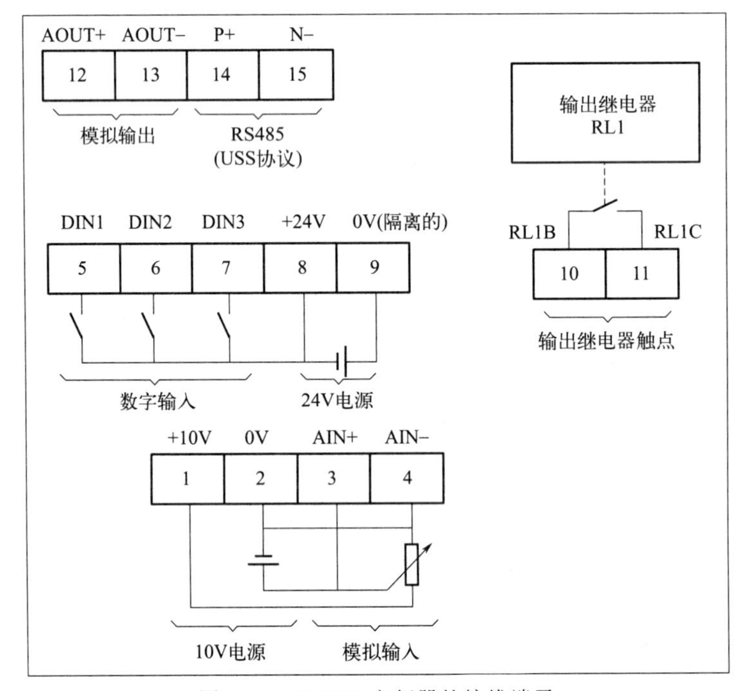

图 5.8　MM420 变频器的接线端子

表 5.4　参数复位

参数号	参数名称	Default	Level	DS	QC
P0970	复位为工厂设置值	0	1	C	—

表 5.5　变频器（P0004=2）

参数号	参数名称	Default	Level	DS	QC
r0018	微程序的版本	—	1	—	—
r0026	CO:直流回路电压实际值	—	2	—	—
r0037[1]	CO:变频器温度[°C]	—	3	—	—
r0039	CO:能量消耗计量表[kWh]	—	2	—	—
P0040	能量消耗计量表清零	0	2	CT	—
r0200	功率组合件的实际标号	—	3	—	—

续表

参数号	参数名称	Default	Level	DS	QC
P0201	功率组合件的标号	0	3	C	—
r0203	变频器的实际型号	—	3	—	—
r0204	功率组合件的特征	—	3	—	—
r0206	变频器的额定功率[kW]/[hp]	—	2	—	—
r0207	变频器的额定电流	—	2	—	—
r0208	变频器的额定电压	—	2	—	—
P0210	电源电压	230	3	CT	—
r0231[2]	电缆的最大长度	—	3	—	—
P0290	变频器的过载保护	2	3	CT	—
P0291[1]	变频器保护的配置	1	3	CT	
P0292	变频器的过载报警信号	15	3	CUT	—
P0294	变频器的 I^2t 过载报警	95.0	4	CUT	
P1800	脉宽调制频率	4	2	CUT	—
r1801	CO:脉宽调制的开关频率实际值	—	3	—	—
P1802	调制方式	0	3	CUT	—
P1803[1]	最大调制	106.0	4	CUT	
P1820[1]	输出相序反向	0	2	CT	—
r3954[13]	CM 版本和 GUI　ID	—	4	—	—
P3980	调试命令的选择	—	4	T	

表 5.6　电动机数据（P0004＝3）

参数号	参数名称	Default	Level	DS	QC
r0035[3]	CO:电动机温度实际值	—	2	—	—
P0300[1]	选择电动机类型	1	2	C	Q
P0304[1]	电动机额定电压	230	1	C	Q
P0305[1]	电动机额定电流	3.25	1	C	Q
P0307[1]	电动机额定功率	0.75	1	C	Q
P0308[1]	电动机额定功率因数	0.000	2	C	Q
P0309[1]	电动机额定效率	0.0	2	C	Q
P0310[1]	电动机额定频率	50.00	1	C	Q
P0311[1]	电动机额定速度	0	1	C	Q
r0313[1]	电动机的极对数	—	3	—	—
P0320[1]	电动机的磁化电流	0.0	3	CT	Q
r0330[1]	电动机的额定滑差	—	3	—	—
r0331[1]	电动机的额定磁化电流	—	3	—	—
r0332[1]	电动机的额定功率因数	—	3	—	—
P0335[1]	电动机的冷却方式	0	2	CT	Q
P0340[1]	电动机模型参数的计算	0	2	CT	Q
P0344[1]	电动机的重量	9.4	3	CUT	—
P0346[1]	磁化时间	1.000	3	CUT	—
P0347[1]	祛磁时间	1.000	3	CUT	—

续表

参数号	参数名称	Default	Level	DS	QC
P0350[1]	定子电阻(线间)	4.0	2	CUT	—
r0370[1]	定子电阻[%]	—	4	—	—
r0372[1]	电缆电阻[%]	—	4	—	—
r0373[1]	额定定子电阻[%]	—	4	—	—
r0374[1]	转子电阻[%]	—	4	—	—
r0376[1]	额定转子电阻[%]	—	4	—	—
r0377[1]	总漏抗[%]	—	4	—	—
r0382[1]	主电抗	—	4	—	—
r0384[1]	转子时间常数	—	3	—	—
r0386[1]	总漏抗时间常数	—	4	—	—
r0395	CO:定子总电阻[%]	—	3	—	—
P0610	电动机 I^2t 过温的应对措施	2	3	CT	—
P0611[1]	电动机 I^2t 时间常数	100	2	CT	—
P0614[1]	电动机 I^2t 过载报警的电平	100.0	2	CUT	—
P0640[1]	电动机的电流限制	150.0	2	CUT	Q
P1910	选择电动机数据是否自动测定	0	2	CT	Q
r1912	自动测定的定子电阻	—	2	—	—

表 5.7　命令和数字 I/O（P0004=7）

参数号	参数名称	Default	Level	DS	QC
r0002	驱动装置的状态	—	2	—	—
r0019	CO/BO:BOP 控制字	—	3	—	—
r0052	CO/BO:激活的状态字 1	—	2	—	—
r0053	CO/BO:激活的状态字 2	—	2	—	—
r0054	CO/BO:激活的控制字 1	—	3	—	—
r0055	CO/BO:激活的控制字 2	—	3	—	—
P0700[1]	选择命令源	2	1	CT	Q
P0701[1]	选择数字输入 1 的功能	1	2	CT	—
P0702[1]	选择数字输入 2 的功能	12	2	CT	—
P0703[1]	选择数字输入 3 的功能	9	2	CT	—
P0704[1]	选择数字输入 4 的功能	0	2	CT	—
P0719	选择命令和频率设定值	0	3	CT	—
r0720	数字输入的数目	—	3	—	—
r0722	CO/BO:各个数字输入的状态	—	2	—	—
P0724	开关量输入的防颤动时间	3	3	CT	—
P0725	选择数字输入的 PNP/NPN 接线方式	1	3	CT	—
r0730	数字输出的数目	—	3	—	—
P0731[1]	BI:选择数字输出的功能	52.3	2	CUT	—

续表

参数号	参数名称	Default	Level	DS	QC
r0747	CO/BO:各个数字输出的状态	—	3	—	—
P0748	数字输出反相	0	3	CUT	—
P0800[1]	BI:下载参数组 0	0:0	3	CT	—
P0801[1]	BI:下载参数组 1	0:0	3	CT	—
P0840[1]	BI:ON/OFF1	722.0	3	CT	—
P0842[1]	BI:ON/OFF1,反转方向	0:0	3	CT	—
P0844[1]	BI:1. OFF2	1:0	3	CT	—
P0845[1]	BI:2. OFF2	19:1	3	CT	—
P0848[1]	BI:1. OFF3	1:0	3	CT	—
P0849[1]	BI:2. OFF3	1:0	3	CT	—
P0852[1]	BI:脉冲使能	1:0	3	CT	—
P1020[1]	BI:固定频率选择,位 0	0:0	3	CT	—
P1021[1]	BI:固定频率选择,位 1	0:0	3	CT	—
P1022[1]	BI:固定频率选择,位 2	0:0	3	CT	—
P1035[1]	BI:使能 MOP(升速命令)	19.13	3	CT	—
P1036[1]	BI:使能 MOP(减速命令)	19.14	3	CT	—
P1055[1]	BI:使能正向点动	0.0	3	CT	—
P1056[1]	BI:使能反向点动	0.0	3	CT	—
P1074[1]	BI:禁止辅助设定值	0.0	3	CUT	—
P1110[1]	BI:禁止负向的频率设定值	0.0	3	CT	—
P1113[1]	BI:反向	722.1	3	CT	—
P1124[1]	BI:使能点动斜坡时间	0.0	3	CT	—
P1230[1]	BI:使能直流注入制动	0.0	3	CUT	—
P2103[1]	BI:1. 故障确认	722.2	3	CT	—
P2104[1]	BI:2 故障确认	0.0	3	CT	—
P2106[1]	BI:外部故障	1.0	3	CT	—
P2104[1]	BI:2 故障确认	0.0	3	CT	—
P2220[1]	BI:固定 PID 设定值选择,位 0	0.0	3	CT	—
P2221[1]	BI:固定 PID 设定值选择,位 1	0.0	3	CT	—
P2222[1]	BI:固定 PID 设定值选择,位 2	0.0	3	CT	—
P2235[1]	BI:使能 PID-MOP(升速命令)	19.13	3	CT	—
P2236[1]	BI:使能 PID-MOP(减速命令)	19.14	3	CT	—

表 5.8　模拟 I/O (P0004=8)

参数号	参数名称	Default	Level	DS	QC
r0750	ADC(模/数转换输入)的数目	—	3	—	—
r0751	CO/BO:状态字:ADC 通道	—	4	—	—

续表

参数号	参数名称	Default	Level	DS	QC
r0752[1]	ADC的实际输入[V]	—	2	—	—
P0753[1]	ADC的平滑时间	3	3	CUT	—
r0754[1]	标定后的ADC实际值[%]	—	2	—	—
r0755[1]	CO:标定后的ADC实际值[4000h]	—	2	—	—
P0756[1]	ADC的类型	0	2	CT	—
P0757[1]	ADC输入特性标定的$x1$值	0	2	CUT	—
P0758[1]	ADC输入特性标定的$y1$值	0.0	2	CUT	—
P0759[1]	ADC输入特性标定的$x2$值	10	2	CUT	—
P0760[1]	ADC输入特性标定的$y2$值	100.0	2	CUT	—
P0761[1]	ADC死区的宽度	0	2	CUT	—
P0762[1]	信号消失的延迟时间	10	3	CUT	—
r0770	DAC(数/模转换输出)的数目	—	3	—	—
P0771[1]	CI:DAC输出功能选择	21.0	2	CUT	—
P0773[1]	DAC的平滑时间	2	3	CUT	—
r0774[1]	实际的DAC输出值	0	2	—	—
r0776	DAC的类型	0	3	CT	—
P0777[1]	DAC输出特性标定的$x1$值	0.0	2	CUT	—
P0778[1]	DAC输出特性标定的$y1$值	0	2	CUT	—
P0779[1]	DAC输出特性标定的$x2$值	100.0	2	CUT	—
P0780[1]	DAC输出特性标定的$y2$值	20	2	CUT	—
P0781[1]	DAC死区的宽度	0	2	CUT	—

表5.9　设定值通道和斜坡函数发生器（P0004=10）

参数号	参数名称	Default	Level	DS	QC
P1000[1]	选择频率设定值	2	1	CT	Q
P1001	固定频率1	0.00	2	CUT	—
P1002	固定频率2	5.00	2	CUT	—
P1003	固定频率3	10.00	2	CUT	—
P1004	固定频率4	15.00	2	CUT	—
P1005	固定频率5	20.00	2	CUT	—
P1006	固定频率6	25.00	2	CUT	—
P1007	固定频率7	30.00	2	CUT	—
P1016	固定频率方式一位0	1	3	CT	—
P1017	固定频率方式一位1	1	3	CT	—
P1018	固定频率方式一位2	1	3	CT	—
r1024	CO:固定频率的实际值	—	3	—	—

续表

参数号	参数名称	Default	Level	DS	QC
P1031[1]	存储 MOP 的设定值	0	2	CUT	—
P1032	禁止反转的 MOP 设定值	1	2	CT	—
P1040[1]	MOP 的设定值	5.00	2	CUT	—
r1050	CO:MOP 的实际输出频率	—	3	—	—
P1058	正向点动频率	5.00	2	CUT	—
P1059	反向点动频率	5.00	2	CUT	—
P1060[1]	点动的斜坡上升时间	10.00	2	CUT	—
P1061[1]	点动的斜坡下降时间	10.00	2	CUT	—
P1070[1]	CI:主设定值	755.0	3	CT	—
P1071[1]	CI:标定的主设定值	1.0	3	T	—
P1075[1]	CI:辅助设定值	0.0	3	CT	—
P1076[1]	CI:标定的辅助设定值	1.0	3	T	—
r1078	CO:总的频率设定值	—	3	—	—
r1079	CO:选定的频率设定值	—	3	—	—
P1080	最小频率	0.00	1	CUT	Q
P1082	最大频率	50.00	1	CT	Q
P1091	跳转频率 1	0.00	3	CUT	—
P1092	跳转频率 2	0.00	3	CUT	—
P1093	跳转频率 3	0.00	3	CUT	—
P1094	跳转频率 4	0.00	3	CUT	—
P1101	跳转频率的带宽	2.0	3	CUT	—
r1114	CO:方向控制后的频率设定值	—	3	—	—
r1119	CO:未经斜坡函数发生器的频率设定值	—	3	—	—
P1120[1]	斜坡上升时间	10.00	1	CUT	Q
P1121[1]	斜坡下降时间	10.00	1	CUT	Q
P1130[1]	斜坡上升起始段圆弧时间	0.00	2	CUT	—
P1131[1]	斜坡上升结束段圆弧时间	0.00	2	CUT	—
P1132[1]	斜坡下降起始段圆弧时间	0.00	2	CUT	—
P1133[1]	斜坡下降结束段圆弧时间	0.00	2	CUT	—
P1134[1]	平滑圆弧的类型	0	2	CUT	—
P1135[1]	OFF3 斜坡下降时间	5.00	2	CUT	Q
P1140[1]	BI:斜坡函数发生器使能	1.0	4	CT	—
P1141[1]	BI:斜坡函数发生器开始	1.0	4	CT	—
P1142[1]	BI:斜坡函数发生器使能设定值	1.0	4	CT	—
r1170	CO:通过斜坡函数发生器后的频率设定值	—	3	—	—

表 5.10　驱动装置的特点（P0004=12）

参数号	参数名称	Default	Level	DS	QC
P0005	选择需要显示的参量	21	2	CUT	—
P0006	显示方式	2	3	CUT	—
P0007	背板亮光延迟时间	0	3	CUT	—
P0011	锁定用户定义的参数	0	3	CUT	—
P0012	用户定义的参数解锁	0	3	CUT	—
P0013[20]	用户定义的参数	0	3	CUT	—
P1200	捕捉再启动投入	0	2	CUT	—
P1202[1]	电动机电流：捕捉再启动	100	3	CUT	—
P1203[1]	搜寻速率：捕捉再启动	100	3	CUT	—
P1204	状态字：捕捉再启动	—	4	—	—
P1210	自动再启动	1	2	CUT	—
P1211	自动再启动的重试次数	3	3	CUT	—
P1215	使能抱闸制动(MHB)	0	2	T	—
P1216	释放抱闸制动的延迟时间	1.0	2	T	—
P1217	斜坡下降后的抱闸保持时间	1.0	2	T	—
P1232	直流注入制动的电流	100	2	CUT	—
P1233	直流注入制动的持续时间	0	2	CUT	—
P1236	复合制动电流	0	2	CUT	—
P1240[1]	直流电压(V_{DC})控制器的组态	1	3	CT	—
r1242	CO：最大直流电压($V_{DC\text{-}max}$)的接电平	—	3	—	—
P1243[1]	最大直流电压的动态因子	100	3	CUT	—
P1250[1]	直流电压(V_{DC})控制器的增益系数	1.00	4	CUT	—
P1251[1]	直流电压(V_{DC})控制器的积分时间	40.0	4	CUT	—
P1252[1]	直流电压(V_{DC})控制器的微分时间	1.0	4	CUT	—
P1253[1]	直流电压控制器的输出限幅	10	3	CUT	—
P1254	直流电压接通电平的自动检测	1	3	CT	—

表 5.11　电动机的控制（P0004=13）

参数号	参数名称	Default	Level	DS	QC
r0020	CO：实际的频率设定值	—	3	—	—
r0021	CO：实际频率	—	2	—	—
r0022	转子实际速度	3	3	—	—
r0024	CO：实际输出频率	—	3	—	—
r0025	CO：实际输出电压	—	2	—	—
r0027	CO：实际输出电流	—	2	—	—
r0034[1]	电动机的 I^2T 温度计算值	—	2	—	—
r0036	变频器的 I^2T 过载利用率	—	4	—	—

续表

参数号	参数名称	Default	Level	DS	QC
r0056	CO/BO:电动机的控制状态	—	2	—	—
r0067	CO:实际输出电流限值	—	3	—	—
r0071	CO:最大输出电压	—	3	—	—
r0078	CO:I_{sq} 电流实际值	—	4	—	—
r0084	CO:气隙磁通的实际值	—	4	—	—
r0086	CO:有功电流的实际值	—	3	—	—
P1300[1]	控制方式	1	2	CT	Q
P1310[1]	连续提升	50.0	2	CUT	—
P1311[1]	加速度提升	0.0	2	CUT	—
P1312[1]	启动提升	0.0	2	CUT	—
r1315	CO:总的提升电压	—	4	—	—
r1316[1]	提升结束的频率	20.0	3	CUT	—
P1320[1]	可编程 U/f 特性的频率坐标 1	0.00	3	CT	—
P1321[1]	可编程 U/f 特性的电压坐标 1	0.0	3	CUT	—
P1322[1]	可编程 U/f 特性的频率坐标 2	0.00	3	CT	—
P1323[1]	可编程 U/f 特性的电压坐标 2	0.0	3	CUT	—
P1324[1]	可编程 U/f 特性的频率坐标 3	0.00	3	CT	—
P1325[1]	可编程 U/f 特性的电压坐标 3	0.0	3	CUT	—
P1333	FCC 的启动频率	10.0	3	CUT	—
P1335	滑差补偿	0.0	2	CUT	—
P1336	滑差限值	250	2	CUT	—
r1337	CO:U/f 特性的滑差频率	—	3	—	—
P1338	U/f 特性谐振阻尼的增益系数	0.00	3	CUT	—
P1340	最大电流(I_{max})控制器的比例增益系数	0.000	3	CUT	—
P1341	最大电流(I_{max})控制器的积分时间	0.300	3	CUT	—
r1343	CO:最大电流(I_{max})控制器的输出频率	—	3	—	—
r1344	CO:最大电流(I_{max})控制器的输出电压	—	3	—	—
P1350[1]	电压软启动	0	3	CUT	—

5.2 变频器应用

5.2.1 变频器与 PLC 通信

在工业自动化控制系统中，最为常见的是 PLC 和变频器的组合应用，并且产生了多种多样的 PLC 控制变频器的方法，其中采用 RS-485 通信方式实施控制的方案得到广泛的应用。这是因为它抗干扰能力强、传输速率高、传输距离远且造价低廉。但是，RS-485 的通信必须解决数据编码、求取校验和、成帧、发送数据、接收数据的奇偶校验、超时处理和出错重发等一系列技术问题，一条简单的变频器操作指令，有时要编写数十条PLC梯形图指令才能实现，编程工作量大而且繁琐。

这里介绍一种非常简便的三菱FX系列PLC通信方式控制变频器的方法。它只需在PLC主机上安装一块RS-485通信板或挂接一块RS-485通信模块；在PLC的面板下嵌入一块“功能扩展存储盒”，编写4条简单的PLC梯形图指令，即可实现8台变频器参数的读取、写入、各种运行的监视和控制，通信距离可达50m或500m。

（1）三菱PLC采用扩展存储器通信控制变频器的系统配置

系统硬件组成如图5.9～图5.11所示。

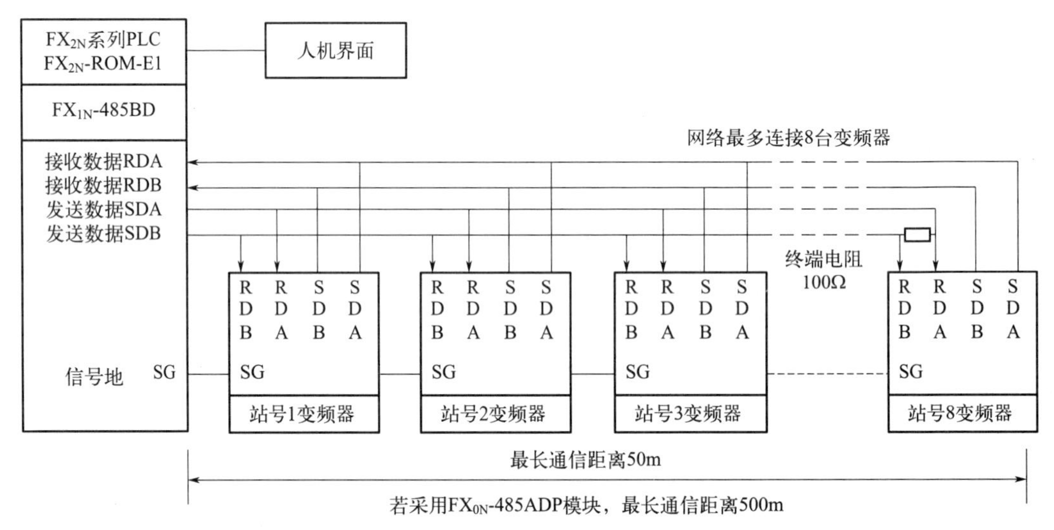

图5.9　三菱PLC采用扩展存储器通信控制变频器的系统配置

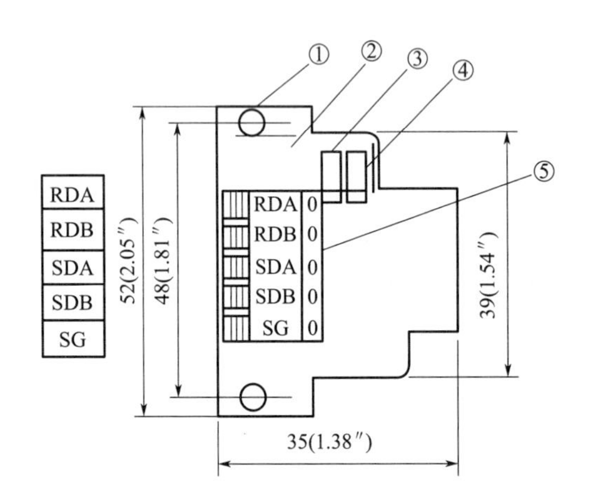

图5.10　FX_{2N}-485-BD通信板外形图

①—装配孔；②—PLC连接器；③—“发送”LED指示灯；④—“接收”LED指示灯；

⑤—连接RS485端子单元顶部高出PLC的面板约7mm

该系统硬件有：FX_{2N}系列PLC（产品版本V 3.00以上）1台（软件采用FX-PCS/WIN-C V 3.00版）；FX_{2N}-485-BD通信模板1块（最长通信距离50m）或FX_{0N}-485ADP通信模块1块+FX_{2N}-CNV-BD板1块（最长通信距离500m）；FX_{2N}-ROM-E1功能扩展存储盒1块（安装在PLC本体内）；带RS-485通信口的三菱变频器8台（S500系列、E500系列、F500系列、F700系列、A500系列、V500系列等，可以相互混用，总数量

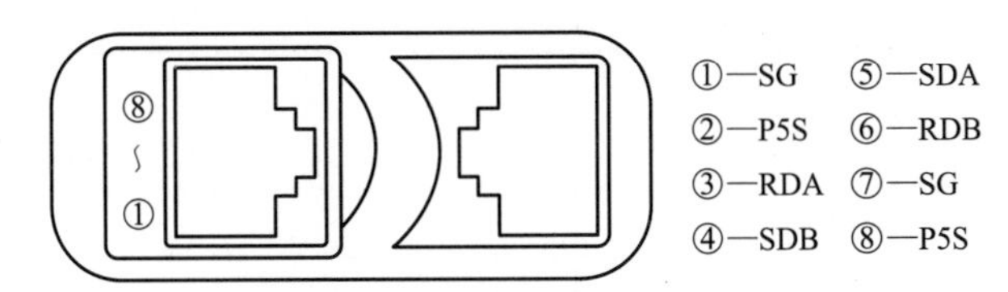

图 5.11　三菱变频器 PU 插口外形及插针号（从变频器正面看）

不超过 8 台，因为三菱所有系列变频器的通信参数编号、命令代码和数据代码相同）；RJ45 电缆（5 芯带屏蔽）；终端阻抗器（终端电阻，100Ω）。可选件：人机界面（如 F930GOT 等小型触摸屏）1 台。

(2) 硬件安装方法

① 用网线专用压接钳将电缆的一头和 RJ45 水晶头进行压接，另一头则按手册说明的方法连接 FX_{2N}-485-BD 通信模板，未使用的 2 个 P5S 端头不接。

② 揭开 PLC 主机左边的面板盖，将 FX_{2N}-485-BD 通信模板和 FX_{2N}-ROM-E1 功能扩展存储器安装后盖上面板。

③ 将 RJ45 电缆分别连接变频器的 PU 口，网络末端变频器的接收信号端 RDA、RDB 之间连接一只 100Ω 终端电阻，以消除由于信号传送速度、传递距离等，有可能受到反射的影响而造成的通信障碍。

(3) 变频器通信参数设置

为了正确地建立通信，必须在变频器上设置与通信有关的参数，如“站号”“通信速率”“停止位长/字长”“奇偶校验”等。变频器内的 Pr. 117～Pr. 124 参数用于设置通信参数。参数设定采用操作面板或变频器设置软件 FR-SW1-SETUP-WE 在 PU 口进行。

(4) 变频器设定项目和指令代码举例

如表 5.12 所示，参数设定完成后，通过 PLC 程序设定指令代码、数据，并开始通信，允许各种类型的操作和监视。

表 5.12　变频器设定项目和指令代码

项目	指令代码	说明	数据位数
输出频率(速度)监视	H6F	H0000～HFFFF:输出频率(16 进制)最小单位 0.01Hz	4 位
输出电流监视	H70	H0000～HFFFF:输出电流(16 进制)最小单位 0.1A	4 位
输出电压监视	H71	H0000～HFFFF:输出电压(16 进制)最小单位 0.1V	4 位
运行指令	HFA	例 1,H02:正转;例 2,H04:反转; 例 3,H00:停止;例 4,H08:低速; 例 5,H10:中速;例 6,H20:高速	2 位

(5) 变频器数据代码表举例

变频器数据代码如表 5.13 所示。

表 5.13　变频器数据代码

功能	参数号	名称	数据代码		
			读入	写出	网络参数扩展设定(数据代码 7F/FF)
基本功能	0	转矩提升	00	80	0
	1	上限频率	01	81	0

续表

功能	参数号	名称	数据代码		
			读入	写出	网络参数扩展设定(数据代码7F/FF)
基本功能	2	下限频率	02	82	0
	3	基底频率	03	83	0
	4	多段速度设定(高速)	04	84	0
	5	多段速度设定(中速)	05	85	0
	6	多段速度设定(低速)	06	86	0
	7	加速时间	07	87	0
	8	减速时间	08	88	0
	9	电子过电流保护	09	89	0

(6) PLC编程方法及示例

① 通信方式。

PLC与变频器之间采用主从方式进行通信，PLC为主机，变频器为从机。1个网络中只有1台主机，主机通过站号区分不同的从机。它们采用半双工双向通信，从机只有在收到主机的读写命令后才发送数据。

② 变频器控制的PLC指令规格，如表5.14所示。

表5.14　变频器控制的PLC指令规格

功能	对应指令	内容
变频器各种运行的监视	EXTR　K10	可以读取输出转速、运行模式等
变频器各种运行的控制	EXTR　K11	可以变更运行指令、运行模式等
变频器参数的读取	EXTR　K12	可以读取变频器的参数值
变频器参数的写入	EXTR　K13	可以变更变频器的参数值

③ 变频器运行监视的PLC语句表程序示例及注释如下。

LD M8000　　(运行监视)

EXTR K10 K0 H6F D0

EXTR K10：运行监视指令；

K0：站号0；

H6F：频率代码（见表5.12）；

D0：PLC读取地址（数据寄存器）；

指令解释：PLC一直监视站号为0的变频器的转速（频率）。

④ 变频器运行控制的PLC语句表程序示例及注释如下。

LD　X0　　(运行指令由X0输入)

SET　M0　　(置位M0辅助继电器)

LD　M0

EXTR K11 K0 HFA H02

AND　M8029　　(指令执行结束)

RST　M0　　(复位M0辅助继电器)

EXTR K11：运行控制指令；

K0：站号0；

HFA：运行指令（见表5.12）；
H02：正转指令（见表5.12）；
指令解释：PLC向站号为0的变频器发出正转指令。
⑤ 变频器参数读取的PLC语句表程序示例及注释如下。

```
LD   X3       （参数读取指令由X3输入）
SET   M2       （置位M2辅助继电器）
LD   M2
EXTR   K12 K3 K2 D2
OR   RST   M2       （复位M2辅助继电器）
```

EXTR K12：变频器参数读取指令；
K3：站号3；
K2：参数2—下限频率（见表5.13）；
D2：PLC读取地址（数据寄存器）；
指令解释：PLC一直读取站号3的变频器的2号参数-下限频率。
⑥ 变频器参数写入的PLC语句表程序示例及注释如下。

```
LD   X1       （参数变更指令由X3输入）
SET   M1       （置位M1辅助继电器）
LD   M1
EXTR K13 K3 K7 K10
EXTR K13 K3 K8 K10
AND   M8029       （指令执行结束）
RST   M1       （复位M1辅助继电器）
```

EXTR K13：变频器参数写入指令；
K3：站号3；
K7：参数7—加速时间（见表5.13）；
K8：参数8—减速时间（见表5.13）；
K10：写入的数值；
指令解释：PLC将站号3的变频器的7号参数—加速时间、8号参数—减速时间变更为10。

5.2.2　PLC与变频器多段速控制编程

MM420变频器实施3段速控制时，可通过PLC程序控制变频器，使电机3速运行。

(1) 控制要求

PLC和变频器联机实现3段速固定频率控制，运行频率分别为10Hz（280r/min）、25Hz（700r/min）、50Hz（1400r/min），控制曲线如图5.12所示。各挡运行时间可以随意调整。

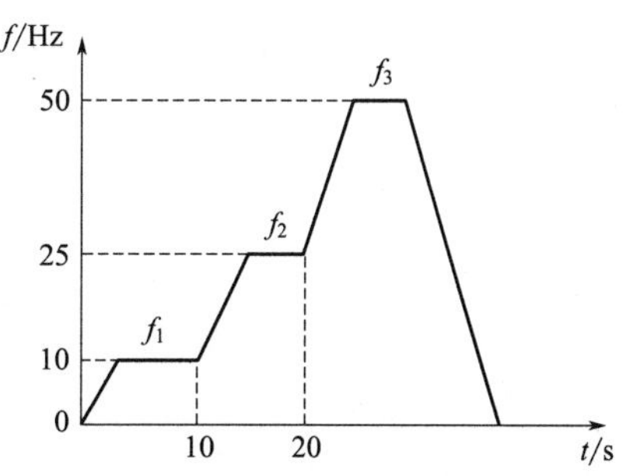

图5.12　3段速固定频率控制曲线

(2) 硬件电路设计

通过三菱PLC和MM420变频器联机，按控制要求完成对电动机的控制。若变频器开关量端子参数设置为16，采用“固定频率直接选择+1命令”控制方式，则PLC需要3个输入点、3个输出点，其I/O分配及与变频器的接口关系如表5.15所示，PLC与MM420接线如图5.13所示。

表 5.15 I/O分配及与变频器的接口关系

输入		输出			
输入继电器	输入元件	作用	输出继电器	MM420 接口	作用
X0	K1	速度 1 启停	Y0	5	固定频率 1 设置
X1	K2	速度 2 启停	Y1	6	固定频率 2 设置
X2	K3	速度 3 启停	Y2	7	固定频率 3 设置

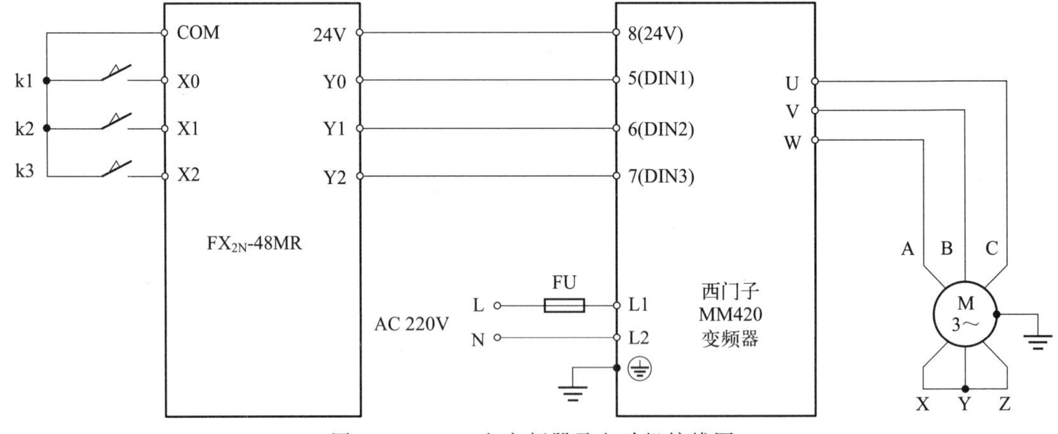

图 5.13 PLC和变频器及电动机接线图

(3) 3段速控制的PLC程序设计

按照电动机控制要求及对变频器数字输入端口、三菱FX系列PLC数字输入/输出端口所做的变量约定，3段速控制梯形图如图5.14所示。

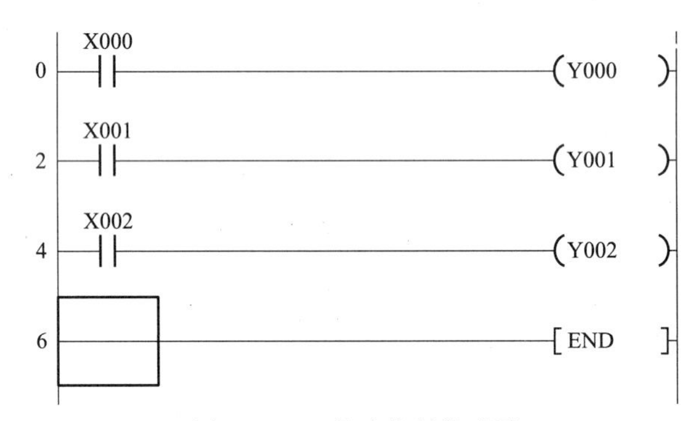

图 5.14 3段速控制梯形图

(4) 变频器参数设置

MM420变频器数字输入5、6、7端口通过P0701、P0702参数设为3段速固定频率控制段，每一频段的频率可分别通过P1001、P1002和P1003参数设置。3段速固定频率控制状态如表5.16所示。变频器的参数设置如表5.17所示。

表 5.16 控制状态表

固定频率	对应频率所设置参数	频率/Hz	转速/(r/min)
1	P1001	10	280
2	P1002	25	700
3	P1003	50	1400

表 5.17　变频器的参数设置

参数	设置值	说明
P700	2	用外部端子控制变频器启停
P1000	3	选择固定频率设定值
P0701	16	选择固定频率
P0702	16	选择固定频率
P0703	16	选择固定频率
P1001	10	设置固定频率 1(Hz)
P1002	25	设置固定频率 2(Hz)
P1003	50	设置固定频率 3(Hz)

(5) 功能调试

① 3 个频率段的频率值可根据用户要求通过 P1001、P1002 和 P1003 参数来修改。

② 第 1 段速控制。合上 K1 变频器的数字输入口 DIN1 为 ON，变频器工作在由 P1001 所设定的 10Hz 的第 1 频率段上。

③ 第 2 段速控制。合上 K2 变频器的数字输入口 DIN2 为 ON，变频器工作在由 P1002 所设定的 25Hz 的第 2 频率段上。

④ 第 3 段速控制。合上 K3 变频器的数字输入口 DIN3 为 ON，变频器工作在由 P1003 所设定的 50Hz 的第 3 频率段上。

5.2.3 变频器模拟量控制编程

MM420 变频器实施模拟量控制时，可通过外部电位器输入 0～10V 电压信号，控制变频器的频率在 0～50Hz 运行。

(1) 模拟量输入端子介绍

西门子 MM420 变频器提供了两路模拟给定输入端子，通道 1 使用端子 3(Ain1＋)、4(Ain1－)，通道 2 使用端子 10(Ain2＋)、11(Ain2－)。

当采用模拟电压信号输入方式输入给定频率时，为了提高交流变频器调速系统的控制精度，必须配备一个高精度的直流稳压电源作为模拟电压输入的直流电源。西门子 MM420 变频器端子 1、2 是变频器为用户提供的一个高精度 10V 直流稳压电源，图 5.15 所示是外电位器构成的调速电路，通道 1 接收的是 0～10V 的电压信号。

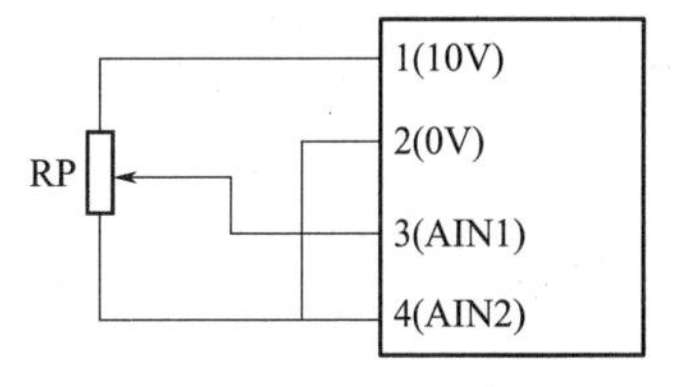

图 5.15　电位器调速硬件接线图

(2) 模拟量输入信号类型设置

① 参数设置。两路模拟量输入通道相关参数以 in000 和 in001 区分，可以分别通过 P0756 [0] 和 P0756 [1] 设置两路模拟通道的信号属性，具体如表 5.18 所示。“带监控”是指模拟通道具有监控功能，当断线或信号超限时，报故障 F0080。

表 5.18　P0756 参数的功能说明表

设定值	参数功能
P0756＝0	单极性电压输入(0～＋10V)
P0756＝1	带监控的单极性电压输入(0～＋10V)
P0756＝2	单极性电流输入(0～＋20mA)
P0756＝3	带监控的单极性电流输入(0～＋20mA)
P0756＝4	双极性电压输入(－10V～＋10V)

② I/O 板上的拨动开关 DIP 设置。模拟信号选择（电压信号还是电流信号），只设置 P0756 参数是不行的，还需要将变频器 I/O 板上的拨动开关 DIP 拨到合适的位置，如图 5.16 所示。若使用电压模拟量输入，变频器上配置的相应通道的 DIP 开关必须处于 OFF(0) 位置，若使用电流模拟量输入，相应的 DIP 开关必须处于 ON(1) 位置。

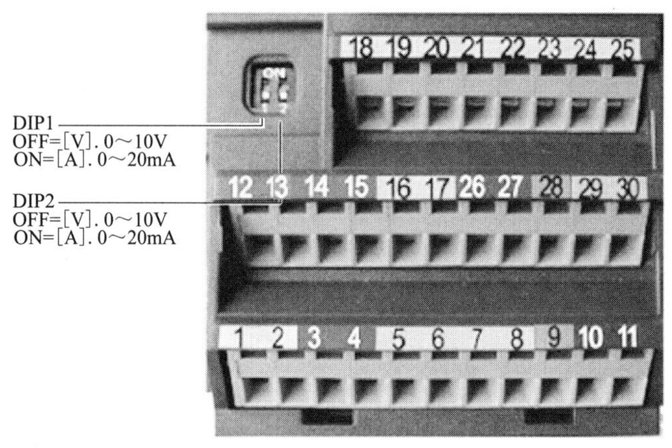

图 5.16 两路模拟量 DIP 设置开关

图 5.15 中通道 1 接收单极性电压信号输入，变频器端子 3(Ain1＋)、4(Ain1－) 接收的是 0～10V 的电压信号，对于这样的模拟量信号要正确给定，需要使变频器上的 DIP1 开关处于 OFF (0) 位置，还需要设置 P0756＝0 (P0003 访问等级为 2)。

(3) 电位器调速电路装调

① 控制要求。在很多机床加工设备中，针对不同材料或工艺要求，由电动机驱动的加工装置的运行速度需要连续可调，常通过外部电位器进行调节。本次任务由面板启/停按键控制变频器的启动/停止，通过外部电位器控制变频器调速。

② 硬件电路。本次任务除了完成变频器主电路接线，还需要用到变频器的模拟量输入端子，输入的模拟量信号通过外部电位器进行调节，电位器两端的直流电压在此取自 MM420 变频器内部 10V 电源。电位器调速硬件电路如图 5.17 所示。

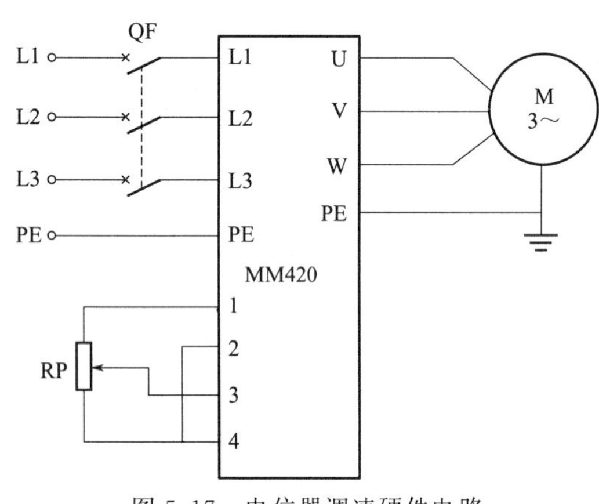

图 5.17 电位器调速硬件电路

③ 参数设置。接通变频器电源，设置变频器的参数。需要设置的功能参数如表 5.19 所示。

表 5.19 参数表

序号	参数及设定值	参数功能
1	P0003＝3	设置用户参数访问等级为 3 级
2	P0700＝1	用面板控制变频器启/停
3	P1000＝2	模拟设定值
4	P0756＝0	单极性电压输入

续表

序号	参数及设定值	参数功能
5	P0757=0	0V 给定
6	P0758=0	0%的标定，也就是 0Hz 运行
7	P0759=10	10V 给定
8	P0760=100	100%的标定，也就是 50Hz 运行
9	P0761=0	死区宽度为 0V

④ 操作运行。

a. 调节电位器，将模拟量通道 1（3、4 端）接收的电压调为 0V；

b. 按下变频器启动键，变频器启动，此时运行频率为 0，电动机不转。

c. 调节电位器，当模拟量通道接收的电压为 1V 时，电动机以 5Hz 对应的速度运行，当接收的电压为 2V 时，电动机以 10Hz 对应的速度运行，每 1V 的给定电压变化，将会有 5Hz 的输出频率变化，连续调节电位器，输出频率将会连续变化。

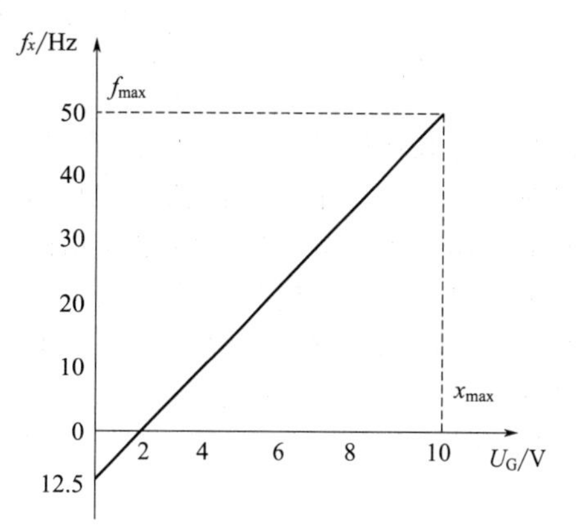

图 5.18　频率给定线（起点不在原点）

d. 若只将参数 P0757 修改为 2，频率给定线的起点不在原点，频率给定线如图 5.18 所示，每 1V 的给定电压变化，将会有 6.25Hz 的输出频率变化，给定电压信号低于 2V，变频器输出频率为负值，电动机运行方向发生改变。

5.3　独立轴位置控制系统设计

5.3.1　独立轴位置控制原理

(1) 步进电机

① 步进电机的工作原理。步进电机是数字控制系统中的执行电动机，当系统将一个电脉冲信号加到步进电机定子绕组时，转子就转一步，当电脉冲按某一相序加到电动机时，转子沿某一方向转动的步数等于电脉冲个数。因此，改变输入脉冲的数目就能控制步进电机转子机械位移的大小；改变输入脉冲的通电相序，就能控制步进电机转子机械位移的方向，实现位置的控制。当电脉冲按某一相序连续加到步进电机时，转子以正比于电脉冲频率的转速沿某一方向旋转。因此，改变电脉冲的频率大小和通电相序，就能控制步进电机的转速和转向，实现宽广范围内速度的无级平滑控制。

② 步进电机驱动系统的基本组成。与交、直流电动机不同，仅仅接上供电电源，步进电机不会运行的。为驱动步进电机，必须由一个决定电动机速度和旋转度的脉冲发生器（在该控制系统中采用 PLC 作为脉冲发生器进行位置控制）、一个使电动机绕组电流按规定次序通断的脉冲分配器、一个保证电动机正常运行的功率放大器、一个直流功率电源等组成一个驱动系统，如图 5.19 所示。

(2) 步进电机驱动器的原理与选择

① 步进电机驱动器的选择。所有型号驱动器的输入信号都相同，共有三路信号，它

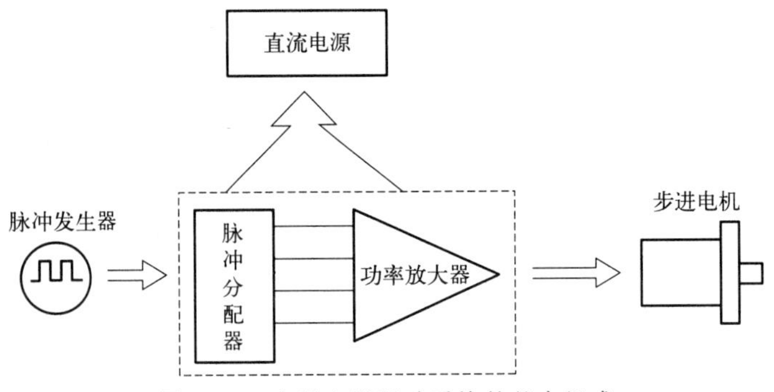

图 5.19　步进电机驱动系统的基本组成

们是步进脉冲信号 CP、方向电平信号 DIR、脱机信号 FREE（此端为任意电平有效，这时电机处于无力矩状态；此端为高电平或悬空不接时，此功能无效，电机可正常运行）。它们在驱动器内部的接口电路都相同，见图 5.20。OPTO 端为三路信号的公共端，三路输入信号在驱动器内部接成共阳方式，所以 OPTO 端须接外部系统的 VCC，如果 VCC 是＋5V 则可直接接入；如果 VCC 不是＋5V 则须外部另加限流电阻 R，保证给驱动器内部光耦提供 8～15mA 的驱动电流，参见图 5.20。在该机械手中由于 FPO 提供的电平为 24V，而输入部分的电平为 5V，所以须外部另加 1.8K 的限流电阻 R。

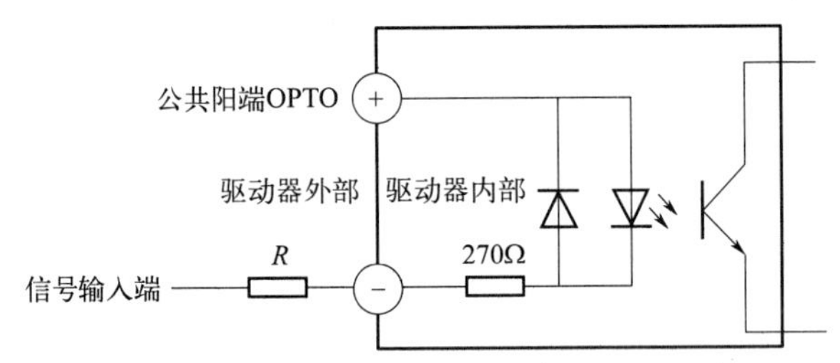

图 5.20　步进电机驱动器内部的接口电路

② 步进电机驱动器的输出信号有两种。

a. 初相位信号。驱动器每次上电后将使步进电机起始在一个固定的相位上，这就是初相位。初相位信号是指步进电机每次运行到初相位期间，此信号就输出为高电平，否则为低电平。此信号和控制系统配合使用，可产生相位记忆功能，其接口见图 5.21。

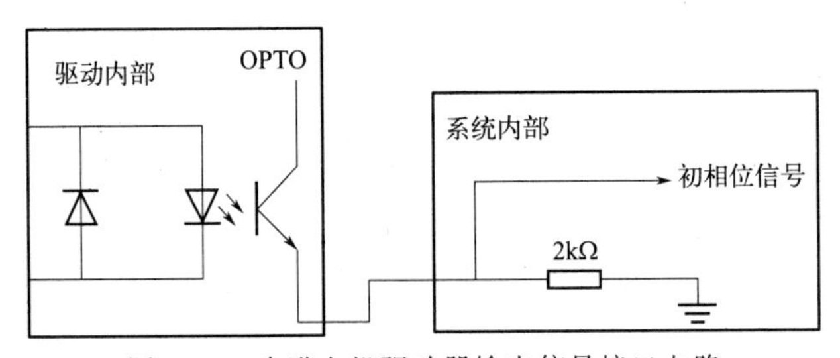

图 5.21　步进电机驱动器输出信号接口电路

b. 报警输出信号。每台驱动器都有多种保护措施（如过压、过流、过温等）。当保护发生时，驱动器进入脱机状态使电机失电，但这时控制系统可能尚未知晓。如果要通知系统，就要用到‘报警输出信号’。此信号占两个接线端子，此两端子为一继电器的常开点，报警时触点立即闭合。驱动器正常时，触点为常开状态。触点规格：DC 24V/1A 或 AC

110V/0.3A。

5.3.2　独立轴位置控制参数设置

(1) 步进电机驱动器细分数和电机相电流的设定

① 细分数的设定。要了解“细分”，先要弄清“步距角”这个概念：它表示控制系统每发送一个步进脉冲信号，电机所转动的角度。SH系列驱动是靠驱动器上的拨位开关来设定细分数的，只需根据面板的提示设定即可。在系统频率允许的情况下，应尽量选用高细分数。

对于两相步进电机，细分后电机的步距角等于电机的整步步距角除以细分数，例如细分数设定为40、驱动步距角为0.9°/1.8°的电机，其细分步距角为1.8°/40=0.045°。可以看出，步进电机通过细分驱动器的驱动，其步距角变小了，如驱动器工作在40细分状态时，其步距角只为电机固有步距角的1/40，即当驱动器工作在不细分的整步状态驱动电机时，控制系统每发送一个步进脉冲，电机转动1.8°；而用细分驱动器工作在40细分状态时，控制系统每发送一个步进脉冲，电机只转动了0.045°，这就是细分的基本概念。细分功能完全是由驱动器精确按照电机的相电流所产生的，与电机无关。

② 电机相电流的设定。SH系列驱动器是靠驱动器上的拨位开关来设定电机的相电流，只需根据面板上的电流设定表格进行设定。

(2) 步进电机驱动器指示灯说明

驱动器的指示灯共有两种：电源指示灯（绿色或黄色）和保护指示灯（红色）。当任一保护发生时，保护指示灯变亮。

5.3.3　独立轴位置控制驱动器硬件接线

5.3.3.1　控制系统硬件介绍

整个系统分为8个部分：步进电机、步进电机驱动模块、传感器、PLC模块、直流电机、直流电机控制板、电源模块、旋转码盘。

(1) 步进电机

采用二相八拍混合式步进电机，主要特点：体积小，具有较高的启动和运行频率，有定位转矩。型号：42BYGH101。快接线插头：红色表示A相，蓝色表示B相，发现步进电机转向不对时可以将A相或B相中的两条线对调。

(2) 步进电机驱动模块

采用中美合资SH系列步进电机驱动器，主要由电源输入部分、信号输入部分、输出部分等组成。

电源输入部分：由电源模块提供，用两根导线连接，注意极性。

信号输入部分：信号源由FX系列PLC主机提供。由于PLC提供的电平为24V，而输入部分的电平为5V，因此中间应加保护电路。

输出部分：与步进电机连接，注意相序。

(3) 传感器

① 接近开关：接近开关有三根连接线（红、蓝、黑），红色接电源的正极、黑色接电源的负极、蓝色为输出信号，当与挡块接近时输出电平为低电平，否则为高电平。

② 微动开关：当挡块碰到微动开关时动作。

(4) PLC模块

必须采用晶体管输出的PLC主机，其具有高速运算能力和PID调节功能，可以同时输出两路脉冲控制两台电机。

(5) 直流电机

输入电压为 12～24V，通过两根导线输入，红色为直流电机正极，蓝色为负极。

(6) 直流电机控制板

由输入信号、输入电源、输出信号等组成，输入信号由 FX 系列 PLC 提供，输入电源由电源模块提供。

(7) 电源模块

输入交流电压：110～220V/50Hz、60Hz；

输出直流电压：24V/6.5A；

最大功率：156W。

(8) 旋转码盘

系统每旋转 3°发出一个脉冲。

5.3.3.2 控制系统硬件接线图（图 5.22）

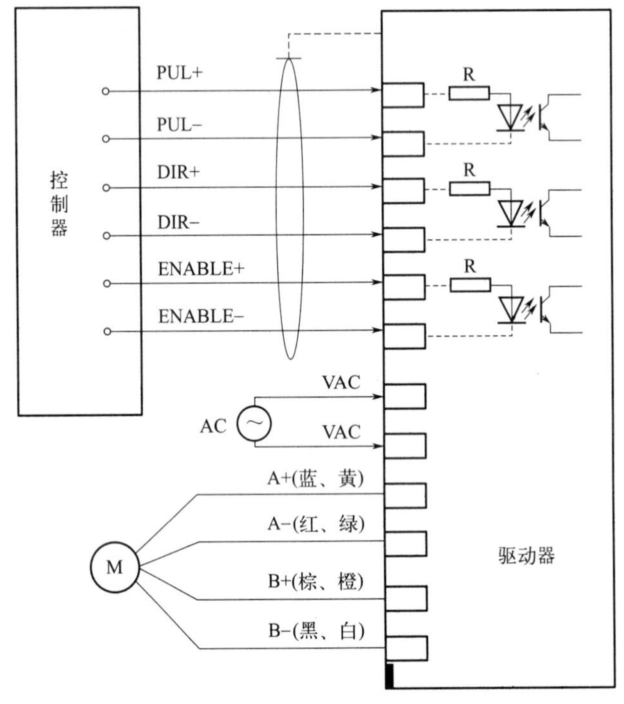

图 5.22　控制系统硬件接线图

5.3.4 独立轴位置控制编程与应用

5.3.4.1 加减速功能的脉冲输出指令 PLSR（表 5.20）

表 5.20　PLSR 指令

指令名称	助记符	指令代码	操作数范围		程序步
			[S1.][S2.][S3.]	[D.]	
加减速时间脉冲输出	PLSR	FNC59	K、H、KnX、KnY、KnM、KnS、T、C、D、V、Z	Y	PLSR……7 步； (D)PLSR……17 步

指令格式如图5.23所示。

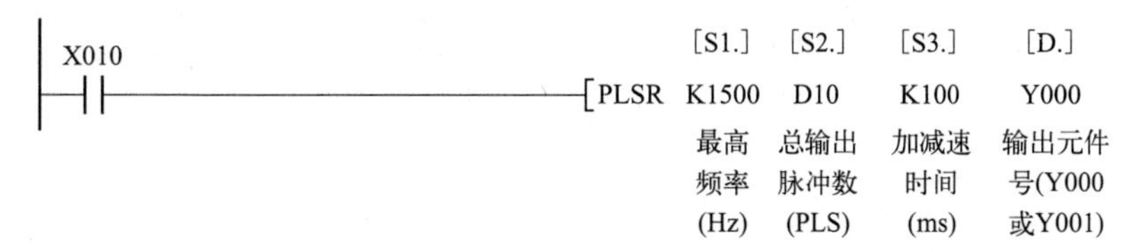

图5.23　指令格式

(1) 指令说明

带加减速功能的脉冲输出指令，按［S1.］指令的最高频率分10级加速，达到［S2.］所指定的输出脉冲数后分10级减速。

K1500：指定的最高输出频率（Hz），其值只能是10的倍数，范围为：10～20kHz，可以是T、C、D、数值或是位元件组合。

D10：指定的输出脉冲数，范围为110～2147483647，脉冲数小于110时，脉冲不能正常输出，可以是T、C、D、数值或是位元件组合.

K100：指定的加减速时间，设定范围为5000ms以下，可以是T、C、D、数值或是位元件组合。

Y000：指定的脉冲输出端子，只能是y0、y1。

注意：加减速时间的设定规范如下。

① 每次变速量不能大于最高频率的1/10，就是说，PLSR指令采用十次变量加减速。如最高频率设为10000Hz，加减速时间为10ms，1ms加减速量是1000Hz。用这样大的加速量控制步进电机时，也许会使电机失调，所以在设定加减速时间时就需要考虑电机的加速特性。

② 加减速时间必须大于PLC程序扫描时间最大值（D8012）的10倍以上，如果不到，则加减速时间时序不准确。

③ 加减速时间必须大于或等于“450000/指定的最高输出频率”，如果小于这个值，加减速时间误差增大。

④ 加减速时间必须小于或等于“指定的总脉冲数乘以818再除以指定的最高频率”。

(2) 相关标志

M8029：脉冲发完后M8029闭合，驱动断开，M8029自动断开；

D8040：32位寄存器，记录y0的输出脉冲数

D8042：32位寄存器，记录y1的输出脉冲数

D8136：32位寄存器，记录y0和y1的输出脉冲总数

5.3.4.2 机械手的步进控制程序设计

(1) 控制系统程序分析

① 机械手的控制。根据机械手的工作过程，其控制程序采用状态转移指令设计，其动作步骤为：横轴前升→手旋转到位→电磁阀动作，手张开→竖轴下降→电磁阀复位，手夹紧→竖轴上升→横轴缩回→底盘旋转到位→横轴前升→手旋转→竖轴下降→电磁阀动作，手张开→竖轴上升复位。

② 步进电机的控制。根据控制要求，为确保机械手动作，给定步进电机驱动脉冲与方向信号。

③ 电磁阀的控制。根据控制要求，控制机械手的夹紧和放松。

(2) 控制机械手的PLC的I/O地址分配表（表5.21）

表5.21　机械手I/O分配表

输入			输出		
名称	功能	地址	名称	功能	地址
SQ1	横轴正限位	X0	YV0	横轴脉冲输出	Y0
SQ2	竖轴正限位	X1	YV1	竖轴脉冲输出	Y1
SQ3	横轴反限位	X2	CH0_DIR	横轴方向控制	Y2
SQ4	竖轴反限位	X3	CH1_DIR	竖轴方向控制	Y3
CP	旋转脉冲	X4	YV2	手正转	Y10
SQ5	手正转限位	X10	YV3	手反转	Y11
SQ6	手反转限位	X11	YV4	底盘正转	Y12
SQ7	底盘正转限位	X12	YV5	底盘反转	Y13
SQ8	底盘反转限位	X13	YV6	电磁阀动作	Y14

(3) 控制系统程序设计

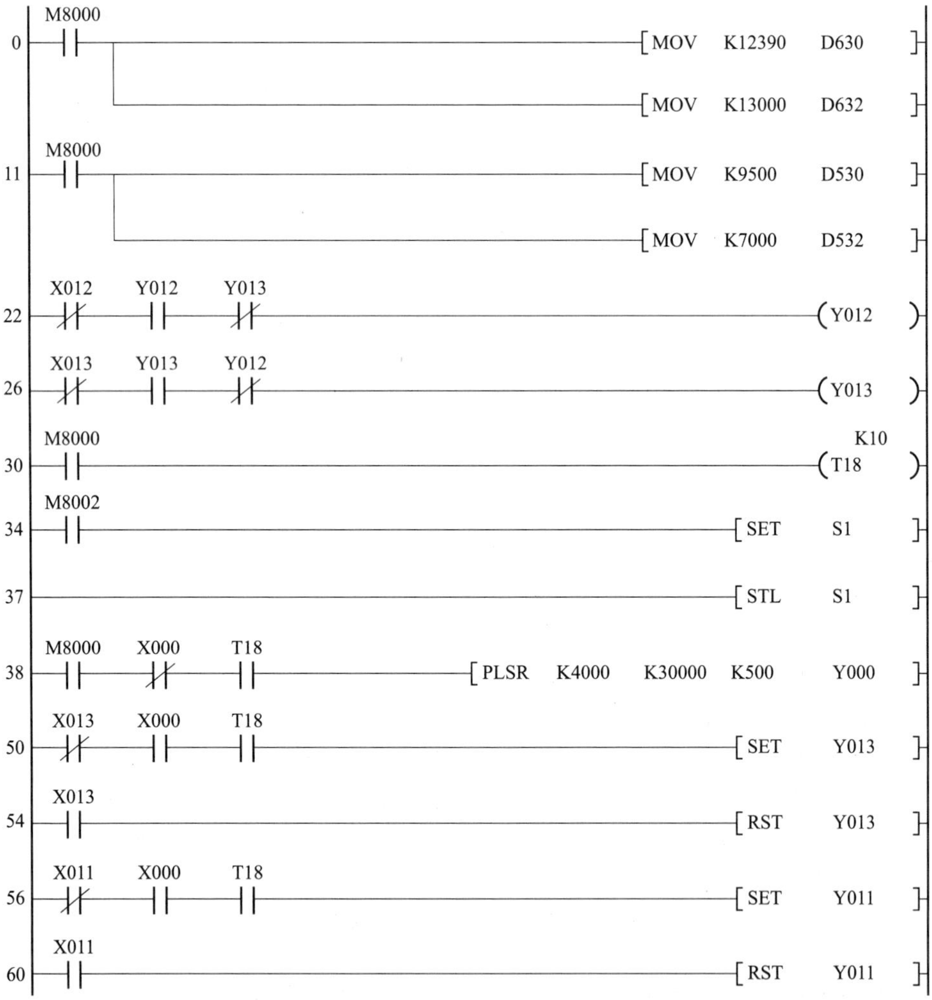

```
0   M8000 ─┤├─┬──────────────[MOV K12390 D630]
              └──────────────[MOV K13000 D632]
11  M8000 ─┤├─┬──────────────[MOV K9500 D530]
              └──────────────[MOV K7000 D532]
22  X012 ─┤/├─ Y012 ─┤├─ Y013 ─┤/├──────(Y012)
26  X013 ─┤/├─ Y013 ─┤├─ Y012 ─┤/├──────(Y013)
30  M8000 ─┤├──────────────────────(T18 K10)
34  M8002 ─┤├──────────────────────[SET S1]
37  ───────────────────────────────[STL S1]
38  M8000 ─┤├─ X000 ─┤/├─ T18 ─┤├───[PLSR K4000 K30000 K500 Y000]
50  X013 ─┤/├─ X000 ─┤├─ T18 ─┤├────[SET Y013]
54  X013 ─┤├───────────────────────[RST Y013]
56  X011 ─┤/├─ X000 ─┤├─ T18 ─┤├────[SET Y011]
60  X011 ─┤├───────────────────────[RST Y011]
```

```
      X001      T18
62  --|/|-------| |----------------------[PLSR  K4000  K30000  K500  Y001]

      X000      X001      X011      X013
73  --| |-------| |-------| |-------| |--------------------[SET  S30]

79  ---------------------------------------------------------[STL  S30]

      M8000                                                         K5
80  --| |-----------------------------------------------------(T30)

      T30       X002
84  --| |-------|/|----------------------[PLSR  K5000  D530  K500  Y000]

      M8000
95  --| |-----------------------------------------------------(Y002)

      M8000     X013
97  --| |-------|/|--------------------------------------[SET  Y013]

      X013
100 --| |------------------------------------------------[RST  Y013]

      M8029     T30
102 --|↑|---+---| |--------------------------------------[SET  S31]
      X002  |
    --| |---+

      M180
108 --| |-----------------------------------------------------(S1)

111 ---------------------------------------------------------[STL  S31]

      M8000                                                         K5
112 --| |-----------------------------------------------------(T31)

      T31
116 --| |------------------------------------------------[SET  Y010]

      X010
118 --| |------------------------------------------------[RST  Y010]

      X010                                                          K2
120 --| |-----------------------------------------------------(T61)

      T61
124 --| |------------------------------------------------[SET  S32]

      M180
127 --| |-----------------------------------------------------(S1)

130 ---------------------------------------------------------[STL  S32]

      M8000                                                         K5
131 --| |-----------------------------------------------------(T32)

      T32       X003
135 --| |-------|/|----------------------[PLSR  K5000  D630  K500  Y001]
```

```
146  M8000 ─┤├─────────────────────────────────( Y003 )
148  M180  ─┤├─────────────────────────────────( S1 )
151  M8000 ─┤├─────────────────────────────────[ SET  Y014 ]
153  M8029 ─┤↑├─┬─ T32 ─┤├────────────────────[ SET  S33 ]
     X003  ─┤├──┘
159  ──────────────────────────────────────────[ STL  S33 ]
160  M8000 ─┤├─────────────────────────────────( T33  K5 )
164  ─┤├───────────────────────────────────────[ RST  Y014 ]
166  Y014  ─┤/├────────────────────────────────( T28  K5 )
170  T28 ─┤├─ X001 ─┤/├──[ PLSR  K5000  D630  K500  Y001 ]
181  M8029 ─┤↑├─┬─ T28 ─┤├────────────────────[ SET  S34 ]
     X001  ─┤├──┘
187  M180  ─┤├─────────────────────────────────( S1 )
190  ──────────────────────────────────────────[ STL  S34 ]
191  M8000 ─┤├─────────────────────────────────( T34  K10 )
195  T34 ─┤├─ X000 ─┤/├──[ PLSR  K5000  D530  K500  Y000 ]
206  X012 ─┤/├─┬─ M8029 ─┤↑├─┬─────────────────[ SET  Y012 ]
               └─ X000  ─┤↑├─┘
213  X012  ─┤├─────────────────────────────────[ RST  Y012 ]
215  M180  ─┤├─────────────────────────────────( S1 )
218  X012  ─┤├─────────────────────────────────[ SET  S35 ]
```

```
221 ──────────────────────────────[STL S35]
222 M8000 ─┤├─────────────────────(T30 K10)
226 T30 ─┤├─ X002 ─┤/├────────────[PLSR K5000 D532 K500 Y000]
          └──────────────────────(Y002)
240 M8029 ─┤↑├─┬─ T30 ─┤├────────[SET S36]
    X002 ─┤├──┘
246 M180 ─┤├──────────────────────(S1)
269 T37 ─┤├─ X003 ─┤/├────────────[PLSR K6000 D632 K500 Y001]
280 M8000 ─┤├─────────────────────(Y003)
282 M8029 ─┤↑├─┬─ T37 ─┤├────────[SET Y014]
    X003 ─┤├──┘
287 Y014 ─┤├──────────────────────(T130 K10)
291 T130 ─┤├─ T37 ─┤├─────────────[SEL S38]
295 M180 ─┤├──────────────────────(S1)
298 ──────────────────────────────[RST]
299 ──────────────────────────────[STL S38]
300 M8000 ─┤├─────────────────────(T38 K5)
304 T38 ─┤├─ X001 ─┤/├────────────[PLSR K5000 D652 K500 Y001]
315 X001 ─┤├─ X000 ─┤/├───────────[PLSR K5000 D552 K500 Y000]
326 M8000 ─┤├─────────────────────[ADD K100 D532 D552]
334 M8000 ─┤├─────────────────────[ADD K100 D632 D652]
354 X000 ─┤├─ X001 ─┤├────────────(S1)
```

巩固与提高

利用变频器的开关量输入端子实现某机床主轴的7段速运行控制。

(1) 控制要求

具体的要求是变频器的输出频率分别为10Hz、15Hz、20Hz、25Hz、30Hz、35Hz、40Hz共7种，使电动机能工作在7个不同转速状态。

(2) 硬件电路

因MM440变频器开关量输入端子只有5、6、7、8、16、17共6个，若将对应参数P0701～P0706设置为15或16，不考虑频率叠加的方式，则只能选择6种速度，不能满足7速的要求。所以只能采用开关状态组合选择频率的方法。7段速由3个开关的状态组合就可以实现，硬件接线如图5.24所示。

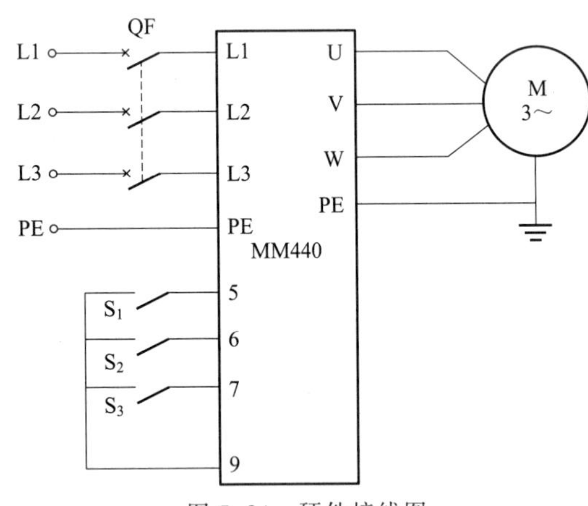

图5.24 硬件接线图

(3) 参数设置

根据需要可以先将变频器的参数复位，然后设置电动机相关的参数和控制参数。其中开关量输入端子的参数设置如表5.22所示。

表5.22 7段速参数设置

序号	参数及设定值	参数功能
1	P1000=3	指定开关量输入端子选择固定频率
2	P0700=2	利用开关量输入端子控制变频器启停
3	P0701=17	端子5使用固定频率
4	P0702=17	端子6使用固定频率
5	P0703=17	端子7使用固定频率
6	P0704=17	端子8使用固定频率
7	P1001=10	设置段速1频率
8	P1002=15	设置段速2频率
9	P1003=20	设置段速3频率
10	P1004=25	设置段速4频率

续表

序号	参数及设定值	参数功能
11	P1005＝30	设置段速 5 频率
12	P1006＝35	设置段速 6 频率
13	P1007＝40	设置段速 7 频率

(4) 操作特点

采用开关状态组合选择频率（17 方式）控制 7 段速的操作特点如表 5.23 所示。

表 5.23 电动机 7 段速操作特点

序号	端子输入状态			变频器输出	
	7	6	5	变频器频率	电动机工作状态
1	0	0	1	10	启动运行
2	0	1	0	15	启动运行
3	0	1	1	20	启动运行
4	1	0	0	25	启动运行
5	1	0	1	30	启动运行
6	1	1	0	35	启动运行
7	1	1	1	40	启动运行

开关的“断开或闭合”用二进制数“0 或 1”表示：开关（S3、S2、S1）为 001 时，电动机以 P1001 设置的频率 10Hz 运行；开关为 010 时，电动机以 P1002 设置的频率 15Hz 运行；开关为 011 时，电动机以 P1003 设置的频率 20Hz 运行；开关为 100 时，电动机以 P1004 设置的频率 25Hz 运行；开关为 101 时，电动机以 P1005 设置的频率 30Hz 运行；开关为 110 时，电动机以 P1006 设置的频率 35Hz 运行；开关为 111 时，电动机以 P1007 设置的频率 40Hz 运行。

项目复习题

(1) 填空题

① 西门子 MM420 变频器输入控制端子中，有________个数字量可编程端子。

② 西门子 MM420 变频器的模拟量输入端子可以接受的电压信号是________V，电流信号是________。

③ 西门子 MM420 变频器选择命令给定源是________参数，设置用户访问级是________参数，设置频率给定源是________参数。

④ 西门子 MM420 变频器设置加速时间的参数是________，设置上限频率的参数是________，设置下限频率的参数是________。

⑤ 某变频器需要跳转的频率范围为 18～22Hz，可设置跳转频率值 P1091 为________Hz，跳转频率的频带宽度 P1011 为________Hz。

⑥ 西门子 MM420 变频器需要设置电动机的参数时，应设置参数 P0010＝________，需要变频器运行时，要将 P0010 设置为________。

(2) 问答题

① 西门子 MM42 变频器如何将变频器的参数复位为工厂的默认值？

② 简述西门子 MM420 变频器的运行操作模式。

③ 什么叫跳转频率？为什么设置跳转频率？

(3) 分析题

① 变频器工作在面板操作模式，试分析在下列参数设置的情况下，变频器的实际运行频率。

a. 预置上限频率P1082＝60Hz，下限频率P1080＝10Hz，面板给定频率分别为5Hz、40Hz、70Hz。

b. 预置p1082＝60Hz，p1080＝10Hz，p1091＝30Hz，p1101＝2Hz，面板给定频率如表5.24所示，将变频器的实际运行频率填入表5.24中。

表5.24　变频器的实际运行频率

给定频率/Hz	5	20	29	30	32	35	50
输出频率/Hz							

② 利用变频器操作面板控制电动机以30Hz正转、反转，电动机加减速时间为4s，点动频率为15Hz，上、下限频率为60Hz和5Hz，频率由面板给定。

a. 写出将参数复位出厂值的步骤。

b. 画出变频器的接线图。

c. 写出变频器的参数设置。

第6章

可编程控制系统调试

知识目标 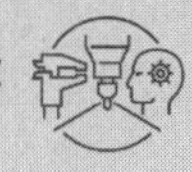

① 掌握触摸屏的基础设置。

② 掌握常规控件的使用。

③ 掌握工程创建与画面编辑。

能力目标

① 掌握触摸屏与PLC的连接。

② 掌握工程的上传与下载。

③ 掌握数据的定义与关联。

6.1 人机界面设置

人机界面（human machine interaction，简称 HMI），又称用户界面或使用者界面，是人与计算机之间传递、交换信息的媒介和对话接口，是计算机系统的重要组成部分，是系统和用户之间进行交互和信息交换的媒介。它可实现信息的内部形式与人类可以接受的形式之间的转换。人机界面产品则是一种包含硬件和软件的人机交互设备。在工业中，人们常把具有触摸输入功能的人机界面产品称为“触摸屏”，但这是不科学的。

人机界面产品包含 HMI 硬件和相应的专用画面组态软件，一般情况下，不同厂家的 HMI 硬件使用不同的画面组态软件，连接的主要设备种类是 PLC。而组态软件是运行于 PC 硬件平台、windows 操作系统下的一个通用工具软件产品，和 PC 机或工控机一起也可以组成 HMI 产品。通用的组态软件支持的设备种类非常多，如各种 PLC、PC 板卡、仪表、变频器、模块等设备，而且由于PC的硬件平台性能强大（主要反应在速度和存储容量上），通用组态软件的功能也强很多，适用于大型的监控系统中。本文将从MCGSE组态软件与昆仑通态触摸屏入手为大家介绍人机界面设计。

(1) 认识触摸屏

触摸屏（touch panel）又称为“触控屏”“触控面板”，是一种可接收触觉等输入信号的感应式液晶显示装置。当接触了屏幕上的图形按钮时，屏幕上的触觉反馈系统可根据预先编程的程式驱动各种连接装置，可用以取代机械式的按钮面板，并借由液晶显示画面制造出生动的影音效果。触摸屏作为一种最新的电脑输入设备，是目前最简单、方便、自然的一种人机交互方式。

从技术原理来区别触摸屏，可分为五个基本种类：矢量压力传感技术触摸屏（已退出市场）、电阻技术触摸屏、电容技术触摸屏、红外线技术触摸屏、表面声波技术触摸屏。

(2) 触摸屏外观

本文主要使用深圳昆仑通态科技有限责任公司生产的T系列触摸屏，TPC7062TX型触摸屏外观如图6.1、图6.2所示。

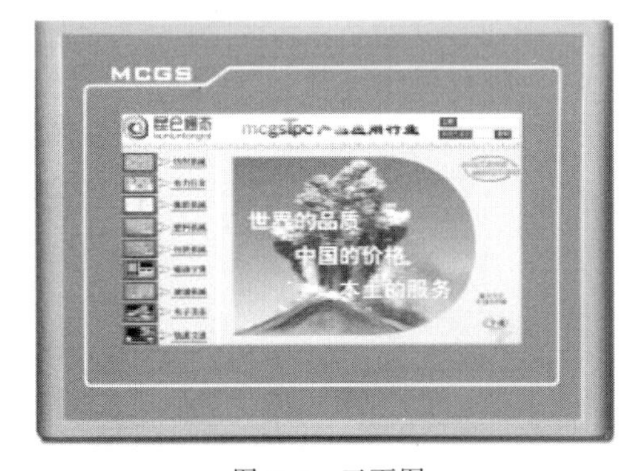

图6.1　正面图

图6.2　背视图

(3) 触摸屏外部接口

TPC7062TX型触摸屏的外部接口如图6.3所示。

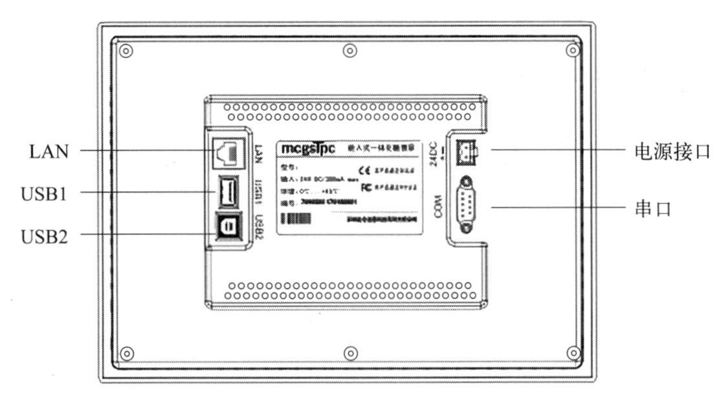

图6.3　外部接口

TPC7062TX型触摸屏主要有串口、USB、电源等几个接口，其中供电电源是直流24V，其外部接口说明如表6.1所示。

表 6.1　外部接口说明

项目	TPC7062TD/TX	TPC7062Ti	TPC1061TD	TPC1061Ti
LAN(RJ45)	无	10M/100M 自适应		
串口(DB9)	1×RS-232,1×RS-485			
USB1(主口)	1×USB2.0			
USB2(从口)	有			
电源接口	(24±20%)V DC			

其中，串口（DB9）如图 6.4 所示，串口的引脚定义如表 6.2 所示。

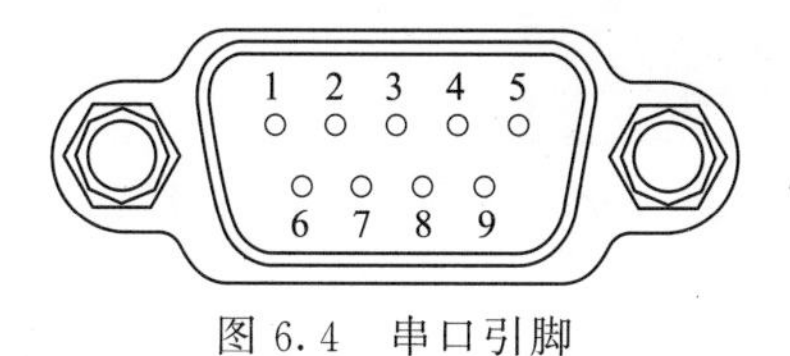

图 6.4　串口引脚

表 6.2　TPC7062TX 型触摸屏（DB9）的引脚定义

接口	PIN	引脚定义
COM1	2	RS-232 RXD
	3	RS-232 TXD
	5	GND
COM2	7	RS-485+
	8	RS-485−

(4) 触摸屏的电源接线

TPC7062TX 型触摸屏的电源只能使用 24V 直流电，引脚定义如图 6.5 所示。

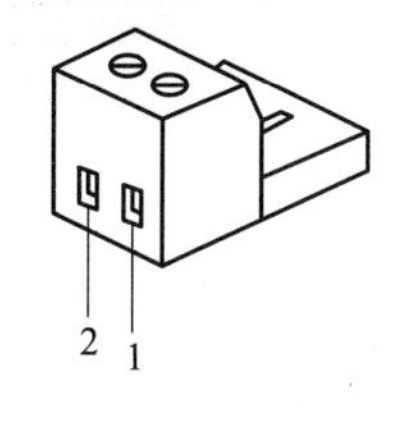

PIN	定义
1	+
2	−

仅限24V DC!建议独立供电，
电源的输出功率为15W。

图 6.5　触摸屏电源接口示意图

TPC7062TX 型触摸屏电源接线步骤如下：

① 将 24V 电源线剥线后插入电源插头接线端子中；

② 使用一字型螺丝刀将电源插头螺钉锁紧；

③ 将电源插头插入产品的电源插座。

建议：采用直径为 1.02mm（18AWG）的电源线。

6.1.1　触摸屏与 PLC 的连接

(1) 触摸屏与 PLC 的硬件连接

① 触摸屏与西门子 S7-200 系列 PLC 设备的连接。西门子 S7-200 系列 PLC 都可以通

过 CPU 单元上的编程通信口（PPI 端口）与 TPC 触摸屏连接，其中 CPU224 和 CPU226 有 2 个通信端口，都可以用来连接触摸屏，但需要分别设定通信参数。通过 CPU 直连时需要注意软件中通信参数的设定，硬件接线如图 6.6 所示。西门子 S7-200 系列 PLC 与 TPC7062TX 型触摸屏可通过 RS-485 通信，具体接线如图 6.7 所示。

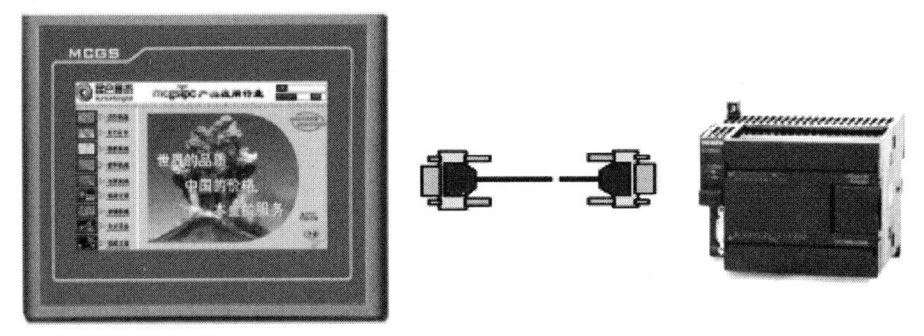

图 6.6　触摸屏与西门子 PLC 接线示意图

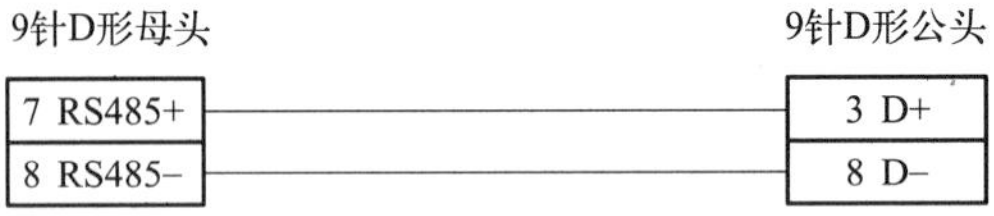

9针D形母头　　9针D形公头

7 RS485+ —— 3 D+

8 RS485− —— 8 D−

图 6.7　触摸屏与西门子 PLC 接线图

② 触摸屏与欧姆龙系列 PLC 设备的连接。触摸屏可通过串口 RS-232 与欧姆龙 PLC 进行通信，通过 D 型 9 针连接线进行连接，连接示意图如图 6.8 所示，接线图如图 6.9 所示。

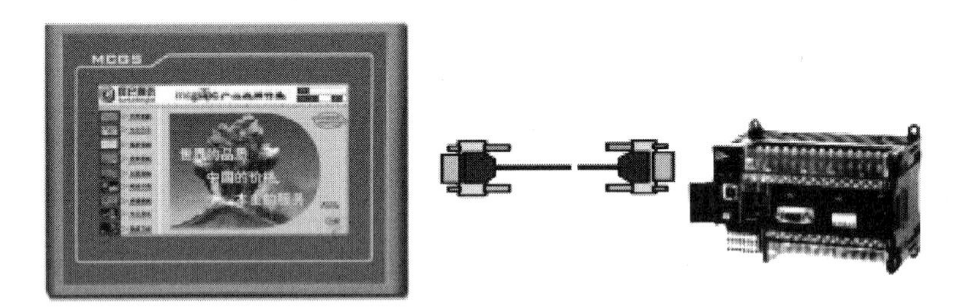

图 6.8　触摸屏与欧姆龙 PLC 连接示意图

图 6.9　触摸屏与欧姆龙 PLC 接线图

③ 触摸屏与三菱系列 PLC 设备的连接。触摸屏可通过串口 RS-232 与三菱 PLC 进行通信，通过 D 型 9 针母头转 8 针 Din 圆形公头连接线进行连接，连接示意图如图 6.10 所示，接线时 RXD 与 TXD 两根信号线需连接限流电阻，接线图如图 6.11 所示。

(2) 触摸屏与 PLC 通信连接

① 触摸屏与三菱 FX 系列 PLC 通信连接。本节通过实例介绍在 MCGS 嵌入版组态软件中建立与三菱 FX 系列 PLC 通信的快捷步骤，实际操作地址是三菱 PLC 中的 Y0、Y1、Y2、D0 和 D2。

图 6.10　触摸屏与三菱 PLC 连接

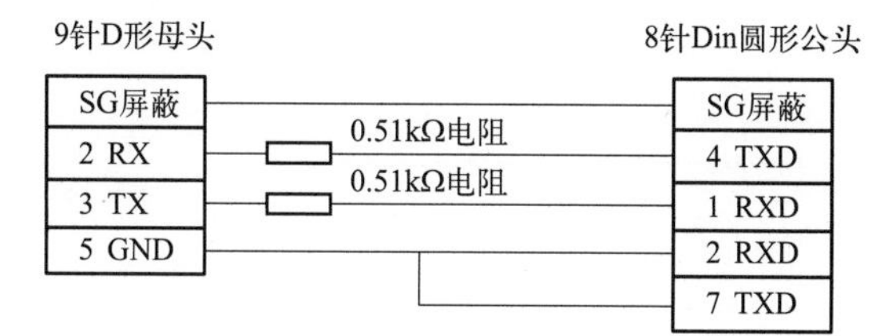

图 6.11　触摸屏与三菱 PLC 接线图

a. 设备组态。

新建工程，选择对应产品型号，将工程另存为“三菱 FX 系列 PLC 通信”［本章中操作界面图中“通讯”即为正文中“通信”(规范用法)］。

在工作台中激活设备窗口，鼠标双击进入设备组态画面，点击工具条中的打开“设备工具箱”，如图 6.12 所示。

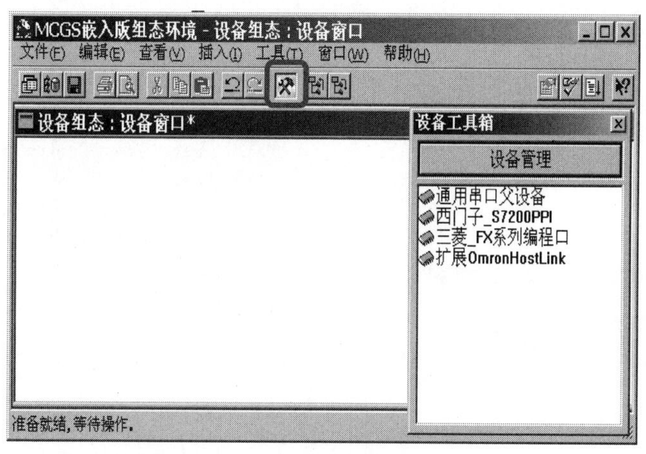

图 6.12　“设备工具箱”选项对话框

在设备工具箱中，鼠标按顺序先后双击“通用串口父设备”和“三菱-FX 系列编程口”，将它们添加至设备组态画面，如图 6.13 所示。

双击“三菱-FX 系列编程口”时，会弹出窗口，提示是否使用“三菱-FX 系列编程口”驱动的默认通信参数设置串口父设备参数，如图 6.14 所示，单击“是”按钮。所有操作完成后保存并关闭设备窗口，返回“工作台”窗口。

b. 窗口组态。

• 在工作台中激活“用户窗口”，鼠标单击“新建窗口”按钮，建立“窗口 0”，如图 6.15 所示。

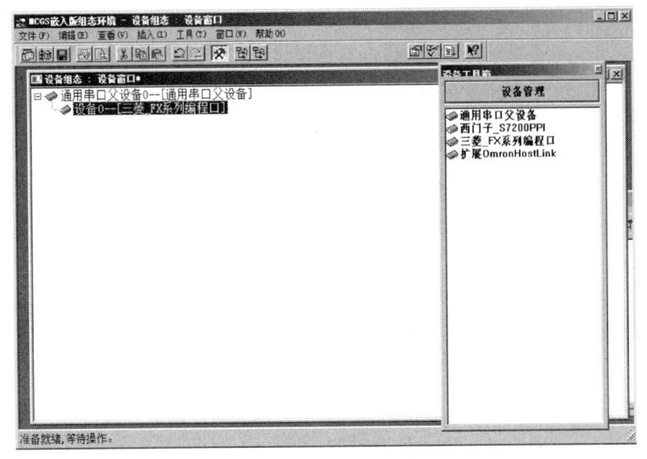

图 6.13　设备组态

图 6.14　选择串口

• 接下来单击"窗口属性"按钮，弹出"用户窗口属性设置"对话框，在基本属性页，将"窗口名称"修改为"三菱 FX 控制画面"，如图 6.16 所示，点击"确认"进行保存。

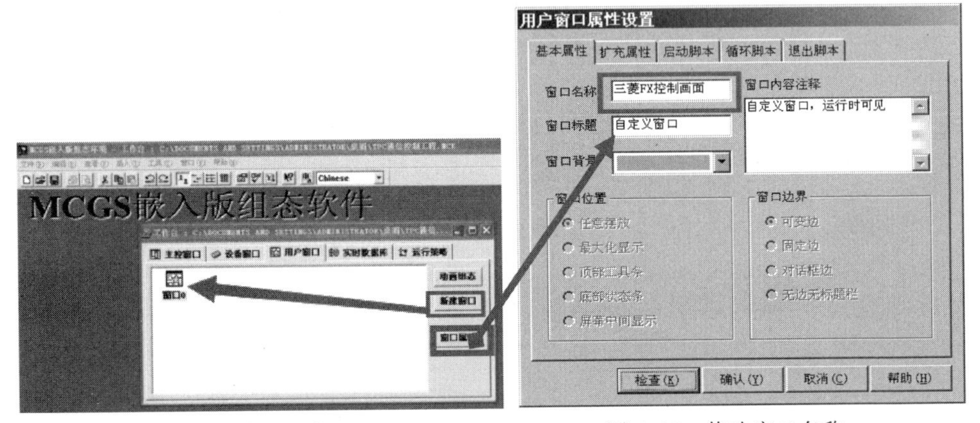

图 6.15　建立"窗口 0"　　　　图 6.16　修改窗口名称

c. 在用户窗口双击三菱FX控制画面图标，进入"动画组态三菱 FX 控制画面"，点击打开"工具箱"。

d. 建立基本元件。

• 按钮：从工具箱中单击选中"标准按钮"构件，在窗口编辑位置按住鼠标左键，拖放出一定大小后，松开鼠标左键，这样一个按钮构件就绘制在了窗口画面中，如

图 6.17 所示。

接下来双击该按钮打开“标准按钮构件属性设置”对话框，在“基本属性”页中将“文本”修改为 Y0，如图 6.18 所示，点击“确认”按钮保存。

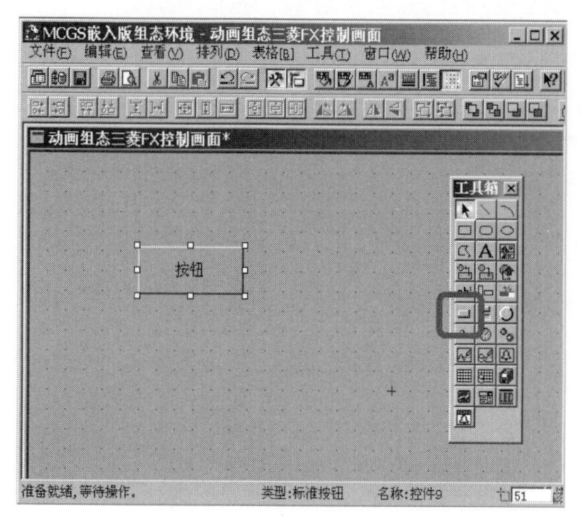

图 6.17　窗口绘制按钮构件

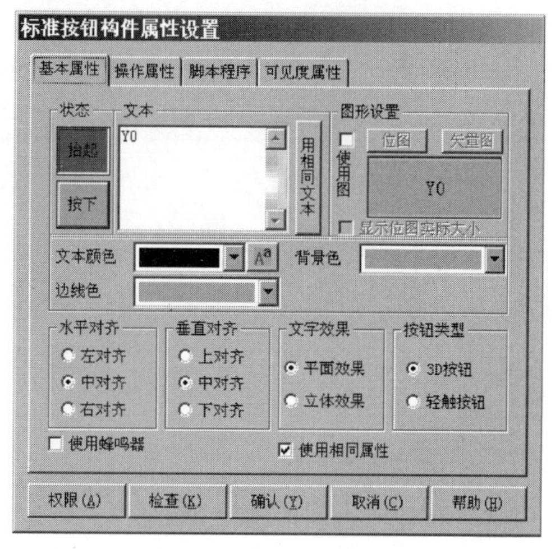

图 6.18　“标准按钮构件属性设置”对话框

按照同样的操作分别绘制另外两个按钮，文本修改为 Y1 和 Y2，完成后如图 6.19 所示。

按住键盘 Ctrl 键，然后单出鼠标左键，同时选中三个按钮（用鼠标拖选也可以），使用工具栏中的等高宽、左（右）对齐和纵向等间距对三个按钮进行排列对齐，如图 6.20 所示。

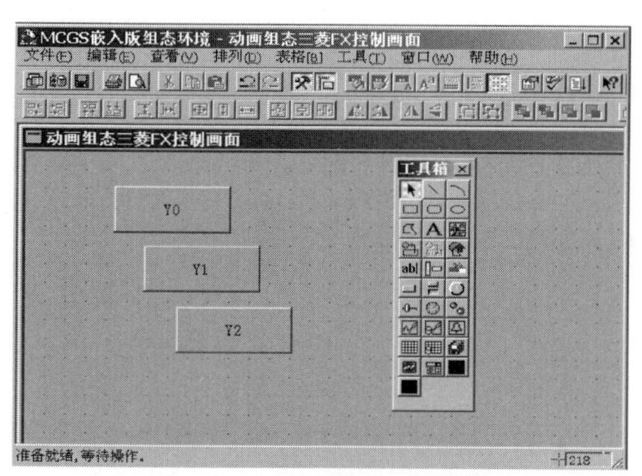

图 6.19　另外两个按钮设置

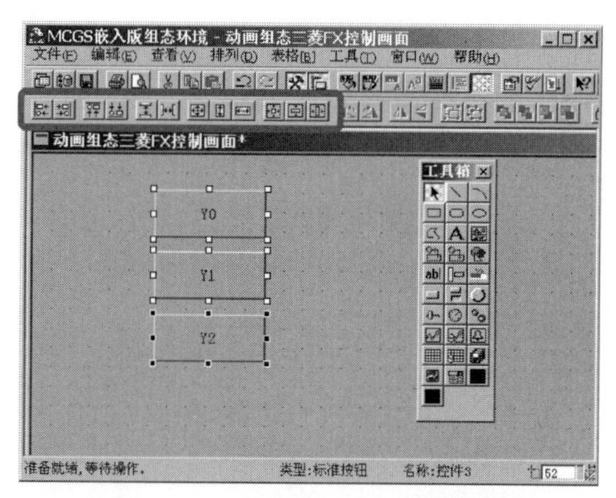

图 6.20　三个按钮进行排列对齐

- 指示灯：鼠标单击工具箱中的“插入元件”按钮，打开“对象元件库管理”对话框，选中图形对象库指示灯中的一款，点击“确认”添加到窗口画面中，并调整到合适大小。用同样的方法再添加两个指示灯，摆放在窗口中按钮旁边的位置，如图 6.21 所示。

- 标签：单击选中工具箱中的“标签”构件，在窗口按住鼠标左键，拖放出一定大小的“标签”，如图 6.22 所示。双击该标签弹出“标签动画组态属性设置”对话框，在“扩展属性”页的“文本内容输入”中输入 D0，点击“确认”，如图 6.23 所示。

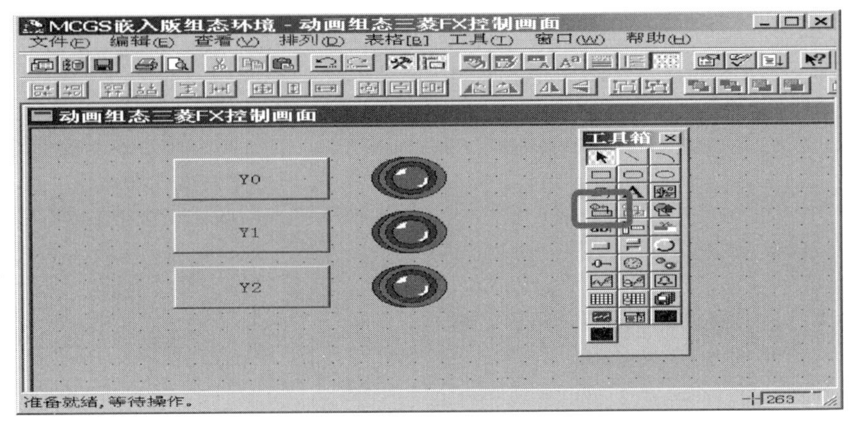

图 6.21　添加指示灯

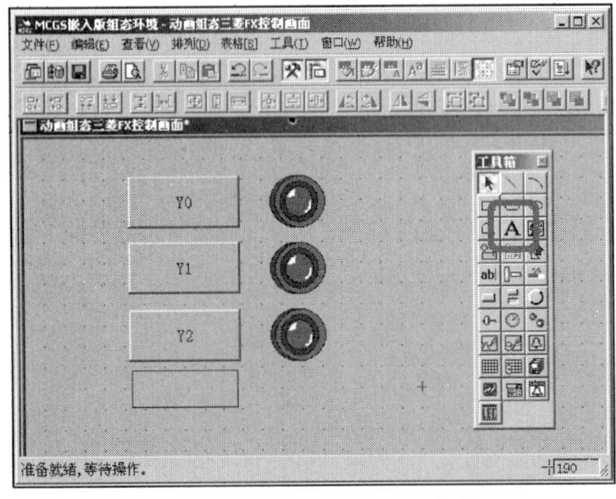

图 6.22　添加“标签”构件

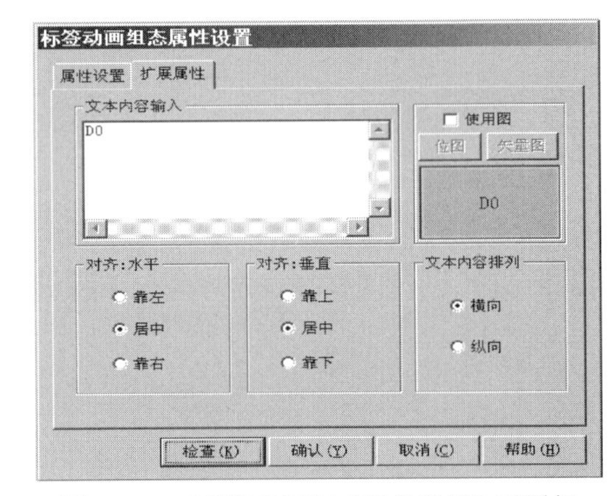

图 6.23　“标签动画组态属性设置”对话框

同样的方法，添加另一个标签，文本内容输入 D2，如图 6.24 所示。

• 输入框：单击工具箱中的“输入框”构件，在窗口中按住鼠标左键，拖放出两个一定大小的“输入框”，分别摆放在 D0、D2 标签的旁边，如图 6.25 所示。

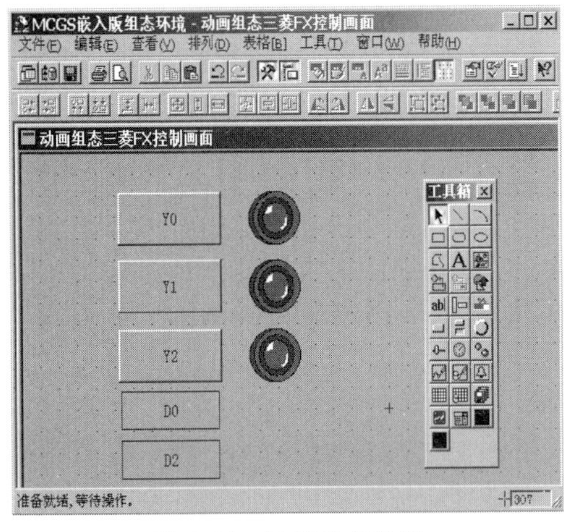

图 6.24　标签文本设置

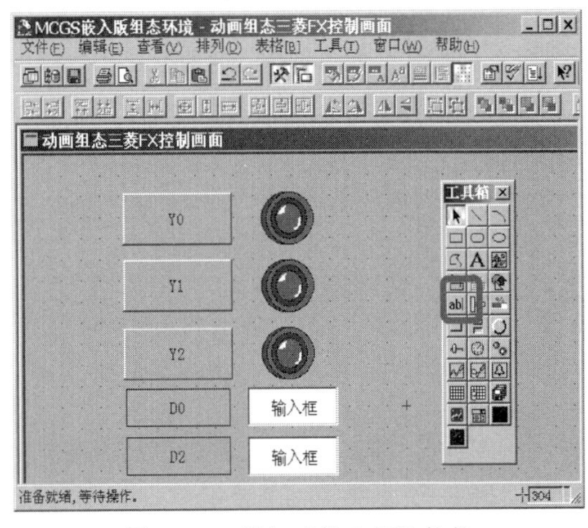

图 6.25　添加“输入框”构件

e. 建立数据链接。

• 按钮：双击 Y0 按钮，弹出“标准按钮构件属性设置”对话框，在“操作属性”页，默认“抬起功能”按钮为按下状态，勾选“数据对象值操作”，选择“清 0”操作，如图 6.26 所示。

点击?弹出“变量选择”对话框，选择“根据采集信息生成”，通道类型选择“Y 输出寄存器”，通道地址为“0”，读写类型选择“读写”，如图 6.27 所示。设置完成后点击“确认”。

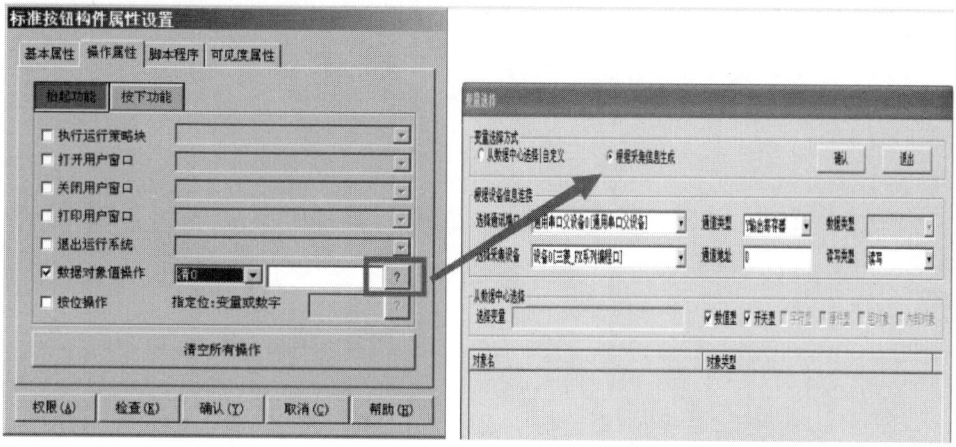

图 6.26　Y0 按钮抬起功能设置

图 6.27　“变量选择”对话框

即在 Y0 按钮抬起时，对三菱 FX 的 Y0 地址“清 0”，如图 6.28 所示。

同样的方法，点击“按下功能”按钮，进行设置，选择“数据对象值操作”→“置 1”→“设备 0_读写 Y0000”，如图 6.29 所示。

同样的方法，分别对 Y1 和 Y2 的按钮进行设置。

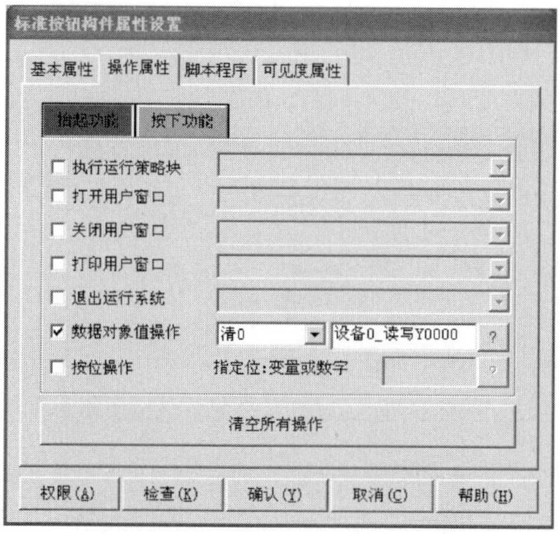

图 6.28　Y0 按钮抬起数据对象

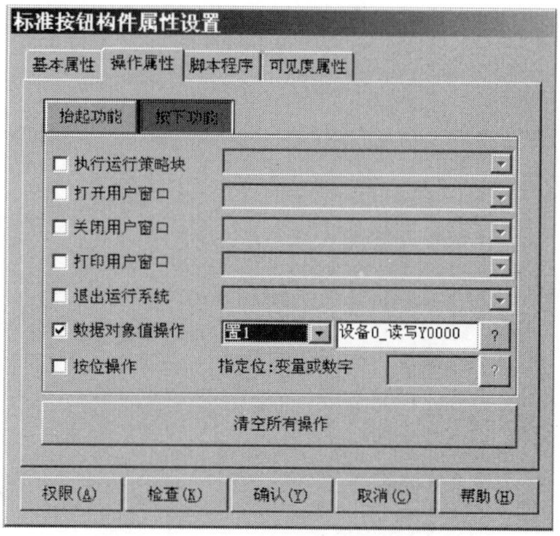

图 6.29　Y0 按钮按下数据对象

Y1 按钮→“抬起功能”时“清 0”，“按下功能”时“置 1”→变量选择→Y 输出寄存器，通道地址为 1。

Y2 按钮→“抬起功能”时“清 0”，“按下功能”时“置 1”→变量选择→Y 输出寄存器，通道地址为 2。

Y0 按钮、Y1 按钮和 Y2 按钮的属性设置过程，可以理解为建立组态软件与三菱 FX 系列 PLC 编程口通信的过程，三个按钮分别对应的实际操作地址为三菱 PLC 中的 Y0、Y1、Y2。

选择数据对象“设备 0_读写 Y0000”，由于“设备 0_读写 Y0000”在按钮数据链接时已经使用过，因此可在图 6.30 所示的对象名列表中直接选中“设备 0_读写 Y0000”。确认后，在指示灯“单元属性设置”对话框中，就完成了如图 6.31 所示的数据链接，设置完成后点击“确认”。

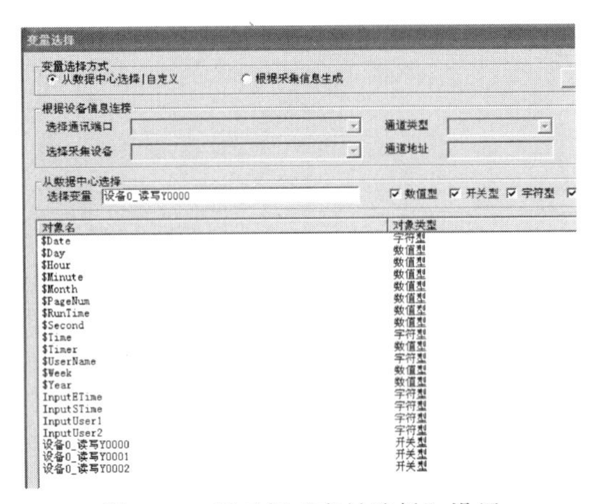

图 6.30　指示灯“变量选择”设置

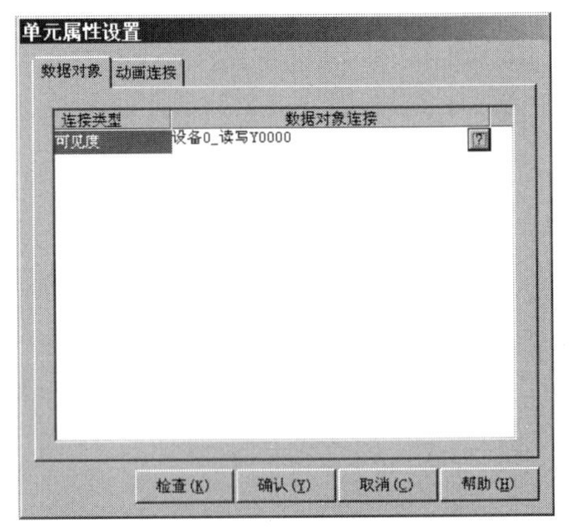

图 6.31　指示灯“单元属性设置”

同样的方法，将 Y1 按钮和 Y2 按钮旁边的指示灯分别链接变量“设备 0_读写 Y0001”和“设备 0_读写 Y0002”。

• 输入框：双击 D0 标签旁边的输入框构件，弹出“输入框构件属性设置”对话框，在操作属性页，点击 ? 进行变量选择，选择“根据采集信息生成”，通道类型选择“D 数据寄存器”，通道地址为“0”，数据类型选择“16 位无符号二进制”；读写类型选择“读写”，如图 6.32 所示。完成后点击“确认”，完成结果为图 6.33 所示“输入框构件属性设置”中数据的链接。

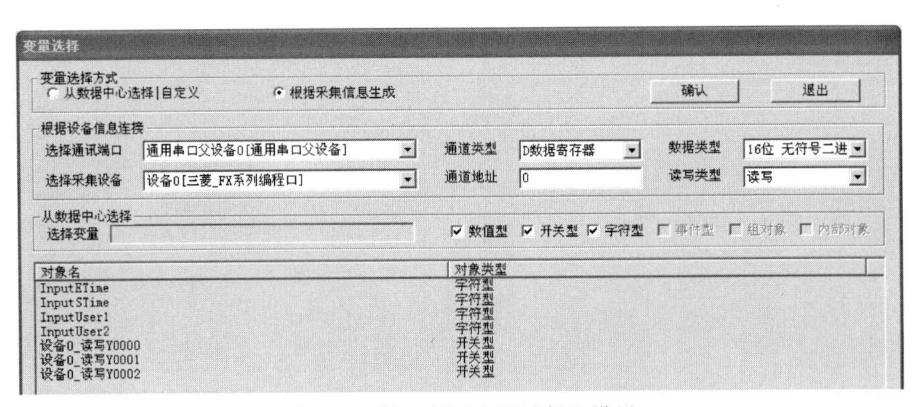

图 6.32　输入框“变量选择”设置

同样的方法，对 D2 标签旁边的输入框进行设置，在操作属性页，选择对应的数据对象：通道类型选择“D 数据寄存器”，通道地址为“2”，数据类型选择“16 位无符号二进制”，读写类型选择“读写”。

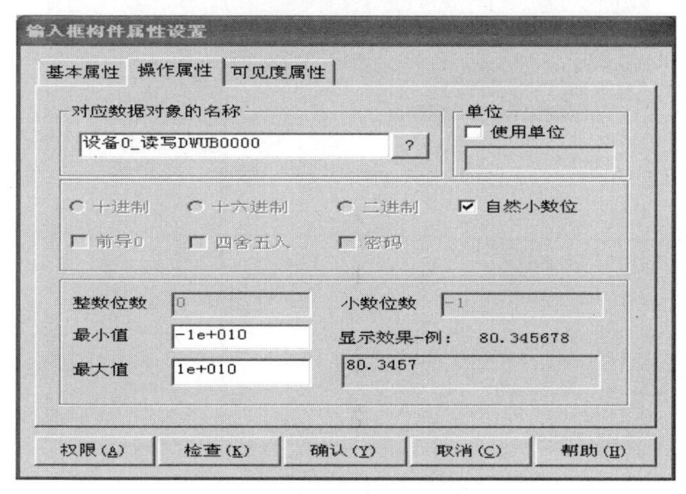

图 6.33　“输入框构件属性设置”结果

② 触摸屏与欧姆龙 PLC 通信连接。本节通过实例介绍 MCGS 嵌入版组态软件中建立同欧姆龙 PLC 的通信的步骤。实际操作地址是欧姆龙 PLC 中的 IR100.0、IR100.1、IR100.2、DM0 和 DM2。

a. 设备组态。

• 在工作台中激活设备窗口，鼠标双击设备窗口进入设备组态画面，点击打开“设备工具箱”，如图 6.34 所示。

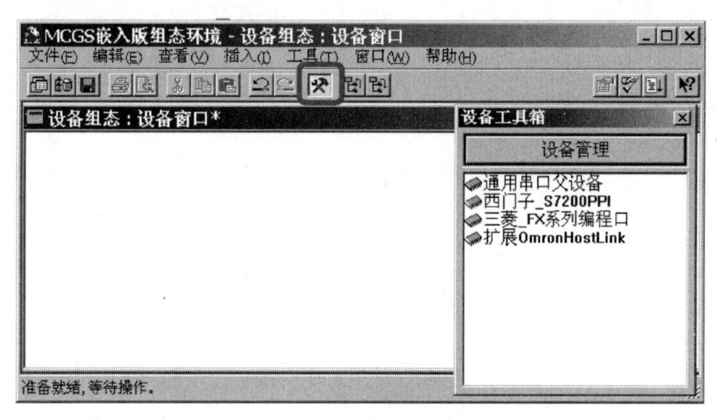

图 6.34　“设备工具箱”选项对话框

• 在设备工具箱中，按顺序先后双击“通用串口父设备”和“扩展 Omron-HostLink”添加至组态画面窗口，如图 6.35 所示。提示是否使用“扩展 Omron-HostLink”驱动的默认通信参数设置串口父设备参数，如图 6.36 所示，选择“是”。所有操作完成后关闭设备窗口，返回工作台。

b. 窗口组态。

• 在工作台中激活用户窗口，鼠标单击“新建窗口”按钮，建立“窗口 0”，如图 6.37 所示。

• 接下来单击“窗口属性”按钮，进入“用户窗口属性设置”对话框，在基本属性页，将“窗口名称”修改为“欧姆龙控制画面”，点击“确认”进行保存，如图 6.38 所示。

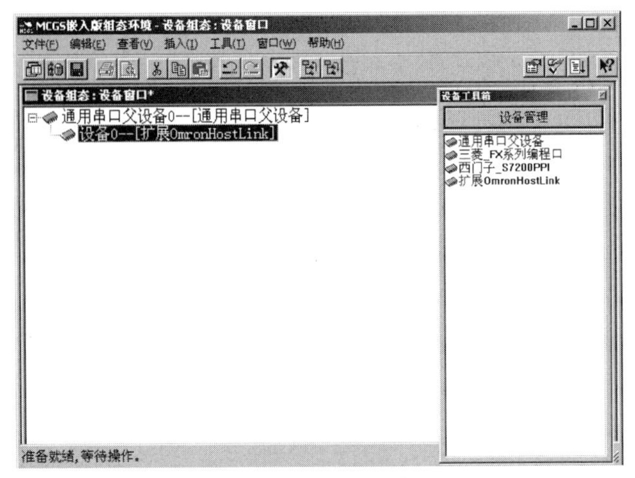

图 6.35　设备组态

图 6.36　串口选择

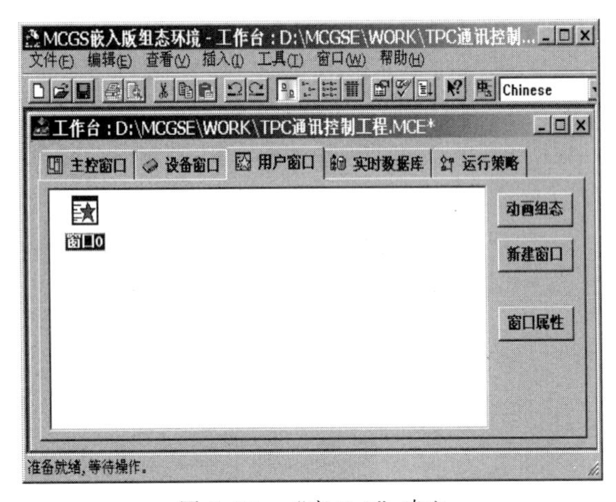

图 6.37　“窗口 0”建立

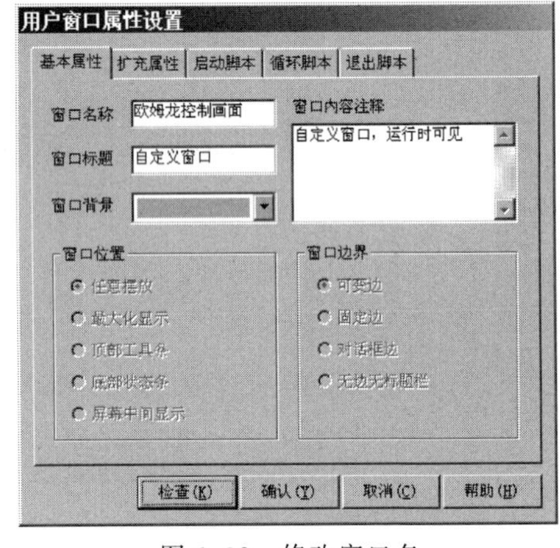

图 6.38　修改窗口名

c. 在用户窗口双击 欧姆龙控制画面 进入“动画组态欧姆龙控制画面”窗口，点击 打开“工具箱”。

d. 建立基本元件。

• 按钮：从工具箱中单击选中“标准按钮”构件，在窗口编辑位置按住鼠标左键，拖放出一定大小后，松开鼠标左键，这样一个按钮构件就绘制在了窗口画面中，如图 6.39 所示。

接下来鼠标双击该按钮，弹出“标准按钮构件属性设置”对话框，在“基本属性”页中将“文本”修改为 IR100.0，点击“确认”按钮保存，如图 6.40 所示。

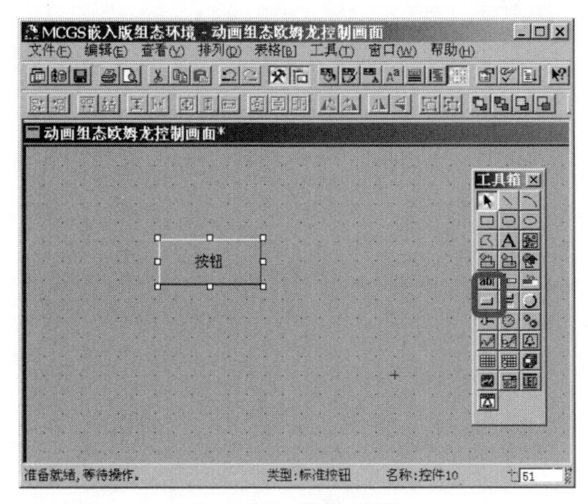

图 6.39　按钮放置

图 6.40　按钮属性设置

按照同样的操作绘制另外两个按钮，文本修改为 IR100.1 和 IR100.2，完成后如图 6.41 所示。

按住键盘的 ctrl 键，然后单击鼠标左键，同时选中三个按钮，使用工具栏中的等高宽、左（右）对齐和纵向等间距对三个按钮进行排列对齐，如图 6.42 所示。

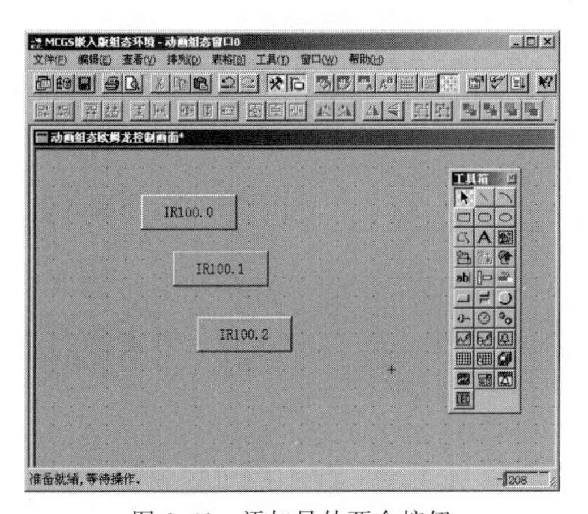

图 6.41　添加另外两个按钮

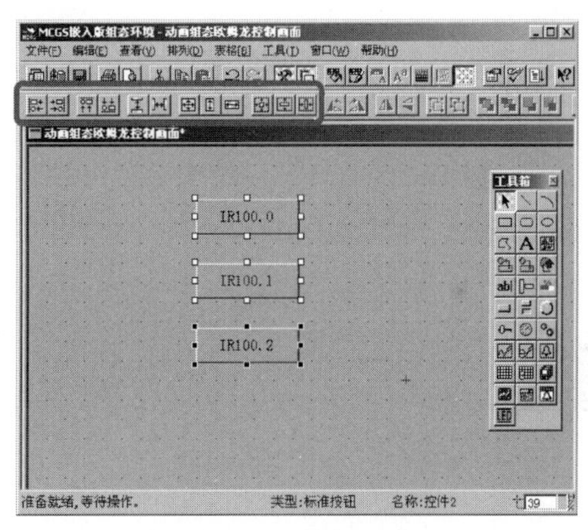

图 6.42　按钮对齐

• 指示灯：单击工具箱中的“插入元件”按钮，打开“对象元件库管理”对话框，选中图形对象库指示灯中的一款，点击“确认”添加到窗口画面中，并调整到合适大小。用同样的方法再添加两个指示灯，摆放在窗口中按钮旁边的位置，如图 6.43 所示。

• 标签：单击选中工具箱中的“标签”构件，在窗口按住鼠标左键，拖放出一定大小的“标签”，如图 6.44 所示。双击该标签弹出“标准动画组态属性设置”对话框，在“扩展属性”页的“文本内容输入”中输入 DM0，点击“确认”，如图 6.45 所示。

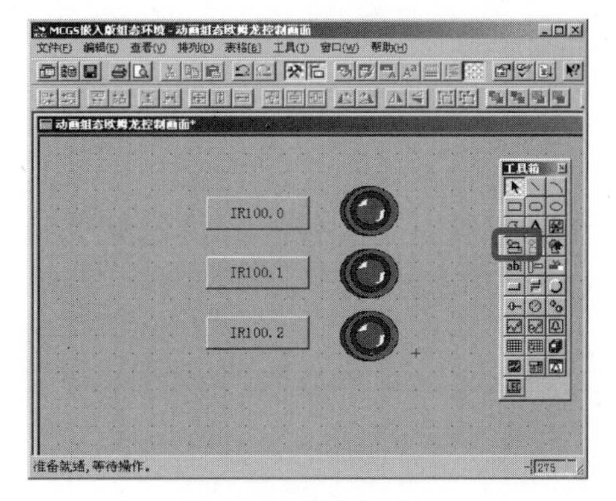

图 6.43　添加指示灯

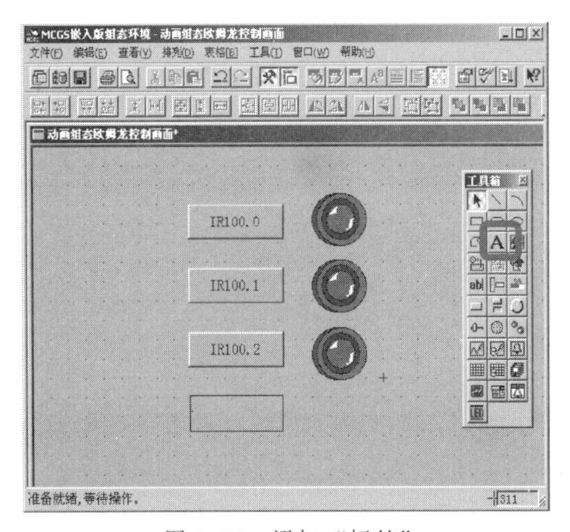

图 6.44　添加“标签”

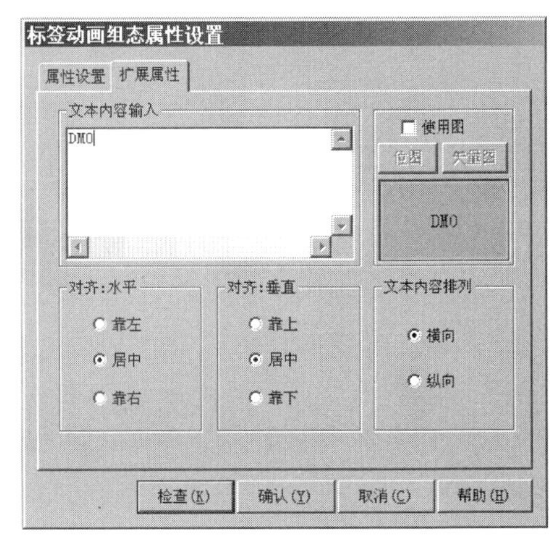

图 6.45　标签属性设置

同样的方法，添加另一个标签，文本内容输入为 DM2，完成后如图 6.46 所示。

• 输入框：单击工具箱中的“输入框”构件，在窗口中按住鼠标左键，拖放出两个一定大小的“输入框”，分别摆放在 DM0、DM2 标签的旁边，如图 6.47 所示。

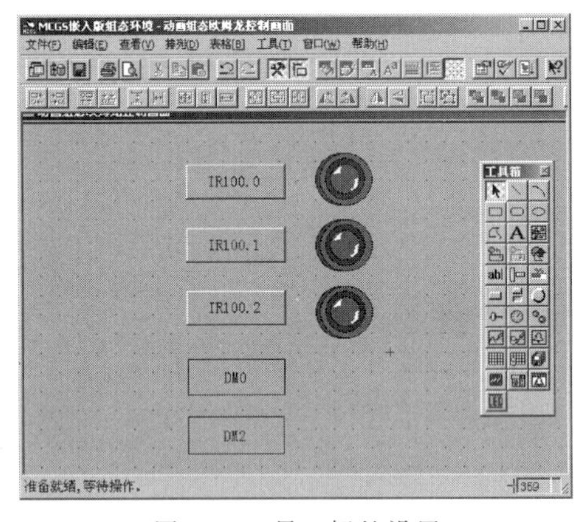

图 6.46　另一标签设置

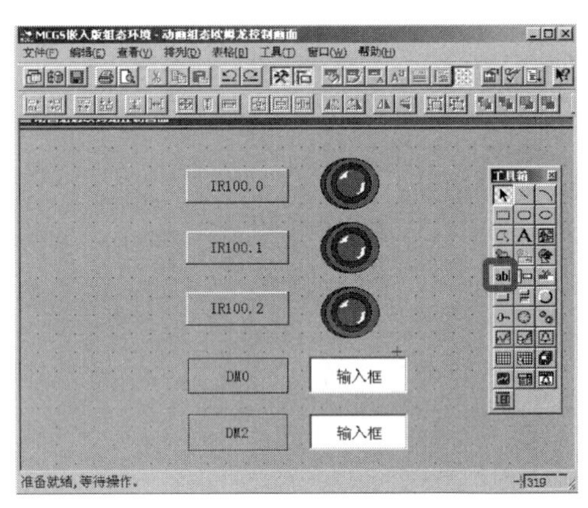

图 6.47　输入框设置

e. 建立数据链接。

• 按钮：双击 IR100.0 按钮，弹出“标准按钮构件属性设置”对话框，如图 6.48 所示，在操作属性页，默认“抬起功能”按钮为按下状态，勾选“数据对象值操作”，选择“清 0”，点击?弹出“变量选择”对话框，选择“根据采集信息生成”，通道类型选择“IR/SR 区”，通道地址为“100”，数据类型选择“通道的第 00 位”，读写类型选择“读写”，如图 6.50 所示，设置完成后点击“确认”。

即在 IR100.0 按钮抬起时，对欧姆龙的 IR100.0 地址“清 0”，如图 6.49 所示。

同样的方法，点击“按下功能”按钮，进行设置，选择“数据对象值操作”→“置 1”→“设备 0_读写 IR0100”，如图 6.51 所示。

同样的方法，分别对 IR100.1 和 IR100.2 的按钮进行设置。

IR100.1 按钮→“抬起功能”时“清 0”，“按下功能”时“置 1”→变量选择→IR/SR 区，通道地址为 100，数据类型为通道第 01 位。

图 6.48　按钮抬起功能设定

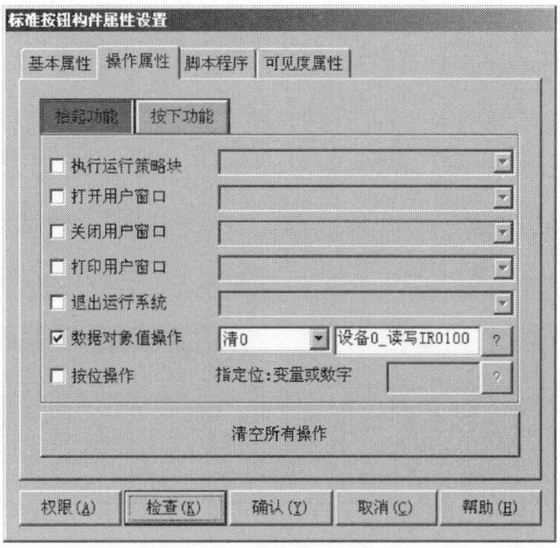

图 6.49　按钮地址连接

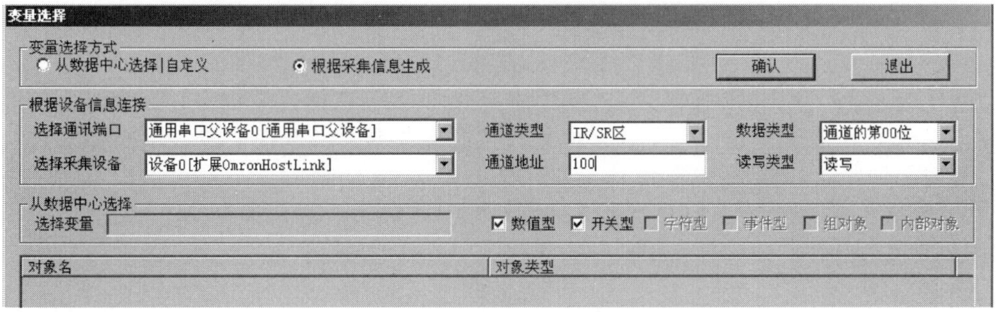

图 6.50　数据通道设置

IR100.2 按钮→“抬起功能”时“清 0”，“按下功能”时“置 1”→变量选择→IR/SR 区，通道地址为 100，数据类型为通道第 02 位。

• 指示灯：双击 IR100.0 旁边的指示灯元件，弹出“单元属性设置”对话框，在数据对象页，点击 ? 选择数据对象“设备 0_读写 IR0100_00”，如图 6.52 所示。

图 6.51　按钮按下功能设置

图 6.52　按钮数据对象设置

同样的方法，将 IR100.1 按钮和 IR100.2 按钮旁边的指示灯分别连接变量“设备 0_读写 IR0100_01”和“设备 0_读写 IR0100_02”。

• 输入框：双击 DM0 标签旁边的输入框构件，弹出“输入框构件属性设置”对话框，在操作属性页，点击 [?] 进行变量选择，选择“根据采集信息生成”，通道类型选择“DM 区”，通道地址为“0”，数据类型选择“16 位无符号二进制”，读写类型选择“读写”，点击“确认”保存退出，如图 6.53 所示。

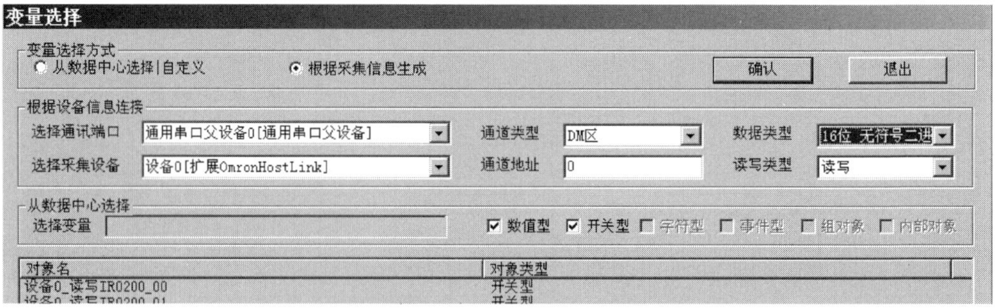

图 6.53　输入框属性设置

同样的方法，对 DM2 标签旁边的输入框进行设置，在操作属性页，选择对应的数据对象：通道类型选择“DM 区”，通道地址为“2”，数据类型选择“16 位无符号二进制”，读写类型选择“读写”。

③ 连接西门子 S7-200 PLC。本节通过实例介绍 MCGS 嵌入版组态软件中建立同西门子 S7-200 通信的步骤。实际操作地址是西门子 Q0.0、Q0.1、Q0.2、VW0 和 VW2。

a. 设备组态。

• 在工作台中激活设备窗口，鼠标双击设备窗口进入设备组态画面，点击工具条中的工具箱按钮打开“设备工具箱”，如图 6.54 所示。

• 在设备工具箱中，鼠标按顺序先后双击“通用串口父设备”和“西门子_S7200PPI”添加至组态画面窗口，如图 6.55 所示。提示是否使用“西门子_S7200PPI”驱动的默认通信参数设置串口父设备参数，如图 6.56 所示，选择“是”。

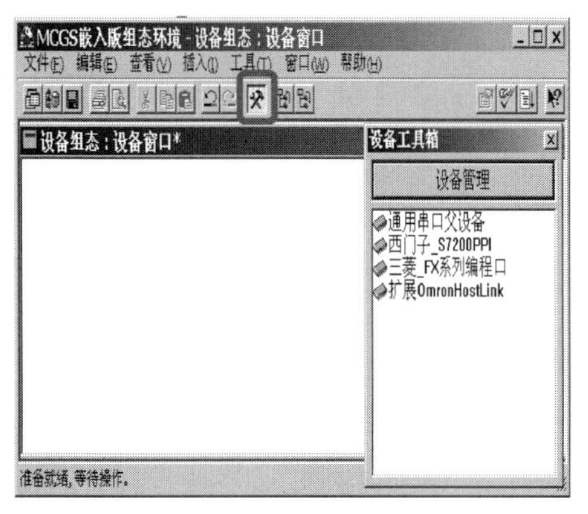

图 6.54　组态界面

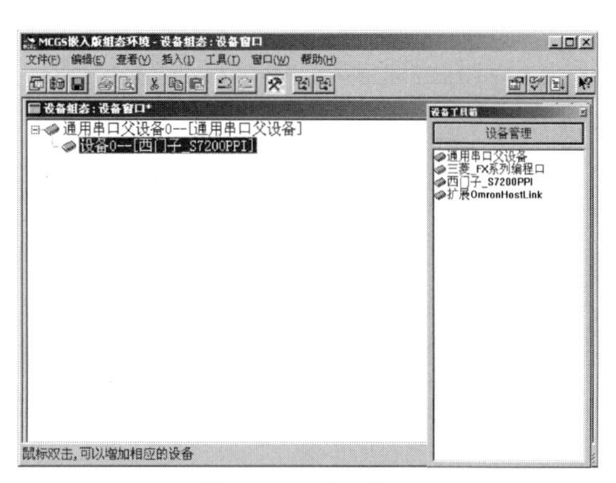

图 6.55　添加串口

b. 窗口组态。

• 在工作台中激活用户窗口，鼠标单击“新建窗口”按钮，建立“窗口 0”，如

图 6.57 所示。

图 6.56　串口驱动选择

• 接下来单击“窗口属性”按钮，弹出“用户窗口属性设置”对话框，在“基本属性”页，将“窗口名称”修改为“西门子 200 控制画面”，点击“确认”进行保存，如图 6.58 所示。

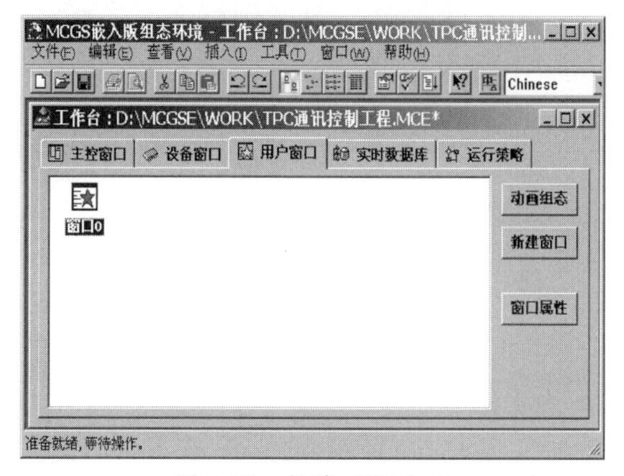

图 6.57　新建“窗口 0”

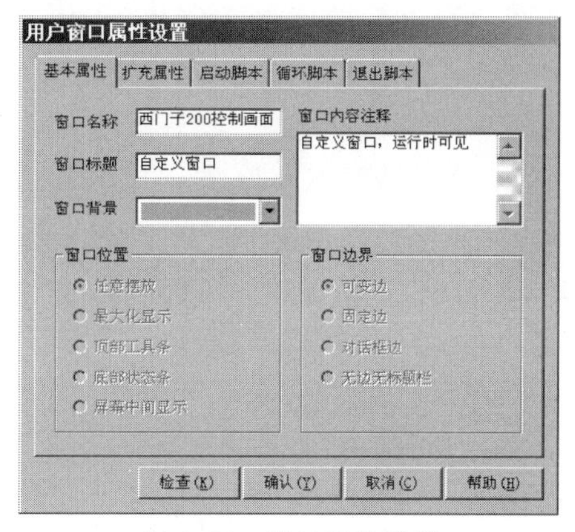

图 6.58　窗口属性设置

c. 在用户窗口双击进入“动画组态西门子 200 控制画面”，点击打开“工具箱”。

d. 建立基本元件。

• 按钮：从工具箱中单击“标准按钮”构件，在窗口编辑位置按住鼠标左键，拖放出一定大小后，松开鼠标左键，这样一个按钮构件就绘制在窗口中，如图 6.59 所示。

接下来双击该按钮打开“标准按钮构件属性设置”对话框，在“基本属性”页中将“文本”修改为 Q0.0，点击“确认”按钮保存，如图 6.60 所示。

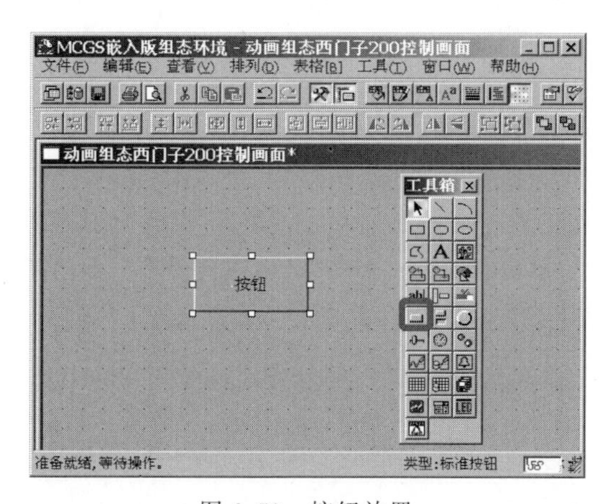

图 6.59　按钮放置

图 6.60　按钮属性设置

按照同样的操作分别绘制另外两个按钮，文本修改为 Q0.1 和 Q0.2，完成后如图 6.61 所示。

按住键盘的 ctrl 键，然后单击鼠标左键，同时选中三个按钮，使用工具栏中的等高宽、左（右）对齐和纵向等间距对三个按钮进行排列对齐，如图 6.62 所示。

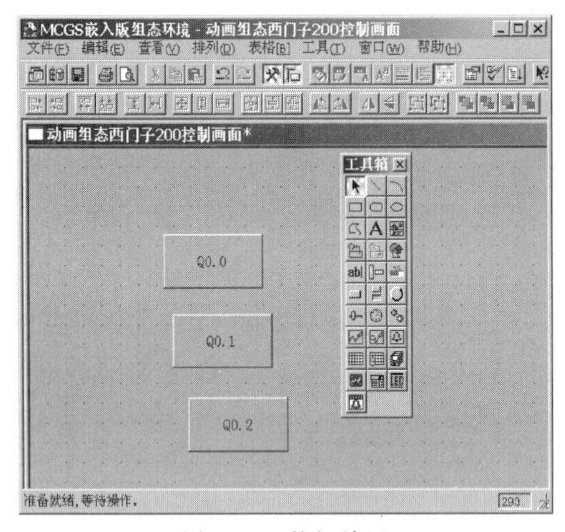

图 6.61　按钮放置

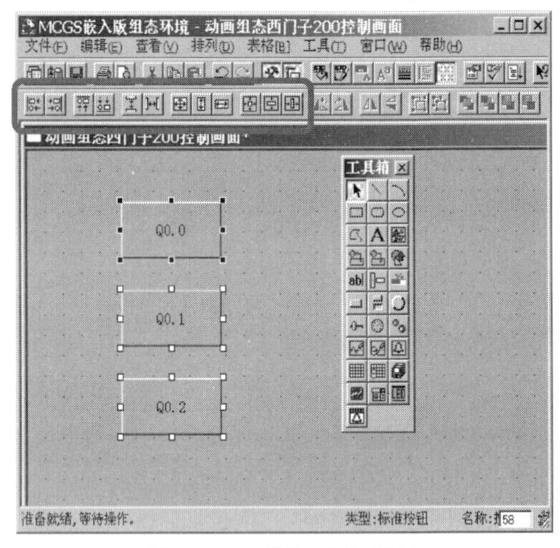

图 6.62　按钮对齐设置

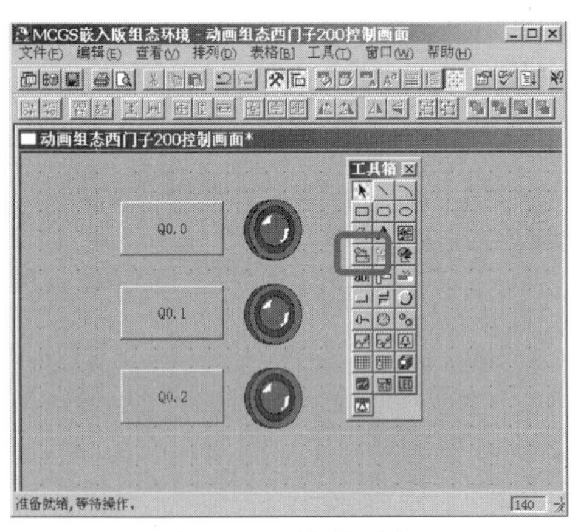

图 6.63　添加指示灯

• 指示灯：单击工具箱中的“插入元件”按钮，打开“对象元件库管理”对话框，选中图形对象库指示灯中的一款，点击“确认”添加到窗口画面中，并调整到合适大小。用同样的方法再添加两个指示灯，摆放在窗口中按钮旁边的位置，如图 6.63 所示。

• 标签：单击选中工具箱中的“标签”构件，在窗口按住鼠标左键，拖放出一定大小的“标签”，如图 6.64 所示。然后双击该标签，弹出“标签动画组态属性设置”对话框，在“扩展属性”页的“文本内容输入”中输入 VW0，点击“确认”，如图 6.65 所示。

同样的方法，添加另一个标签，文本内容输入 VW2，如图 6.66 所示。

• 输入框：单击工具箱中的“输入框”构件，在窗口按住鼠标左键，拖放出两个一定大小的“输入框”，分别摆放在 VW0、VW2 标签的旁边，如图 6.67 所示。

e. 建立数据链接。

• 按钮：双击 Q0.0 按钮，弹出“标准按钮构件属性设置”对话框，如图 6.68 所示，在操作属性页，默认“抬起功能”按钮为按下状态，勾选“数据对象值操作”，选择“清 0”，点击 ? 弹出“变量选择”对话框，选择“根据采集信息生成”，通道类型选择“Q 寄存器”，通道地址为“0”，数据类型选择“通道第 00 位”，读写类型选择“读写”，如图 6.69 所示，设置完成后点击“确认”。

即在 Q0.0 按钮抬起时，对西门子 200 的 Q0.0 地址“清 0”，如图 6.70 所示。

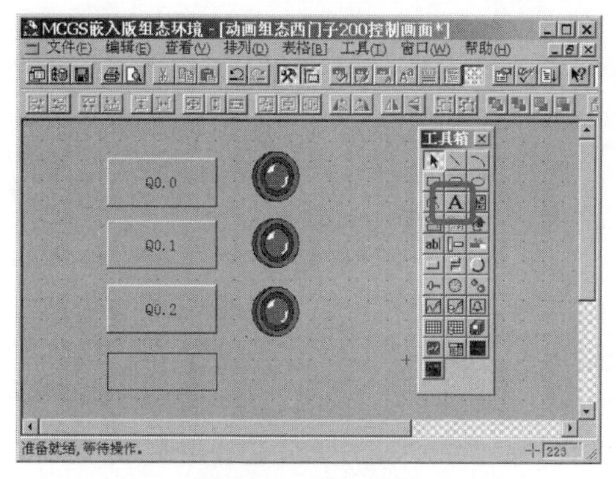

图 6.64　添加标签

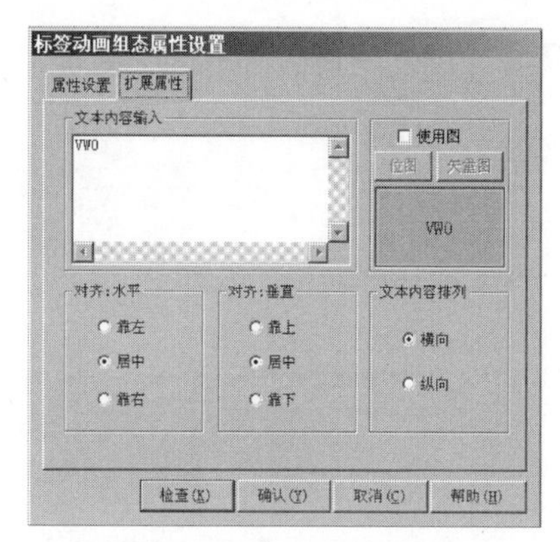

图 6.65　标签属性设置

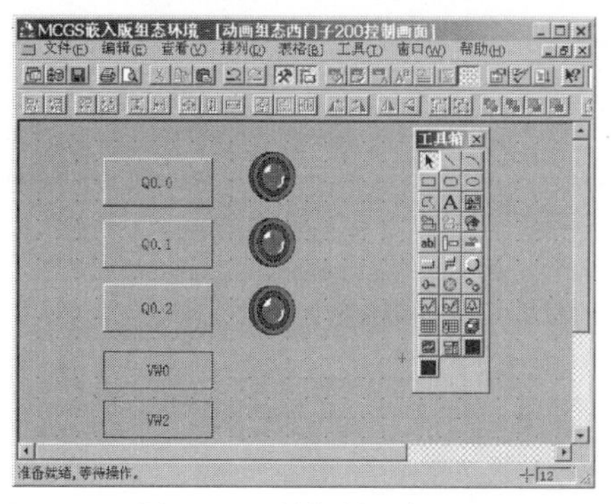

图 6.66　添加另一标签

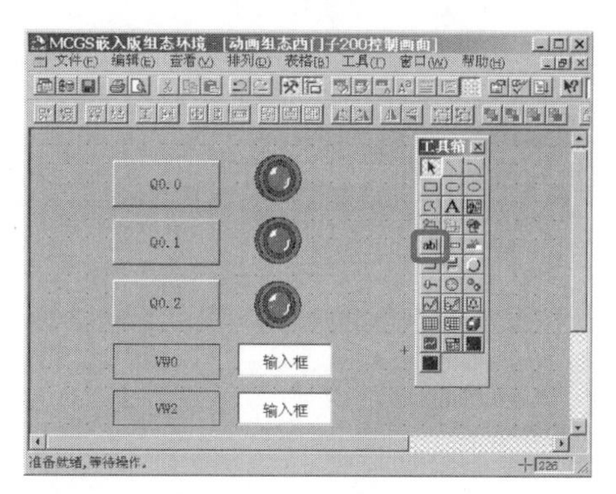

图 6.67　添加输入框

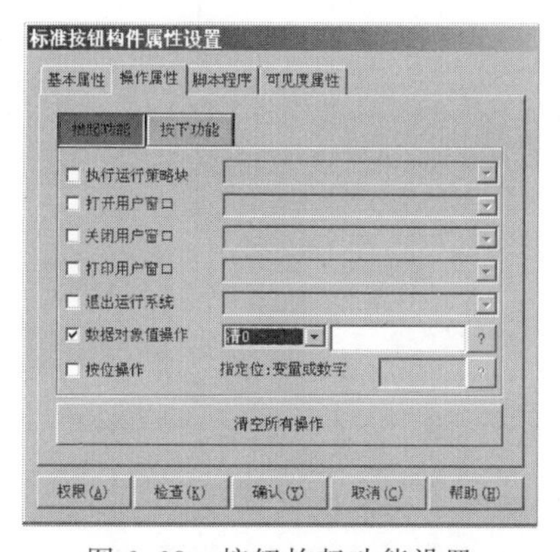

图 6.68　按钮抬起功能设置

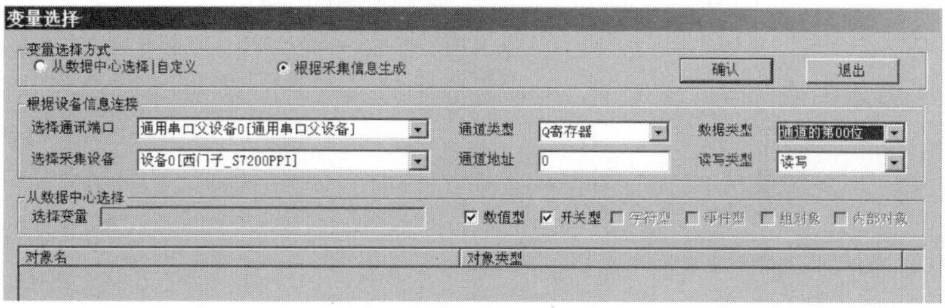

图 6.69　按钮变量设置

图6.70　按钮地址连接

同样的方法，点击“按下功能”按钮，进行设置，选择“数据对象值操作”→“置1”→“设备0_读写Q000_0”，如图6.71所示。

同样的方法，分别对Q0.1和Q0.2的按钮进行设置。

Q0.1按钮→“抬起功能”时“清0”，“按下功能”时“置1”→变量选择→Q寄存器，通道地址为0，数据类型为通道第01位。

Q0.2按钮→“抬起功能”时“清0”，“按下功能”时“置1”→变量选择→Q寄存器，通道地址为0，数据类型为通道第02位。

• 指示灯：双击Q0.0旁边的指示灯构件，弹出“单元属性设置”对话框，在“数据对象”页，点击[?]选择数据对象“设备0_读写Q000_0”，如图6.72所示。同样的方法，将Q0.1按钮和Q0.2按钮旁边的指示灯分别连接变量“设备0_读写Q000_1”和“设备0_读写Q000_2”。

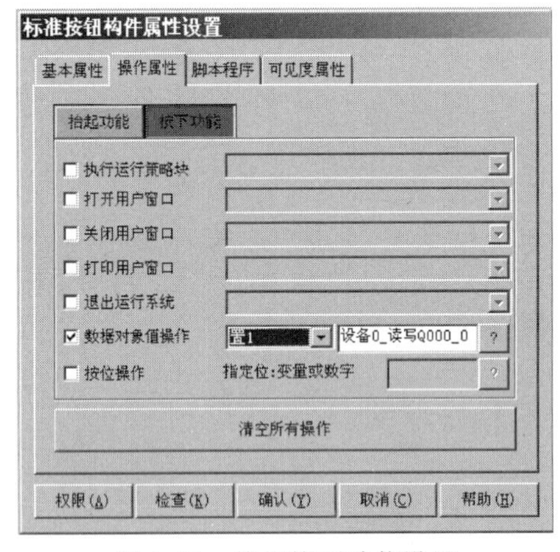

图6.71　按钮按下功能设置

图6.72　指示灯属性设置

• 输入框：双击VW0标签旁边的输入框构件，弹出“输入框构件属性设置”对话框，在“操作属性”页，点击[?]进入“变量选择”对话框，选择“根据采集信息生成”，通道类型选择“V寄存器”，通道地址为“0”，数据类型选择“16位无符号二进制”，读写类型选择“读写”，如图6.73所示，设置完成后点击“确认”。

同样的方法，双击VW2标签旁边的输入框进行设置，在“操作属性”页，选择对应的数据对象：通道类型选择“V寄存器”，通道地址为“2”，数据类型选择“16位无符号二进制”，读写类型选择“读写”。

组态完成后，下载到TPC的步骤请参考6.1.4。

6.1.2　触摸屏的IP查看与设置

TPC系统设置包含背光灯、蜂鸣器、触摸屏、日期/时间设置等。

TPC开机启动后屏幕出现“正在启动……”提示进度条时，点击任意位置，可进入

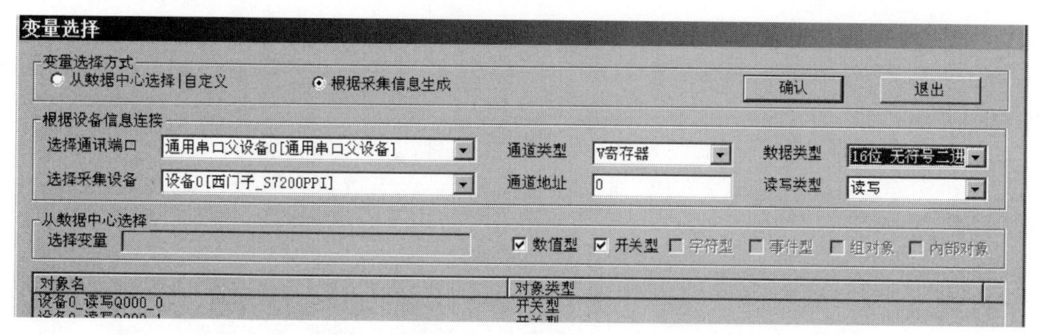

图 6.73　输入框属性设置

“启动属性”对话框，点击“系统维护……”，进入“系统维护”对话框，点击“设置系统参数”即可进行 TPC 系统参数设置，如图 6.74 所示。

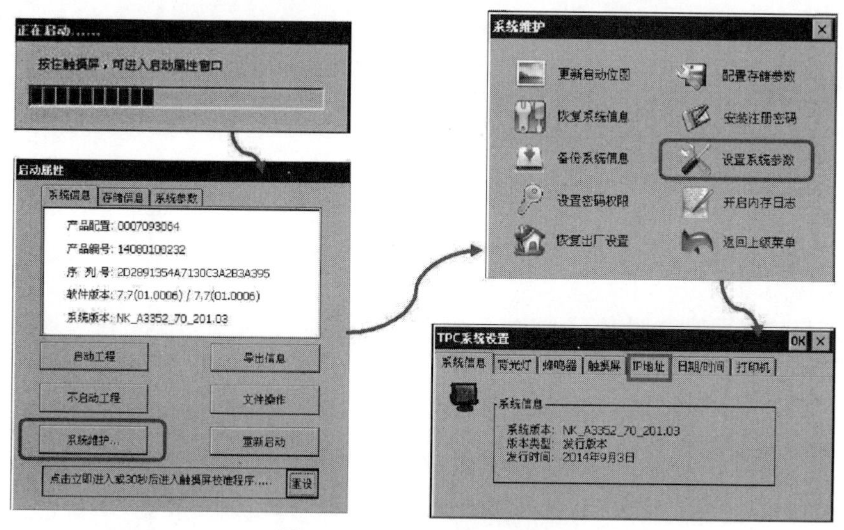

图 6.74　TPC 系统参数设置

然后点击“IP 地址”，可查看和修改 IP 地址，如图 6.75 所示。

图 6.75　IP 地址设置

6.1.3　工程创建与画面编辑

(1) 工程创建

双击 Windows 操作系统桌面上的组态环境快捷方式，可打开嵌入版组态软件，然后按如下步骤建立通信工程：

① 单击文件菜单中“新建工程”选项，弹出“新建工程设置”对话框，TPC类型选择为“TPC7062K”，点击“确定”，如图6.76所示。

② 选择文件菜单中的“工程另存为”菜单项，弹出文件保存窗口。

③ 在文件名一栏内输入“TPC通信控制工程”，点击“保存”按钮，工程创建完毕，如图6.77所示。

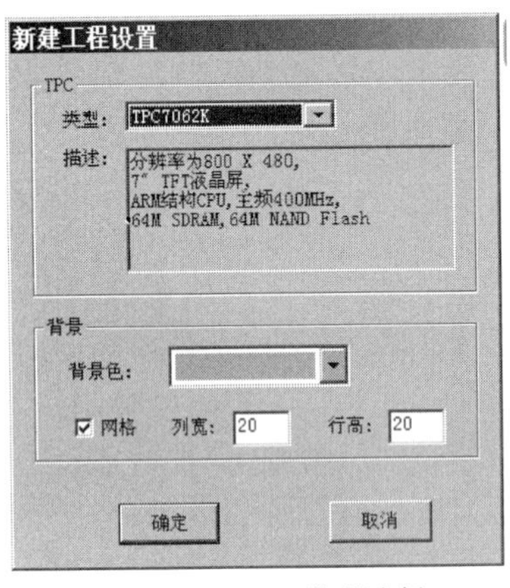

图6.76　TPC类型选择

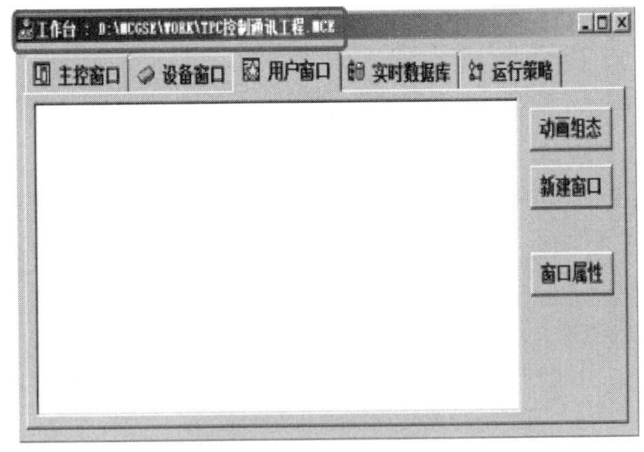

图6.77　工程保存

(2) 画面编辑

用户窗口主界面的右侧有三个按钮：每点击一次“新建窗口”按钮可以新建一个窗口；“窗口属性”用于打开已选中窗口的属性设置；双击窗口图标或者选中窗口之后点击“动画组态”按键可以进入该窗口的编辑界面，如图6.78所示。

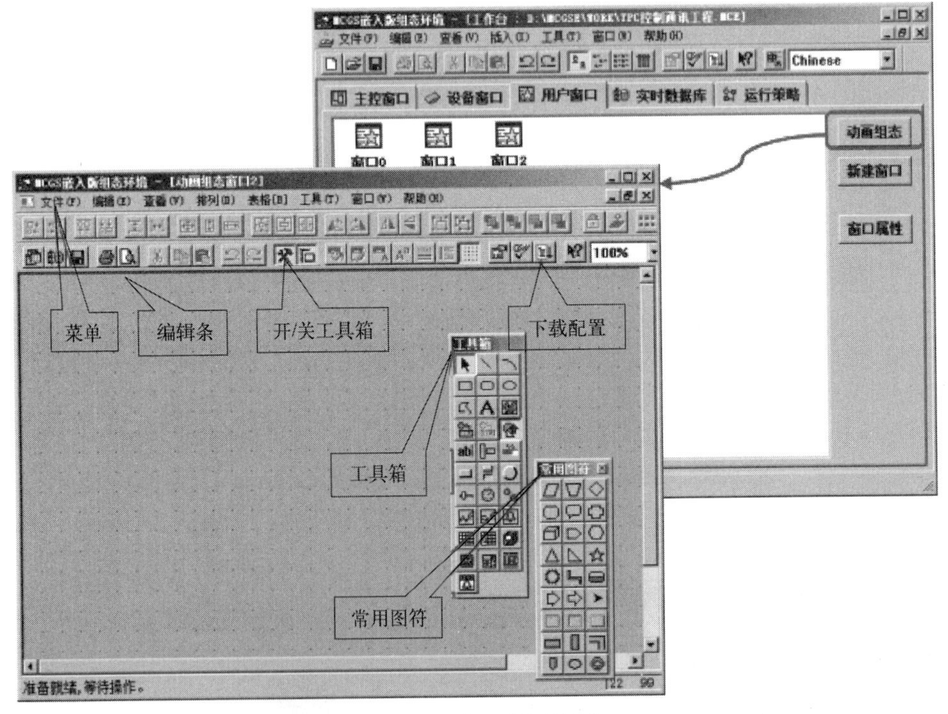

图6.78　窗口编辑界面

窗口编辑界面的主要部分是工具箱和窗口编辑区域。工具箱有画面组态要使用的所有构件。窗口编辑区域用于绘制画面，运行时能看到的所有画面都是在这里添加的。在工具箱里单击选中需要的构件，然后在窗口编辑区域中按住鼠标左键拖动就可以把选中的构件添加到画面中。

工具箱里的构件很多，常用的构件有：标签、输入框、标准按钮和动画显示，如图 6.79 所示。

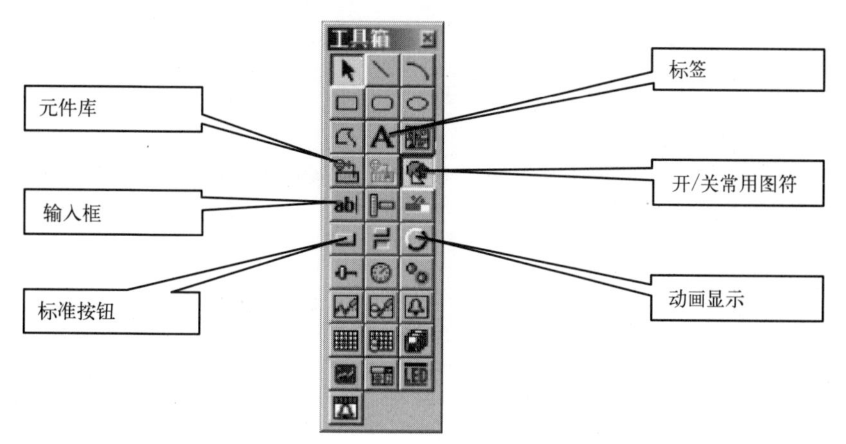

图 6.79　工具箱构件

将构件添加到窗口编辑区域之后，双击该构件就可以打开该构件的属性设置界面。因为构件的作用不同，不同构件的属性设置界面有很大的差异。每个构件属性设置的详细说明，都可以通过点击属性设置界面的右下角的“帮助”按钮查看，如图 6.80 所示。

图 6.80　按钮帮助属性

6.1.4　工程的上传与下载

(1) 工程上传

① 安装 MCGS 嵌入版软件 7.7 版本。此时需要注意连接触摸屏和 PC 机的线为 USB 线，正常 USB 口插 PC 机，USB 从口（方口）插触摸屏。

② 打开 MCGS 组态环境，在主菜单中点击“文件”→“上传工程”，如图 6.81 所示，弹出上传工程窗口，如图 6.82 所示。

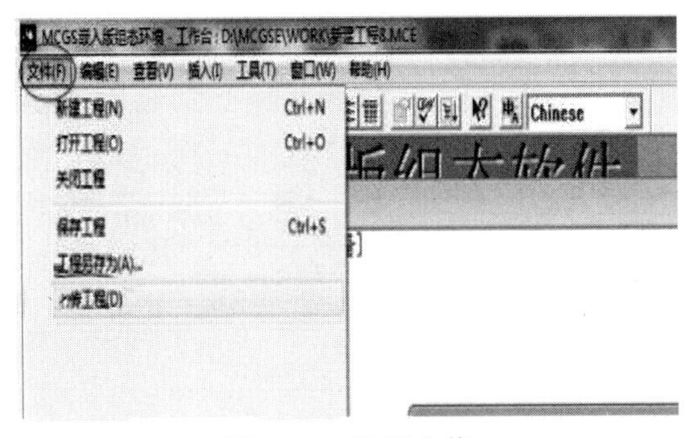

图 6.81　工程上传

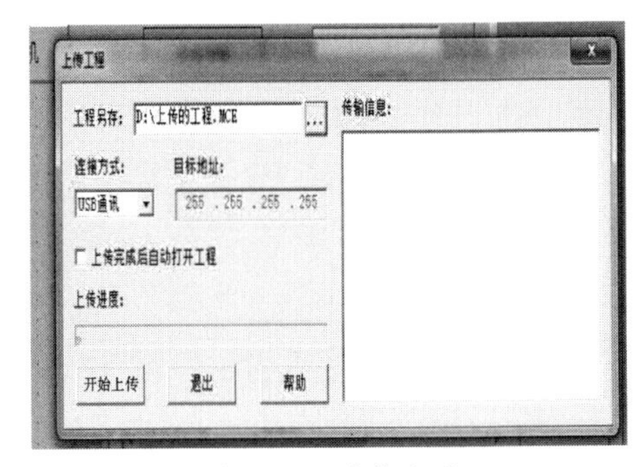

图 6.82　连接方式

③“连接方式”选择 USB 通信，如图 6.82 所示。

④ 在“工程另存”中选择上传工程的存储路径，如图 6.83 所示。

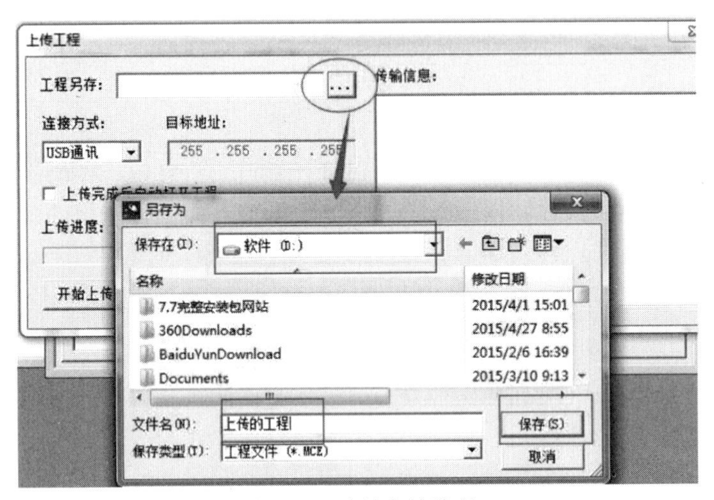

图 6.83　选择存储路径

⑤ 点击“开始上传”，在通信正常的情况下，工程上传成功，如图 6.84 所示。

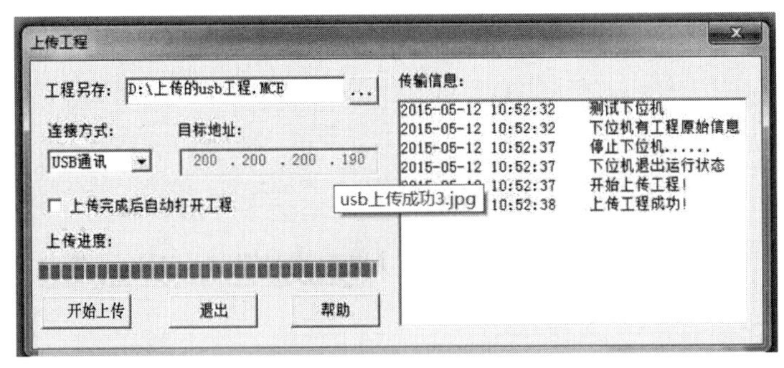

图 6.84　上传工程

注意：如果窗口提示“下位机没有工程原始信息”，那么表示该工程不支持工程上传，只能重新组态工程，如图 6.85 所示。

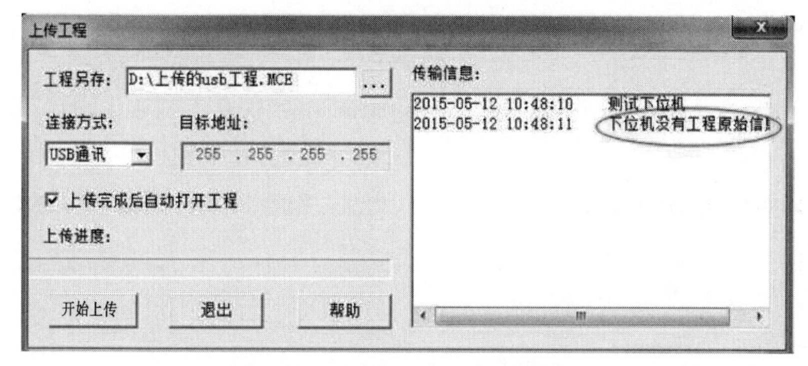

图 6.85　下位机没有工程原始信息

下位机没有工程原始信息的原因：在工程下载时未选择“支持工程上传”。

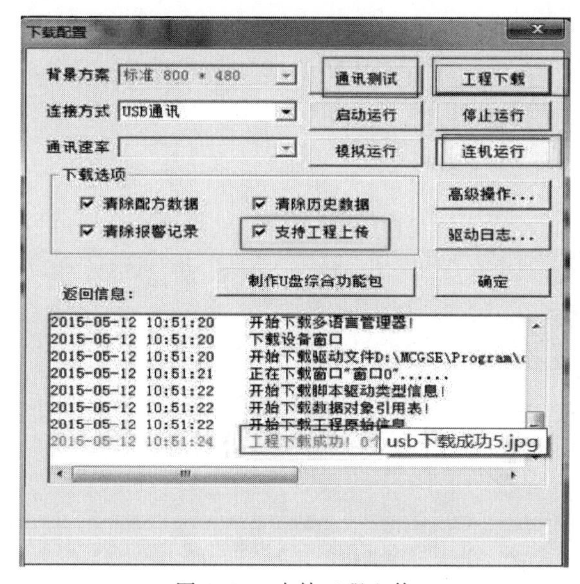

图 6.86　支持工程上传

(2) 工程下载

对 TPC7062TX 型触摸屏来说，只能使用 USB 接线与 PC 机相连，而对于 TPC1061Ti 触摸屏来说，可以通过 USB 接线或者网络接线两种方式与 PC 机相连。触摸屏与 PC 机连接后，启动触摸屏。工程下载的具体过程如下。

① 如图 6.87 所示的普通 USB 线，一端为扁平接口，插到 PC 的 USB 口，一端为微型接口，插到 TPC 端的 USB2 口。

图 6.87　PC 机与 TPC 的连接线

② 打开一个成功的案例工程，点击工具条中的下载按钮，进行下载配置，如图 6.88 所示。

选择“连机运行”，连接方式选择“USB 通信”，然后点击“通信测试”按钮，通信测试正常后，点击“工程下载”，如图 6.89 所示。具体下载过程如图 6.90 所示。

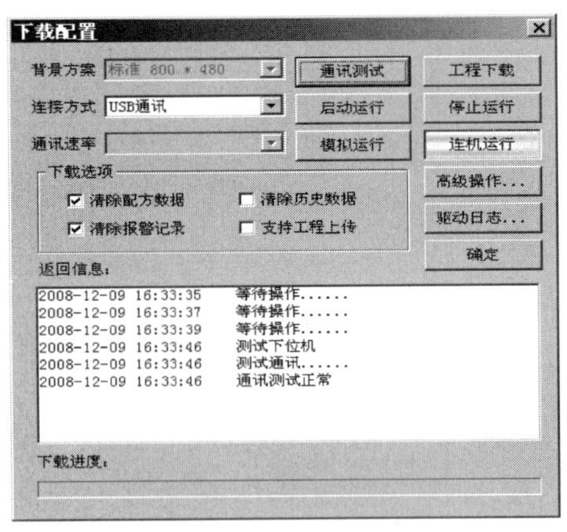

图 6.88　下载配置页面

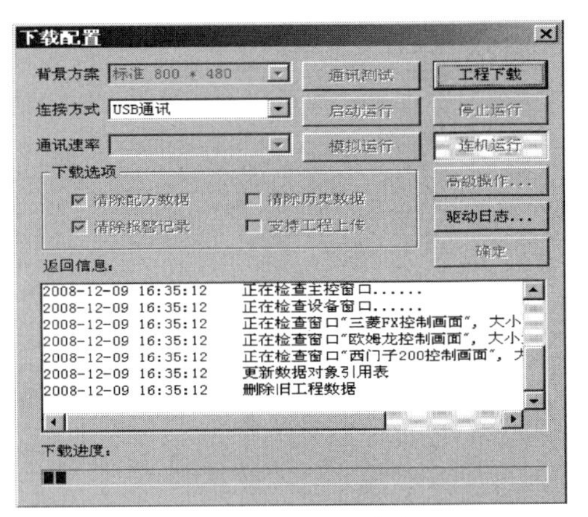

图 6.89　工程下载中

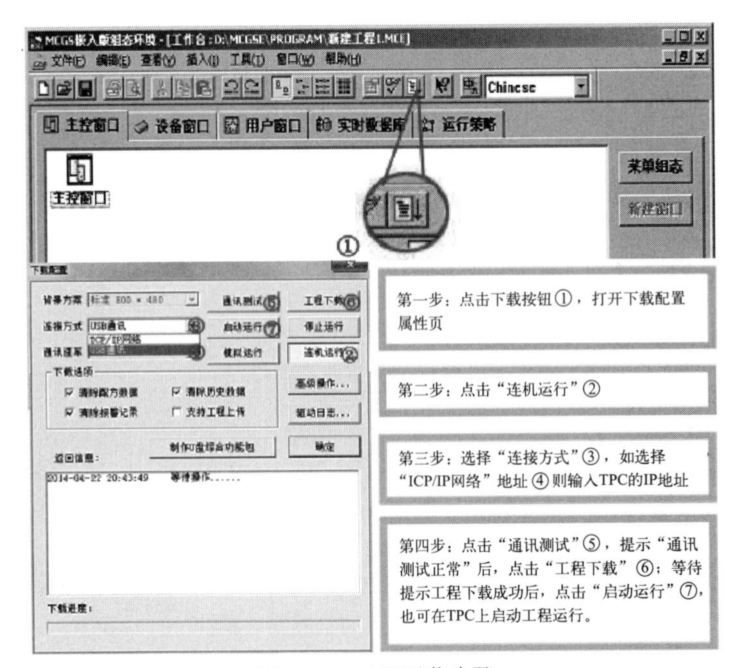

图 6.90　工程下载步骤

6.2　人机界面的调试

6.2.1　基本图形的绘图

(1) 用户窗口概述

用户窗口是由用户来定义的，用来构成 MCGS 嵌入版图形界面的窗口。用户窗口是组成MCGS嵌入版图形界面的基本单位，所有的图形界面都是由一个或多个用户窗口组合而成的，它的显示和关闭由各种功能构件（包括动画构件和策略构件）来控制。用户窗口相当于一个"容器"，用来放置图元、图符和动画构件等各种图形对象，通过对图形对象的组态设置，建立与实时数据库的链接，来完成图形界面的设计工作。

(2) 图元对象

图元是构成图形对象的最小单元。多种图元的组合可以构成新的、复杂的图形对象。MCGS嵌入版为用户提供了下列8种图元对象：直线、弧线、矩形、圆角矩形、椭圆、折线或多边形、标签、位图。

MCGS嵌入版组态软件的图元是以向量图形的格式而存在的，根据需要可随意移动图元的位置和改变图元的大小。对于文本图元，只改变显示矩形框的大小，文本字体的大小并不改变。对于位图图元，不仅改变显示区域的大小，而且对位图轮廓进行缩放处理，但位图本身的实际大小并无变化。

多个图元按照一定规则组合在一起所形成的图形，称为图符对象。图符对象是作为一个整体而存在的，可以随意移动和改变大小。多个图元可构成图符，图元和图符又可构成新的图符，新的图符可以分解、还原成组成该图符的图元和图符。MCGS嵌入版系统内部提供了27种常用的图符对象，放在常用图符工具箱中，称为系统图符对象。

MCGS嵌入版提供的系统图符按照常用图符工具箱从上到下、从左到右依次有平行四边形、等腰梯形、菱形、八边形、注释框、十字形、立方体、楔形、六边形、等腰三角形、直角三角形、五角星形、星形、弯曲管道、罐形、粗箭头、细箭头、三角箭头、凹槽平面、凹平面、凸平面、横管道、竖管道、管道接头、三维锥体、三维球体、三维圆环，如图6.91所示。

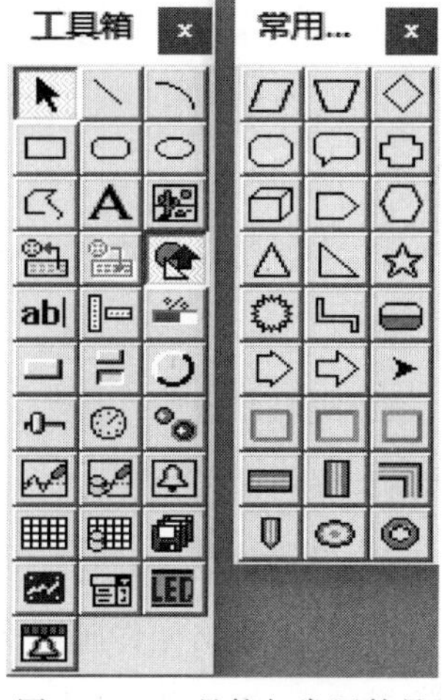

图6.91　工具箱与常用符号

(3) 基本图形的绘制

选择所需图形，放置在窗口，选中所需的图形双击，弹出"动画组态属性设置"窗口，可在弹出页面进行"静态属性""颜色动画连接""位置动画连接""输入输出连接"的设置，设置完成后，点击"确认"按钮退出，如图6.92所示。

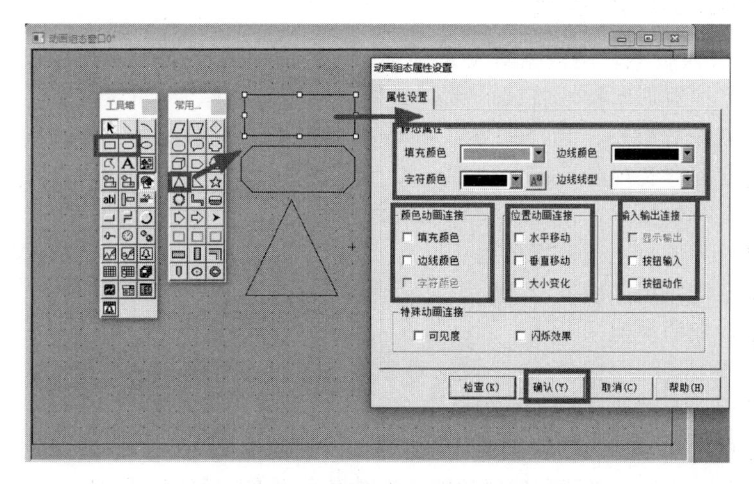

图6.92　基本图形属性设置

6.2.2　常用控件的使用

动画构件，实际上就是将工程监控作业中经常操作或观测用的一些功能性器件软件化，做成外观相似、功能相同的构件，存入MCGS嵌入版的“工具箱”中，供用户在图形对象组态配置时选用，完成一个特定的动画功能。

MCGS嵌入版目前提供的动画构件有：

① 输入框构件：用于输入和显示数据；

② 标签构件：用于显示文本、数据和实现动画连接相关的一些操作；

③ 流动块构件：实现模拟流动效果的动画显示；

④ 百分比填充构件：实现按百分比控制颜色填充的动画效果；

⑤ 标准按钮构件：接受用户的按钮动作，执行不同的功能；

⑥ 动画按钮构件：显示内容随按钮的动作变化；

⑦ 旋钮输入构件：以旋钮的形式输入数据对象的值；

⑧ 滑动输入器构件：以滑动块的形式输入数据对象的值；

⑨ 旋转仪表构件：以旋转仪表的形式显示数据；

⑩ 动画显示构件：以动画的方式切换显示所选择的多幅画面；

⑪ 实时曲线构件：显示数据对象的实时数据变化曲线；

⑫ 历史曲线构件：显示历史数据的变化趋势曲线；

⑬ 报警显示构件：显示数据对象实时产生的报警信息；

⑭ 自由表格构件：以表格的形式显示数据对象的值；

⑮ 历史表格构件：以表格的形式显示历史数据，可以用来制作历史数据报表；

⑯ 存盘数据浏览构件：用表格形式浏览存盘数据；

⑰ 组合框构件：以下拉列表的方式完成对大量数据的选择。

6.2.3　数据的定义与关联

在MCGS嵌入版中，用数据对象来描述系统中的实时数据，用对象变量代替传统意义上的值变量，把数据库技术管理的所有数据对象的集合称为实时数据库。实时数据库是MCGS嵌入版系统的核心，是应用系统的数据处理中心。系统各个部分均以实时数据库为公用区交换数据，实现各个部分协调动作。设备窗口通过设备构件驱动外部设备，将采集的数据送入实时数据库。由用户窗口组成的图形对象，与实时数据库中的数据对象建立连接关系，以动画形式实现数据的可视化。运行策略通过策略构件，对数据进行操作和处理。实时数据库的作用如图6.93所示。

(1) 数据对象的类型

在MCGS嵌入版组态软件中，数据对象有开关型、数值型、字符型、事件型和数据组对象五种类型。不同类型的数据对象，属性不同，用途也不同。

开关型数据对象：记录开关信号（0或非0）的数据对象称为开关型数据对象。

数值型数据对象：数值型数据对象除了存放数值及参与数值运算外，还提供报警信息。

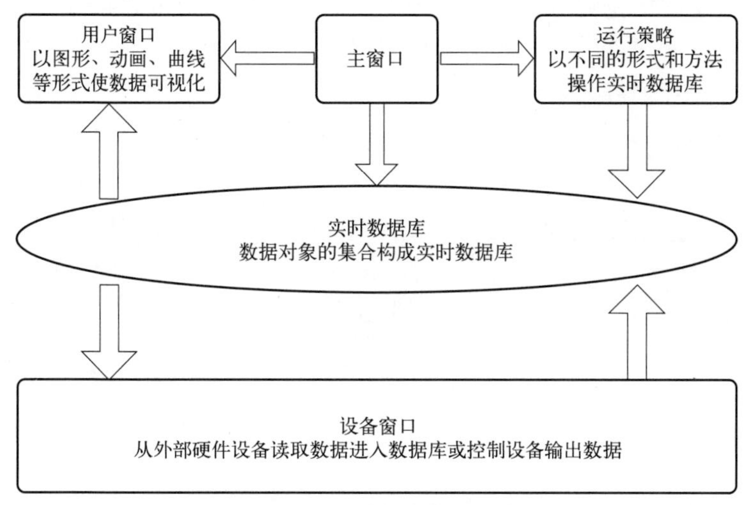

图 6.93　实时数据库作用示意图

字符型数据对象：字符型数据对象是存放文字信息的单元，用于描述外部对象的状态特征，其值为多个字符组成的字符串。

事件型数据对象：事件型数据对象用来记录和标识某种事件产生或状态改变的时间信息。

数据组对象：数据组对象是 MCGS 引入的一种特殊类型的数据对象，类似于一般编程语言中的数组和结构体，用于把相关的多个数据对象集合在一起，作为一个整体来定义和处理。

(2) 定义数据与属性设置

定义数据对象的过程，就是构造实时数据库的过程。定义数据对象时，在组态环境工作台窗口中，选择“实时数据库”标签，进入实时数据库窗口页，显示已定义的数据对象。

对于新建工程，窗口中显示系统内建的四个字符型数据对象，分别是 InputETime、InputSTime、InputUser1 和 InputUser2，如图 6.94 所示。

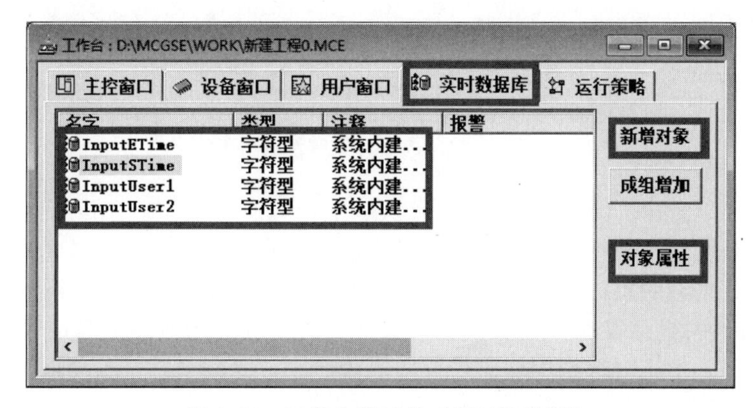

图 6.94　工作台窗口的“实时数据库”

当在对象列表的某一位置增加一个新的对象时，可在该处选定数据对象，鼠标单击“新增对象”按钮，则在选中的对象之后增加一个新的数据对象。若不指定位置，则在对象表的最后增加一个新的数据对象。新增对象的名称以选中的对象名称为基准，按字符递增的顺序由系统缺省确定。对于新建工程首次定义的数据对象，缺省名称为Data1，如图6.95所示。需要注意的是，数据对象的名称中不能带有空格，否则会影响对此数据对象存盘数据的读取。

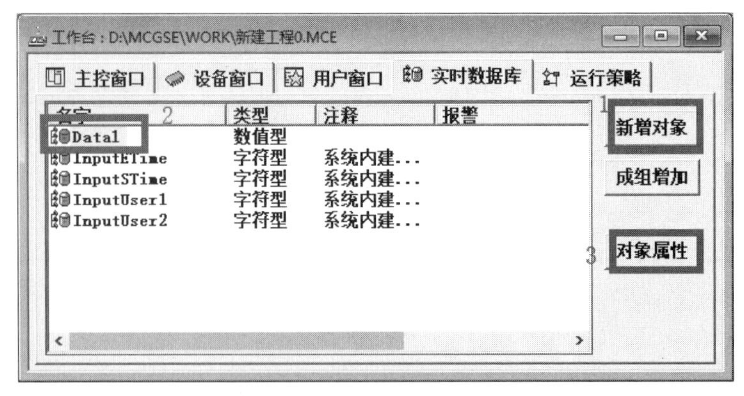

图6.95　新增数据

① 基本属性。可通过“对象属性”设定数据类型和值。数据对象的基本属性中包含数据对象的名称、单位、初值、取值范围和类型等基本特征信息，如图6.96所示。

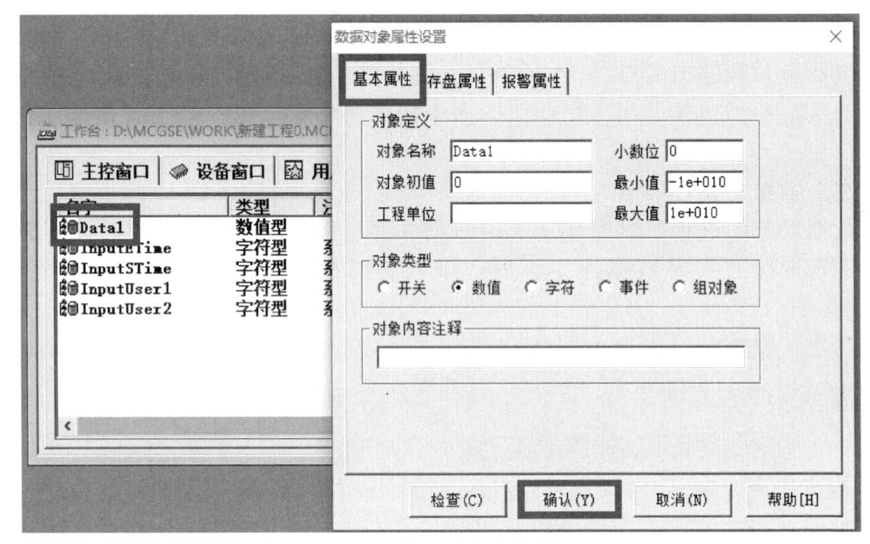

图6.96　数据对象属性设置

② 数据组对象的存盘属性。MCGS嵌入版中，普通的数据对象没有存盘属性，只有组对象才有存盘属性。数据组对象只能设置为定时方式存盘，实时数据库按设定的时间间隔，定时存储数据组对象的所有成员在同一时刻的值。存盘属性设置如图6.97所示。

③ 数据对象的报警属性。MCGS嵌入版把报警处理作为数据对象的一个属性，封装在数据对象内部，由实时数据库判断是否有报警产生，并自动进行各种报警处理。报警属性设置如图6.98所示。

不同类型的数据对象，报警属性的设置各不相同。

(3) 数据对象的属性和关联

在MCGS嵌入版组态软件中，每个数据对象都是由系统的属性和方法构成的。使用操作符“.”可以在脚本程序或使用表达式的地方调用数据对象相应的属性和方法。例如，

Data00. Value 可以缺省数据对象 Data00 的当前值，Data00. Min 可以获得数据对象 Data00 的最小值。

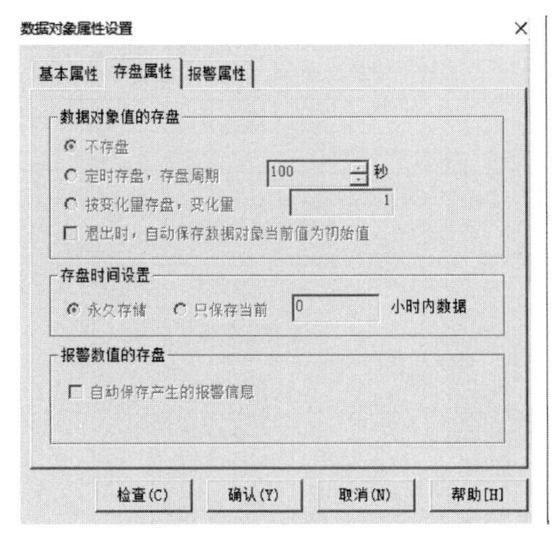

图 6.97　存盘属性设置

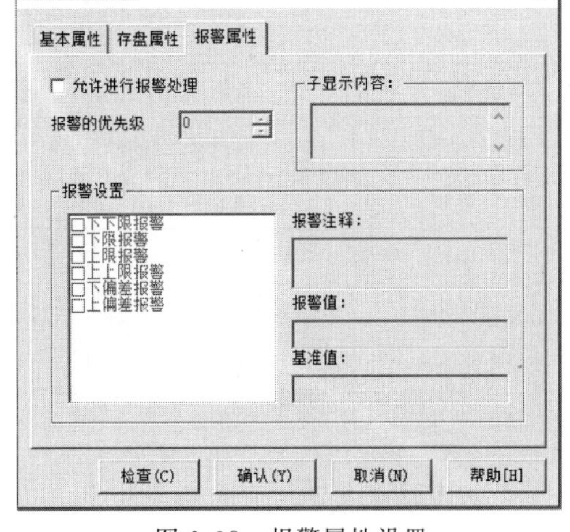

图 6.98　报警属性设置

① 数据对象的属性。数据对象的属性如表 6.3 所示。

表 6.3　数据对象属性列表

属性名	类型	操作方式	意义
Value	同数据对象类型	读写	数据对象中的值
Name	数值型	只读	数据对象中的名字
Min	数值型	读写	数据对象的最小值
Max	数值型	读写	数据对象的最大值
Unit	数值型	读写	数据对象的工程单位
Comment	数值型	读写	数据对象的注释
InitValue	数值型	读写	数据对象的初值
Type	数值型	只读	数据对象的类型
AlmEnable	数值型	读写	数据对象的启动报警标志
AlmHH	数值型	读写	数值型报警的上上限值或开关型报警
AlmH	数值型	读写	数值型报警的上限值
AlmL	数值型	读写	数值型报警的下限值
AlmLL	数值型	读写	数值型报警的下下限制值
AlmV	数值型	读写	数值型偏差报警的基准值
AlmVH	数值型	读写	数值型偏差报警的上偏差值
AlmVL	数值型	读写	数值型偏差报警的下偏差值
AlmFlagHH	数值型	读写	允许上上限报警，或允许开关量报警
AlmFlagH	数值型	读写	允许上限报警，或允许开关量跳变报警

续表

属性名	类型	操作方式	意义
AlmFlagL	数值型	读写	允许下限报警，或允许开关量正跳变报警
AlmFlagLL	数值型	读写	允许下下限报警，或允许开关量负跳变报警
AlmFlagVH	数值型	读写	允许上偏差报警
AlmFlagVL	数值型	读写	允许下偏差报警
AlmComment	数值型	读写	报警信息注释
AlmDelay	数值型	读写	报警延时次数
AlmPriority	数值型	读写	报警优先级
AlmState	数值型	只读	报警状态
AlmType	数值型	只读	报警类型

② 数据动画关联。设置输入输出连接方式应从显示输出、按钮输入和按钮动作三个方面去着手，实现动画连接，体现友好的人机交互方式。显示输出连接只用于“标签”图元对象，显示数据对象的数值。按钮输入连接用于输入数据对象的数值。按钮动作连接用于响应来自鼠标或键盘的操作，执行特定的功能。

点击动画按钮，绘制一个动态按钮。设置其属性时，在“动画组态属性设置”窗口内，从“输入输出连接”栏目中选定一种，进入相应的属性设置窗口页进行设置，如图6.99所示。

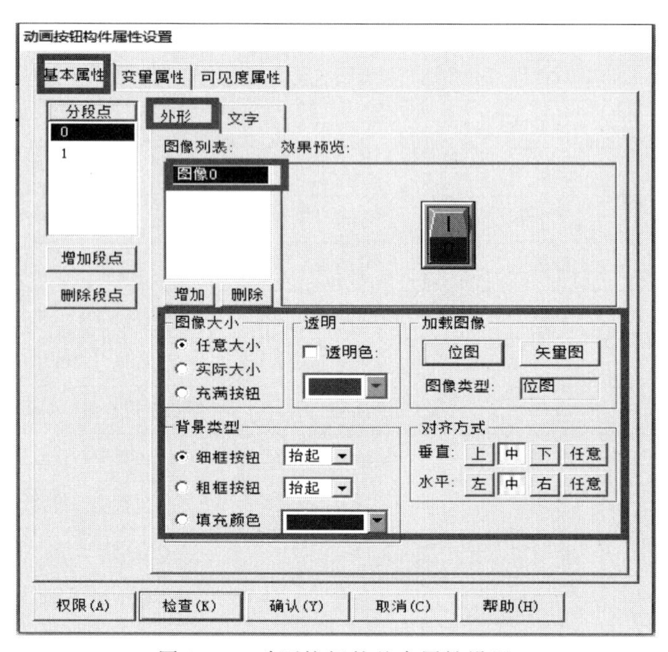

图6.99　动画按钮的基本属性设置

变量连接可将按钮与数据关联，选择“变量属性”，点击 ? ，打开变量选择窗口，可选择变量列表里的变量，点击“确认”按钮可实现动画按钮与数据的关联。变量关联如图6.100所示。

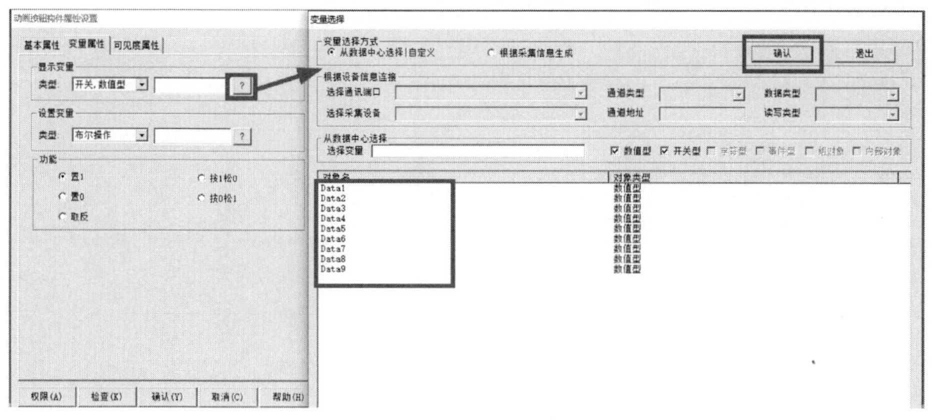

图 6.100　变量关联

巩固与提高

创建彩球沿三角形轨迹运动动画工程。彩球运动轨迹设计具体要求如下：在工具箱中选“等腰三角形”拖放到用户窗口，其大小调整为“300×200”；三个不同颜色的小球大小均为“50×50”，放置在等腰三角形的三个角上；三个不同颜色的小球绕着等腰三角形边框按逆时针周而复始地连续运动。

(1) 新建工程

新建一个组态工程，工程名称为“彩球沿三角形轨迹运动动画”。新建用户窗口，并进入窗口页面。

(2) 设置窗口背景

为了使组态画面更美观，在设置组态画面之前，要先定好整个画面的风格及色调，以便于在组态时更好地设置其他构件的颜色。

首先设置窗口背景。新建窗口并进入组态画面，添加一个位图，在窗口右下方状态栏设置位图的坐标为（0，0）大小为“800×480”，如图 6.101 所示。

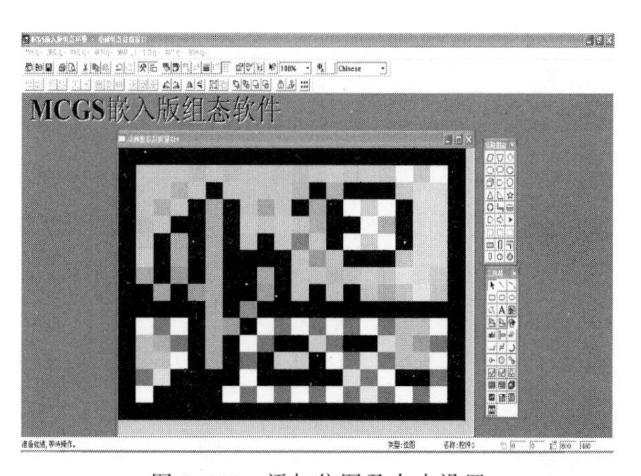

图 6.101　添加位图及大小设置

右键单击该位图，从弹出的快捷菜单中选择“装载位图”，选择事先准备好的位图“粉红背景”，如图 6.102 所示。装载后效果如图 6.103 所示。单击装载好的位图，弹出对话框，单击“排列”，选择“最后面”，背景就设置完成了。

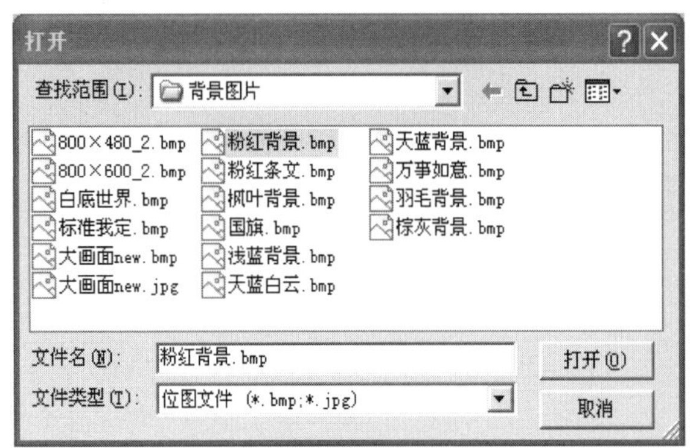

图 6.102　装载位图

图 6.103　背景设置效果

(3) 建立实时数据库

在工作台中单击“实时数据库”，单击“新增对象”，填加“X、Z、C”三个数值型数据，再填加“移动 1、移动 2、移动 3”三个开关型数据。这种事先建立数据库的方法可以理解为主动建库。本任务建立的实时数据库如图 6.104 所示。

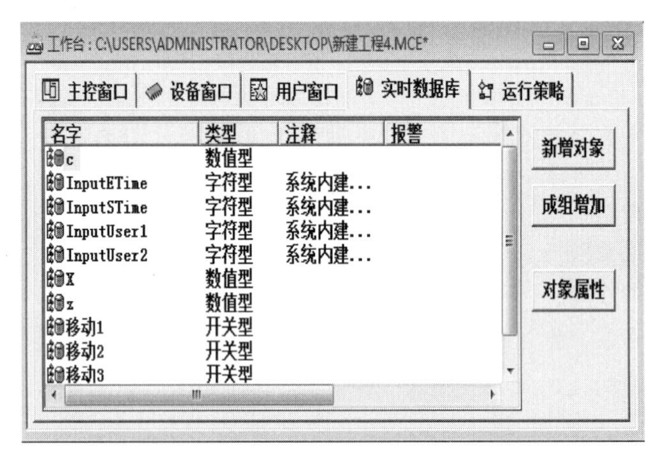

图 6.104　主动建立实时数据库

(4) 添加构件

① 添加三角形。单击工具箱中的常用符号，弹出如图 6.105 所示的常用图符对话框。再单击等腰三角形符号，在用户窗口中绘制一个 300×200 的等腰三角形。单击等腰三角形，在动画组态属性设置中，设置填充色为浅蓝色，如图 6.106 所示。单击“确认”完成。

② 添加三个彩色小球。在图 6.105 所示的“常用图符”对话框中，单击三维圆球，在用户窗口中绘制三个 50×50 的三维圆球，并分别放置在三角形的三个角上。

(5) 动画组态属性设置

① 红色小球的动画组态属性设置。单击三角形左侧角上的三维圆球，在弹出的“动画组态属性设置”对话框中，设置填充颜色为红色，并勾选“水平移动”和“可见度”，如图 6.107 所示。

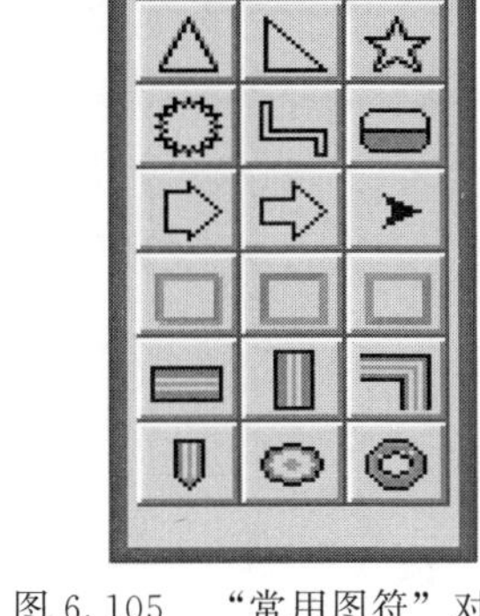

图 6.105　“常用图符”对话框　　图 6.106　设置填充色为浅蓝色

单击“水平移动”，在弹出的对话框中设置红色小球的水平移动连接：“最小移动偏移量”“最大移动偏移量”“表达式的值”如图 6.108 所示。

图 6.107　红球的动画组态属性设置　　图 6.108　红球的水平移动设置

在“表达式”项单击 ? ，在弹出的“变量选择”对话框中，选择“从数据中心选择|自定义”如图 6.109 所示。选择事先已经建立的数据“Z”，单击“确认”，完成红色小球的数据链接，如图 6.110 所示。

单击“可见度”，在弹出的“变量选择”对话框中，选择“从数据中心选择 | 自定义”。选择事先已经建立的数据“移动 1”，单击“确认”，完成红色小球的可见度表达式数据链接，如图 6.111 所示。

② 蓝色小球的动画组态属性设置。单击三角形右侧角上的三维圆球，在弹出的“动画组态属性设置”对话框中，设置填充颜色为蓝色，并勾选“水平移动”“垂直移动”和“可见度”，如图 6.112 所示。单击“水平移动”，在弹出的对话框中设置蓝色小球的水平移动链接，如图 6.113 所示。

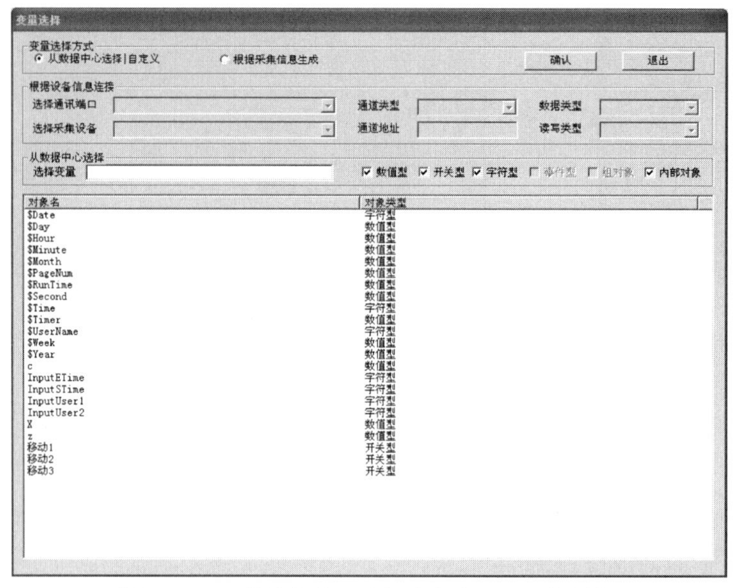

图 6.109　“从数据中心选择 | 自定义”链接数据

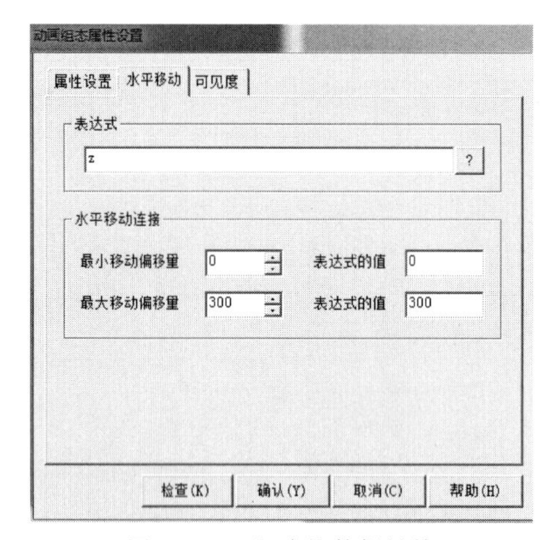

图 6.110　红球的数据链接

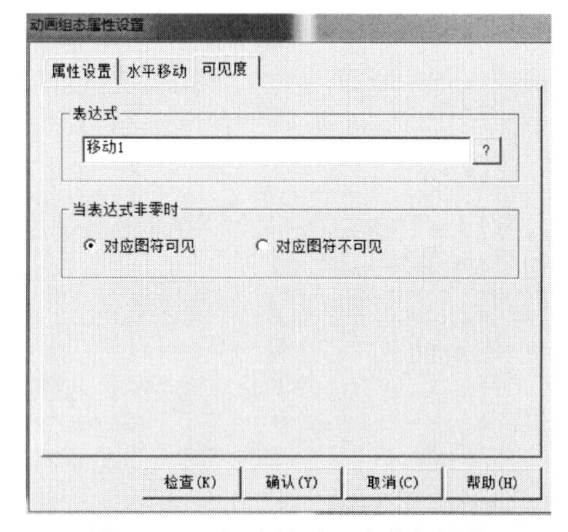

图 6.111　红球的可见度数据链接

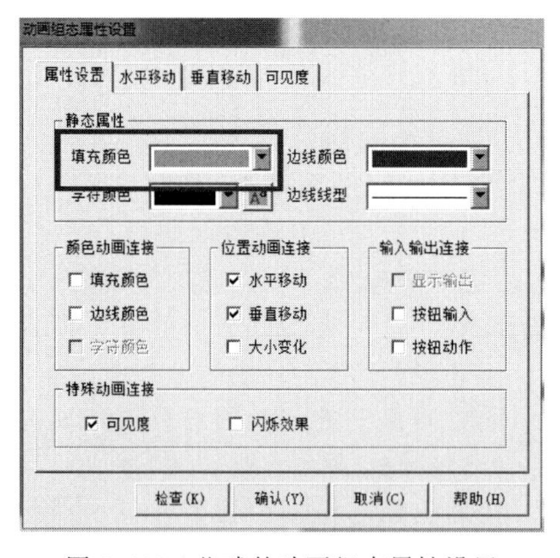

图 6.112　蓝球的动画组态属性设置

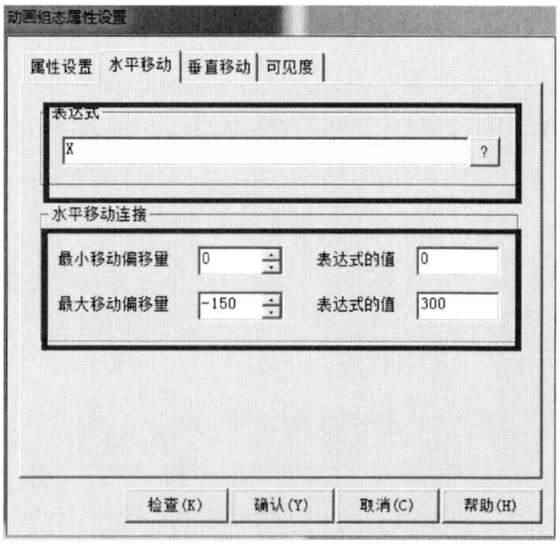

图 6.113　蓝球的水平移动连接

单击“垂直移动”，在弹出的对话框中设置蓝色小球的垂直移动连接如图6.114所示。

单击“可见度”，在弹出的“变量选择”对话框中，选择“从数据中心选择｜自定义”。选择事先已经建立的数据“移动2”，单击“确认”，完成蓝色小球的可见度表达式数据链接，如图6.115所示。

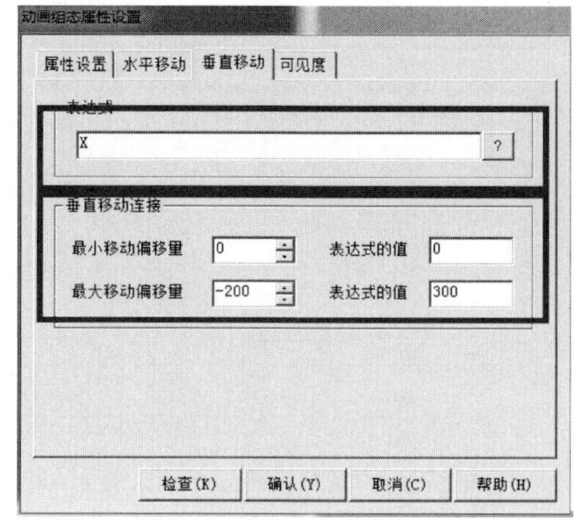

图6.114　蓝球的垂直移动连接

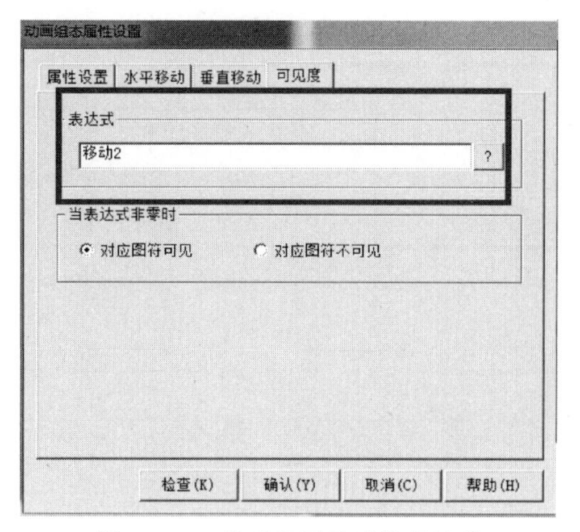

图6.115　蓝球的可见度数据链接

③ 黄色小球的动画组态属性设置。单击三角形顶角上的三维圆球，在弹出的“动画组态属性设置”对话框中，模仿蓝色小球的设置，设置填充颜色为黄色，并勾选“水平移动”“垂直移动”和“可见度”，如图6.116所示。单击“水平移动”，在弹出的对话框中设置黄色小球的水平移动连接，如图6.117所示。

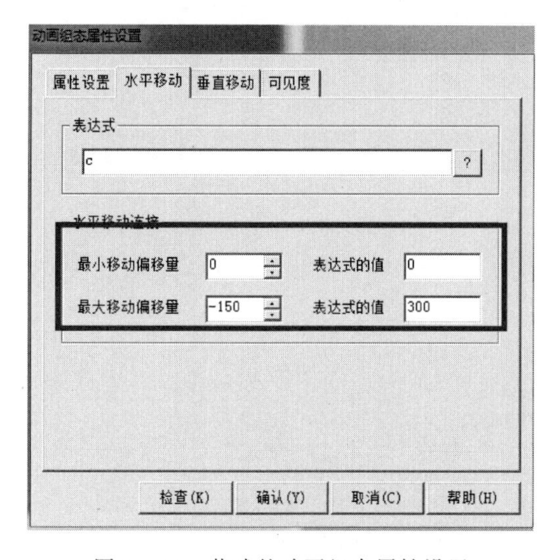

图6.116　黄球的动画组态属性设置

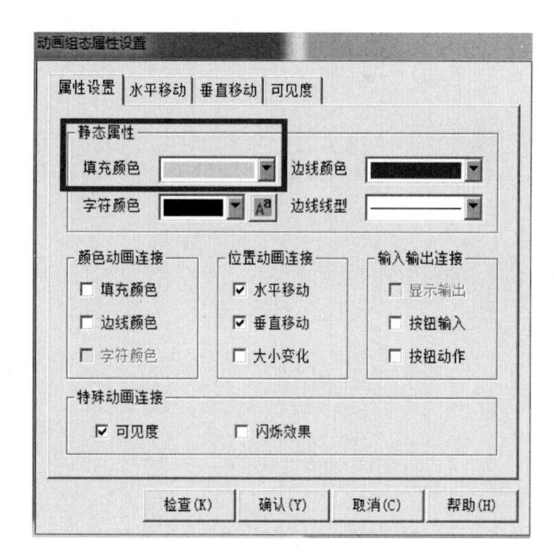

图6.117　黄球的水平移动连接

单击“垂直移动”，在弹出的对话框中设置黄色小球的垂直移动连接，如图6.118所示。

单击“可见度”，在弹出的“变量选择”对话框中，选择“从数据中心选择｜自定义”。选择事先已经建立的数据“移动2”，单击确认，完成黄色小球的可见度表达式数据连接，如图6.119所示。

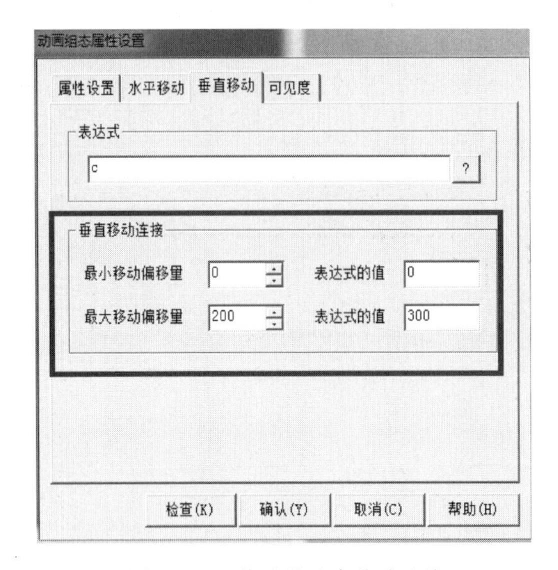

图 6.118　黄球的垂直移动连接

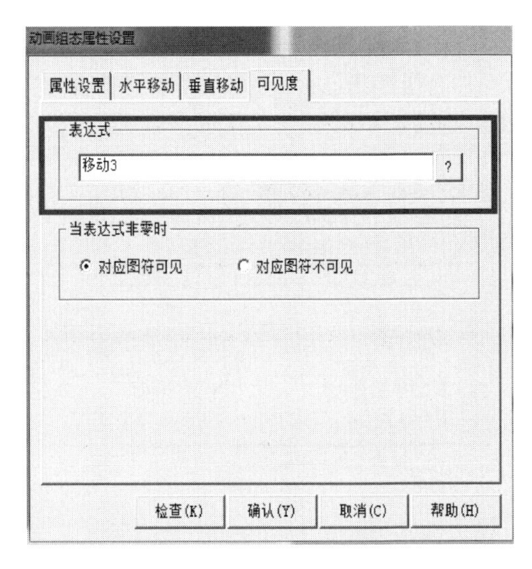

图 6.119　黄球的可见度数据链接

(6) 脚本编写

① 启动脚本。在用户窗口，单击空白处（不要单击背景图片），在弹出菜单中选择“属性”，弹出“用户窗口属性设置”对话框，如图 6.120 所示。

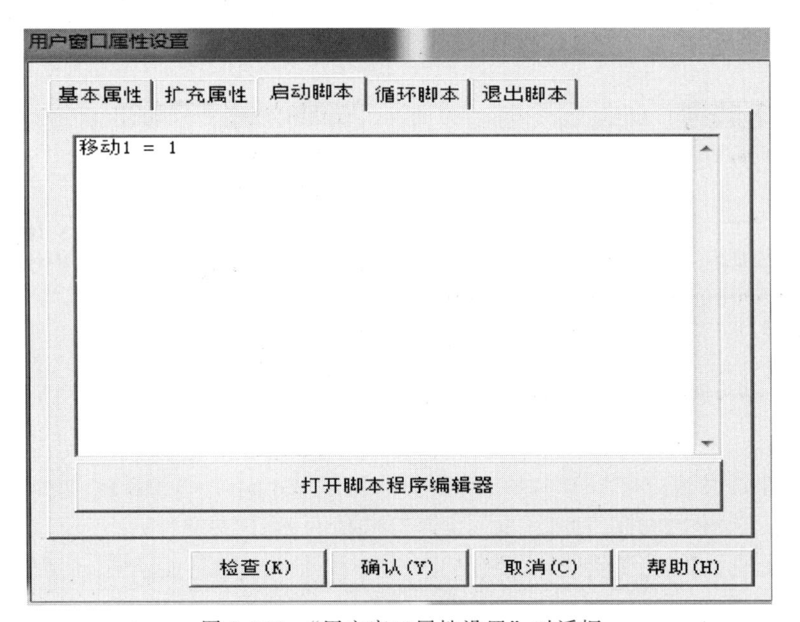

图 6.120　“用户窗口属性设置”对话框

单击“启动脚本”，单击“打开脚本程序编辑器”，在右侧数据对象中双击“移动 1”添加到编辑区，在页面右下角单击“＝”符号，再用键盘输入“1”（确保键盘为英文输入法），编写完成“移动 1＝1”，如图 6.121 所示。单击“确认”完成。

② 循环脚本。在图 6.120 所示“用户窗口属性设置”对话框中，单击“循环脚本”，首先设置循环时间为 100ms。

图 6.121　脚本程序编写

打开脚本程序编辑器，输入如下程序：

```
IF 移动 1=1  AND z<300 THEN
    z=z+5
ELSE
    z=0
ENDIF
IF z=300 THEN
    移动 1=0
    移动 2=1
    移动 3=0
ENDIF
IF 移动 2=1 AND X<300 THEN
    X=X+5
ELSE
    X=0
ENDIF
IF X=300 THEN
    移动 1=0
    移动 2=0
    移动 3=1
ENDIF
IF 移动 3=1 AND c<300 THEN
c=c+5
ELSE
    c=0
ENDIF
IF c=300 THEN
    移动 1=1
    移动 2=0
    移动 3=0
ENDIF
```

单击“确认”完成，循环脚本如图 6.122 所示。

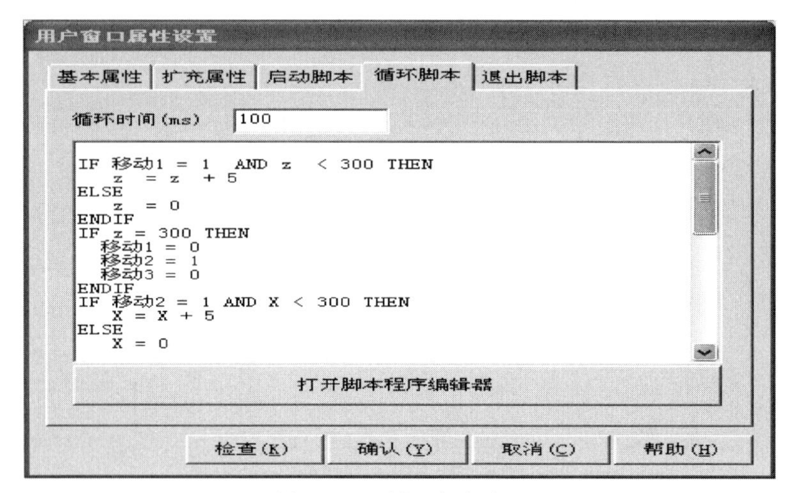

图 6.122　循环脚本编写

(7) 下载调试

将工程模拟运行下载后，在运行过程中，小球绕着三角形边框按逆时针周而复始地运动。

(8) 增加标签的闪烁动画

标签除了可以显示数据外，还可以用作文本显示，如显示一段公司介绍、注释信息、标题等。通过标签的属性对话框还可以设置动画效果。标签可谓是用处最多的构件之一。

添加标签构件，通过工具设置标签，设置填充颜色为没有填充，字符颜色为藏青色，字体设置为宋体、粗体、小二。双击标签，弹出“标签动画组态属性设置”对话框，在扩展属性页，文本内容输入“彩球沿三角形轨迹运动动画工程”。在属性设置页选中“闪烁效果”。在闪烁效果属性页，闪烁效果表达式填写“1”，表示条件永远成立。选择闪烁实现方式为“用图元可见度变化实现闪烁”，如图 6.123 所示。设置完成后点击“确认”。(注：当所连接的数据对象（或者由数据对象构成的表达式）的值非 0 时，图形对象就以设定的速度开始闪烁，而当表达式的值为 0 时，图形对象就停止闪烁)。

模拟运行下载后，“彩球沿三角形轨迹运动动画工程”标签就开始闪烁。

(9) 增加大小变化动画

在红球的“动画组态属性设置”对话框中，勾选位置动画的“大小变化”选项，并在“大小变化”选项页面中做如图 6.124 所示的设置。点击“确认”时，弹出错误提示框，选择“是（Y）”，弹出“数据对象属性设置”的对话框，选择大小变化的对象类型为“数值型”。

重新在图 6.120 所示“用户窗口属性设置”对话框的“循环脚本”中，打开脚本程序编辑器，在原来程序的基础上，补充输入如下程序：

```
IF 移动 1=1  AND z<300 THEN
    大小变化=大小变化+10
ELSE
    大小变化=0
ENDIF
```

图 6.123　闪烁效果设置

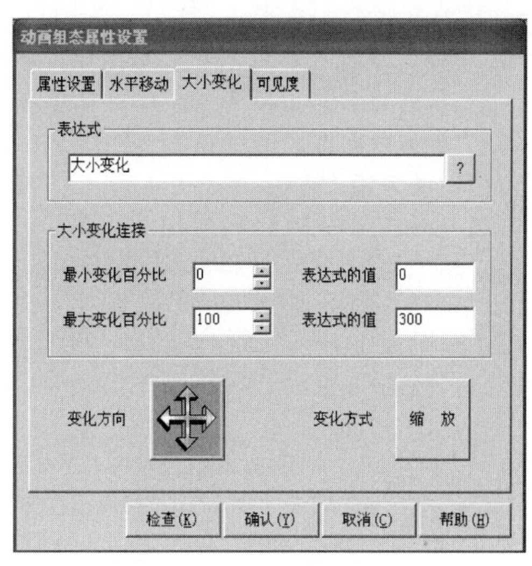

图 6.124　大小变化选项设置

单击“确认”完成，循环脚本如图 6.125 所示。

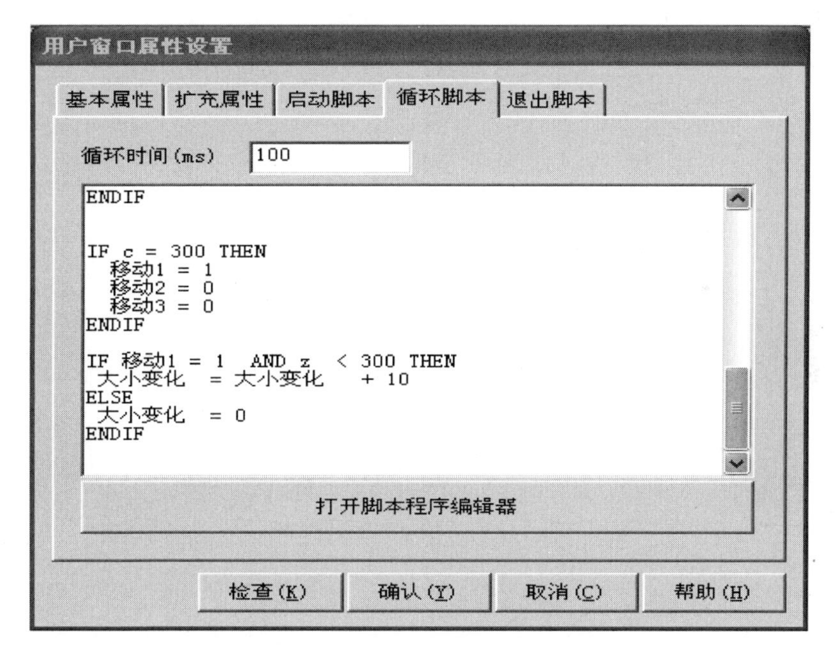

图 6.125　补充循环脚本

将修改后的组态工程重新下载运行仿真，红色小球就会边运动边“由小变大”变化。其他两个小球的设置可参考红球的设置，也能添加大小变化动画。

项目复习题

(1) 简答题

① TPC7062TX 型触摸屏主要有哪几个接口？

② 触摸屏与欧姆龙系列 PLC 设备、西门子 PLC 设备、三菱 PLC 设备分别通过什么接口通信？

③ 简述工程下载步骤。

④ MCGS的基本图元对象有几种？分别是哪些？

⑤ 数据对象有几种属性？分别有哪些属性？

⑥ 数据对象有几种数据类型？请分别简述。

(2) 练习题

练习触摸屏与PLC的连接。

第2部分

实操训练

PLC

第7章

项目一：PLC的基本操作

初级技能要求

① 了解可编程控制器的功能、特点、应用范围与分类。

② 了解PLC控制系统的基本组成、基本工作原理。

③ 了解三菱FX_{2N}的技术性能指标。

④ 能够进行PLC外部硬件电路的连接。

⑤ 初步掌握三菱PLC编程软件的基本操作。

⑥ 能够进行简单程序的输入、编辑、编译、下载调试等操作。

⑦ 能进行电机简单控制程序的编写、下载并观察程序运行结果。

中级技能要求

① 掌握可编程控制器的功能、特点、应用范围与分类。

② 掌握PLC控制系统的基本组成、基本工作原理。

③ 了解三菱FX_{2N}的技术性能指标。

④ 能够进行PLC外部硬件电路的连接。

⑤ 掌握三菱PLC编程软件的基本操作。

⑥ 能够进行较为复杂程序的输入、编辑、编译、下载调试等操作。

⑦ 能进行电机复杂控制程序的编写、下载并观察程序运行结果。

项目描述

本项目各分任务主要介绍了 PLC 的编程语言、PLC 的编程元件及数据格式以及 PLC 的产品介绍及典型应用，并通过具体任务利用三菱 PLC 实训平台进行硬件接线、程序下载与调试，最终掌握 PLC 硬件与软件的正确应用。

技能目标

① 能说出 PLC 的编程语言、编程元件、产品及应用领域。

② 能进行 PLC 硬件选型、安装与接线。

③ 能够熟练应用 PLC 软元件，掌握软元件的功能和应用注意事项。

④ 能够熟练进行 GX Works2 软件的基本操作，完成程序编写、下载与调试。

7.1　任务一：PLC 的安全操作与组装

7.1.1　任务要求

通过对 PLC 的编程语言，PLC 的编程元件及数据格式，以及 PLC 的产品介绍及典型应用的了解，利用三菱 PLC 实训平台进行硬件接线、程序下载与调试，最终掌握 PLC 硬件与软件的正确应用。

7.1.2　工具准备

表 7.1　工具、设备清单

序号	分类	名称	型号规格	数量	单位	备注
1	工具	常用电工工具		1	套	
2	仪表	万用表	MF47	1	只	
3	设备	PLC	FX_{2N}-48MR	1	只	
4	设备	LED 灯		4	只	

7.1.3　任务实施

7.1.3.1　PLC 的编程语言

PLC 的用户程序是设计人员根据控制系统的工艺控制要求，通过 PLC 编程语言编制设计的。PLC 编程语言是根据国际电工委员会制定的工业控制编程语言标准（IEC 1131-3）设定的。目前 PLC 的编程语言包括以下五种：梯形图语言（LD）、指令表语言（IL）、功能模块图语言（FBD）、顺序功能流程图语言（SFC）及结构化文本语言（ST）。

（1）梯形图语言（LD）

梯形图语言是 PLC 程序设计中最常用的编程语言。它是与继电器线路类似的一种编程语言。由于电气设计人员对继电器控制较为熟悉，因此，梯形图编程语言得到了广泛欢迎和应用。

梯形图编程语言的特点是：与电气操作原理图相对应，具有直观性和对应性；与原有继电器控制相一致，电气设计人员易于掌握。梯形图编程语言与原有的继电器控制的不同点是，梯形图中的能流不是实际意义的电流，内部的继电器也不是实际存在的继电器，应用时，需要与原有继电器控制的概念区别对待。图 7.1 所示为交流异步电动机直接启动电路，图 7.2 所示为 PLC 等效工作电路。

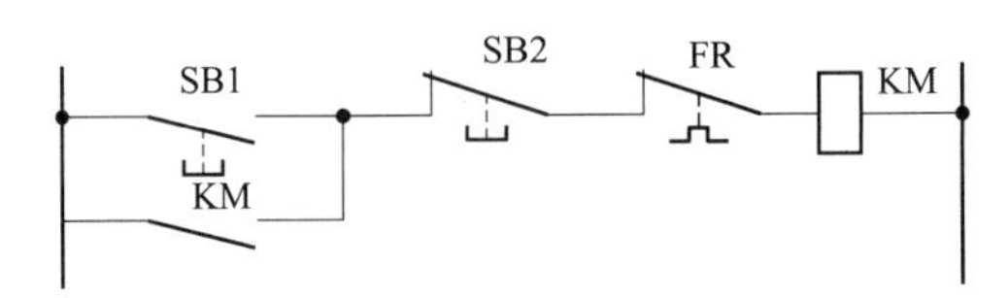

图 7.1　交流异步电动机直接启动电路

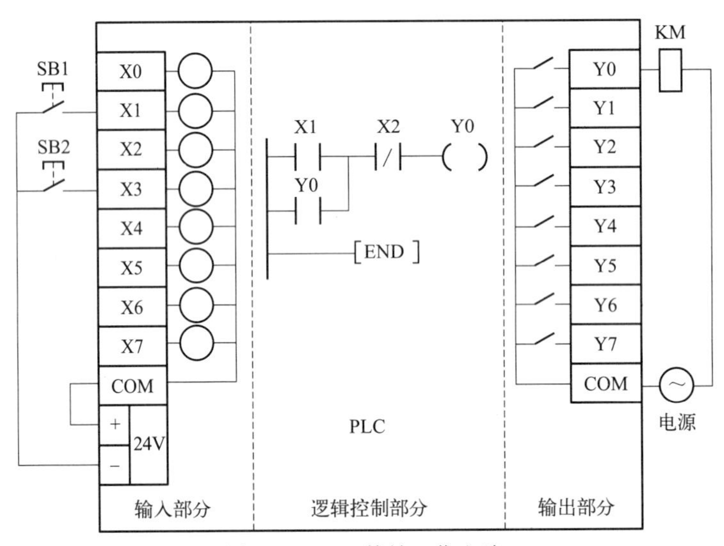

图 7.2　PLC 等效工作电路

（2）指令表语言（IL）

指令表编程语言是与汇编语言类似的一种助记符编程语言，和汇编语言一样由操作码和操作数组成，在无计算机的情况下，适合采用 PLC 手持编程器对用户程序进行编制。同时，指令表编程语言与梯形图编程语言一一对应，在 PLC 编程软件下可以相互转换。图 7.3 就是与图 7.2 PLC 等效工作电路对应的指令表。

指令表表编程语言的特点是：采用助记符来表示操作功能，容易记忆，便于掌握；在手持编程器的键盘上采用助记符表示，便于操作，可在无计算机的场合进行编程设计；与梯形图有一一对应关系。

（3）功能模块图语言（FBD）

功能模块图语言是与数字逻辑电路类似的一种 PLC 编程语言。它采用功能模块图的形式来表示模块所具有的功能，不同的功能模块有不同的功能。图 7.4 是对应图 7.1 交流异步电动机直接启动电路的功能模块图编程语言的表达方式。

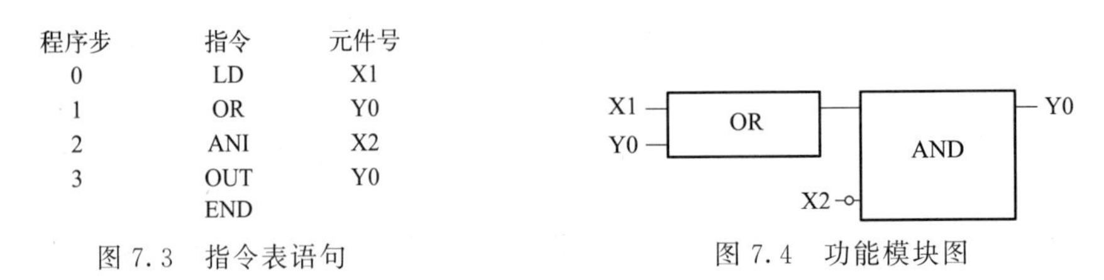

程序步	指令	元件号
0	LD	X1
1	OR	Y0
2	ANI	X2
3	OUT	Y0
	END	

图 7.3　指令表语句

图 7.4　功能模块图

功能模块图编程语言的特点：以功能模块为单位，分析理解控制方案简单容易；功能模块是用图形的形式表达功能，直观性强，对于具有数字逻辑电路基础的设计人员来说很容易掌握；对于规模大、控制逻辑关系复杂的控制系统，由于功能模块图能够清楚表达功能关系，可使编程调试时间大大减少。

(4) 顺序功能流程图语言 (SFC)

顺序功能流程图语言是为了满足顺序逻辑控制而设计的编程语言。编程时将顺序流程动作的过程分成步和转换条件，根据转换条件对控制系统的功能流程顺序进行分配，一步一步地按照顺序动作。每一步代表一个控制功能任务，用方框表示。方框内含有用于完成相应控制功能任务的梯形图逻辑。这种编程语言使程序结构清晰，易于阅读及维护，可大大减轻编程的工作量，缩短编程和调试时间。该语言用于系统的规模较大、程序关系较复杂的场合。图7.5是一个简单的顺序功能流程图编程语言的示意图。

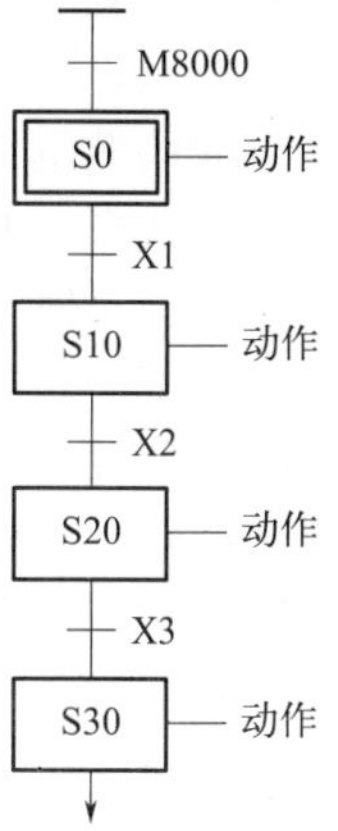

图7.5　顺序功能流程图

顺序功能流程图编程语言的特点：以功能为主线，按照功能流程的顺序分配，条理清楚，便于理解用户程序；避免了梯形图或其他语言不能顺序动作的缺陷，同时也避免了用梯形图语言对顺序动作编程时，由机械互锁造成的用户程序结构复杂、难以理解的缺陷；用户程序扫描时间也大大缩短。

(5) 结构化文本语言 (ST)

结构化文本语言是用结构化的描述文本来描述程序的一种编程语言。它是类似于高级语言的一种编程语言。在大中型的PLC系统中，常采用结构化文本来描述控制系统中各个变量的关系。该语言主要用于其他编程语言较难实现的用户程序编制。

结构化文本编程语言采用计算机的描述方式来描述系统中各种变量之间的各种运算关系，完成所需的功能或操作。大多数PLC制造商采用的结构化文本编程语言与BASIC语言、PASCAL语言或C语言等高级语言相类似，但为了应用方便，在语句的表达方法及语句的种类等方面都进行了简化。结构化文本编程语言的特点：采用高级语言进行编程，可以完成较复杂的控制运算；需要有一定的计算机高级语言的知识和编程技巧，对工程设计人员要求较高；直观性和操作性较差。不同型号的PLC编程软件对以上五种编程语言的支持种类是不同的，早期的PLC仅仅支持梯形图编程语言和指令表编程语言。目前的PLC对梯形图（LD）、指令表（STL）、功能模块图（FBD）编程语言都支持。

7.1.3.2　PLC的编程元件及数据格式

(1) PLC的编程元件

① 输入继电器（X）。输入继电器一般都有一个PLC的输入端子与之对应，它是PLC用来接收用户设备输入信号的接口。当接在输入端子的开关元件闭合时，输入继电器的线圈得电，在程序中的常开触点闭合，常闭触点断开。这些触点可以在编程时任意使用，使用次数不受限制。编程时应注意的是，输入继电器的线圈只能由外部信号来驱动，不能在程序内用指令来驱动，因此在编制的梯形图中只能出现输入继电器的触点，而不应出现输入继电器的线圈，其触点也不能直接输出带动负载。

② 输出继电器（Y）。输出继电器一般也都有一个PLC的输出端子与之对应，它是用来将输出信号传送到负载的接口，用于驱动负载。当输出继电器的线圈得电时，对应的输出端子接通，负载电路开始工作。每一个输出继电器线圈有无数对常开触点和常闭触点供

编程时使用。编程时需要注意的是外部信号无法直接驱动输出继电器，它只能在程序内部驱动。

③ 辅助继电器（M）。FX_{2N} 系列 PLC 内部有很多辅助继电器，和输出继电器一样，只能由程序驱动，每个辅助继电器也有无数对常开、常闭触点供编程使用。辅助继电器的触点在 PLC 内部编程时可以任意使用，但它不能直接驱动负载，外部负载必须由输出继电器的输出触点来驱动。

在逻辑运算中经常需要一些辅助继电器作为辅助运算用，这些器件往往用于状态暂存、移位等运算。另外一些辅助继电器还有一些特殊功能。以下是几种常用的辅助继电器。

通用辅助继电器的作用和继电器控制系统中的中间继电器相同，用来保存控制继电器的中间操作状态，其存取的地址范围是 M0～M499，共 500 个点。断电保持型辅助继电器具有断电保护功能，断电后辅助继电器所存储的信息锁存，保持不变，其存取的地址范围是 M500～M3071，共 2572 个点。

特殊辅助继电器是用来存储系统的状态变量、有关的控制参数和信息的具有特殊功能的辅助继电器。特殊辅助继电器的存取地址范围是 M8000～M8255，共 256 个点，可分成触点型和线圈型两大类。

a. 触点型：其线圈由 PLC 自动驱动，用户只可使用其触点。

- M8000：运行监视器（在 PLC 运行中接通），M8001 与 M8000 相反逻辑。
- M8002：初始脉冲（仅在运行开始时瞬间接通），M8003 与 M8002 相反逻辑。
- M8011、M8012、M8013 和 M8014 分别是产生 10ms、100ms、1s 和 1min 时钟脉冲的特殊辅助继电器。

b. 线圈型：由用户程序驱动线圈后 PLC 执行特定的动作。

- M8033：若使其线圈得电，则 PLC 停止时保持输出映像存储器和数据寄存器内容。
- M8034：若使其线圈得电，则 PLC 的输出将全部禁止。
- M8039：若使其线圈得电，则 PLC 按 D8039 中指定的扫描时间工作。

④ 状态继电器（S）。它常用于顺序控制或步进控制中，也称顺序控制继电器，并与其指令一起使用实现顺序或步进控制功能流程图的编程。通常状态继电器可以分为下面 5 个类型。

初始状态继电器：地址范围为 S0～S9，共 10 个点。回零状态继电器：地址范围为 S10～S19，共 10 个点。通用状态继电器：地址范围为 S20～S499，共 480 个点。断电保持状态继电器：地址范围为 S500～S899，共 400 个点。报警用状态继电器：地址范围为 S900～S999，共 100 个点。

⑤ 定时器（T）。定时器的定时精度分别为 1ms、10ms 和 100ms 三种，定时器的地址范围是 T0～T255，它们的定时精度和定时范围并不相同，用户可以根据所要定时的时间来选择定时器。

⑥ 计数器（C）。计数器用于累计输入端接收到的由断开到接通的脉冲个数，其设定计数值由程序设置。计数器的地址范围是 C0～C234。

⑦ 高速计数器（HSC）。高速计数器的工作原理和普通计数器基本相同。不同的是普通计数器的计数频率受扫描周期的影响，因此计数的频率不能太高，而高速计数器可用来累计比 CPU 扫描速率更快的高速脉冲。高速计数器的地址范围是 C235～C255。

⑧ 数据寄存器（D）。通用数据寄存器：地址范围是 D0～D199，共 200 点。

电池后备/锁存数据寄存器：地址范围是 D200～D7999，共 7800 个点。

特殊寄存器：地址范围是D8000～D8255，用来控制和监视PLC内部的各种工作方式和元件。

文件寄存器：地址范围是D1000～D7999，共7000个点。

变址寄存器：FX_{2N}系列PLC有16个变址寄存器，地址范围分别是V0～V7、Z0～Z7。变址寄存器除了和通用的数据寄存器具有相同的使用方法外，还可以用来改变编程元件的元件号。

⑨ 指针（P/I）。指针（P/I）包括分支和子程序用的指针（P）及中断用的指针（I）。分支和子程序用的指针为P0～P127，共128点。中断用的指针为I0□□～I8□□，共9点。

⑩ 常数（K/H）。常数也作为编程元件对待，它在存储器中占有一定的空间，十进制数用K表示，十六进制常数用H表示。

（2）PLC的寻址方式

FX_{2N}系列PLC将数据存于不同的存储单元（软继电器），每个存储单元都有自己唯一的地址，找到这个地址的方式就是寻址方式。PLC有两种寻址方式，分别是直接寻址和间接寻址。直接寻址方式是指直接找到元件的名称进行存储，而间接寻址则不直接通过元件名称来存储。取代继电器控制的数字控制系统，一般只用直接寻址。

① 直接寻址：位寻址、字寻址和双字寻址、位组合寻址

② 间接寻址：FX_{2N}系列PLC利用变址寄存器V0～V7和Z0～Z7来进行间接寻址。

（3）PLC的数据格式

① 十六进制数。PLC中，只有二进制数是可以被直接处理的，但是二进制数表达过于繁杂，所以可以用十六进制数来表示二进制数。十六进制数有16个数字符号，即0～9和A～F，A～F分别对应十进制数10～15。十六进制数采用逢16进1的运算规则。4位二进制数转换成1位十六进制数，例如二进制数0001 1100 0001 0101可以转换成十六进制数1C15。

② BCD码。BCD码是按二进制编码的十进制数。每位十进制数用4位二进制数来表示，0～9对应的二进制数为0000～1001，例如十进制数1234对应的BCD码为0001 0010 0011 0100。16位BCD码对应4位十进制数，范围是0000～9999。从PLC外部的数字拨码开关输入的数据一般都是BCD码，PLC送给外部的7段显示器的数据一般也是BCD码，因此PLC在处理时必须将BCD码转换成二进制数。

③ 科学计数法。科学计数法可以用来表示整数和小数，在科学计数法中，数据占用相邻的两个数据寄存器（例如D10和D11），D11为高16位，D10为低16位，数据格式为尾数$\times 10^{\text{指数}}$，D10中存放的是尾数，D11中存放的是指数，其尾数是4位BCD码，整数范围是0、1000～9999和－9999～－1000，指数的范围为－41～＋35。

④ 浮点数格式。浮点数也可以用来表示整数和小数，浮点数占用相邻两个数据寄存器（例如D11和D10），D11为高16位，D10为低16位，数据格式为尾数$\times 2^{\text{指数}}$。在32位寄存器中，尾数占低23位（即b0～b22位，b0为最低位），指数占8位（b23～b30位），最高位（b31位）为符号位。

7.1.3.3 PLC的产品介绍及典型应用

（1）三菱PLC产品介绍

三菱公司是日本生产PLC的主要厂家之一，其PLC产品也较早进入我国市场。三菱公司的PLC主要有超小型、小型、中型、大型等。

① 超小型PLC。超小型PLC均为整体式结构，体积小、价格便宜。这种类型的PLC

有24点、40点、60点三种基本单元，40点扩展单元，以及8点、16点扩展模块，I/O点数最大可达128点，主要机型为FX_0、FX_1系列。

② 小型PLC。小型PLC为整体式结构，由基本单元、扩展单元、扩展模块、通信适配器和特殊模块组成。在基本单元上连接扩展单元或扩展模块可增加I/O点数，从而灵活地改变系统的I/O点数。其I/O点数最大可扩展到256点。小型PLC的主要机型为FX_2、FX_3系列。三菱FX系列PLC如图7.6所示。

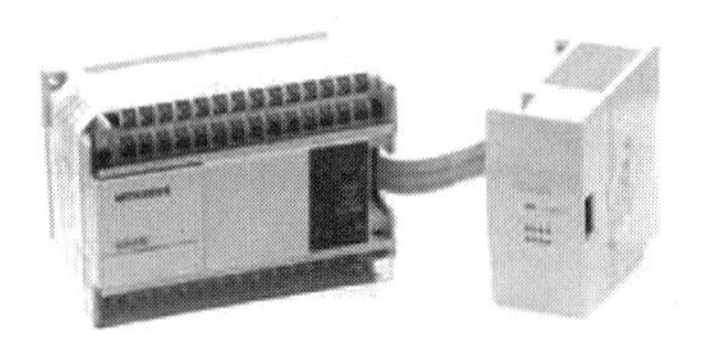

图7.6 三菱FX系列PLC

③ 中型PLC。中型PLC为模块式结构，由10种型号的CPU模块、配置齐全的I/O模块和多达50种的特殊功能模块组成。该系列PLC功能较齐全，运算速度快，可根据控制系统的需要灵活地组合成最佳的配置。其I/O点数一般在256～1024点，主要机型为A、Q系列。Q系列PLC如图7.7所示。

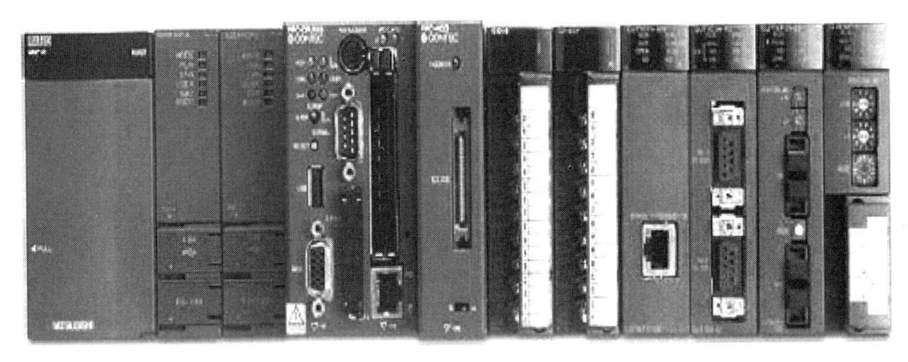

图7.7 Q系列PLC

④ 大型PLC。大型PLC为模块式结构，包括12种型号的CPU模块、配置齐全的I/O模块和大量的特殊功能模块。此外，它还可加7个扩展基板，总模块数可达64个，I/O点数最多可达4096点。大型PLC通常功能齐全、容量大、速度快、通信功能强，可提供结构化编程环境，能满足多个设计者同时编程或调试的需求，以减少软件开发成本。

（2）PLC在工业中的典型应用

① 在高层供水系统中的应用。高层供水方式采用1～5层直接由自来水管网供给，6层以上采用变频恒压二次供水。恒压供水的控制原理是由1台变频器实现对2台水泵电机的群控，一般情况下还会增设1台休眠泵，即变频1拖X技术，从而保证高层供水管网压力恒定。整个控制系统主要由电动机、变频器、压力检测器、PLC控制器、电机保护器数据采集及其辅助设备组成。变频恒压供水系统的控制过程如图7.8所示。

② 在群控电梯中的应用。群控电梯就是多台电梯集中排列，共有厅外召唤按钮，按规定程序集中调度和控制的电梯。群控电梯除了单梯控制功能外，还应具备上高峰模式、下高峰模式、均衡模式、空闲模式等控制原则。群控电梯中有一台PLC作为控制主站，另外几台PLC作为从站，可实现联网控制。每台电梯先进行独立的PLC控制（电梯的升

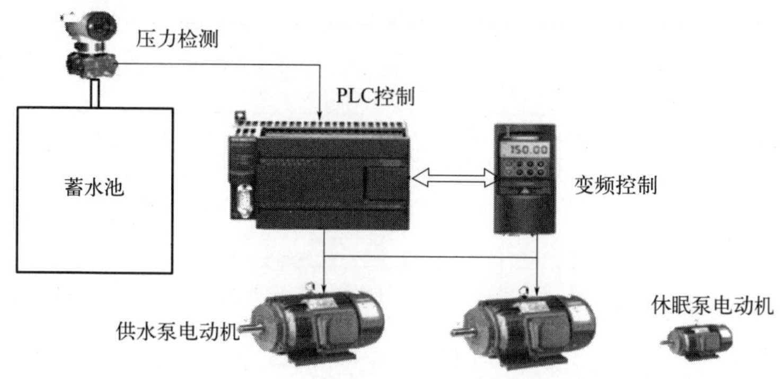

图 7.8　变频恒压供水系统的控制

降、电梯门的开关、电梯的平层等），然后再进行群控（无论哪部电梯接收到呼叫命令，都会传输给主站，由主站根据各部电梯所处的位置协调控制）。所以，PLC 不仅控制电梯的应答，还控制变频器实现电梯升降过程中的调速和平层。高层建筑群控电梯控制逻辑如图 7.9 所示。

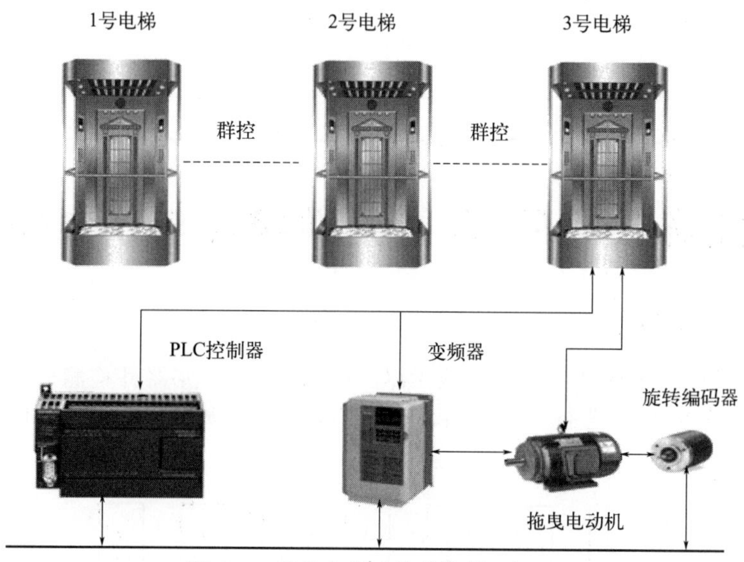

图 7.9　群控电梯系统的控制逻辑图

7.1.4　任务考核

本任务完成后结合学生完成的情况进行点评并给出考核成绩。本任务考核内容如表 7.2 所示

表 7.2　任务考核标准

考核项目	考核要求	配分	评分标准	扣分	得分	备注
PLC 认知	1. 明确 PLC 概念 2. 明确 PLC 的产生 3. 能说出 PLC 特点 4. 能说出 PLC 发展	10	1. 能说出 PLC 概念(3 分) 2. 明确 PLC 的产生(2 分) 3. 能说出 PLC 特点(3 分) 4. 能说出 PLC 发展(2 分)			

续表

考核项目	考核要求	配分	评分标准	扣分	得分	备注
PLC分类与组成	1. 能说出PLC的常用类型 2. 明确PLC基本组成 3. 明确中央处理器、存储器等的作用	30	1. 能说出PLC的常用类型(4分) 2. 明确PLC基本组成(10分) 3. 明确中央处理器、存储器等的作用(16分)			
PLC的工作原理和工作模式	1. 能够正确分析PLC与传统继电器控制的异同 2. 明确PLC的程序执行过程 3. 会进行PLC扫描周期的计算 4. 明确PLC的编程语言	30	1. 能够正确分析PLC与传统继电器控制的异同(6分) 2. 明确PLC的程序执行过程(10分) 3. 会进行PLC扫描周期的计算(8分) 4. 明确PLC的编程语言(6分)			
PLC的典型应用	1. 能够说出2~3个PLC在工业生产中的应用实例 2. 能够简述PLC在工业控制中的控制过程	30	1. 能说出1个PLC工业应用(5分) 2. 能简述PLC在工业控制中的控制过程(25分)			
时间	0.5h					
开始时间		结束时间		实际时间		

7.2 任务二：PLC的硬件接线与软件使用

7.2.1 任务要求

根据项目进度，本次任务主要完成PLC的硬件配置、元器件检测、硬件接线、软件编程，并按照任务要求进行程序下载、程序调试、故障诊断等。具体任务流程，如图7.10所示。

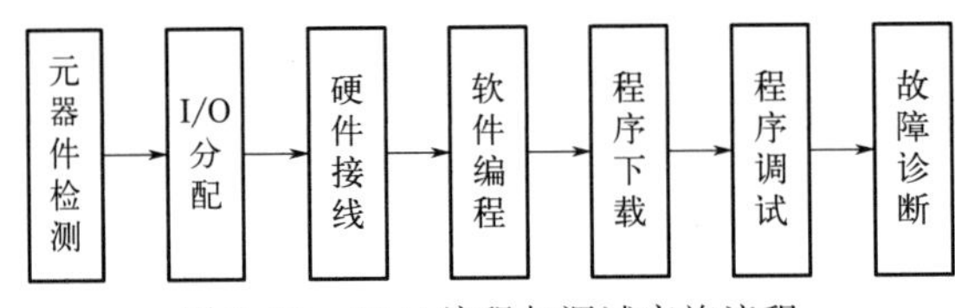

图7.10 PLC编程与调试实施流程

7.2.2 工具准备

表7.3 工具、设备清单

序号	分类	名称	型号规格	数量	单位	备注
1	工具	常用电工工具		1	套	
2	仪表	万用表	MF47	1	只	
3	设备	PLC	FX_{2N}-48MR	1	台	

续表

序号	分类	名称	型号规格	数量	单位	备注
4	设备	三相异步电机		1	台	
5	设备	继电器		1	个	

7.2.3 任务实施

(1) 任务说明

机床设备如刨床、铣床等在运行时，一般电动机都处于连续运行状态，但在试车或调整刀具与工件的相对位置时，电动机需要点动运行。本任务是利用 FX_{2N} 型 PLC 实现铣床的点动和连续运行控制，电气控制系统电路图如图 7.11 所示。

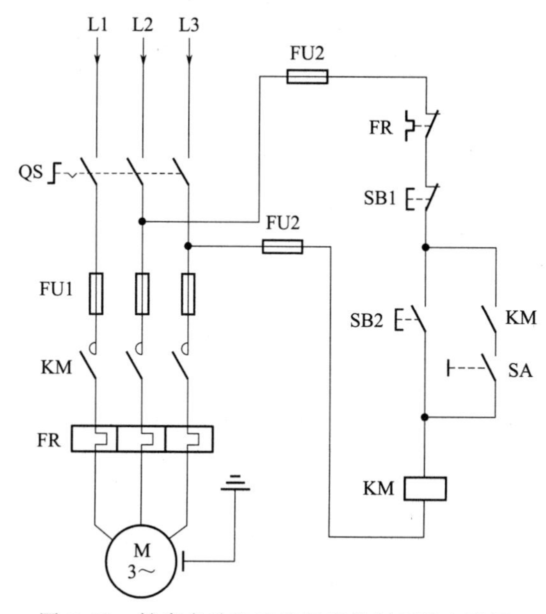

图 7.11　铣床点动和连续运行控制系统电路图

(2) PLC 的 I/O（输入/输出）分配

由上述控制要求可确定 PLC 需要 3 个输入点和 1 个输出点，其 I/O 分配如表 7.4 所示。

表 7.4　铣床点动和连续运行 I/O 分配表

输入			输出		
输入继电器	输入元件	作用	输出继电器	输出元件	作用
X000	SB1	停止按钮	Y0	KM	控制电机用交流接触器
X001	SB2	启动按钮			
X002	SA	转换开关			

(3) 根据 I/O 分配表完成硬件接线图

铣床的点动和连续运行控制的 PLC 电气接线图如图 7.12 所示。

(4) 编写梯形图用户程序

根据任务要求和表 7.4 的 I/O 分配表分析，铣床点动和连续运行是通过把手动开关

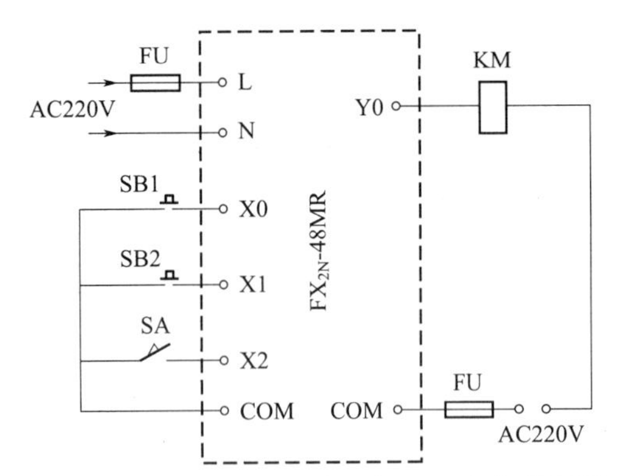

图 7.12 铣床点动和连续运行 PLC 电气接线图

SA 串接在自锁电路中实现的，当手动开关 SA 闭合或打开时，就可实现电动机的连续运行或点动控制。通过编写程序来实现 PLC 控制电动机的点动与连续运行电路的要求，梯形图如图 7.13 所示。按照技能基础部分第 4.1.2 节中 PLC 编程软件操作过程进行程序输入，同时将用户程序正确命名后存储到相应文件夹中。

(5) 元器件检测与硬件接线

① 元器件检测。根据表 7.4 配齐元器件，检查元器件的规格是否符合要求，检测元器件的质量是否完好。在本任务中需要检测的元器件有按钮开关、熔断器、交流接触器、热继电器、三相交流异步电动机、PLC，对它们的检测方法如下。

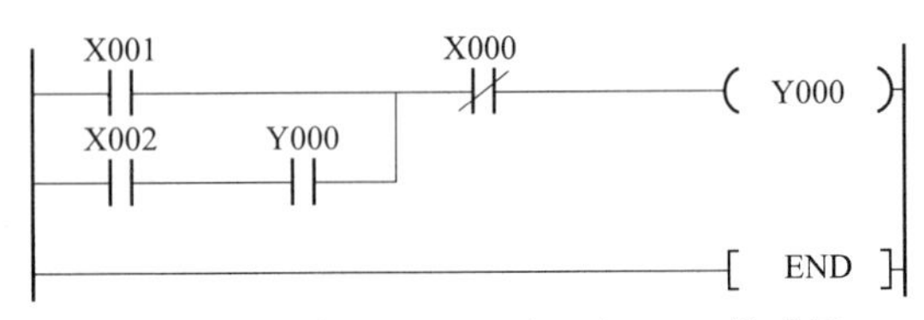

图 7.13 铣床点动和连续运行 PLC 梯形图

a. 按钮开关。在使用前，应对按钮帽弹性是否正常，动作是否自如，触点接触是否良好可靠这些方面进行检查。将万用表转换开关置于欧姆挡，在常态时，分别测量常开触点和常闭触点的阻值，应分别为∞和 0Ω；当按下按钮开关时，分别测量常开触点和常闭触点的阻值，应分别为 0Ω 和∞。当测量闭合触点时，若出现万用表指针摆动，说明触点接触不良，这时应对触点进行清洁处理。

b. 熔断器。在该控制系统中采用螺旋式熔断器，该熔断器的熔芯的上盖中心装有红色熔断指示器，一旦熔丝熔断，指示器即从熔芯上盖中脱出，并可从瓷盖上的玻璃窗口直接发现，以便拆换熔芯。对这种熔断器的检查主要是检查熔丝是否熔断、熔芯与接线端是否接触良好。将万用表转换开关置于欧姆挡，红、黑表笔分别接触螺旋式熔断器的上接线端和下接线端，此时阻值应为 0Ω。

c. 交流接触器。三相交流接触器主要由线圈、主触点和辅助触点构成。在检查时主要检查线圈的额定电压及是否损坏；触点接触是否接触良好。线圈电压为交流 220V，线圈电阻为 550Ω 左右；将万用表转换开关打在欧姆挡，红黑表笔分别接触主触点接线端，借助工具按下触点系统，此时阻值应为 0Ω。

d. 热继电器。热继电器主要由热元件、触点、动作机构、复位按钮和整定电流调节装置等组成，在检查时主要检查热元件是否完好，触点接触是否良好，整定电流是否调整合适。将万用表转换开关置于欧姆挡，红、黑表笔分别接触热元件的两个接线端，此时阻值应为 1Ω 左右，红、黑表笔分别接触常闭触点的两个接线端，阻值应为 0Ω，如果为∞，按下复位按钮后再测量其阻值，若还为∞，则说明触点已坏，应换热继电器。热继电器上的整定电流调节旋钮指示值应为电动机额定电流的 1.2 倍，如果不是，应从新调整。

e. 三相交流异步电动机。三相交流异步电动机的应检查项目为：检查电动机的转子是否转动灵活；检查电动机绕组绝缘电阻，对额定电压在 380V 及以下的电动机，用 500V 以上的兆欧表检查三相定子绕组对机壳绝缘电阻和绕组间绝缘电阻，其电阻值不应小于 0.5MΩ，如果绝缘电阻偏低，应进行烘烤后再测。

f. PLC。PLC 应检查的项目为：输入端常态时，测量所用输入点 X 与公共端子 COM

之间的阻值应为∞；输出端常态时，测量所用输入点 Y 与公共端子 COM 之间的阻值应为∞。将对元器件的检查结果填入表 7.5 中。

表 7.5　万用表的检测过程

序号	检测任务			正确阻值	测量阻值	备注
1	按钮开关	常态时	常闭触点	0Ω		
			常开触点	∞		
		按下按钮开关	常闭触点	∞		
			常开触点	0Ω		
2	PLC	输入:常态时,测量所用输入点 X 与公共端子 COM 之间的阻值		∞		
		输出:常态时,测量所用输入点 Y 与公共端子 COM 之间的阻值		∞		
3	熔断器	测量熔断器的阻值		0Ω		
4	交流接触器	测量线圈阻值		550Ω 左右		
		用工具按下触点,测量触点阻值		0Ω		
5	热继电器	测量热元件阻值		1Ω 左右		
		测量触点阻值		0Ω		
6	三相交流异步电动机	测量绕组对机壳绝缘电阻		≥0.5MΩ		
		测量绕组间绝缘电阻		≥0.5MΩ		

② 连接导线。根据系统图先对连接导线用号码管进行编号，再根据接线图用已编号的导线进行连线。注意：在连线时，若用软线则应对导线线头进行绞紧处理。

③ 检查电路连接。线路连接好后，再对照系统图或安装图认真检查线路是否连接正确，然后再用万用表欧姆挡测试电源输入端和负载输出端是否有短路现象。

(6) 程序运行与调试

① 在断电状态下，连接好 USB-SC-09 通信数据线。

② 将 PLC 运行模式选择开关拨到 STOP 位置，此时 PLC 处于停止状态，可以进行程序编写。

③ 打开之前输入的梯形图程序文件，选择菜单栏中“工具”→“程序检查”命令，对梯形图进行检查，然后选择工具栏中“转换/编译”按钮，进行编译。

④ 执行“在线”→“PLC 写入”命令，将程序文件下载到 PLC 中。

⑤ 将 PLC 运行模式的选择开关拨到 RUN 位置，使 PLC 进入运行模式。

⑥ 将转换 SA 开关拨到不同位置，按下启动按钮 SB2，对程序进行调试运行，观察程序的运行情况。若出现故障，应分别检查硬件电路和梯形图是否有误，修改后，应重新调试，直至系统按要求正常工作。

⑦ 记录程序调试结果，将结果记录在表 7.6 中。

表 7.6　结果分析

操作步骤	操作内容	负载	观察结果	正确结果
1	按下 SB1	三相异步电动机		长动
2	按下 SB2			停止
3	转换 SA 后下 SB2			点动

启动时，合上开关QS，引入三相电源。对刀时，断开开关SA，按下按钮SB2，KM线圈得电，主触点闭合，电动机M接通电源直接启动运行；松开SB2，KM线圈断电释放，KM常开主触点释放，三相电源断开，电动机M停止运行，从而实现对刀。对刀结束后，闭合开关SA，再按下按钮SB2，KM线圈得电，主触点闭合，电动机M接通电源，实现连续运行，按下按钮SB1，KM线圈断电释放，KM常开主触点释放，三相电源断开，电动机M停止运行，加工完成。

7.2.4　任务考核

任务完成后，以小组为单位进行组内自我评价。对照评价表进行评价，并将检测结果填入表7.7中。

表7.7　质量评价表

任务名称＿＿＿＿＿＿　　小组成员＿＿＿＿＿＿　　评价时间＿＿＿＿＿＿

考核项目	考核要求	配分	评分标准	扣分	得分	备注
系统安装	1. 能够正确选择元器件 2. 能够按照接线图布置元器件 3. 能够正确固定元器件 4. 能够按照要求编制线号	30	1. 不按接线图固定元器件扣5分 2. 元器件安装不牢固，每处扣2分 3. 元器件安装不整齐、不均匀、不合理，每处扣3分 4. 不按要求编制线号，每处扣1分 5. 损坏元器件此项不得分			
程序编译与下载	1. 能够建立程序新文件 2. 能够正确设置各种参数 3. 能够正确保存文件 4. 能够进行正确通信 5. 能够进行硬件通信与程序下载	40	1. 不能建立程序新文件或建立错误扣4分 2. 不能设置各项参数，每处扣2分 3. 保存文件错误扣5分 4. 不能正确通信扣5分 5. 不能进行程序下载扣5分			
运行操作	1. 操作运行系统，分析运行结果 2. 能够在运行中监控和切换各种参数 3. 能够正确分析运行中出现的各种代码	30	1. 系统通电操作错误一步扣3分 2. 分析运行结果错误一处扣2分 3. 不会监控扣10分 4. 不会分析各种代码的含义，每处扣2分			
安全生产	自觉遵守安全文明生产规程		1. 每违反一项规定，扣3分 2. 发生安全事故，按0分处理 3. 漏接接地线一处扣5分			
时间	1.5h		1. 提前正确完成，每5min加2分 2. 超过定额时间，每5min扣2分			

开始时间		结束时间		实际时间	

第8章

项目二：可编程控制器逻辑指令编程与调试

初级技能要求

① 理解PLC的基本逻辑指令及应用。

② 掌握PLC基本逻辑指令的编程方法和技巧。

③ 熟悉PLC编程软件界面的操作。

中级技能要求

① 掌握PLC的安装和接线方法。

② 能根据各任务要求完成各任务程序设计、硬件接线、程序编译与下载。

③ 掌握PLC程序调试的基本流程，完成调试与故障排除。

项目描述

本项目主要通过三相异步电机正反转编程与调试、智能抢答器编程与调试、水果自动装箱生产线控制编程与调试、Y-△降压启动控制编程与调试等分任务介绍了 PLC 的编程方法和基本指令的应用，并通过具体任务利用三菱 PLC 实训平台进行硬件接线、程序下载与调试，最终掌握 PLC 基本指令的正确应用。

技能目标

根据各任务要求完成各任务程序设计、硬件接线、程序编译与下载，完成调试与故障排除。

① 能自行按照控制要求绘制控制系统的 I/O 分配表和 PLC 接线图。

② 能够熟练使用 PLC 基本逻辑指令在 GX 软件中完成 PLC 控制程序编写、录入、调

试，具有监控其运行的能力。

8.1　任务一：三相异步电机正反转编程与调试

8.1.1　任务要求

在生产实践中，往往要求控制线路能对电动机进行正反转控制，如工作台的前进与后退、起重机起吊重物时的上升与下放、电梯的升降等，用以满足生产加工的要求。

本系统的设计要求是：利用可编程控制器设计一个电动机的控制系统，要求能够用 PLC 实现对电动机进行正转、反转连续运行控制，并要求在电动机连续运行时，可随时控制其停止。该任务主要完成 PLC 控制电路，电动机正反转主电路的电气线路设计，所用电器元件选型和硬件电路安装与调试。

8.1.2　工具准备

表 8.1　工具、设备清单

序号	分类	名称	型号规格	数量	单位	备注
1	工具	常用电工工具		1	套	
2	仪表	万用表	MF47	1	只	
3	设备	PLC	FX_{2N}-48MR	1	台	
4	设备	控制按钮		3	个	
5	设备	三相异步电机		1	台	
6	设备	继电器		1	个	
7	设备	交流接触器		2	个	

8.1.3　任务实施

(1) 选择 PLC 类型

在本任务中，电动机正反转控制只需要 3 个输入点控制电动机的启停、正反转，2 个数字量输出点控制接触器的线圈，不需要模拟量控制，考虑到可扩展性，控制系统需要的 PLC 最少要有 4 个数字量输入点和 3 个数字量输出点。通过上述分析知，选用三菱 FX_{2N}-48MR 可满足以上要求，同时也留有一定余量以备之后扩展需要。

(2) PLC 的 I/O（输入/输出）分配表

由上述控制要求可确定 PLC 需要 3 个输入点，2 个输出点，其 I/O 分配如表 8.2 所示。

表 8.2　电动机正反转输入/输出地址分配表

输入			输出		
输入继电器	输入元件	作用	输出继电器	输出元件	作用
X000	SB1	停止按钮	Y000	KM1	正转运行交流接触器
X001	SB2	正转启动按钮	Y001	KM2	反转运行交流接触器
X002	SB3	反转启动按钮			

（3）控制系统硬件设计

① 设计主电路。根据控制要求，电动机正反转控制系统的主电路如图 8.1 所示。

② PLC 控制电路。该任务的 PLC 外部硬件接线如图 8.2 所示。由图 8.2 可注意到：外部硬件输出电路中使用了 KM1、KM2 的常闭触点进行了互锁。这是因为 PLC 内部软继电器互锁只相差一个扫描周期，来不及响应。例如 Y000 虽然断开，但 KM1 的触点还未断开，在没有外部硬件互锁的情况下，KM2 的触点可能接通，引起主电路短路。因此不仅要在梯形图中加入软继电器的互锁触点，而且还要在外部硬件输出电路中进行互锁，这就是我们常说得“软硬件双重互锁”。采用双重互锁，同时也避免了因接触器 KM1 和 KM2 的主触点熔焊引起电动机主电路短路。

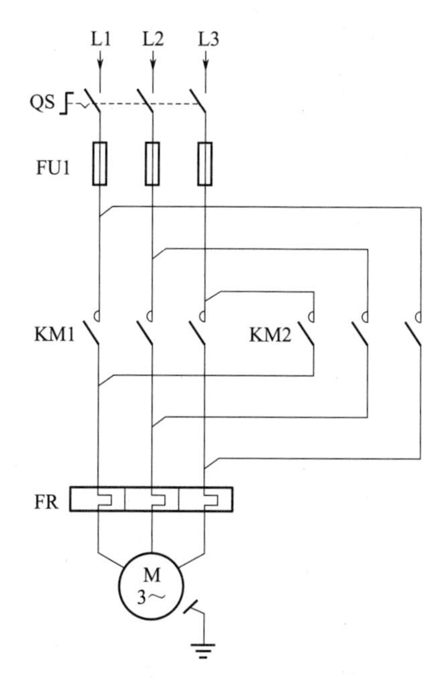

图 8.1　电动机正反转控制系统主电路

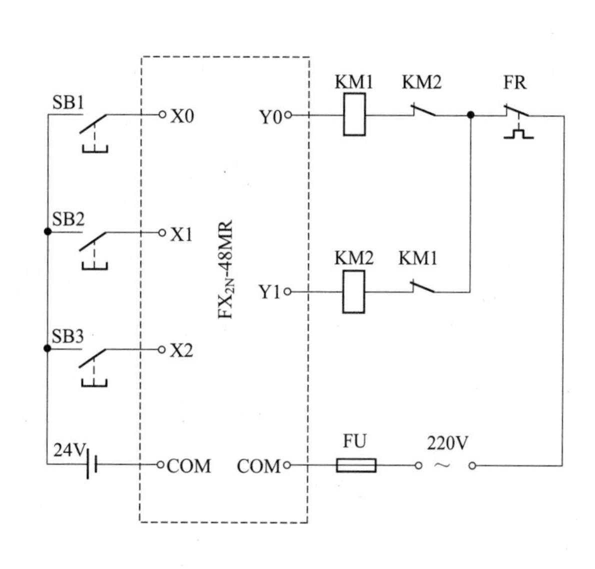

图 8.2　电动机正反转的 PLC 外部硬件接线图

（4）控制系统软件设计

根据任务要求：当正转启动按钮 SB2 被按下时，输入继电器 X001 接通，输出继电器 Y000 置 1，交流接触器 KM1 线圈得电并自锁，这时电动机正转连续运行，若按下停止按钮 SB1，输入继电器 X000 接通，输出继电器 Y000 置 0，电动机停止运行；当反转启动按钮 SB3 被按下时，输入继电器 X002 接通，输出继电器 Y001 置 1，交流接触器 KM2 线圈得电并自锁，这时电动机反转连续运行，若按下停止按钮 SB1，输入继电器 X000 接通，输出继电器 Y001 置 0，电动机停止运行。从图 8.1 所示的继电器控制电路可知，不但正反转按钮实行了互锁，而且正反转运行接触器间也实行了互锁。结合以上的编程分析及所学的“启-保-停”基本编程环节、置位/复位治疗和栈操作指令，可以通过下面三种方案来实现 PLC 控制电动机连续运行电路的要求。

方案一：直接用“启-保-停”基本电路实现，梯形图及指令表如图 8.3 所示。

此方案通过在正转运行支路中串入 X002 常闭触点和 Y001 常闭触点，在反转运行支路中串入 X004 常闭触点和 Y000 常闭触点来实现按钮及接触器的互锁。

方案二：用置位/复位基本电路实现，梯形图及指令表如图 8.4 所示。

方案三：利用栈操作指令实现，梯形图及指令表如图 8.5 所示。

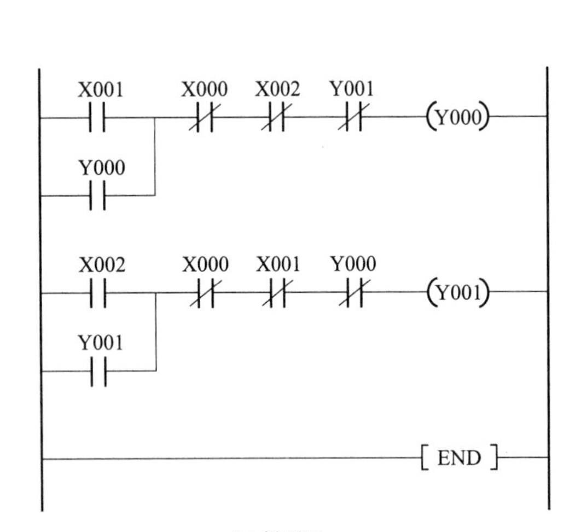

(a) 梯形图

程序步	指令	元件号
0	LD	X000
1	OR	Y000
2	ANI	X000
3	ANI	X002
4	ANI	Y001
5	OUT	Y001
6	LD	X002
7	OR	Y002
8	ANI	X000
9	ANI	X001
10	ANI	Y000
11	OUT	Y001
12	END	

(b) 指令表

图 8.3　PLC 控制三相异步电动机正反转运行电路方案一

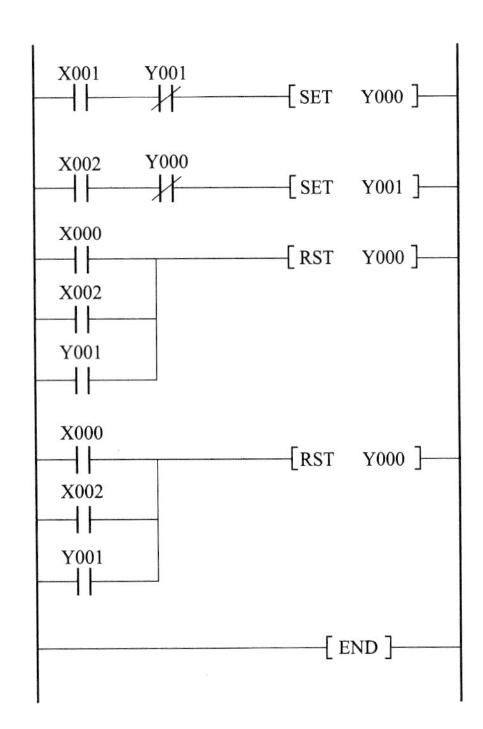

(a) 梯形图

程序步	指令	元件号
0	LD	X001
1	ANI	Y001
2	SET	Y000
3	LD	X002
4	ANI	Y000
5	SET	Y001
6	LD	X000
7	OR	X002
8	OR	Y001
9	RST	Y000
10	LD	X000
11	OR	X002
12	OR	Y001
13	RST	Y000
14	END	

(b) 指令表

图 8.4　PLC 控制三相异步电动机正反转运行电路方案二

(5) 元器件检测与硬件接线

按照元器件检测方法进行元器件检测。按电路图的要求，正确使用工具和仪表，熟练安装电气元件。

主电路布置要合理，要横平竖直，接线要紧固美观。

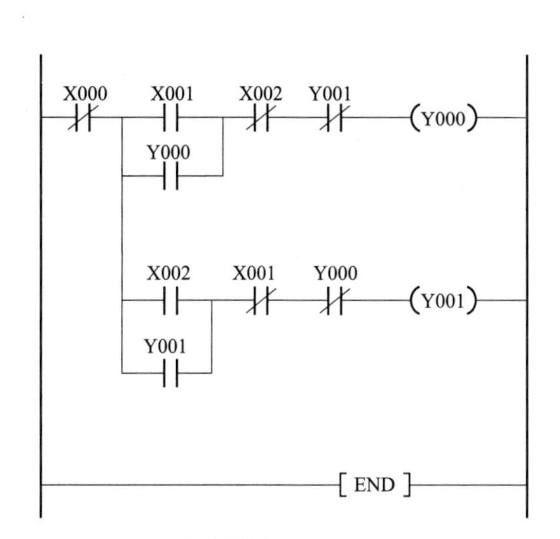

(a) 梯形图

程序步	指令	元件号
0	LDI	X000
1	MPS	
2	LD	X001
3	OR	Y000
4	ANB	
5	ANI	X002
6	ANI	Y001
7	OUT	Y000
8	MPP	
9	LD	X002
10	OR	Y001
11	ANB	
12	ANI	X001
13	ANI	Y000
14	OUT	Y001
15	END	

(b) 指令表

图 8.5　PLC 控制三相异步电动机正反转运行电路方案三

(6) 程序运行与调试

① 在断电状态下，连接好 USB-SC-09 通信数据线。

② 将 PLC 运行模式选择开关拨到 STOP 位置，此时 PLC 处于停止状态，可以进行程序编写。

③ 打开之前输入的梯形图程序文件，选择菜单栏中“工具”→“程序检查”命令，对梯形图进行检查，然后选择工具栏中“转换/编译”按钮，进行编译。

④ 执行“在线”→“PLC 写入”命令，将程序文件下载到 PLC 中。

⑤ 将 PLC 运行模式的选择开关拨到 RUN 位置，使 PLC 进入运行模式。

⑥ 分别按下按钮 SB1、SB2 和 SB3，对程序进行调试运行，观察程序的运行情况。若出现故障，应分别检查硬件电路和梯形图是否有误，修改后，应重新调试，直至系统按要求正常工作。

⑦ 记录程序调试结果。

(7) 整理技术文件

系统调试完成后，要整理、编写相关技术文档，主要包括电气原理图（主电路、控制电路）及设计说明（包括设备选型、器件检测等）、I/O 分配表、电路控制流程图、PLC 原程序、调试记录表。最后形成正确的、与系统最终上交时相对应的一整套完整的技术文档。

8.1.4　任务考核

任务完成后，以小组为单位进行组内自我评价。对照评价表进行评价，并将评价结果填入表 8.3 中。

表 8.3　电动机正反转质量评价表

任务名称＿＿＿＿＿＿　小组成员＿＿＿＿＿＿　评价时间＿＿＿＿＿＿

考核项目	考核要求	配分	评分标准	扣分	得分	备注
系统安装	1. 能够正确选择元器件 2. 能够按照接线图布置元器件 3. 能够正确固定元器件 4. 能够按照要求编制线号	30	1. 不按接线图固定元器件扣 5 分 2. 元器件安装不牢固，每处扣 2 分 3. 元器件安装不整齐、不均匀、不合理，每处扣 3 分 4. 不按要求编制线号，每处扣 1 分 5. 损坏元器件此项不得分			
程序编译与下载	1. 能够建立程序新文件 2. 能够正确设置各种参数 3. 能够正确保存文件 4. 能够进行正确通信 5. 能够进行硬件通信与程序下载	40	1. 不能建立程序新文件或建立错误扣 4 分 2. 不能设置各项参数，每处扣 2 分 3. 保存文件错误扣 5 分 4. 不能正确通信扣 5 分 5. 不能进行程序下载扣 5 分			
运行操作	1. 操作运行系统，分析运行结果 2. 能够在运行中监控和切换各种参数 3. 能够正确分析运行中出现的各种代码	30	1. 系统通电操作错误一步扣 3 分 2. 分析运行结果错误一处扣 2 分 3. 不会监控扣 10 分 4. 不会分析各种代码的含义，每处扣 2 分			
安全生产	自觉遵守安全文明生产规程		1. 每违反一项规定，扣 3 分 2. 发生安全事故，按 0 分处理 3. 漏接接地线一处扣 5 分			
时间	1.5h		1. 提前正确完成，每 5min 加 2 分 2. 超过定额时间，每 5min 扣 2 分			
开始时间		结束时间		实际时间		

8.2　任务二：智能抢答器编程与调试

智力竞赛是一种生动活泼的教育形式，它通过抢答和必答等方式引起参赛者和观众的兴趣，在此活动中智能抢答器是不可缺少的一种电子产品，早已广泛应用于各种智力和知识竞赛场合。

8.2.1　任务要求

本系统的设计任务是：设计一个三组抢答系统，当主持人发出抢答命令后各组按照要求进行抢答，主持人按下复位按钮本次抢答结束。

如图 8.6 所示，抢答显示系统由三个不同年龄结构的参赛队组成，每个参赛队面前都有对应的按钮和指示灯。主持人提出问题，并按下抢答开始按钮 SA 时，参赛者开始进行抢答有效，三个参赛组具有不同的优先级别：儿童组按下 SB11、SB12 两个按钮中的任意一个，指示灯 HL1 都亮；学生组按下 SB2 后，指示灯 HL2 亮，表示抢答成功；教师必须同时按下 SB31 和 SB32 两个按钮，指示灯 HL3 才亮。抢答者抢答成功后，开始回答问题。主持人按下复位按钮 SB4，抢答成功的灯熄灭，开始进行下一轮抢答。如果参赛者在主持人打开 SA 开关的 10s 内按下按钮，电磁线圈 YV 将使彩球摇动，表示参赛者获得一次幸运机会，若在 10s 后按下抢答按钮，本次抢答无效。

图 8.6 智能抢答器示意图

要完成该任务学生必须掌握 PLC 的基本逻辑指令、梯形图的设计方法与规则、定时器的应用等。

8.2.2 工具准备

表 8.4 工具、设备清单

序号	分类	名称	型号规格	数量	单位	备注
1	工具	常用电工工具		1	套	
2	仪表	万用表	MF47	1	只	
3	设备	PLC	FX_{2N}-48MR	1	台	
4	设备	抢答按钮		7	台	
5	设备	指示灯		3	个	
6	设备	电磁线圈		1	个	

8.2.3 任务实施

（1）选择 PLC 类型

在本任务中，智能抢答器控制只需要 7 个输入点作为抢答按钮和主持人按钮，4 个数字量输出点控制对应指示灯和彩球电磁线圈，不需要模拟量控制。通过上述分析选用三菱 FX_{2N}-48MR 满足以上要求，同时也留有一定余量以备以后扩展需要。

（2）PLC 的 I/O（输入/输出）分配表

由上述控制要求可确定 PLC 需要 7 个输入点，4 个输出点。其 I/O 分配如表 8.5 所示。

表 8.5 智能抢答器 I/O 分配表

输入			输出		
输入继电器	输入元件	作用	输出继电器	输出元件	作用
X000	SB11	儿童抢答按钮	Y1	HL1	儿童抢答指示灯
X001	SB12	儿童抢答按钮	Y2	HL2	学生抢答指示灯
X002	SB2	学生抢答按钮	Y3	HL3	教师抢答指示灯
X003	SB31	教师抢答按钮	Y4	YV	彩球电磁线圈
X004	SB32	教师抢答按钮			

续表

输入			输出		
输入继电器	输入元件	作用	输出继电器	输出元件	作用
X005	SB4	主持人复位按钮			
X006	SA	主持人开始开关			

(3) 控制系统硬件设计

智能抢答器 PLC 的外部硬件接线如图 8.7 所示。

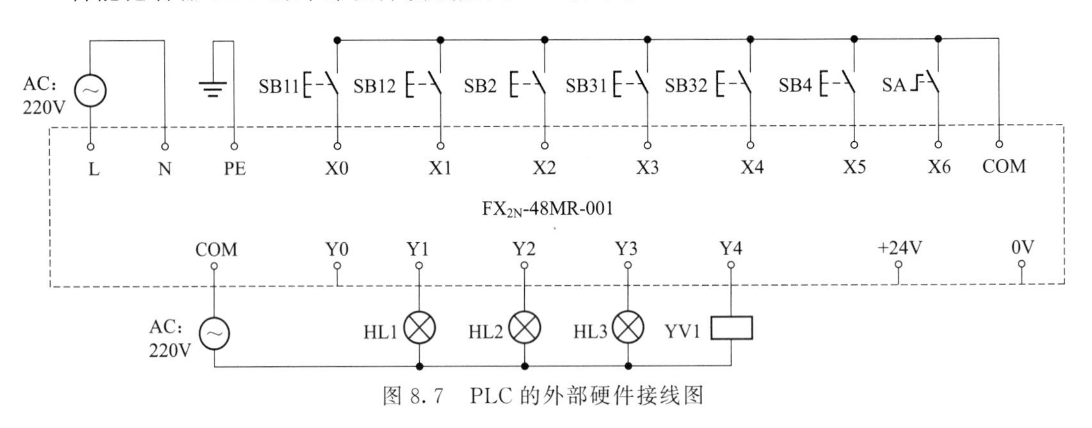

图 8.7　PLC 的外部硬件接线图

(4) 控制系统软件设计

根据控制要求及智能抢答器 I/O 分配表，用基本逻辑指令设计的智能抢答器控制梯形图如图 8.8 所示。

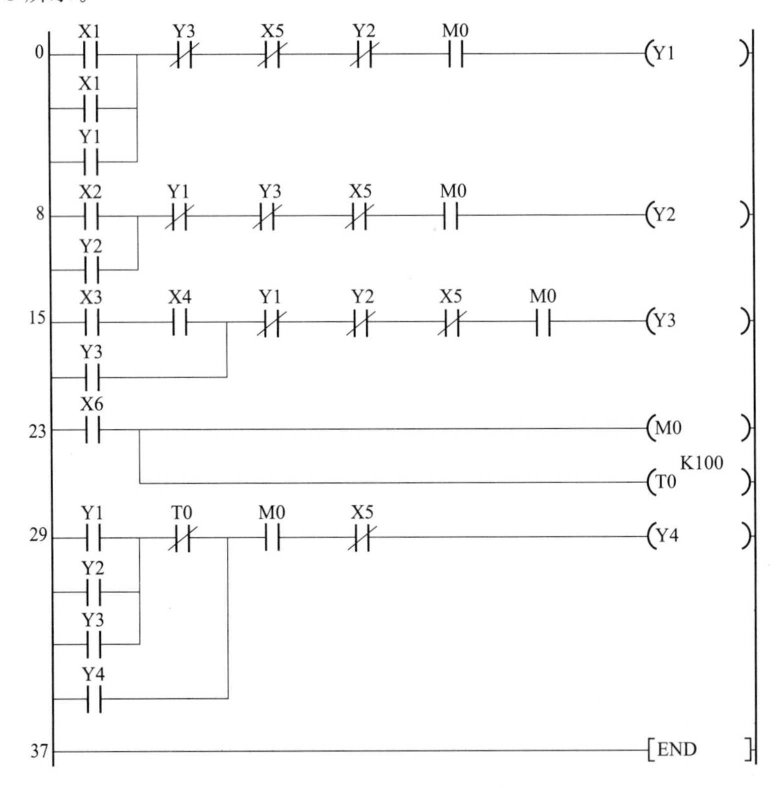

图 8.8　智能抢答器 PLC 梯形图

（5）元器件检测与硬件接线

按照之前所讲的元器件检测方法进行元器件检测。按照硬件接线图进行 PLC 硬件接线，接线完成后利用万用表检测 PLC 电源线路、输入输出线路是否正确。

电路布置要合理，横平竖直，接线要紧固美观。

（6）程序运行与调试

① 在断电状态下，连接好 USB-SC-09 通信数据线。

② 将 PLC 运行模式选择开关拨到 STOP 位置，此时 PLC 处于停止状态，可以进行程序编写。

③ 打开之前输入的梯形图程序文件，选择菜单栏中“工具”→“程序检查”命令，对梯形图进行检查，然后选择工具栏中“转换/编译”按钮，进行编译。

④ 执行“在线”→“PLC 写入”命令，将程序文件下载到 PLC 中。

⑤ 将 PLC 运行模式的选择开关拨到 RUN 位置，使 PLC 进入运行模式。

⑥ 按控制要求，分别按下主持人、学生、儿童、教师按钮，观察对应指示灯的亮灭情况，同时观察彩球电动机运行情况。若出现故障，应分别检查硬件电路和梯形图是否有误，修改后，应重新调试，直至系统按要求正常工作。

⑦ 记录程序调试结果。

（7）整理技术文件

系统调试完成后，要整理、编写相关技术文档，主要包括电气原理图（主电路、控制电路）及设计说明（包括设备选型、器件检测等）、I/O 分配表、电路控制流程图、PLC 原程序、调试记录表。最后形成正确的、与系统最终上交时相对应的一整套完整的技术文档。

8.2.4　任务考核

任务完成后，以小组为单位进行组内自我评价。对照评价表进行评价，并将评价结果填入表 8.6 中。

表 8.6　智能抢答器质量评价表

任务名称＿＿＿＿＿＿＿＿　小组成员＿＿＿＿＿＿＿＿　评价时间＿＿＿＿＿＿＿＿

考核项目	考核要求	配分	评分标准	扣分	得分	备注
系统安装	1. 能够正确选择元器件 2. 能够按照接线图布置元器件 3. 能够正确固定元器件 4. 能够按照要求编制线号	30	1. 不按接线图固定元器件扣 5 分 2. 元器件安装不牢固，每处扣 2 分 3. 元器件安装不整齐、不均匀、不合理，每处扣 3 分 4. 不按要求编线号，每处扣 1 分 5. 损坏元器件此项不得分			
程序编译与下载	1. 能够建立程序新文件 2. 能够正确设置各种参数 3. 能够正确保存文件 4. 能够进行正确通信 5. 能够进行硬件通信与程序下载	40	1. 不能建立程序新文件或建立错误扣 4 分 2. 不能设置各项参数，每处扣 2 分 3. 保存文件错误扣 5 分 4. 不能正确通信扣 5 分 5. 不能进行程序下载扣 5 分			
运行操作	1. 操作运行系统，分析运行结果 2. 能够在运行中监控和切换各种参数 3. 能够正确分析运行中出现的各种代码	30	1. 系统通电操作错误一步扣 3 分 2. 分析运行结果错误一处扣 2 分 3. 不会监控扣 10 分 4. 不会分析各种代码的含义，每处扣 2 分			

续表

考核项目	考核要求	配分	评分标准	扣分	得分	备注
安全生产	自觉遵守安全文明生产规程		1. 每违反一项规定，扣 3 分 2. 发生安全事故，按 0 分处理 3. 漏接接地线一处扣 5 分			
时间	1.5h		1. 提前正确完成，每 5min 加 2 分 2. 超过定额时间，每 5min 扣 2 分			
开始时间		结束时间		实际时间		

8.3 任务三：水果自动装箱生产线控制编程与调试

在水果自动装箱生产线中，为提高水果装箱效率，保证水果质量，不仅要求生产线能自动地对水果进行加工处理，而且要求水果的装箱、多个工序的输送协调、加工精度的检测、废品的剔除等都能自动地进行。本任务利用三菱 PLC 控制传送带的输送协调和水果数量的检测任务，实现生产、操作全过程的自动控制，减少人为的误操作，满足生产的需求。

8.3.1 任务要求

水果自动装箱生产线控制如图 8.9 所示。水果自动装箱生产线控制系统控制要求如下：①按下启动按钮 SB1，传送带 2 启动运行，当水果箱进入指定位置时，行程开关 SQ2 动作，传送带 2 停止；②SQ2 动作后，延时 5s，传送带 1 启动，水果逐一落入箱内，由 SQ1 检测水果的数量，在水果通过时发出脉冲信号；③当落入箱内的水果达到 10 个时，传送带 1 停止，传送带 2 启动；④按下停止按钮 SB2，传送带 1 和 2 均停止。

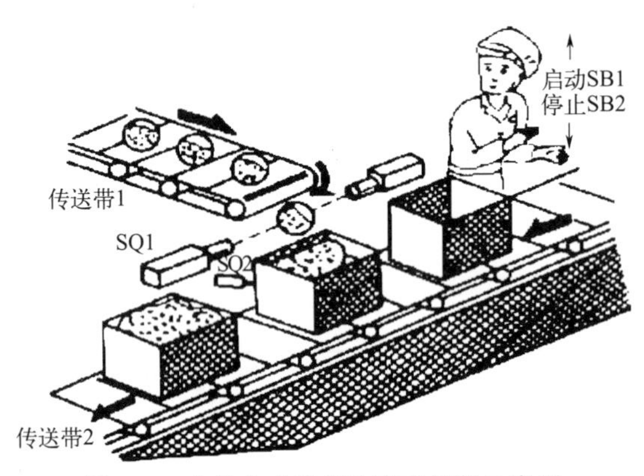

图 8.9　水果自动装箱生产线控制示意图

要完成该任务学生必须掌握 PLC 的基本逻辑指令，梯形图的设计方法与规则，定时器、计数器的应用，等。

8.3.2 工具准备

表 8.7　工具、设备清单

序号	分类	名称	型号规格	数量	单位	备注
1	工具	常用电工工具		1	套	
2	仪表	万用表	MF47	1	只	
3	设备	PLC	FX_{2N}-48MR	1	台	
4	设备	传送带电机		2	台	
5	设备	继电器		2	个	
6	设备	控制按钮		2	个	
7	设备	位置传感器		2	个	

8.3.3 任务实施

(1) 选择 PLC 类型

在本任务中，水果装箱生产线控制系统只需要 4 个输入点作为启、停按钮和传感器检测，2 个数字量输出点控制传送带接触器线圈，不需要模拟量控制。通过上述分析选用三菱 FX_{2N}-48MR（根据实训室 PLC 类型也可选择 FX_{2N}-32MR）可满足以上要求，同时也留有一定余量以备之后扩展需要。

(2) PLC 的 I/O（输入/输出）分配表

由上述控制任务分析可确定 PLC 需要 4 个输入点、2 个输出点。其 I/O 分配如表 8.8 所示。

表 8.8　水果装箱生产线控制 I/O 分配表

输入			输出		
输入继电器	输入元件	作用	输出继电器	输出元件	作用
X000	SB1	启动按钮	Y0	KM1	传送带 2 电机继电器
X001	SB2	停止按钮	Y1	KM2	传送带 1 电机继电器
X002	SQ2	位置传感器			
X003	SQ1	位置传感器			

(3) 控制系统硬件设计

① 设计主电路。根据控制要求，水果装箱生产线控制系统的主电路如图 8.10 所示。

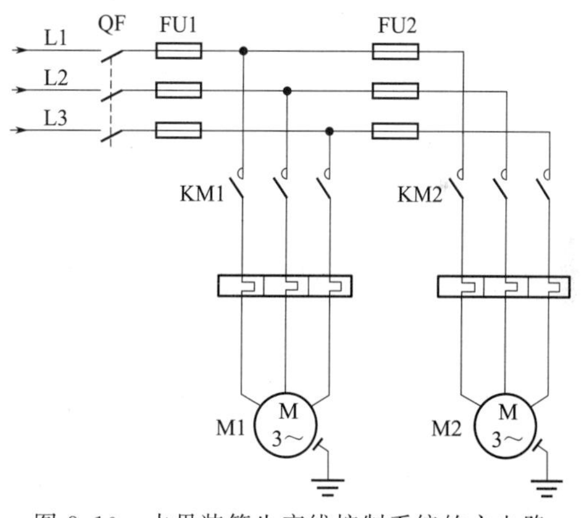

图 8.10　水果装箱生产线控制系统的主电路

② 设计控制电路。水果装箱生产线控制 PLC 的外部硬件接线如图 8.11 所示。

(4) 控制系统软件设计

根据控制任务要求及水果装箱控制系统 I/O 分配表，用基本逻辑指令设计的水果装箱控制梯形图如图 8.12 所示。

(5) 元器件检测与硬件接线

按照之前所讲元器件检测方法进行元器件检测。按照硬件接线图进行 PLC 硬件接线，接线完成后利用万用表检测主电路、PLC 电源线路、输入输出线路是否正确。主电路及控制电路布置要合理，横平竖直，接线要紧固美观。

(6) 程序运行与调试

① 在断电状态下，连接好 USB-SC-09 通信数据线。

② 将 PLC 运行模式选择开关拨到 STOP 位置，此时 PLC 处于停止状态，可以进行程序编写。

③ 打开之前输入的梯形图程序文件，选择菜单栏中“工具”→“程序检查”命令，对梯形图进行检查，然后选择工具栏中“转换/编译”按钮，进行编译。

④ 执行“在线”→“PLC 写入”命令，将程序文件下载到 PLC 中。

⑤ 将 PLC 运行模式的选择开关拨到 RUN 位置，使 PLC 进入运行模式。

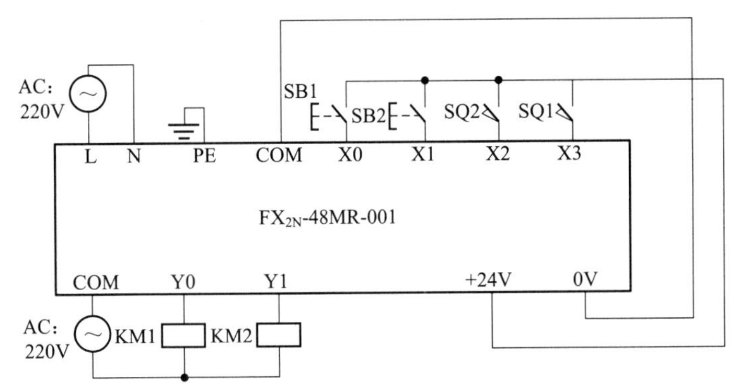

图 8.11　PLC 的外部硬件接线图

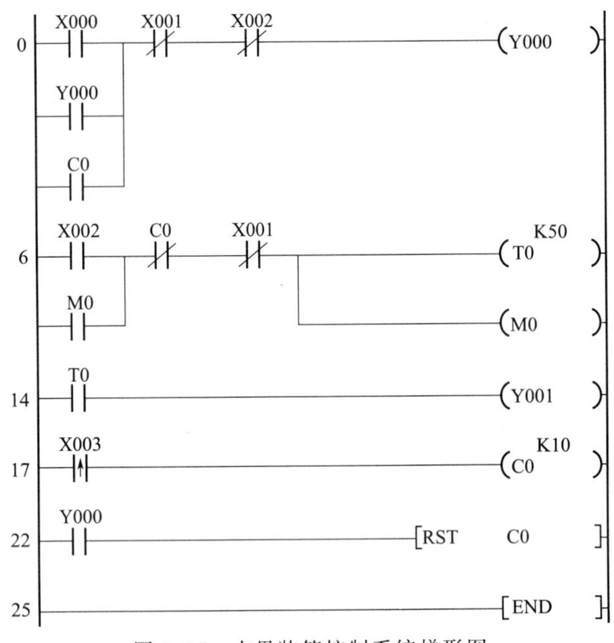

图 8.12　水果装箱控制系统梯形图

⑥ 按控制要求按下启动按钮 SB1，停止按钮 SB2 观察系统运行情况，根据任务要求分析是否正确。若出现故障，应分别检查硬件电路和梯形图是否有误，修改后，应重新调试，直至系统按要求正常工作。

⑦ 记录程序调试结果。

(7) 整理技术文件

系统调试完成后，要整理、编写相关技术文档，主要包括电气原理图（主电路、控制电路）及设计说明（包括设备选型、器件检测等）、I/O 分配表、电路控制流程图、PLC 原程序、调试记录表。最后形成正确的、与系统最终上交时相对应的一整套完整的技术文档。

8.3.4　任务考核

任务完成后，以小组为单位进行组内自我评价。对照评价表进行评价，并将评价结果填入表 8.9 中。

表 8.9 水果自动装箱生产线质量评价表

任务名称________ 小组成员________ 评价时间________

考核项目	考核要求	配分	评分标准	扣分	得分	备注
系统安装	1. 能够正确选择元器件 2. 能够按照接线图布置元器件 3. 能够正确固定元器件 4. 能够按照要求编制线号	30	1. 不按接线图固定元器件扣 5 分 2. 元器件安装不牢固，每处扣 2 分 3. 元器件安装不整齐、不均匀、不合理，每处扣 3 分 4. 不按要求编线号，每处扣 1 分 5. 损坏元器件此项不得分			
程序编译与下载	1. 能够建立程序新文件 2. 能够正确设置各种参数 3. 能够正确保存文件 4. 能够进行正确通信 5. 能够进行硬件通信与程序下载	40	1. 不能建立程序新文件或建立错误扣 4 分 2. 不能设置各项参数，每处扣 2 分 3. 保存文件错误扣 5 分 4. 不能正确通信扣 5 分 5. 不能进行程序下载扣 5 分			
运行操作	1. 操作运行系统，分析运行结果 2. 能够在运行中监控和切换各种参数 3. 能够正确分析运行中出现的各种代码	30	1. 系统通电操作错误一步扣 3 分 2. 分析运行结果错误一处扣 2 分 3. 不会监控扣 10 分 4. 不会分析各种代码的含义，每处扣 2 分			
安全生产	自觉遵守安全文明生产规程		1. 每违反一项规定，扣 3 分 2. 发生安全事故，按 0 分处理 3. 漏接接地线一处扣 5 分			
时间	1.5h		1. 提前正确完成，每 5min 加 2 分 2. 超过定额时间，每 5min 扣 2 分			

开始时间		结束时间		实际时间	

8.4 任务四：Y-△降压启动控制编程与调试

三相鼠笼式异步电动机全压启动时，启动电流是正常工作电流的 5～7 倍，当电动机功率较大时，很大的启动电流容易对电网造成冲击。为了限制电动机的启动电流，通常采用 Y-△转换的方式来限制电动机的启动电流。

8.4.1 任务要求

图 8.13 所示为三相异步电动机 Y-△降压启动原理图，图中 KM1 是电动机主电源接触器，KM2 是 Y 接法接触器，KM3 是△接法接触器，KT 是时间继电器。当 KM1 和 KM2 闭合时，电动机为星形连接；当 KM1 和 KM3 闭合时电动机为三角形连接。按照三相异步电动机 Y-△降压启动原理图设计一个三相异步电动机 PLC 控制系统，具体要求如下：

① 能够控制电动机的启动与停止；

② 电动机启动时定子绕组连接呈星形，延时一段时间后，自动将绕组切换成三角形；

③ 具备必要的保护措施。

在图 8.13 所示电路中，电动机启动过程采用星形连接，电动机启动之后自动转换为正常运行的三角形连接。启动过程如下：按下启动按钮 SB2 后，主电源接触器 KM1 得电并自锁，同时 Y 接法接触器 KM2 和时间继电器线圈 KT 也得电，电动机按 Y 接法运转，

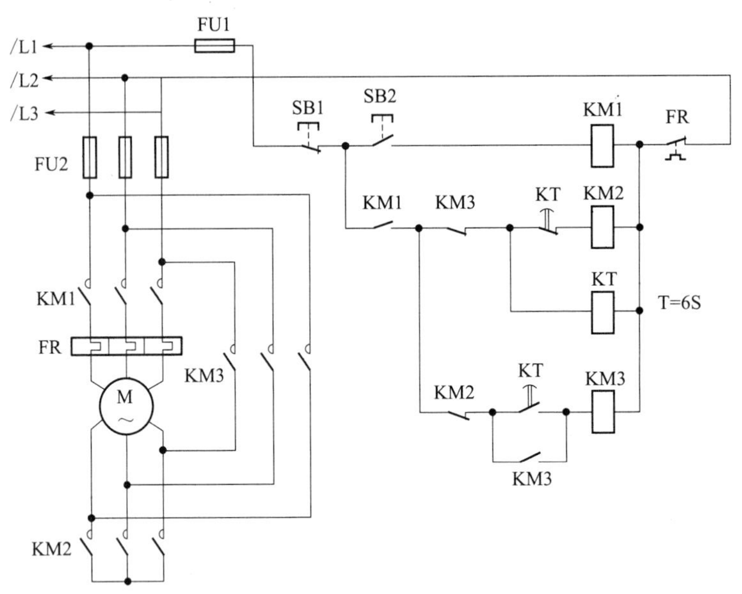

图 8.13　Y-△降压启动电气控制图

定时 6 秒钟后，时间继电器的常闭触点断开，则 KM2 失电；时间继电器的常开触点闭合，且 KM2 的常闭触点也闭合，则 KM3 得电并自锁，此时，电动机按△接法运转，完成了 Y-△启动过程。

8.4.2　工具准备

表 8.10　工具、设备清单

序号	分类	名称	型号规格	数量	单位	备注
1	工具	常用电工工具		1	套	
2	仪表	万用表	MF47	1	只	
3	设备	PLC	FX_{2N}-48MR	1	台	
4	设备	控制按钮		2	个	
5	设备	三相异步电机		1	台	
6	设备	热继电器		1	个	
7	设备	交流接触器		2	个	

8.4.3　任务实施

（1）选择 PLC 类型

在本任务中，三相异步电动机 Y-△降压启动控制系统只需要 3 个输入点作为启、停按钮和热继电器，3 个数字量输出点控制电动机实现 Y-△转换的接触器线圈，不需要模拟量控制。通过上述分析知，选用三菱 FX_{2N}-48MR（根据实训室 PLC 类型也可选择 FX_{2N}-32MR）可满足以上要求，同时也留有一定余量以备之后扩展需要。

（2）PLC 的 I/O（输入/输出）地址分配

根据以上分析可知：输入信号有 SB1、SB2、FR，输出信号有 KM1、KM2 和 KM3。三相异步电动机 Y-△降压启动 PLC 控制系统的输入/输出（I/O）端口地址分配见

表8.11。

表8.11　Y-△降压启动I/O分配表

输入			输出		
输入继电器	输入元件	作用	输出继电器	输出元件	作用
X0	SB1	启动按钮	Y0	KM1	主电路交流接触器
X1	SB2	停止按钮	Y1	KM2	星形连接交流接触器
X2	FR	热继电器	Y2	KM3	三角形连接交流接触器

(3) PLC控制系统硬件设计

根据I/O端口地址分配表，可画出PLC的外部接线图，如图8.14所示。

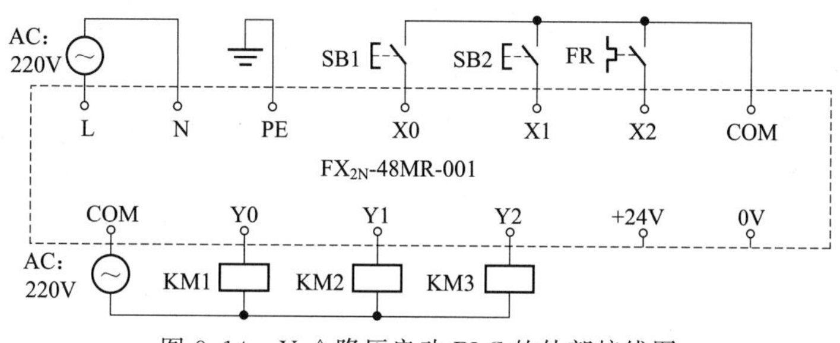

图8.14　Y-△降压启动PLC的外部接线图

(4) 控制系统软件设计

根据三相异步电动机Y-△降压启动的工作原理和动作情况，可编写出用主控触点优化的PLC控制系统梯形图，如图8.15所示。

(5) 元器件检测与硬件接线

按照项目一中的铣床长动与点动运行控制项目实施过程中元器件检测方法进行元器件检测。按电气线路安装工艺要求进行元器件布置和线路安装，要求主电路布置要合理，横平竖直，接线要紧固美观。

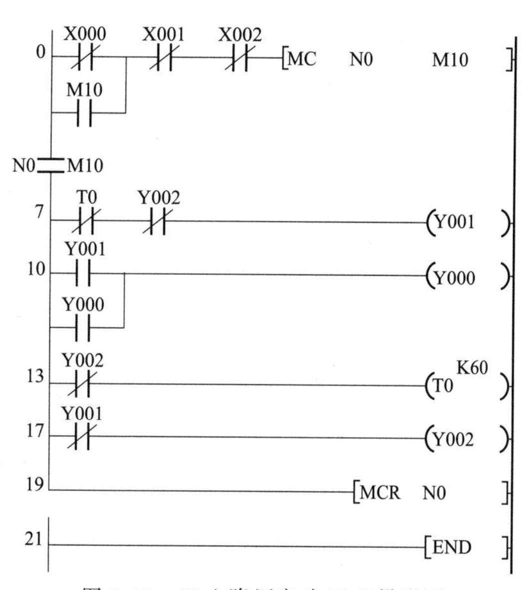

图8.15　Y-△降压启动PLC梯形图

(6) 程序运行与调试

① 在断电状态下，连接好USB-SC-09通信数据线。

② 将PLC运行模式选择开关拨到STOP位置，此时PLC处于停止状态，可以进行程序编写。

③ 打开之前输入的梯形图程序文件，选择菜单栏中“工具”→“程序检查”命令，对梯形图进行检查，然后选择工具栏中“转换/编译”按钮，进行编译。

④ 执行“在线”→“PLC写入”命令，将程序文件下载到PLC中。

⑤ 将PLC运行模式的选择开关拨到RUN位置，使PLC进入运行模式。

⑥ 分别按下按钮SB1和SB2，对程序进行调试运行，观察程序的运行情况。若出现

故障，应分别检查硬件电路和梯形图是否有误，修改后，应重新调试，直至系统按要求正常工作。

⑦ 记录程序调试结果。

8.4.4 任务考核

任务完成后，以小组为单位进行组内自我评价。对照评价表进行评价，并将评价结果填入表 8.12 中。

表 8.12　质量评价表

任务名称＿＿＿＿＿＿＿　小组成员＿＿＿＿＿＿＿　评价时间＿＿＿＿＿＿＿

考核项目	考核要求	配分	评分标准	扣分	得分	备注
系统安装	1. 能够正确选择元器件 2. 能够按照接线图布置元器件 3. 能够正确固定元器件 4. 能够按照要求编制线号	30	1. 不按接线图固定元器件扣 5 分 2. 元器件安装不牢固，每处扣 2 分 3. 元器件安装不整齐、不均匀、不合理，每处扣 3 分 4. 不按要求编线号，每处扣 1 分 5. 损坏元器件此项不得分			
程序编译与下载	1. 能够建立程序新文件 2. 能够正确设置各种参数 3. 能够正确保存文件 4. 能够进行正确通信 5. 能够进行硬件通信与程序下载	40	1. 不能建立程序新文件或建立错误扣 4 分 2. 不能设置各项参数，每处扣 2 分 3. 保存文件错误扣 5 分 4. 不能正确通信扣 5 分 5. 不能进行程序下载扣 5 分			
运行操作	1. 操作运行系统，分析运行结果 2. 能够在运行中监控和切换各种参数 3. 能够正确分析运行中出现的各种代码	30	1. 系统通电操作错误一步扣 3 分 2. 分析运行结果错误一处扣 2 分 3. 不会监控扣 10 分 4. 不会分析各种代码的含义，每处扣 2 分			
安全生产	自觉遵守安全文明生产规程		1. 每违反一项规定，扣 3 分 2. 发生安全事故，按 0 分处理 3. 漏接接地线一处扣 5 分			
时间	1.5h		1. 提前正确完成，每 5min 加 2 分 2. 超过定额时间，每 5min 扣 2 分			

开始时间		结束时间		实际时间	

第9章

项目三：顺序控制指令的编程与调试

初级技能要求 

① 会应用PLC顺序控制编程语言；

② 能够正确进行PLC顺序控制编程。

中级技能要求

① 能够根据工艺要求绘制顺序功能图；

② 能够进行顺序功能图与梯形图的转换；

③ 能应用步进梯形图特点和设计规则进行程序设计，解决工程实际问题。

项目描述

本项目主要通过小车往复运动控制系统设计、交通灯控制系统设计、自动门控制系统编程与实施和工业搬运机械手编程与实施等任务介绍了PLC顺序功能图的编程方法和步进指令的应用。通过本项目的学习，学生对PLC的顺序控制应有初步的了解，并掌握PLC顺序控制的典型应用和调试方法，锻炼学生自主学习和独立工作的职业能力。

技能目标

根据任务实施要求完成各任务程序设计、硬件接线、程序编译与下载，完成调试与故障排除，掌握分析问题、解决问题的方法。

9.1　任务一：小车往复运动控制系统设计

9.1.1　任务要求

运料小车往复运动循环工作过程说明如图 9.1 所示：初始位置小车处于左端，按下启动按钮 SB1，装料电磁阀 YC1 得电，开始装料，30s 后，装料结束；接触器 KM2 得电，小车向右运动；碰到行程开关 SQ1 后，KM2 失电，小车停止运行；卸料电磁阀 YC2 得电，开始卸料，30s 后，卸料结束；接触器 KM1 得电，小车向左运动；碰到行程开关 SQ2，KM1 失电，小车回到原位，完成一个循环工作过程。整个过程分为装料、右行、停车、卸料、左行 5 个状态，如此周而复始地循环，按下停止按钮时小车立即停止运行，如图 9.1 所示。

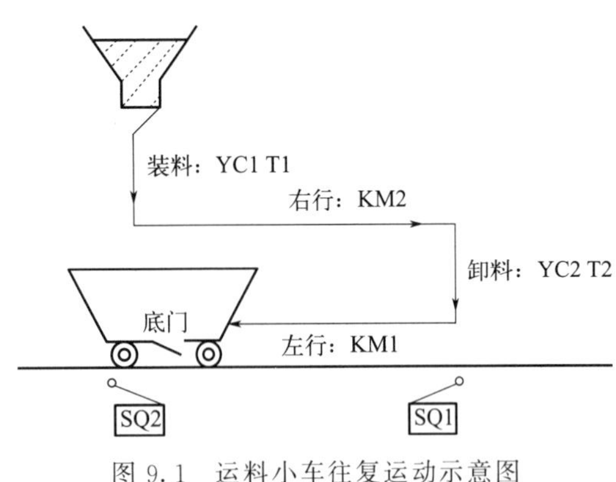

图 9.1　运料小车往复运动示意图

9.1.2　工具准备

表 9.1　工具、设备清单

序号	分类	名称	型号规格	数量	单位	备注
1	工具	常用电工工具		1	套	
2	仪表	万用表	MF47	1	只	
3	设备	PLC	FX_{2N}-48MR	1	台	
4	设备	交通灯模型		1	套	
5	设备	工业机械手		1	套	

9.1.3　任务实施

（1）选择 PLC 类型

在本任务中，自动运料小车只需要 4 个数字量输入，2 个按钮分别作为系统的启停控制，2 个限位开关作为小车左行和右行限位，4 个数字量输出点控制接触器的线圈和电磁阀线圈，不需要模拟量控制。通过上述分析知，选用三菱 FX_{2N}-48MR 可满足以上要求，同时也留有一定余量以备之后扩展需要。

（2）PLC I/O（输入/输出）分配表

由上述控制要求可确定 PLC 需要 4 个输入点、4 个输出点。其 I/O 分配如表 9.2 所示。

表 9.2　自动送料小车输入/输出地址分配表

输入			输出		
输入继电器	输入元件	作用	输出继电器	输出元件	作用
X000	SB1	启动按钮	Y000	KM1	左行交流接触器
X001	SQ1	右行限位	Y001	KM2	右行交流接触器

续表

输入			输出		
输入继电器	输入元件	作用	输出继电器	输出元件	作用
X002	SQ2	左行限位	Y002	YV1	装料电磁阀线圈
X003	SB2	停止按钮	Y003	YV2	卸料电磁阀线圈

(3) 控制系统硬件设计

根据控制要求和自动送料小车输入/输出地址分配表画出控制系统硬件接线图。该任务的控制电路如图 9.2 所示，PLC 外部硬件接线如图 9.3 所示。

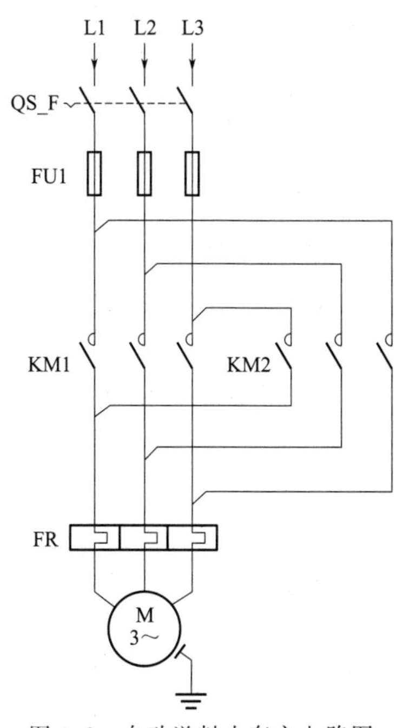

图 9.2　自动送料小车主电路图

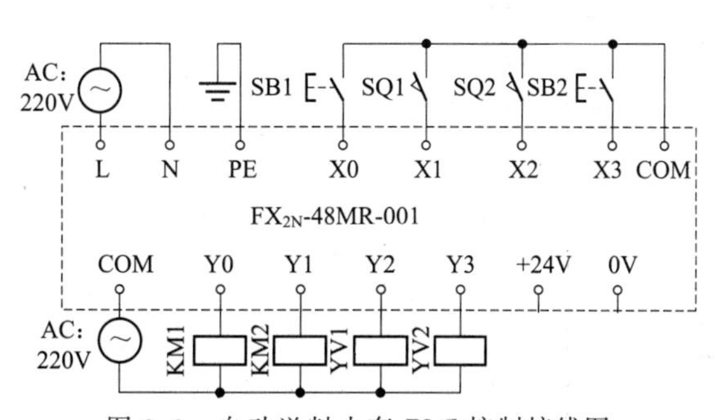

图 9.3　自动送料小车 PLC 控制接线图

(4) 控制系统软件设计

分析图 9.1 可知，小车往复运动的一个工作周期分为 1 个初始步和 4 个工作步，分别用 M0～M4 来代表这 5 步。启动按钮 X000，常开触点 T0、X1、T1、X2 是各步之间的转换条件；M8002 是脉冲信号，PLC 由 STOP 转为 RUN 或在 RUN 状态时，该脉冲在一个扫描周期内为“ON”状态，用该脉冲去激活初始状态的辅助继电器 M0，由此画出其顺序功能图，如图 9.4 所示。由顺序功能图转换的 PLC 梯形图如图 9.5 所示。

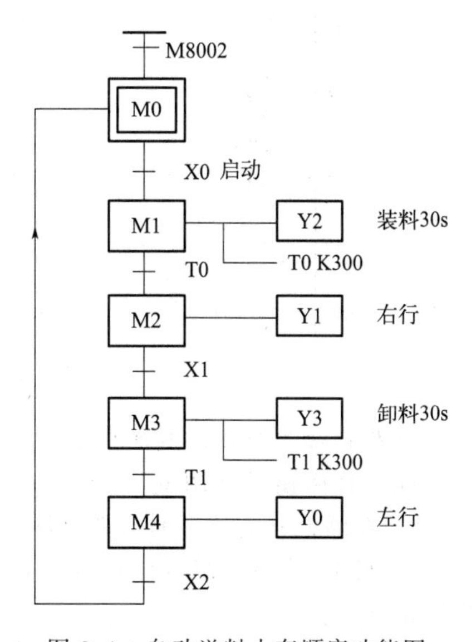

图 9.4　自动送料小车顺序功能图

(5) 元器件检测与硬件接线

按照之前所讲的元器件检测方法进行元器件检测。按照硬件接线图进行 PLC 硬件接线，接线完成后利用万用表检测 PLC 电源线路、输入输出线路是否正确。

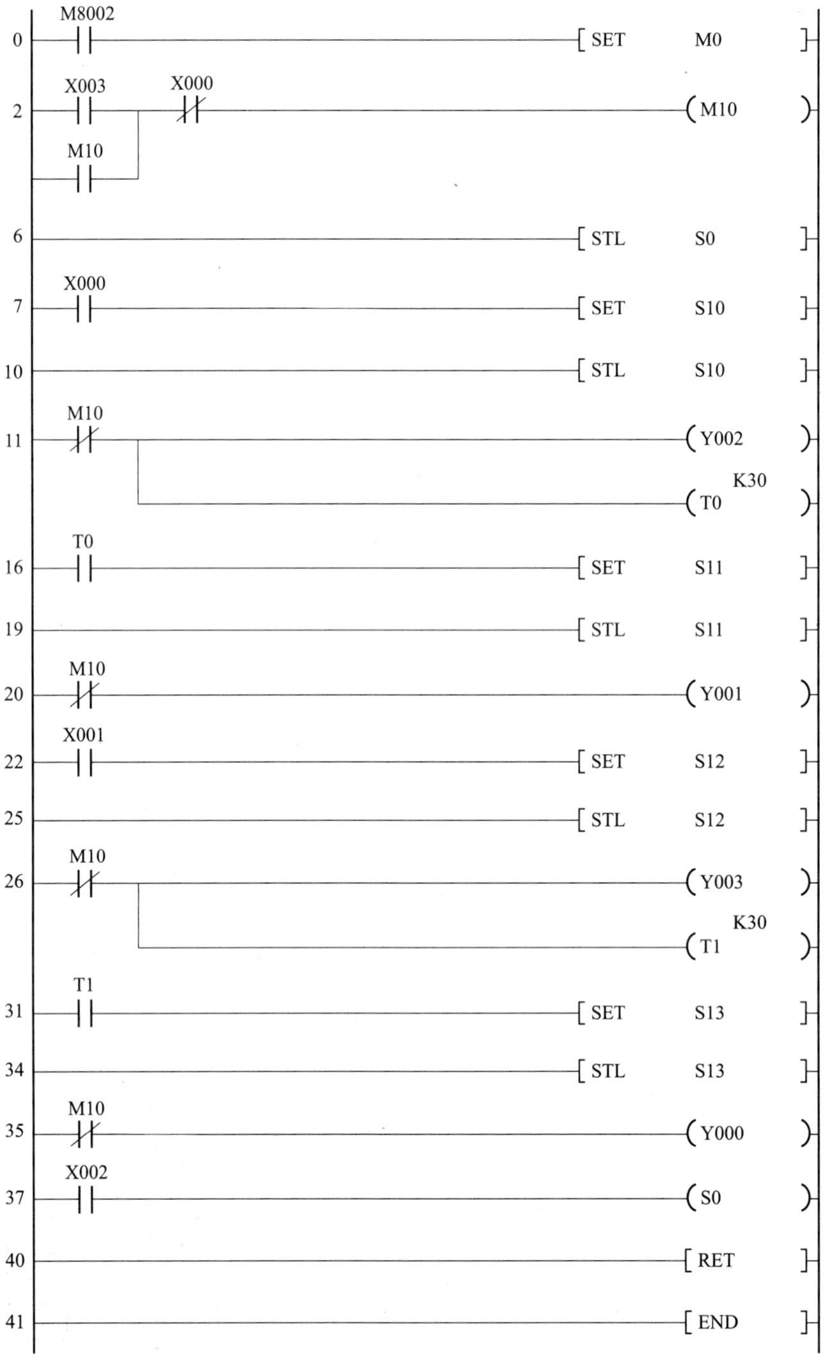

```
0   M8002 ─┤├─                              [SET  M0 ]
2   X003 ─┤├─┬─ X000 ─┤/├─                  (M10 )
    M10  ─┤├─┘
6                                           [STL  S0 ]
7   X000 ─┤├─                               [SET  S10 ]
10                                          [STL  S10 ]
11  M10 ─┤/├─┬─                             (Y002 )
             └─                             (T0  K30 )
16  T0 ─┤├─                                 [SET  S11 ]
19                                          [STL  S11 ]
20  M10 ─┤/├─                               (Y001 )
22  X001 ─┤├─                               [SET  S12 ]
25                                          [STL  S12 ]
26  M10 ─┤/├─┬─                             (Y003 )
             └─                             (T1  K30 )
31  T1 ─┤├─                                 [SET  S13 ]
34                                          [STL  S13 ]
35  M10 ─┤/├─                               (Y000 )
37  X002 ─┤├─                               (S0 )
40                                          [RET ]
41                                          [END ]
```

图 9.5　自动送料小车 PLC 梯形图

电路布置要合理，横平竖直，接线要紧固美观。

(6) 程序运行与调试

① 在断电状态下，连接好 USB-SC-09 通信数据线。

② 将 PLC 运行模式选择开关拨到 STOP 位置，此时 PLC 处于停止状态，可以进行程序编写。

③ 打开之前输入的梯形图程序文件，选择菜单栏中“工具”→“程序检查”命令，

对梯形图进行检查，然后选择工具栏中“转换/编译”按钮，进行编译。

④ 执行“在线”→“PLC 写入”命令，将程序文件下载到 PLC 中。

⑤ 将 PLC 运行模式的选择开关拨到 RUN 位置，使 PLC 进入运行模式。

⑥ 按控制要求：小车开始停止在初始位置最左端 SQ2 处，当拨动 PLC 开关从 STOP→RUN 时，小车做好运行准备工作；当按下启动按钮按 SB1，装料电磁阀 YV1 得电，小车装料 30s 后，接触器 KM2 得电，向右行；碰到行程开关 SQ1 后，KM2 失电，卸料电磁阀 YC2 得电，卸料开始，30s 后，卸料结束；接触器 KM1 得电，小车向左行；碰到行程开关 SQ2，KM1 失电，小车回到原位，完成一个循环工作过程。当小车运行过程中按下停止按钮时，小车就会立即停止，再按下启动按钮时，小车从当前位置继续运行，整个过程分为装料、右行、停车、卸料、左行几个状态，如此周而复始地循环。在调试过程中观察对应继电器和电磁阀的动作是否满足控制要求，若出现故障，应分别检查硬件电路和梯形图是否有误，修改后，应重新调试，直至系统按要求正常工作。

⑦ 记录程序调试结果。

(7) 整理技术文件

系统调试完成后，要整理、编写相关技术文档，主要包括电气原理图（主电路、控制电路）及设计说明（包括设备选型、器件检测等）、I/O 分配表、电路控制流程图、PLC 原程序、调试记录表。最后形成正确的、与系统最终上交时相对应的一整套完整的技术文档。

9.1.4 任务考核

任务完成后，以小组为单位进行组内自我评价，对照评价表进行评价，并将评价结果填入表 9.3 中。

表 9.3　质量评价表

任务名称__________　　小组成员__________　　评价时间__________

考核项目	考核要求	配分	评分标准	扣分	得分	备注
系统安装	1. 能够正确选择元器件 2. 能够按照接线图布置元器件 3. 能够正确固定元器件 4. 能够按照要求编制线号	30	1. 不按接线图固定元器件扣 5 分 2. 元器件安装不牢固，每处扣 2 分 3. 元器件安装不能整齐、不均匀、不合理，每处扣 3 分 4. 不按要求配线号，每处扣 1 分 5. 损坏元器件此项不得分			
程序编译与下载	1. 能够建立程序新文件 2. 能够正确设置各种参数 3. 能够正确保存文件 4. 能够进行正确通信 5. 能够进行硬件通信与程序下载	40	1. 不能建立程序新文件或建立错误扣 4 分 2. 不能设置各项参数，每处扣 2 分 3. 保存文件错误扣 5 分 4. 不能正确通信扣 5 分 5. 不能进行程序下载扣 5 分			
运行操作	1. 操作运行系统，分析运行结果 2. 能够在运行中监控和切换各种参数 3. 能够正确分析运行中出现的各种代码	30	1. 系统通电操作错误一步扣 3 分 2. 分析运行结果错误一处扣 2 分 3. 不会监控扣 10 分 4. 不会分析各种代码的含义，每处扣 2 分			
安全生产	自觉遵守安全文明生产规程		1. 每违反一项规定，扣 3 分 2. 发生安全事故，按 0 分处理 3. 漏接接地线一处扣 5 分			

续表

考核项目	考核要求	配分	评分标准	扣分	得分	备注
时间	1.5h		1. 提前正确完成，每 5min 加 2 分 2. 超过定额时间，每 5min 扣 2 分			
开始时间		结束时间		实际时间		

9.2　任务二：基于 PLC 的自动门控制系统编程与调试

9.2.1　任务要求

如图 9.6 所示，用 PLC 实现自动门系统的控制，光电开关检测自动门有无人员出入。其中 X000 光电开关安装在出入口的正中央，若有人员进出，则驱动高速电机开关门。

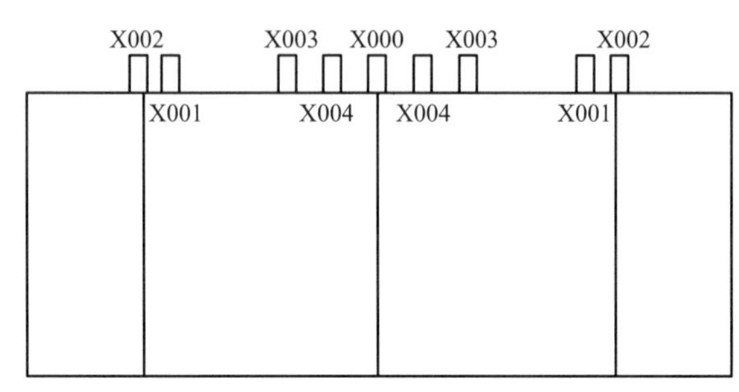

图 9.6　自动门控制系统结构图

具体控制要求如下：人靠近自动门时，红外感应器 X000 为 ON，Y000 驱动电动机高速开门；碰到开门减速开关 X001 时，变为低速开门；碰到开门极限开关 X002 时，电动机停止转动，开始延时；若在 0.5s 内红外感应器检测到无人，Y002 驱动电动机高速关门；碰到关门减速开关 X003 时，改为低速关门；碰到关门极限开关 X004 时，电动机停止转动。关门期间，若感应器检测到有人，则停止关门，T1 延时 0.5s 后自动转换为高速开门。任务要求用 PLC 控制自动门，用选择序列顺序功能图编程。

9.2.2　工具准备

表 9.4　工具、设备清单

序号	分类	名称	型号规格	数量	单位	备注
1	工具	常用电工工具		1	套	
2	仪表	万用表	MF47	1	只	
3	设备	PLC	FX_{2N}-48MR	1	台	
4	设备	交通灯模型		1	套	
5	设备	工业机械手		1	套	

9.2.3　任务实施

（1）选择 PLC 类型

在本任务中，自动门控制系统只需要 5 个输入点作为自动门控制系统感应开关，4 个数字量输出点控制对应继电器线圈，分别控制自动门的高、低速开关门，不需要模拟量控制。通过上述分析知，选用三菱 FX_{2N}-48MR 可满足以上要求，同时也留有一定余量以备之后扩展需要。

（2）PLC I/O（输入/输出）分配表

由上述控制要求可确定自动门 PLC 控制系统需要 5 个输入点、4 个输出点。其 I/O 分配如表 9.5 所示。

表 9.5　自动门控制 I/O 分配表

输入			输出		
输入继电器	输入元件	作用	输出继电器	输出元件	作用
X000	SQ1	红外感应开关	Y000	KM1	电动机高速开门
X001	SQ2	开门减速开关	Y001	KM2	电动机低速开门
X002	SQ3	开门极限开关	Y002	KM3	电动机高速关门
X003	SQ4	关门减速开关	Y003	KM4	电动机低速关门
X004	SQ5	关门极限开关			

（3）控制系统硬件设计

根据控制要求和自动门控制系统输入/输出地址分配表画出控制系统硬件接线图。该任务的 PLC 外部硬件接线如图 9.7 所示。

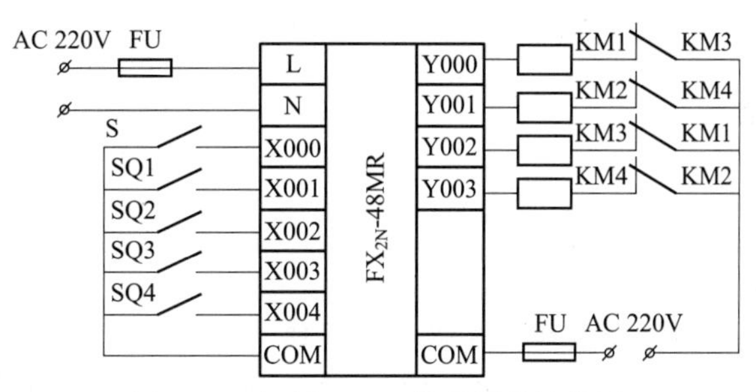

图 9.7　自动门 PLC 外部硬件接线图

（4）控制系统软件设计

分析自动门的控制要求，可得出图 9.8 所示的时序图。从时序图上可以看到：自动门在关门时会有两种选择，关门期间无人要求进出时继续完成关门动作，而如果关门期间又有人要求进出的话，则暂停关门动作，开门让人进出后再关门。根据时序图所设计的顺序功能图如图 9.9 所示。

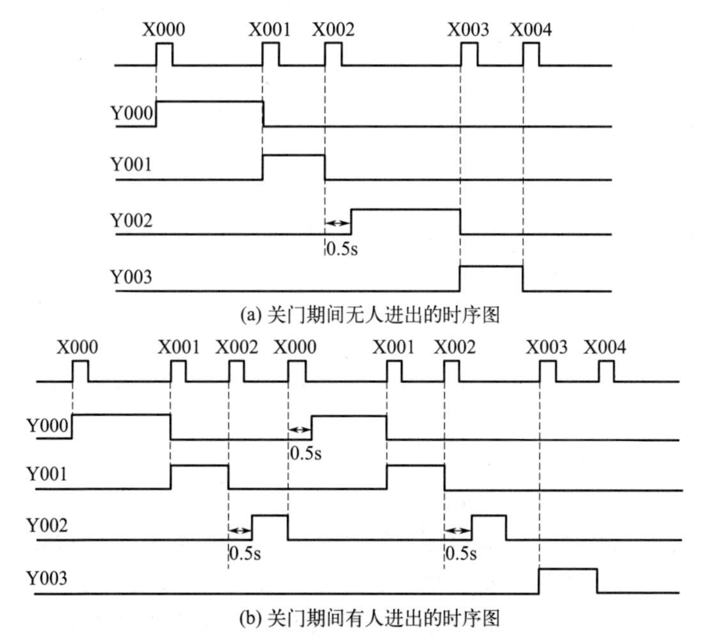

图 9.8　自动门控制系统时序图

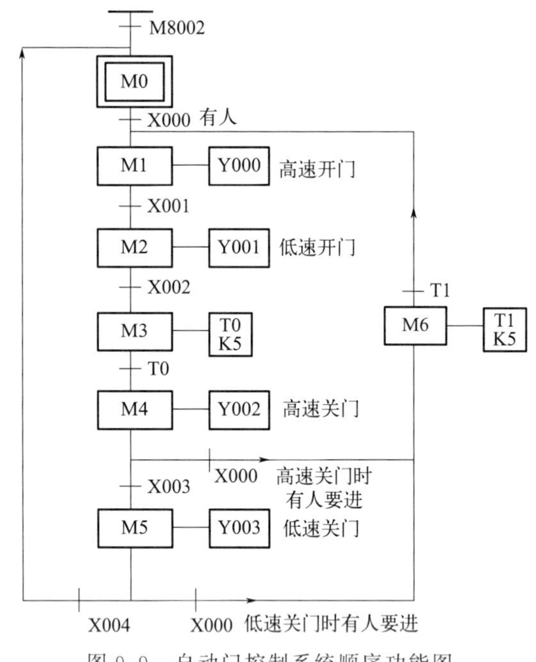

图 9.9　自动门控制系统顺序功能图

根据“启-保-停”电路的编程方法将图 9.9 所示的选择序列顺序功能图转换成梯形图，如图 9.10 所示。

(5) 元器件检测与硬件接线

按照之前所讲的元器件检测方法进行元器件检测。按照硬件接线图进行 PLC 硬件接线，接线完成后利用万用表检测 PLC 电源线路、输入输出线路是否正确。

电路布置要合理，横平竖直，接线要紧固美观。

(6) 程序运行与调试

① 在断电状态下，连接好 USB-SC-09 通信数据线。

② 将 PLC 运行模式选择开关拨到 STOP 位置，此时 PLC 处于停止状态，可以进行程序编写。

③ 打开之前输入的梯形图程序文件，选择菜单栏中“工具”→“程序检查”命令，对梯形图进行检查，然后选择工具栏中“转换/编译”按钮，进行编译。

④ 执行“在线”→“PLC 写入”命令，将程序文件下载到 PLC 中。

⑤ 将 PLC 运行模式的选择开关拨到 RUN 位置，使 PLC 进入运行模式。

⑥ 按控制要求，用按钮代替红外传感器和限位开关进行模拟调试，当按下 X000 端口所接按钮时，Y000 输出端口继电器线圈接通，驱动电动机高速开门，按下开门减速开关 X001 对应按钮时，变为低速开门。依次按照任务要求进行操作调试，观察对应的继电器动作情况。若出现故障，应分别检查硬件电路和梯形图是否有误，修改后，应重新调试，直至系统按要求正常工作。

⑦ 记录程序调试结果。

(7) 整理技术文件

系统调试完成后，要整理、编写相关技术文档，主要包括电气原理图（主电路、控制电路）及设计说明（包括设备选型、器件检测等）、I/O 分配表、电路控制流程图、PLC 原程序、调试记录表。最后形成正确的、与系统最终上交时相对应的一整套完整的技术文档。

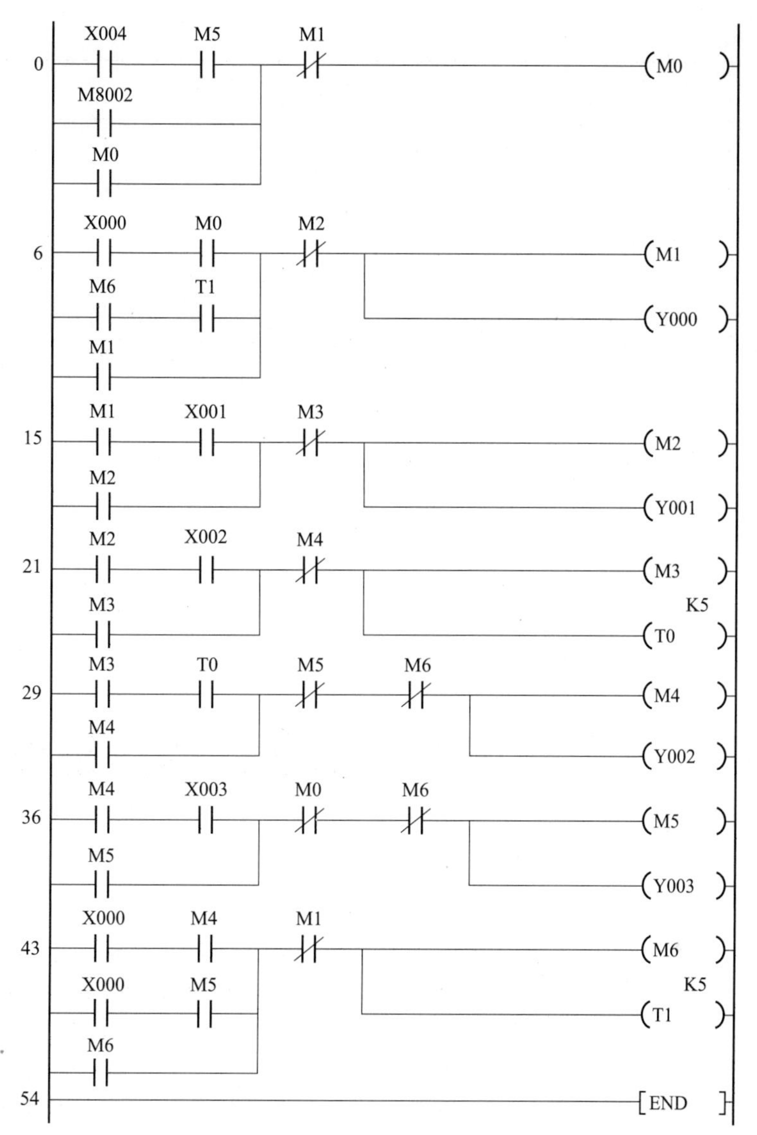

图 9.10　自动门控制系统梯形图

9.2.4　任务考核

任务完成后，以小组为单位进行组内自我评价。对照评价表进行评价，并将检测结果填入表 9.6 中。

表 9.6　质量评价表

任务名称＿＿＿＿＿＿＿＿　　小组成员＿＿＿＿＿＿＿＿　　评价时间＿＿＿＿＿＿＿＿

考核项目	考核要求	配分	评分标准	扣分	得分	备注
系统安装	1. 能够正确选择元器件 2. 能够按照接线图布置元器件 3. 能够正确固定元器件 4. 能够按照要求编制线号	30	1. 不按接线图固定元器件扣 5 分 2. 元器件安装不牢固，每处扣 2 分 3. 元器件安装不能整齐、不均匀、不合理，每处扣 3 分 4. 不按要求配线号，每处扣 1 分 5. 损坏元器件此项不得分			

续表

考核项目	考核要求	配分	评分标准	扣分	得分	备注
程序编译与下载	1. 能够建立程序新文件 2. 能够正确设置各种参数 3. 能够正确保存文件 4. 能够进行正确通信 5. 能够进行硬件通信与程序下载	40	1. 不能建立程序新文件或建立错误扣4分 2. 不能设置各项参数，每处扣2分 3. 保存文件错误扣5分 4. 不能正确通信扣5分 5. 不能进行程序下载扣5分			
运行操作	1. 操作运行系统，分析运行结果 2. 能够在运行中监控和切换各种参数 3. 能够正确分析运行中出现的各种代码	30	1. 系统通电操作错误一步扣3分 2. 分析运行结果错误一处扣2分 3. 不会监控扣10分 4. 不会分析各种代码的含义，每处扣2分			
安全生产	自觉遵守安全文明生产规程		1. 每违反一项规定，扣3分 2. 发生安全事故，按0分处理 3. 漏接接地线一处扣5分			
时间	1.5h		1. 提前正确完成，每5min加2分 2. 超过定额时间，每5min扣2分			
开始时间		结束时间		实际时间		

9.3　任务三：按钮式人行道交通灯控制编程与调试

9.3.1　任务要求

图9.11所示为按钮式人行道交通灯管理系统示意图。在正常情况下，汽车通行，即Y003绿灯亮，Y005红灯亮。当行人较多需要过马路时，就按下按钮X000（或X001），主干道交通灯将按绿（5s）→绿灯闪烁（3s）→黄灯亮（3s）→红灯亮（25s）的顺序进行工作，当主干道红灯亮时，人行道从红灯亮转为绿灯亮，15s后，人行道绿灯开始闪烁，闪烁5s后转入主干道绿灯亮，人行道红灯亮。要求利用三菱PLC控制按钮式人行道交通灯，并用并行序列的顺序功能图编程。

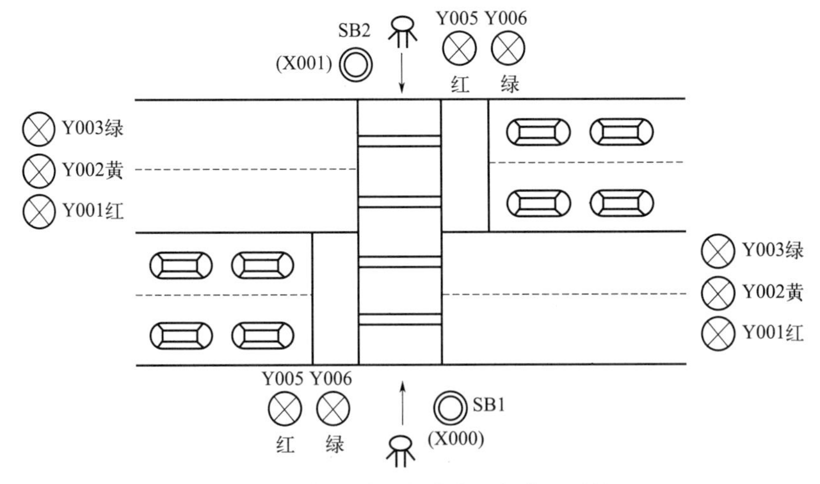

图9.11　按钮式人行道交通灯管理系统

9.3.2 工具准备

表 9.7　工具、设备清单

序号	分类	名称	型号规格	数量	单位	备注
1	工具	常用电工工具		1	套	
2	仪表	万用表	MF47	1	只	
3	设备	PLC	FX_{2N}-48MR	1	台	
4	设备	交通灯模型		1	套	
5	设备	工业机械手		1	套	

9.3.3 任务实施

(1) 选择 PLC 类型

在本任务中，按钮式人行道交通控制系统只需要 2 个输入点作为启动按钮，5 个数字量输出点控制对应交通信号灯，不需要模拟量控制。通过上述分析知，选用三菱 FX_{2N}-48MR（根据实训室 PLC 类型也可选择 FX_{2N}-32MR）可满足以上要求，同时也留有一定余量以备之后扩展需要。

(2) PLC 的 I/O（输入/输出）分配表

由上述控制任务分析可确定 PLC 需要 2 个输入点、5 个输出点，其 I/O 通道地址分配表如表 9.8 所示。

表 9.8　按钮式人行道交通控制系统 I/O 分配表

输入			输出		
输入继电器	输入元件	作用	输出继电器	输出元件	作用
X000	SB1	启动按钮 1	Y1	HL3、HL6	主干道红灯
X001	SB2	启动按钮 2	Y2	HL2、HL5	主干道黄灯
			Y3	HL1、HL4	主干道绿灯
			Y5	HL7、HL9	人行道红灯
			Y6	HL8、HL10	人行道绿灯

(3) 控制系统硬件设计

根据控制要求和按钮式人行道交通控制系统输入/输出地址分配表画出控制系统硬件接线图。该任务的 PLC 外部硬件接线如图 9.12 所示。

(4) 控制系统软件设计

分析按钮式人行道交通控制系统要求，可得出图 9.13 所示的时序图。根据时序图所设计的顺序功能图如图 9.14 所示。

根据按钮式人行道交通控制系统顺序功能图可画出其梯形图，如图 9.15 所示。

(5) 元器件检测与硬件接线

按照之前所讲的元器件检测方法进行元器件检测。按照硬件接线图进行 PLC 硬件接线，接线完成后利用万用表检测主电路、PLC 电源线路、输入输出线路是否正确。主电路及控制电路布置要合理，横平竖直，接线要紧固美观。

(6) 程序运行与调试

① 在断电状态下，连接好 USB-SC-09 通信数据线。

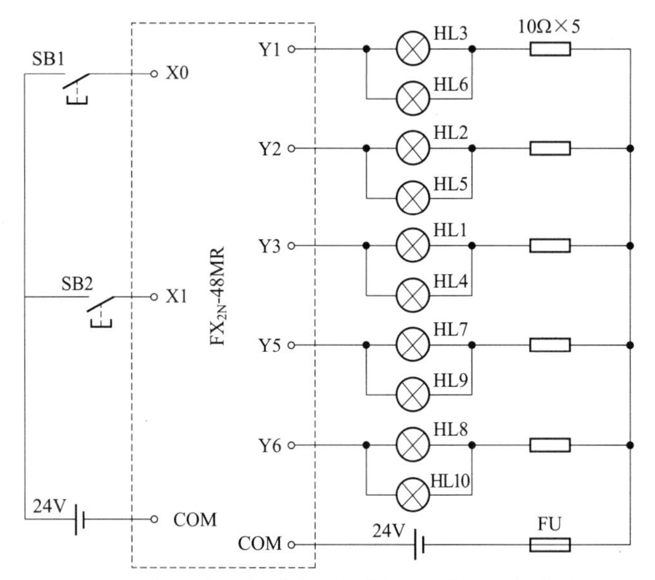

图 9.12　按钮式人行道交通控制 PLC 外部硬件接线图

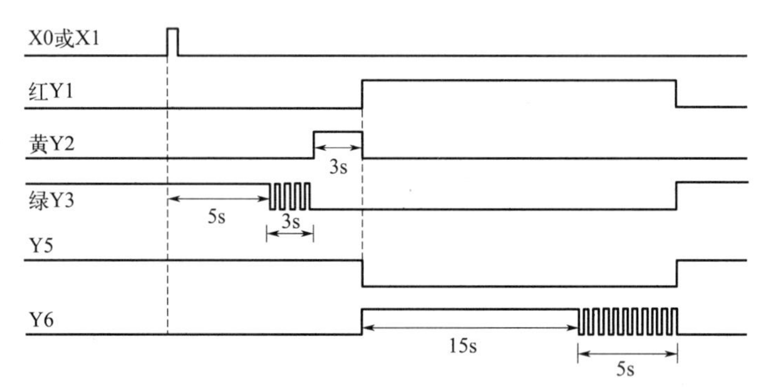

图 9.13　按钮式人行道交通控制系统时序图

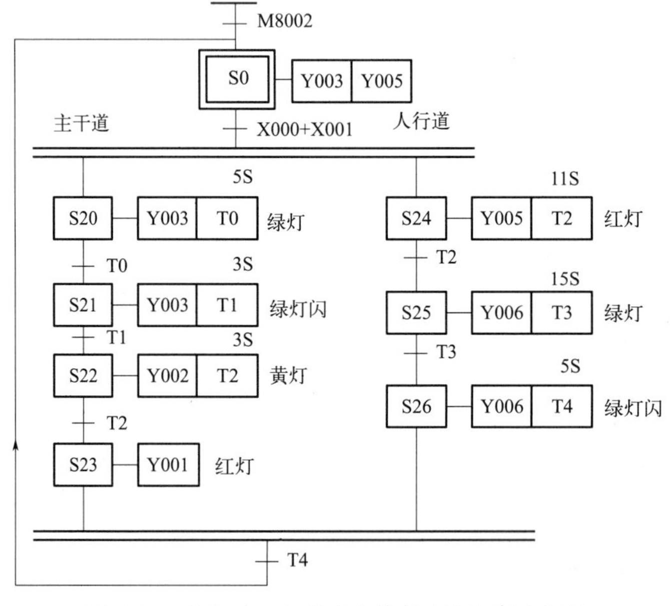

图 9.14　按钮式人行道交通控制系统顺序功能图

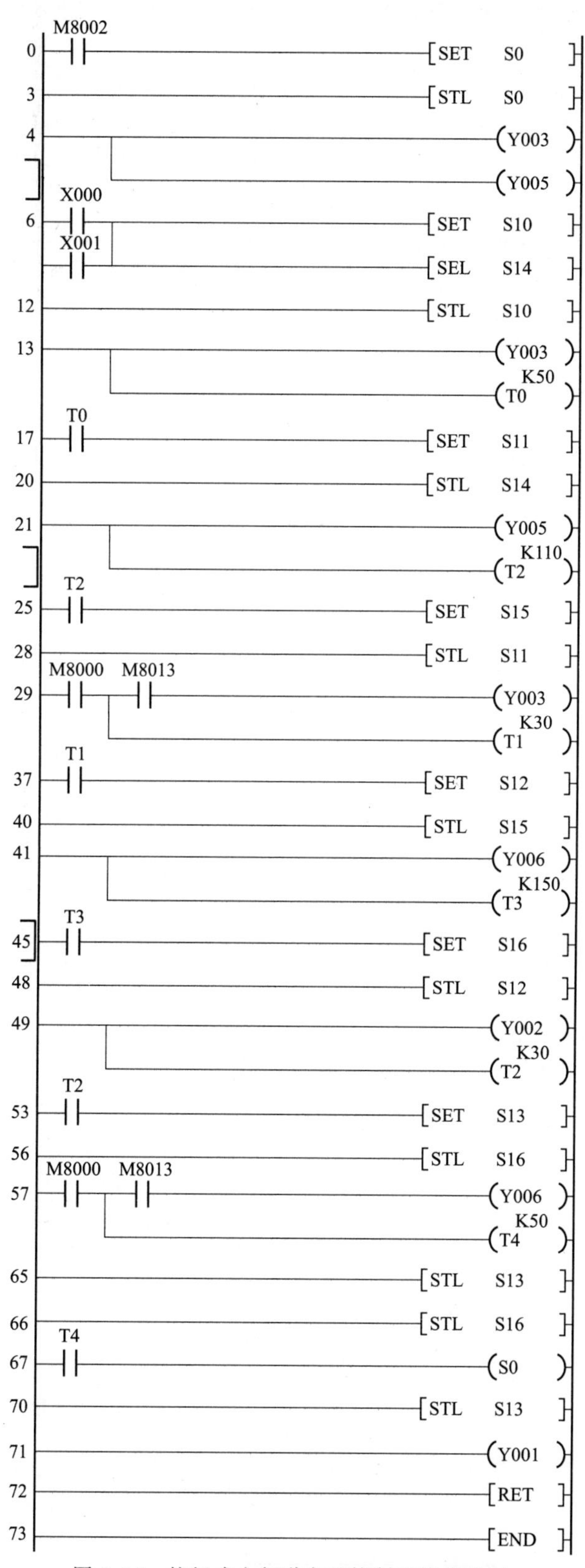

图 9.15　按钮式人行道交通控制系统梯形图

② 将 PLC 运行模式选择开关拨到 STOP 位置，此时 PLC 处于停止状态，可以进行程序编写。

③ 打开之前输入的梯形图程序文件，选择菜单栏中“工具”→“程序检查”命令，对梯形图进行检查，然后选择工具栏中“转换/编译”按钮，进行编译。

④ 执行“在线”→“PLC 写入”命令，将程序文件下载到 PLC 中。

⑤ 将 PLC 运行模式的选择开关拨到 RUN 位置，使 PLC 进入运行模式。

⑥ 按控制要求按下启动按钮 SB1，停止按钮 SB2 观察系统运行情况，根据任务要求分析是否正确。若出现故障，应分别检查硬件电路和梯形图是否有误，修改后，应重新调试，直至系统按要求正常工作。

⑦ 记录程序调试结果。

(7) 整理技术文件

系统调试完成后，要整理、编写相关技术文档，主要包括电气原理图（主电路、控制电路）及设计说明（包括设备选型、器件检测等）、I/O 分配表、电路控制流程图、PLC 原程序、调试记录表。最后形成正确的、与系统最终上交时相对应的一整套完整的技术文档。

9.3.4 任务考核

任务完成后，以小组为单位进行组内自我评价。对照评价表进行评价，并将评价结果填入表 9.9 中。

表 9.9 质量评价表

任务名称＿＿＿＿＿＿＿＿ 小组成员＿＿＿＿＿＿＿＿ 评价时间＿＿＿＿＿＿＿＿

考核项目	考核要求	配分	评分标准	扣分	得分	备注
系统安装	1. 能够正确选择元器件 2. 能够按照接线图布置元器件 3. 能够正确固定元器件 4. 能够按照要求编制线号	30	1. 不按接线图固定元器件扣 5 分 2. 元器件安装不牢固，每处扣 2 分 3. 元器件安装不能整齐、不均匀、不合理，每处扣 3 分 4. 不按要求配线号，每处扣 1 分 5. 损坏元器件此项不得分			
程序编译与下载	1. 能够建立程序新文件 2. 能够正确设置各种参数 3. 能够正确保存文件 4. 能够进行正确通信 5. 能够进行硬件通信与程序下载	40	1. 不能建立程序新文件或建立错误扣 4 分 2. 不能设置各项参数，每处扣 2 分 3. 保存文件错误扣 5 分 4. 不能正确通信扣 5 分 5. 不能进行程序下载扣 5 分			
运行操作	1. 操作运行系统，分析运行结果 2. 能够在运行中监控和切换各种参数 3. 能够正确分析运行中出现的各种代码	30	1. 系统通电操作错误一步扣 3 分 2. 分析运行结果错误一处扣 2 分 3. 不会监控扣 10 分 4. 不会分析各种代码的含义，每处扣 2 分			
安全生产	自觉遵守安全文明生产规程		1. 每违反一项规定，扣 3 分 2. 发生安全事故，按 0 分处理 3. 漏接接地线一处扣 5 分			
时间	1.5h		1. 提前正确完成，每 5min 加 2 分 2. 超过定额时间，每 5min 扣 2 分			
开始时间		结束时间		实际时间		

第10章

项目四：可编程控制器应用指令编程与调试

初级技能要求

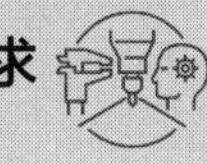

① 学会PLC应用指令的基本规则、表示方法、数据长度、位组件、执行方式等。

② 掌握数据传送指令MOV、位左移/位右移指令SFTL/SFTR等常用应用指令及应用其编程的方法。

③ 熟悉PLC编程软件界面的操作。

中级技能要求

① 学会PLC控制系统的设计原则和设计步骤。

② 能根据各任务要求完成各任务程序设计、硬件接线、程序编译与下载，完成调试与故障排除。

③ 通过积极动手→尝试体验→拓展延伸的过程，培养学生协作、沟通、自学、善思的良好工作习惯和品质，增强就业意识。

项目描述

本项目主要通过多工位自动送料车编程与调试、停车场车位检测控制编程与调试、广告牌饰灯控制系统编程与调试等分任务介绍 PLC 的应用指令及其编程方法。FX 系列 PLC 的功能指令有 100 多条，依据功能不同可分为程序流程、传送与比较、算术与逻辑运算、循环与移位、数据处理、高速处理、时钟运算、外围设备、触点比较等。对于具体的控制对象，选择合适的功能指令将使编程更加方便快捷。限于篇幅，本项目只介绍较常用的功能指令，其余指令的使用可参阅相关编程手册。

技能目标

① 能自行按照控制要求绘制控制系统的 I/O 分配表和 PLC 接线图。

② 具备在 GX 软件中应用功能指令实现控制要求的 PLC 控制程序编写、录入、调试能力及监控程序运行的能力。

10.1　任务一：多工位自动送料车编程与调试

自动化送料小车是现代化工厂进行物料传送的主要设备之一，广泛应用于冶金、有色金属、煤矿等行业。为了提高工作效率、减小劳动强度，利用 PLC 控制的多工位供料小车取代了传统的人工供料方式，实现了自动化生产加工系统中多个加工点供料过程的自动化控制，能够进行安全、可靠运行，具有良好的扩展性，调试、维护方便。本任务是利用三菱 FX_{2N}-48MR 的应用指令设计一个 5 工位小车呼叫控制系统，要求送料小车能够在 5 个工位之间往返运行送料。

10.1.1　任务要求

某车间有 5 个加工工位，送料小车在 5 个工位之间往返运行送料，各工位的限位开关和呼叫按钮布置如图 10.1 所示。每个工作台设有一个到位开关（SQ1～SQ5）和一个呼叫按钮（SB1～SB5）。图中 SQ 和 SB 的编号也是各工位编号。SQ 为滚轮式，可自动复位。

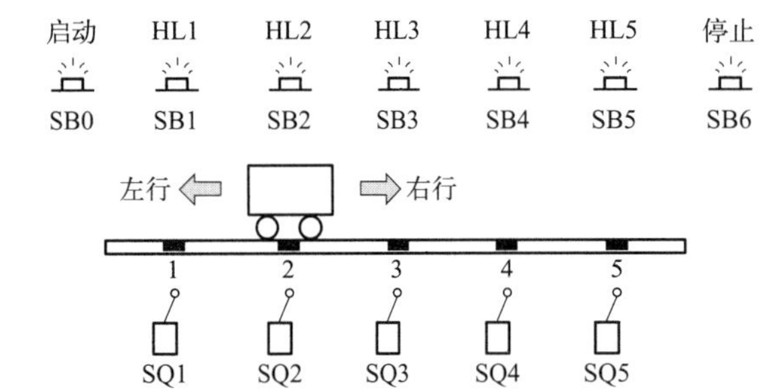

图 10.1　5 工位自动送料车控制系统工作示意图

具体控制要求如下：

① 送料车应能准确停留在 5 个工位中任意一个到位开关的位置上。

② 设送料车现暂停于 m 号工位（SQm 为 ON）处，这时 n 号工位呼叫（SBn 为 ON），送料车停靠的工位编号为 m，呼叫按钮编号为 n，按下启动按钮时，若 $m>n$，则要求送料车左行（后退），直到 SQn 动作，到位停车；若 $m<n$，则要求送料车右行（前进），直到 SQn 动作，到位停车；若 $m=n$，送料车停在原位不动。

③ 送料车的左、右运行可通过接触器 KM1、KM2 控制电动机的正反转来实现。

10.1.2　工具准备

表 10.1　工具、设备清单

序号	分类	名称	型号规格	数量	单位	备注
1	工具	常用电工工具		1	套	
2	仪表	万用表	MF47	1	只	
3	设备	PLC	FX_{2N}-48MR	1	台	
4	设备	控制按钮		7	个	
5	设备	限位开关		5	个	
6	设备	接触器		2	个	

10.1.3　任务实施

(1) 选择 PLC 类型

在本任务中，5 工位自动送料车控制系统需要 12 个输入点作为系统的启停、工位的呼叫和限位控制按钮，2 个数字量输出点控制接触器的线圈，实现送料小车的左行和右行，不需要模拟量控制。通过上述分析知，选用三菱 FX_{2N}-48MR 可满足以上要求，同时也留有一定余量以备之后扩展需要。

(2) PLC 的 I/O（输入/输出）分配表

由上述控制要求可确定 PLC 需要 12 个输入点、2 个输出点。其 I/O 分配如表 10.2 所示。

表 10.2　5 工位自动送料车 I/O 分配表

输入			输出		
输入继电器	输入元件	作用	输出继电器	输出元件	作用
X020	SB0	系统启动	Y000	KM1	小车左行
X000	SB1	1 号工位呼叫	Y001	KM2	小车右行
X001	SB2	2 号工位呼叫			
X002	SB3	3 号工位呼叫			
X003	SB4	4 号工位呼叫			
X004	SB5	5 号工位呼叫			
X021	SB6	系统停止			
X005	SQ1	1 号工位限位开关			
X006	SQ2	2 号工位限位开关			
X007	SQ3	3 号工位限位开关			
X010	SQ4	4 号工位限位开关			
X011	SQ5	5 号工位限位开关			

(3) 控制系统硬件设计

多工位自动送料车 PLC 的外部硬件接线如图 10.2 所示。

(4) 控制系统软件设计

根据控制要求及 5 工位自动送料车 I/O 分配表，用应用指令设计的 5 工位自动送料车控制梯形图如图 10.3 所示。

(5) 元器件检测与硬件接线

按照元器件检测方法进行元器件检测。按照硬件接线图进行 PLC 硬件接线，接线完成后利用万用表检测 PLC 电源线路、输入输出线路是否正确。

电路布置要合理，横平竖直，接线要紧固美观。

(6) 程序运行与调试

① 在断电状态下，连接好 USB-SC-09 通信数据线。

② 将 PLC 运行模式选择开关拨到 STOP 位置，此时 PLC 处于停止状态，可以进行程序编写。

③ 打开之前输入的梯形图程序文件，选择菜单栏中“工具”→“程序检查”命令，对梯形图进行检查，然后选择工具栏中“转换/编译”按钮，进行编译。

④ 执行“在线”→“PLC 写入”命令，将程序文件下载到 PLC 中。

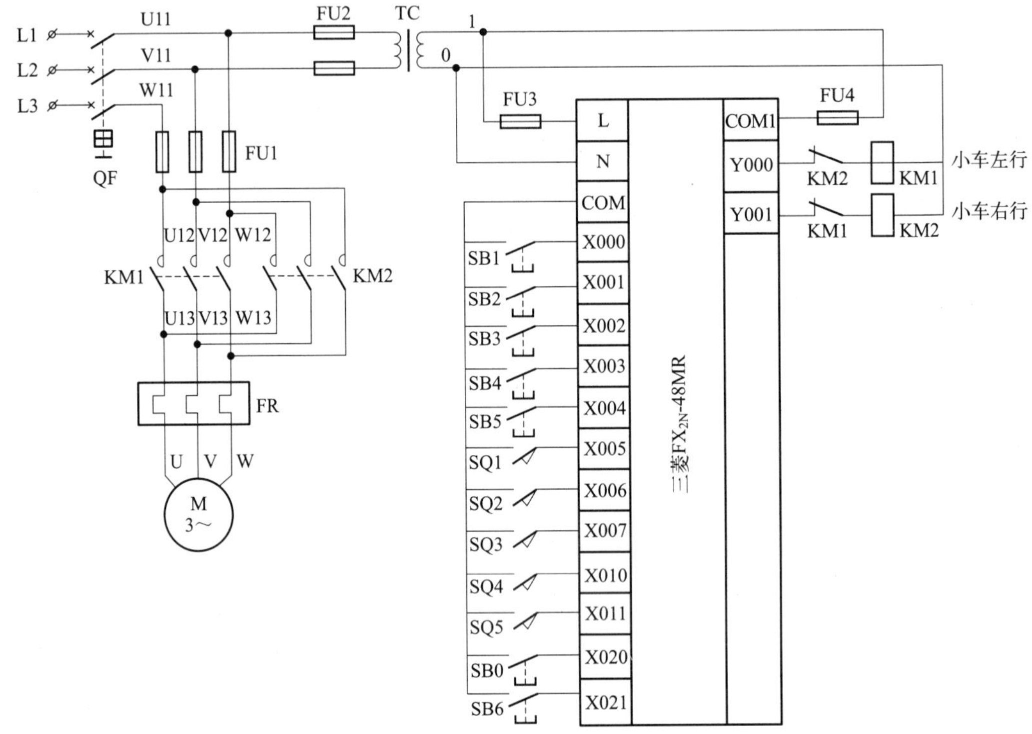

图 10.2　PLC 的外部硬件接线图

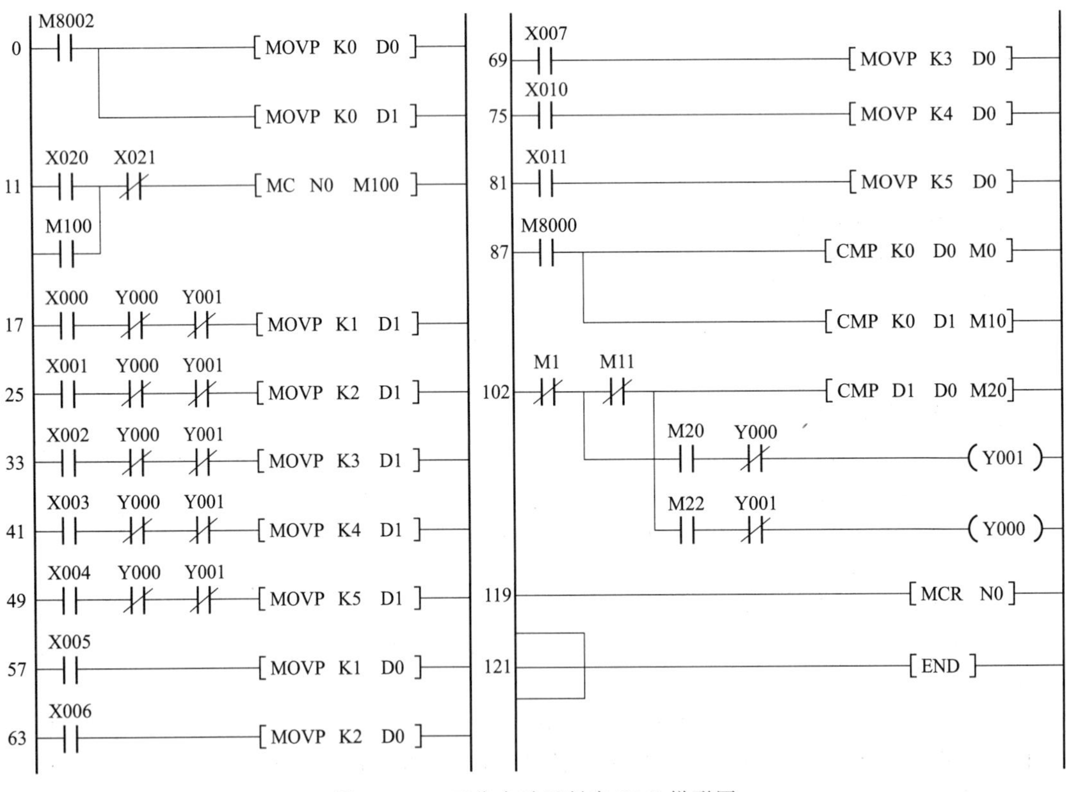

图 10.3　5 工位自动送料车 PLC 梯形图

⑤ 将 PLC 运行模式的选择开关拨到 RUN 位置，使 PLC 进入运行模式。

⑥ 按控制要求，分别按下系统启停、各工位控制按钮，观察小车运行情况。若出现故障，应分别检查硬件电路和梯形图是否有误，修改后，应重新调试，直至系统按要求正常工作。

⑦ 记录程序调试结果。

(7) 整理技术文件

系统调试完成后，要整理、编写相关技术文档，主要包括电气原理图（主电路、控制电路）及设计说明（包括设备选型、器件检测等）、I/O 分配表、电路控制流程图、PLC 原程序、调试记录表。最后形成正确的、与系统最终上交时相对应的一整套完整的技术文档。

10.1.4　任务考核

任务完成后，以小组为单位进行组内自我评价。对照评价表进行评价，并将评价结果填入表 10.3 中。

表 10.3　质量评价表

任务名称＿＿＿＿＿＿＿＿　　小组成员＿＿＿＿＿＿＿＿　　评价时间＿＿＿＿＿＿＿＿

考核项目	考核要求	配分	评分标准	扣分	得分	备注
系统安装	1. 能够正确选择元器件 2. 能够按照接线图布置元器件 3. 能够正确固定元器件 4. 能够按照要求编制线号	30	1. 不按接线图固定元器件扣 5 分 2. 元器件安装不牢固，每处扣 2 分 3. 元器件安装不能整齐、不均匀、不合理，每处扣 3 分 4. 不按要求配线号，每处扣 1 分 5. 损坏元器件此项不得分			
程序编译与下载	1. 能够建立程序新文件 2. 能够正确设置各种参数 3. 能够正确保存文件 4. 能够进行正确通信 5. 能够进行硬件通信与程序下载	40	1. 不能建立程序新文件或建立错误扣 4 分 2. 不能设置各项参数，每处扣 2 分 3. 保存文件错误扣 5 分 4. 不能正确通信扣 5 分 5. 不能进行程序下载扣 5 分			
运行操作	1. 操作运行系统，分析运行结果 2. 能够在运行中监控和切换各种参数 3. 能够正确分析运行中出现的各种代码	30	1. 系统通电操作错误一步扣 3 分 2. 分析运行结果错误一处扣 2 分 3. 不会监控扣 10 分 4. 不会分析各种代码的含义，每处扣 2 分			
安全生产	自觉遵守安全文明生产规程		1. 每违反一项规定，扣 3 分 2. 发生安全事故，按 0 分处理 3. 漏接接地线一处扣 5 分			
时间	1.5h		1. 提前正确完成，每 5min 加 2 分 2. 超过定额时间，每 5min 扣 2 分			
开始时间		结束时间		实际时间		

10.2　任务二：停车场车位检测控制编程与调试

随着我国城市建设速度的加快和改革的不断深入，经济蓬勃发展，物质日益丰富，机动车的数量也在飞速增加，城市交通需求量日益增大。私家车、出租车比重呈现逐年上升的趋势，车辆停放成为市民最为关注的问题之一。近年来各地政府部门投入了大量人力、物力来改善城市停车设施，停车场的智能管理和安全化更加普及，一定程度上缓解了车辆停放问题。简单的基础设施建设和停车管理技术已经不能满足社会日益增多的车辆对停车服务的需求。车辆进出指示可完全由 PLC 作为中央控制处理，大大减轻了现代社会“停车难”的问题。如何应用 PLC 功能指令模拟实现停车场车位管理系统的控制呢？

10.2.1 任务要求

图 10.4 所示为模拟停车场车位管理的 PLC 控制系统。

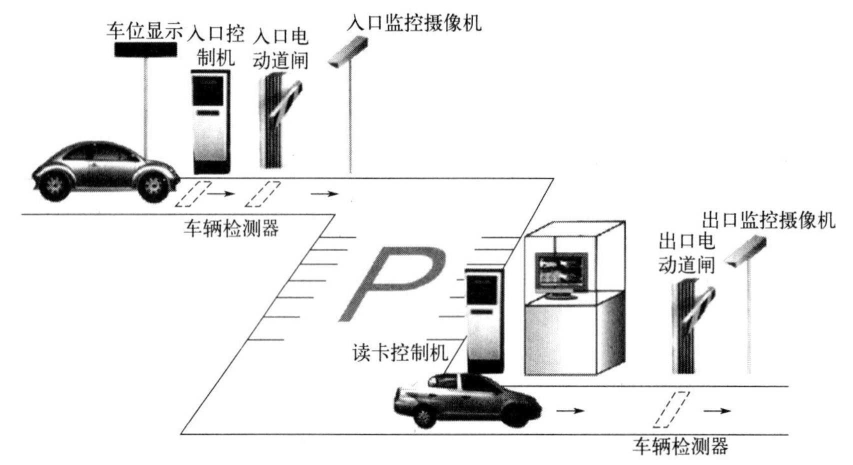

图 10.4　模拟停车场车位管理系统示意图

该系统的控制要求如下：

① 在入口和出口处装设检测传感器，用来检测车辆进入和出去的数目。

② 尚有车位时，入口栏杆才可以开启，让车辆进入停放，并有绿灯指示尚有车位。

③ 车位已满时，则红灯点亮，显示车位已满，且入口栏杆不能开启让车辆进入。

④ 用七段数码管显示目前停车场的车辆数。

⑤ 栏杆电动机在栏杆开启和关闭时，先以低速运行 5s，再以高速运行，开启到位时有正转停止传感器检测，关闭到位时有反转停止传感器检测。

10.2.2 工具准备

表 10.4　工具、设备清单

序号	分类	名称	型号规格	数量	单位	备注
1	工具	常用电工工具		1	套	
2	仪表	万用表	MF47	1	只	
3	设备	PLC	FX_{2N}-48MR	1	台	
4	设备	传感器		2	个	
5	设备	七段数码管		1	个	
6	设备	电动机		1	台	
7	设备	指示灯		2	个	

10.2.3　任务实施

(1) 选择 PLC 类型

在本任务中，车位检测系统需要 4 个输入点作为入口和出口检测传感器、正/反转停止传感器，20 个数字量输出点，对应的输入输出继电器编号和作用如表 10.5 所示，不需要模拟量控制。通过上述分析知，选用三菱 FX_{2N}-48MR 可满足以上要求，同时也留有一定余量以备之后扩展需要。

(2) PLC 的 I/O（输入/输出）分配表

表 10.5　停车场车位检测系统 I/O 分配表

输入继电器	作用	输出继电器	作用	其他软元件	作用
X000	入口检测传感器	Y000	栏杆开启	D0	车位数
X001	出口检测传感器	Y001	栏杆关闭	M3～M0	车位数个位的 BCD 码
X002	正转停止传感器	Y002	低速信号	M7～M4	车位数十位的 BCD 码
X003	反转停止传感器	Y003	高速信号	T0	低速运行时间
		Y004	绿灯指示器	T1	高速运行时间
		Y005	红灯指示器		
		Y16～Y10	显示车位数个位		
		Y26～Y20	显示车位数十位		

(3) 控制系统硬件设计

停车场车位检测系统 PLC 的外部硬件接线如图 10.5 所示。

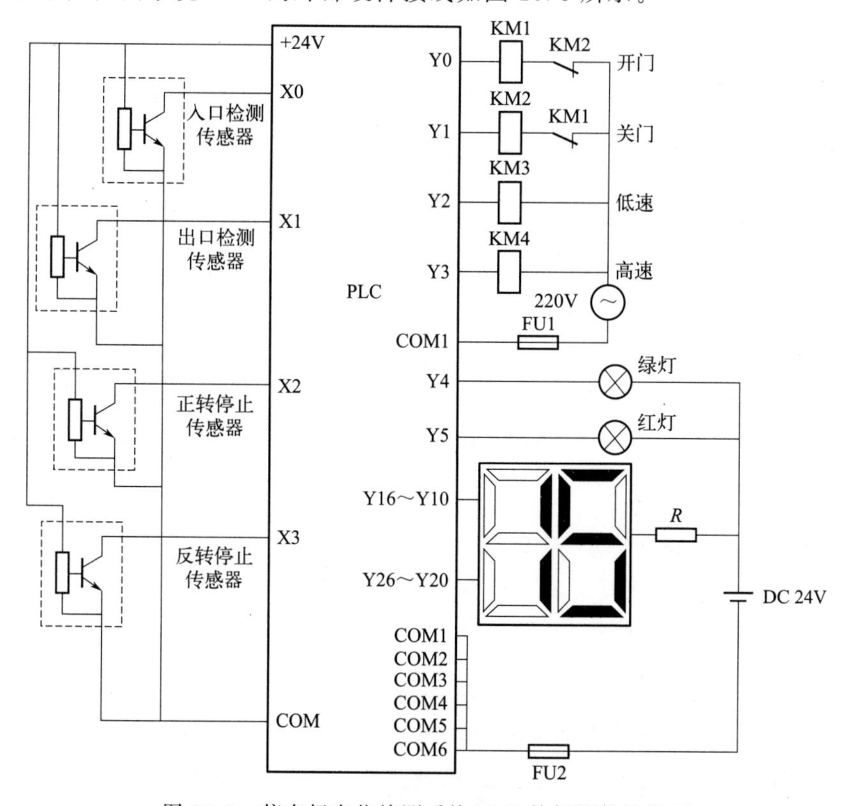

图 10.5　停车场车位检测系统 PLC 外部硬件接线图

(4) 控制系统软件设计

根据控制要求及停车场车位检测系统 I/O 分配表，用应用指令设计的控制梯形图如图 10.6 所示。

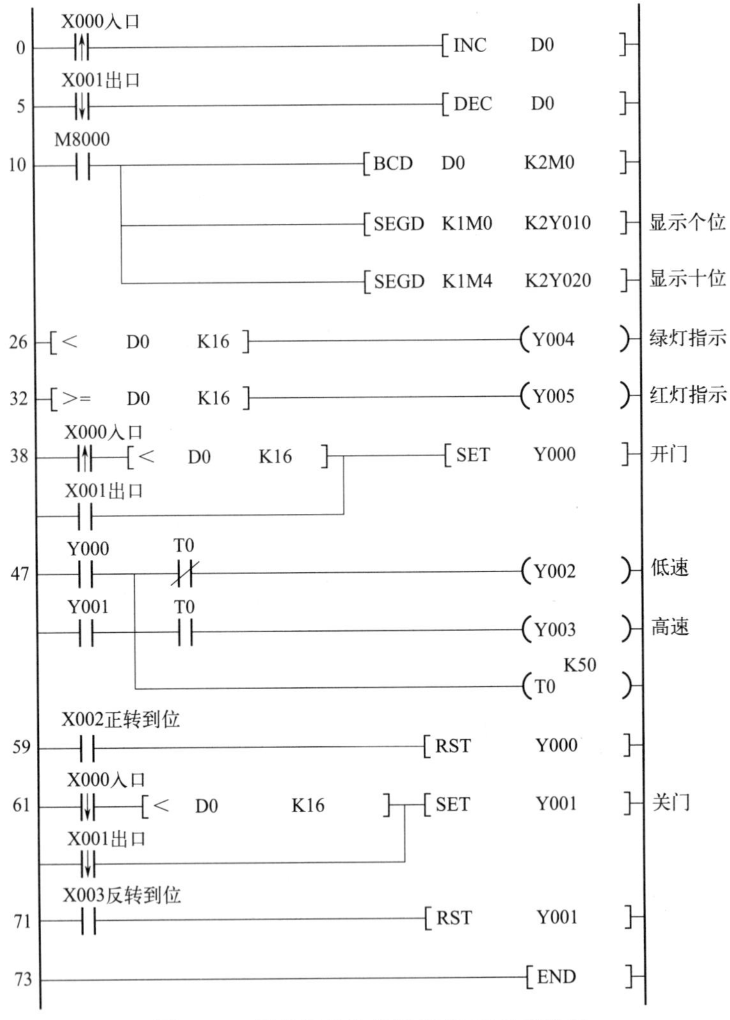

图 10.6　停车场车位检测系统 PLC 梯形图

(5) 元器件检测与硬件接线

按照之前所讲的元器件检测方法进行元器件检测。按照硬件接线图进行 PLC 硬件接线，接线完成后利用万用表检测 PLC 电源线路、输入输出线路是否正确。

电路布置要合理，横平竖直，接线要紧固美观。

(6) 程序运行与调试

① 在断电状态下，连接好 USB-SC-09 通信数据线。

② 将 PLC 运行模式选择开关拨到 STOP 位置，此时 PLC 处于停止状态，可以进行程序编写。

③ 打开之前输入的梯形图程序文件，选择菜单栏中“工具”→“程序检查”命令，对梯形图进行检查，然后选择工具栏中“转换/编译”按钮，进行编译。

④ 执行“在线”→“PLC 写入”命令，将程序文件下载到 PLC 中。

⑤ 将 PLC 运行模式的选择开关拨到 RUN 位置，使 PLC 进入运行模式。

⑥ 按控制要求，当模拟停车场入口或出口的传感器检测到与车辆出入时，观察系统运行情况，根据任务要求分析是否正确。若出现故障，应分别检查硬件电路和梯形图是否有误，修改后，应重新调试，直至系统按要求正常工作。

⑦ 记录程序调试结果。

(7) 整理技术文件

系统调试完成后，要整理、编写相关技术文档，主要包括电气原理图（主电路、控制电路）及设计说明（包括设备选型、器件检测等）、I/O 分配表、电路控制流程图、PLC 原程序、调试记录表。最后形成正确的、与系统最终上交时相对应的完整技术文档。

10.2.4　任务考核

任务完成后，以小组为单位进行组内自我评价。对照评价表进行评价，并将评价结果填入表 10.6 中。

表 10.6　质量评价表

任务名称＿＿＿＿＿＿＿＿　小组成员＿＿＿＿＿＿＿＿　评价时间＿＿＿＿＿＿＿＿

考核项目	考核要求	配分	评分标准	扣分	得分	备注
系统安装	1. 能够正确选择元器件 2. 能够按照接线图布置元器件 3. 能够正确固定元器件 4. 能够按照要求编制线号	30	1. 不按接线图固定元器件扣 5 分 2. 元器件安装不牢固，每处扣 2 分 3. 元器件安装不能整齐、不均匀、不合理，每处扣 3 分 4. 不按要求配线号，每处扣 1 分 5. 损坏元器件此项不得分			
程序编译与下载	1. 能够建立程序新文件 2. 能够正确设置各种参数 3. 能够正确保存文件 4. 能够进行正确通信 5. 能够进行硬件通信与程序下载	40	1. 不能建立程序新文件或建立错误扣 4 分 2. 不能设置各项参数，每处扣 2 分 3. 保存文件错误扣 5 分 4. 不能正确通信扣 5 分 5. 不能进行程序下载扣 5 分			
运行操作	1. 操作运行系统，分析运行结果 2. 能够在运行中监控和切换各种参数 3. 能够正确分析运行中出现的各种代码	30	1. 系统通电操作错误一步扣 3 分 2. 分析运行结果错误一处扣 2 分 3. 不会监控扣 10 分 4. 不会分析各种代码的含义，每处扣 2 分			
安全生产	自觉遵守安全文明生产规程		1. 每违反一项规定，扣 3 分 2. 发生安全事故，按 0 分处理 3. 漏接接地线一处扣 5 分			
时间	1.5h		1. 提前正确完成，每 5min 加 2 分 2. 超过定额时间，每 5min 扣 2 分			
开始时间		结束时间		实际时间		

10.3　任务三：广告牌饰灯控制系统编程与调试

现代都市中存在着许多灯光绚烂的广告牌。广告牌灯光品种繁多，且灯光效果的变化较灯塔的光系统更为丰富，如何应用 PLC 功能指令实现广告牌灯光控制？

10.3.1　任务要求

如图 10.7 所示，设广告牌四周边框有 16 盏饰灯，广告牌饰灯的 PLC 控制系统要求如下：

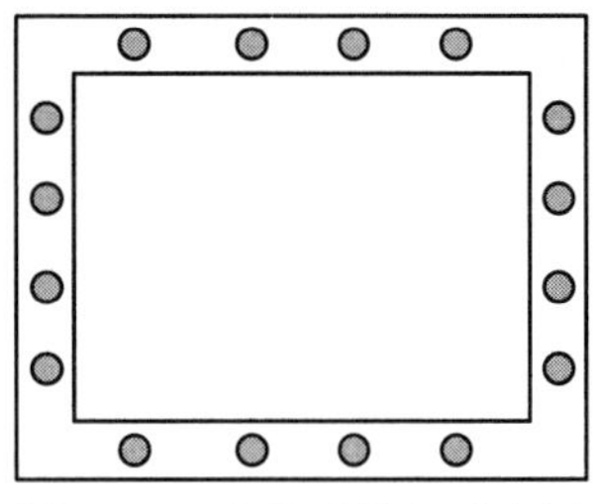

图 10.7　广告牌饰灯示意图

① 在按下启动按钮 SB1 后，16 盏饰灯（HL1～HL16）以 1s 的时间间隔正序依次点亮，循环两次。

② HL1～HL16 以 1s 的时间间隔反序依次点亮，循环两次。

③ HL1～HL16 以 0.5s 的时间间隔依次正序点亮，直到全亮后再以 0.5s 的时间间隔反序依次熄灭，完成一次大循环。

④ 按上述过程不断循环，直至按下停止按钮 SB2，16 盏饰灯全部熄灭。

10.3.2　工具准备

表 10.7　工具、设备清单

序号	分类	名称	型号规格	数量	单位	备注
1	工具	常用电工工具		1	套	
2	仪表	万用表	MF47	1	只	
3	设备	PLC	FX_{2N}-48MR	1	台	
4	设备	控制按钮		2	个	
5	设备	指示灯		16	个	

10.3.3　任务实施

(1) 选择 PLC 类型

在本任务中，广告牌饰灯控制系统只需要 2 个输入点作为系统启动按钮和系统停止按钮，16 个数字量输出点控制对应指示灯，不需要模拟量控制。通过上述分析知，选用三菱 FX_{2N}-48MR 可满足以上要求，同时也留有一定余量以备之后扩展需要。

(2) PLC 的 I/O（输入/输出）分配表

由上述控制要求可确定 PLC 需要 2 个输入点、16 个输出点。其 I/O 分配如表 10.8 所示。

表 10.8　广告牌饰灯 I/O 分配表

输入			输出		
输入继电器	输入元件	作用	输出继电器	输出元件	作用
X000	SB1	系统启动按钮	Y0～Y7	HL1～HL8	指示灯

续表

输入			输出		
输入继电器	输入元件	作用	输出继电器	输出元件	作用
X001	SB2	系统停止按钮	Y10～Y17	HL9～HL16	指示灯

（3）控制系统硬件设计

广告牌饰灯控制系统 PLC 的外部硬件接线如图 10.8 所示。

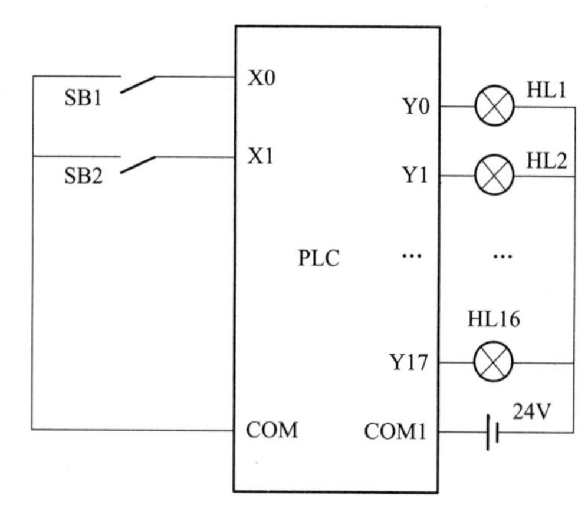

图 10.8　广告牌饰灯控制系统 PLC 的外部硬件接线图

（4）控制系统软件设计

根据控制要求及广告牌饰灯 I/O 分配表，用应用指令设计的广告牌饰灯控制梯形图如图 10.9 所示。

（5）元器件检测与硬件接线

按照之前所讲的元器件检测方法进行元器件检测。按照硬件接线图进行 PLC 硬件接线，接线完成后利用万用表检测 PLC 电源线路、输入输出线路是否正确。

电路布置要合理，横平竖直，接线要紧固美观。

（6）程序运行与调试

① 在断电状态下，连接好 USB-SC-09 通信数据线。

② 将 PLC 运行模式选择开关拨到 STOP 位置，此时 PLC 处于停止状态，可以进行程序编写。

③ 打开之前输入的梯形图程序文件，选择菜单栏中“工具”→“程序检查”命令，对梯形图进行检查，然后选择工具栏中“转换/编译”按钮，进行编译。

④ 执行“在线”→“PLC 写入”命令，将程序文件下载到 PLC 中。

⑤ 将 PLC 运行模式的选择开关拨到 RUN 位置，使 PLC 进入运行模式。

⑥ 按控制要求，分别按下广告牌饰灯控制系统启动和停止按钮，观察对应指示灯的亮灭情况。若出现故障，应分别检查硬件电路和梯形图是否有误，修改后，应重新调试，直至系统按要求正常工作。

⑦ 记录程序调试结果。

（7）整理技术文件

系统调试完成后，要整理、编写相关技术文档，主要包括电气原理图（主电路、控制电路）及设计说明（包括设备选型、器件检测等）、I/O 分配表、电路控制流程图、PLC 原程序、调试记录表。最后形成正确的、与系统最终上交时相对应的完整技术文档。

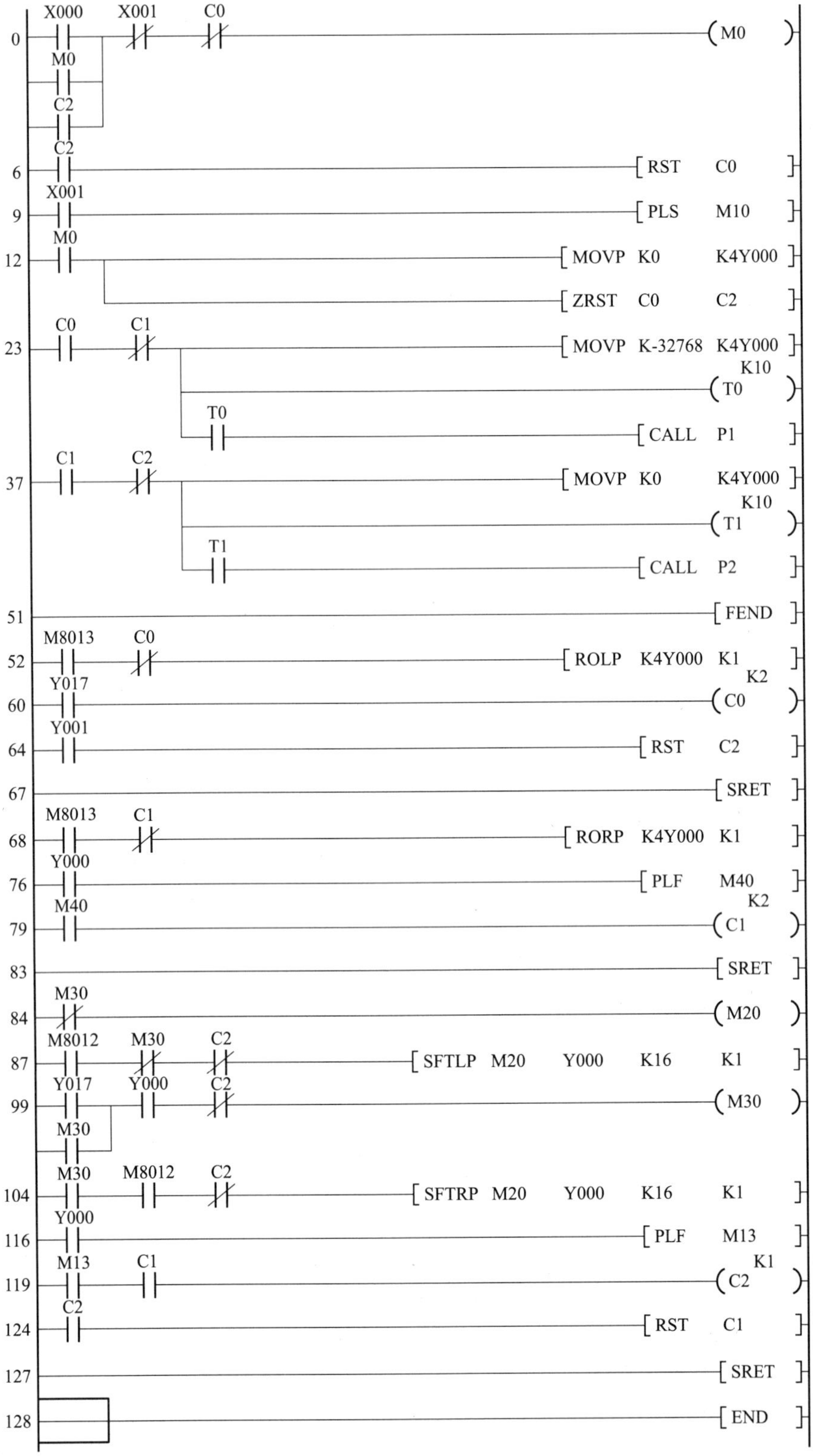

```
0    X000  X001  C0                                   (M0)
     M0
     C2
6    C2                                               [RST C0]
9    X001                                             [PLS M10]
12   M0                                               [MOVP K0 K4Y000]
                                                      [ZRST C0 C2]
23   C0  C1                                           [MOVP K-32768 K4Y000]
                                                      (T0 K10)
         T0                                           [CALL P1]
37   C1  C2                                           [MOVP K0 K4Y000]
                                                      (T1 K10)
         T1                                           [CALL P2]
51                                                    [FEND]
52   M8013  C0                                        [ROLP K4Y000 K1]
60   Y017                                             (C0 K2)
64   Y001                                             [RST C2]
67                                                    [SRET]
68   M8013  C1                                        [RORP K4Y000 K1]
76   Y000                                             [PLF M40]
79   M40                                              (C1 K2)
83                                                    [SRET]
84   M30                                              (M20)
87   M8012  M30  C2                [SFTLP M20 Y000 K16 K1]
99   Y017  Y000  C2                                   (M30)
     M30
104  M30  M8012  C2                [SFTRP M20 Y000 K16 K1]
116  Y000                                             [PLF M13]
119  M13  C1                                          (C2 K1)
124  C2                                               [RST C1]
127                                                   [SRET]
128                                                   [END]
```

图 10.9　广告牌饰灯 PLC 梯形图

10.3.4　任务考核

任务完成后，以小组为单位进行组内自我评价。对照评价表进行评价，并将评价结果填入表 10.9 中。

表 10.9　质量评价表

任务名称＿＿＿＿＿＿＿＿　小组成员＿＿＿＿＿＿＿＿　评价时间＿＿＿＿＿＿＿＿

考核项目	考核要求	配分	评分标准	扣分	得分	备注
系统安装	1. 能够正确选择元器件 2. 能够按照接线图布置元器件 3. 能够正确固定元器件 4. 能够按照要求编制线号	30	1. 不按接线图固定元器件扣 5 分 2. 元器件安装不牢固，每处扣 2 分 3. 元器件安装不能整齐、不均匀、不合理，每处扣 3 分 4. 不按要求配线号，每处扣 1 分 5. 损坏元器件此项不得分			
程序编译与下载	1. 能够建立程序新文件 2. 能够正确设置各种参数 3. 能够正确保存文件 4. 能够进行正确通信 5. 能够进行硬件通信与程序下载	40	1. 不能建立程序新文件或建立错误扣 4 分 2. 不能设置各项参数，每处扣 2 分 3. 保存文件错误扣 5 分 4. 不能正确通信扣 5 分 5. 不能进行程序下载扣 5 分			
运行操作	1. 操作运行系统，分析运行结果 2. 能够在运行中监控和切换各种参数 3. 能够正确分析运行中出现的各种代码	30	1. 系统通电操作错误一步扣 3 分 2. 分析运行结果错误一处扣 2 分 3. 不会监控扣 10 分 4. 不会分析各种代码的含义，每处扣 2 分			
安全生产	自觉遵守安全文明生产规程		1. 每违反一项规定，扣 3 分 2. 发生安全事故，按 0 分处理 3. 漏接接地线一处扣 5 分			
时间	1.5h		1. 提前正确完成，每 5min 加 2 分 2. 超过定额时间，每 5min 扣 2 分			

开始时间		结束时间		实际时间	

第11章

项目五：独立轴速度控制编程与调试

初级技能要求 

① 掌握MM420变频器面板操作方法。

② 掌握MM420变频器的编程方法。

③ 掌握MM420变频器主回路端子和控制端子的接线方法。

④ 掌握变频器控制的多段速、模拟量的控制。

⑤ 熟悉MM420变频器在恒压供水系统当中的使用。

中级技能要求

① 掌握MM420变频器面板操作方法。

② 掌握MM420变频器的编程方法。

③ 掌握MM420变频器主回路端子和控制端子的接线方法。

④ 掌握变频器控制的恒压供水系统的工作原理。

⑤ 熟悉MM420变频器在恒压供水系统当中的使用。

项目描述

本项目主要介绍了MM420变频器的原理框图与接线、变频器的操作面板、变频器的参数设置、变频器的基本运行模式，通过变频器控制的恒压供水系统的应用，最终掌握PLC硬件与变频器的正确应用。

技能目标

① 能够操作MM420变频器面板。

② 能够对 MM420 变频器进行编程。

③ 能够正确对 MM420 变频器主回路端子和控制端子接线。

④ 能够实现用变频器控制恒压供水系统。

11.1　任务一：变频器控制面板的控制与应用

11.1.1　任务要求

近年来，随着电力电子技术、微电子技术及大规模集成电路的发展，生产工艺的改进及功率半导体器件价格的降低，变频调速越来越被工业上所采用。如何选择性能好的变频器应用到工业控制中，是专业技术人员共同追求的目标。本项目的学习任务包含以下内容：

① 变频器的参数设置；

② 变频器的调试。

11.1.2　工具准备

表 11.1　工具、设备清单

序号	分类	名称	型号规格	数量	单位	备注
1	工具	常用电工工具		1	套	
2		数字万用表	DT9250	1	只	
3	设备	变频器	MM420	1	只	
4		三相异步电动机		1	只	
5		转速表	DQ03-1	1	只	
6		绝缘连接导线		10	只	
7		PLC	FX_{2N}48-MR	1	个	
8		转换接口	RS485	1	个	

11.1.3　任务实施

（1）变频器参数的调试

变频器控制电动机运行，其各种性能和运行方式的实现均需要设定变频器参数，每个参数都定义为某一具体功能，对于不同的变频器，参数的多少也是不一样的。正确地理解并设置这些参数是应用变频器的基础。

变频器的参数只能用基本操作面板（BOP）、高级操作面板（AOP）或者通过串行通信接口进行修改。

（2）变频器的调试

通常一台新的 MM420 变频器一般需要经过如下三个步骤进行调试：参数复位、快速调试和功能调试。

在参数复位完成后，需要进行快速调试。根据电动机和负载具体特性，以及变频器的控制方式等信息进行必要的设置之后，变频器就可以驱动电动机工作了。

① MM420 变频器参数复位。参数复位是将变频器的参数恢复到出厂时的参数默认值。一般在变频器初次调试，或者参数设置混乱时，需要执行该操作，以便于将变频器的

参数值恢复到一个确定的默认状态。具体的操作步骤如图11.1所示。

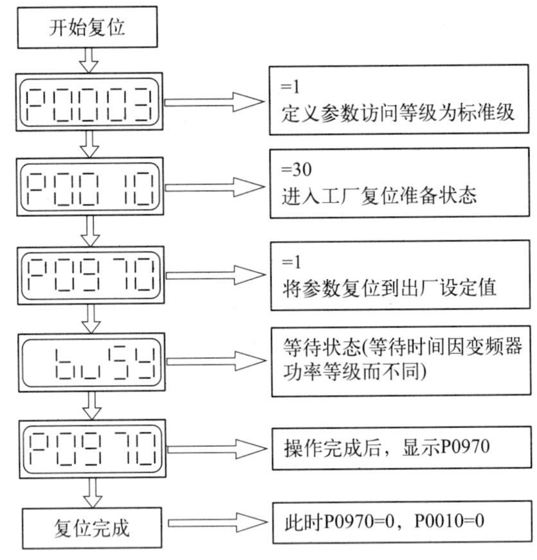

图11.1 变频器参数复位操作步骤

② MM420变频器快速调试。快速调试状态，需要用户输入电动机相关的参数和一些基本驱动控制参数，使变频器可以驱动电动机运转。一般在复位操作后，或者更换电动机后需要进行此操作。变频器快速调试的步骤如表11.2所示。

表11.2 变频器快速调试的步骤

参数号	参数描述	推荐设置
P0003	设置参数访问等级： =1 标准级(只需要设置最基本的参数)； =2 扩展级； =3 专家级。	3
P0010	=1 快速开始调试，并注意如下事项： ①只有在P0010=1的情况下，电动机的主要参数(如P0304，P0305)才能被修改； ②只有在P0010=0的情况下，变频器才能运行	1
P0100	选择电动机的功率单位和电网频率： =0，单位kW，频率50Hz； =1，单位hp，频率60Hz； =2，单位kW，频率60Hz	0
P0205	变频器应用对象： =0，恒转矩(压缩机、传送带等)；=1，变转矩(风机、泵类等)	0
P0300	选择电动机类型： =1 异步电动机；=2 同步电动机	1
P0304	电动机额定电压： 注意电动机实际接线(Y/A)	根据电动机铭牌
P0305	电动机额定电流： 注意电动机实际接线(Y/A)；如果驱动多台电动机，P0305的值要大于电流总和	根据电动机铭牌
P0307	电动机额定功率： 如果P0100=0或2，单位是kW； 如果P0100=1，单位是hp	根据电动机铭牌

续表

参数号	参数描述	推荐设置
P0308	电动机功率因数	根据电动机铭牌
P0309	电动机的额定效率，并注意如下事项： 如果 P0309 设置为 0，则变频器自动计算电动机效率； 如果 P0100 设置为 0，则看不到此参数	根据电动机铭牌
P1000	设置频率给定源： =1，BOP 电动电位计给定(面板)；=2，模拟量输入 1 通道(端子 3、4)； =3，固定频率；=4，BOP 链路的 USS；=5，COM 链路的 USS(端子 29、30)； =6，Profibus(CB 通信板)；=7，模拟量输入 2 通道(端子 10、11)	2
P1080	限制电动机运行的最小频率	0
P1802	限制电动机运行的最大频率	50
P1120	电动机从静止状态加速到最大频率所需时间	10
P1121	电动机从最大频率降速到静止状态所需时间	10
P1300	控制方式选择： =0，线性 U/f 控制；=2，平方曲线 U/f 控制； =20，无传感器矢量控制；=21，带传感器矢量控制	0
P3900	结束快速调试： =1，电动机数据计算，并将除快速调试以外的参数恢复到出厂设定； =2，电动机数据计算，并将 I/O 设定恢复到工厂设定； =3，电动机数据计算，其他参数不进行工厂复位	1

③ MM420 变频器功能调试。功能调试指用户按照具体生产工艺的需要进行的设置操作。这一部分的调试工作比较复杂，常常需要在现场多次调试。

11.1.4　任务考核

任务质量考核要求及评分标准见表 11.3。

表 11.3　质量评价表

考核项目	考核要求	配分	评分标准	扣分	得分	备注
系统安装	1. 能够正确选择元器件 2. 能够按照接线图布置元器件 3. 能够正确固定元器件 4. 能够按照要求编制线号	30	1. 不按接线图固定元器件扣 5 分 2. 元器件安装不牢固，每处扣 2 分 3. 元器件安装不能整齐、不均匀、不合理，每处扣 3 分 4. 不按要求配线号，每处扣 1 分 5. 损坏元器件此项不得分			
编程操作	1. 能够建立程序新文件 2. 能够正确设置各种参数 3. 能够正确保存文件	40	1. 不能建立程序新文件或建立错误扣 4 分 2. 不能设置各项参数，每处扣 2 分 3. 保存文件错误扣 5 分			
运行操作	1. 操作运行系统，分析运行结果 2. 能够在运行中监控和切换各种参数 3. 能够正确分析运行中出现的各种代码	30	1. 系统通电操作错误一步扣 3 分 2. 分析运行结果错误一处扣 2 分 3. 不会监控扣 10 分 4. 不会分析各种代码的含义，每处扣 2 分			

续表

考核项目	考核要求	配分	评分标准	扣分	得分	备注
安全生产	自觉遵守安全文明生产规程		1. 每违反一项规定，扣 3 分 2. 发生安全事故，按 0 分处理 3. 漏接接地线一处扣 5 分			
时间	3h		1. 提前正确完成，每 5min 加 2 分 2. 超过定额时间，每 5min 扣 2 分			
开始时间		结束时间		实际时间		

11.2　任务二：变频器外部端子的控制与应用

11.2.1　任务要求

用户用水量一般是动态的，因此供水不足或供水过剩的情况时有发生。而用水和供水之间的不平衡集中反映在供水的压力上，即用水多而供水少，则压力低；用水少而供水多，则压力大。保持供水压力的恒定，可使供水和用水之间保持平衡，即用水多时供水也多，用水少时供水也少，从而提高了供水的质量。

本任务的学习任务包含以下内容：

MM420 变频器的原理框图与接线；

MM420 变频器的操作面板；

MM420 变频器的参数；

MM420 变频器的基本运行模式；

MM420 变频器控制的恒压供水系统。

11.2.2　工具准备

表 11.4　工具、设备清单

序号	分类	名称	型号规格	数量	单位	备注
1	工具	常用电工工具		1	套	
2	仪表	数字万用表	DT9250	1	只	
3	设备	变频器	MM420	1	台	
4	设备	三相异步电动机		1	台	
5	仪表	转速表	DQ03-1	1	只	
6	设备	绝缘连接导线		10	条	
7	设备	PLC	FX_{2N}48-MR	1	个	
8	设备	转换接口	RS-485	1	个	

11.2.3　任务实施

(1) 恒压供水系统

① MM420 变频器的基本运行模式。

a. BOP 面板操作。

通过 BOP 面板上的按钮来进行启动、停止、复位等操作。如果变频器已经通过功能预置，选择了 BOP 面板操作的话，则变频器在接通电源后，可以通过操作面板上的按钮来控制变频器的运行，频率的大小通过调节面板上的按钮来获得。

b. 外接端子操作。

如果变频器通过功能预置，选择了外接端子控制方式的话，则其启动/停止要通过外接端子开关来控制。

② 变频器控制的恒压供水系统。

a. 恒压供水的意义。

所谓恒压供水是指通过闭环控制，使供水的压力自动地保持恒定，其主要意义是：

- 提高供水的质量；
- 节约能源；
- 启动平稳；
- 可以消除启动和停机时的水锤效应。

b. 恒压供水的主电路。

通常在同一路供水系统中，设置 2 台常用泵，供水量大时开 2 台，供水量少时开 1 台。在采用变频调速进行恒压供水时，为节省设备投资，一般采用 1 台变频器控制 2 台电机，主电路如图 11.2 所示，图中没有画出用于过载保护的热继电器。

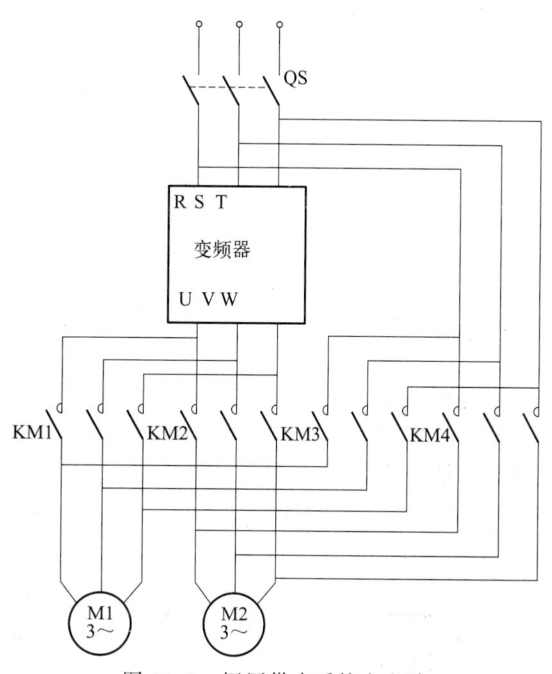

图 11.2　恒压供水系统主电路

控制过程为：用水少时，由变频器控制电动机 M1 进行恒压供水，当用水量逐渐增加时，M1 的工作频率亦增加；当 M1 的工作频率达到最高工作频率（50Hz）时，若供水压力仍达不到要求，则将 M1 切换到工频电源供电，同时将变频器切换到电动机 M2 上，由 M2 进行补充供水；当用水量逐渐减小，即使 M2 的工作频率已降为 0Hz，而供水压力仍偏大时，则关掉由工频电源供电的 M1，同时迅速升高 M2 的工作频率，进行恒压控制。如果用水量恰巧在 1 台泵全速运行的上下波动，将会出现供水系统频繁切换的状态，这对于变频器控制元器件及电机都是不利的。为了避免这种现象的发生，可设置压力控制的“切换死区”，如果所需压力为 0.3MPa，则可设定切换死区范围为 0.3～0.35MPa。控制方式是当 M1 的工作频率上升到 50Hz 时，如压力低于 0.3MPa，则进行切换，使 M1 全速运行，M2 进行补充。当用水量减少，M2 已完全停止，但压力仍超过 0.3MPa 时，暂不切换，直至压力超过 0.35MPa 时再行切换。

另外，2 台电机可以用 2 台变频器分别控制，也可以用 1 台容量较大的变频器同时控制。前者机动性好，但设备费用较贵，后者控制较为简单。

多台电机使用 1 台变频器控制的切换方式与上述类似。

c. 采用 PID 调节的控制方案。

图 11.3 所示为采用了 PID 调节的恒压供水系统的控制线路示意图。供水压力由压力变送器转换成电流量或电压量信号，反馈到 PID 调节器，PID 调节器将压力反馈信号与压力给定信号相比较，并经比例（P）、积分（I）、微分（D）诸环节调节后得到频率给定信号，控制变频器的工作频率，从而控制了水泵的转速和泵水量。

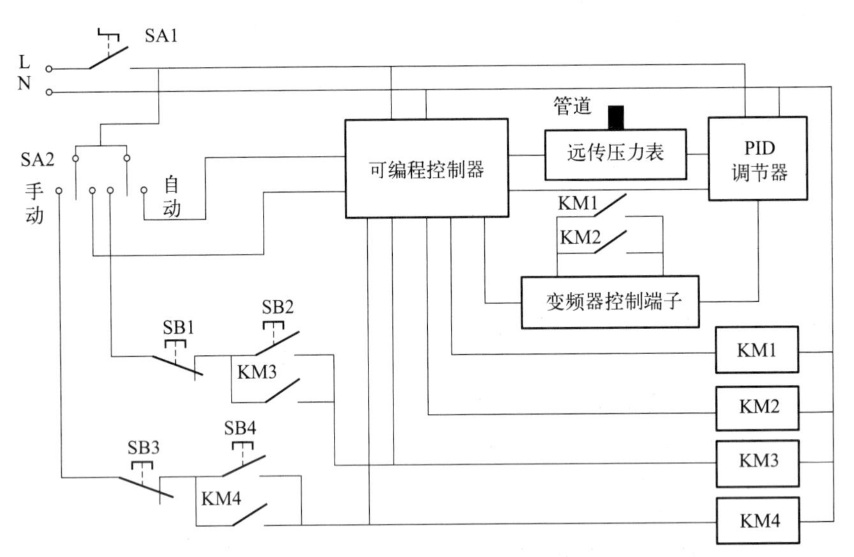

图 11.3　恒压供水系统控制线路示意图

PID 调节器的功能简述如下。

• 比较与判断功能。设压力给定信号为 x_{p1}，压力变送器的反馈信号为 x_f，PID 调节器首先对上述信号进行比较，得到偏差信号 Δx

$$\Delta x = x_{p1} - x_f$$

接着根据 Δx 判断如下：

Δx 为“+”，说明供水压力低于给定值，水泵应升速。Δx 越大，说明供水压力低得越多，应加快水泵的升速。

Δx 为“−”，说明供水压力高于给定值，水泵应减速。$|\Delta x|$ 越大说明供水压力高得越多，应加快水泵的减速。

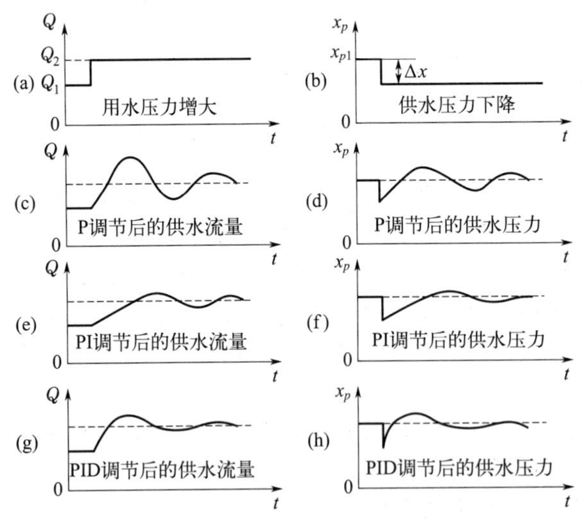

图 11.4　PID 功能示意图

图 11.4(a) 所示是用水量从 Q_1 增大至 Q_2 的情况。图 11.4(b) 所示是 PID 调节器中得到偏差信号的情形，用水量 Q 增大了，引起供水不足，供水压力下降，于是出现了偏差信号 Δx。图 11.4 中，供水压力用与之对应的压力信号 x_p 来表示。x_p 的大小与供水压力成比例，但具体数值因压力变换器型号的不同而各异。

仅仅依靠 Δx 的变化来进行上述控制，虽然也基本可行，但在 Δx 值很小时，反应不够灵敏，不可能使 Δx 减小为 0，因而存在静差 ε。

• P（比例）功能。简略地说，P

功能就是将 Δx 值按比例放大。这样，Δx 值即使很小，也被放大得足够大，使水泵的转速得到迅速调整，从而减小了静差 ε。但是，另一方面，P 功能将 Δx 设定得大，则灵敏度高，供水压力 x_p 到达给定值 x_{p1} 的速度快。由于拖动系统有惯性，很容易发生超调（供水压力超过了给定值），此时必须向相反方向回调，回调时也容易发生超调，因此，供水流量 Q 在新的用水流量值处振荡，如图 11.4(c) 所示，而供水压力 x_p 则在给定值 x_{p1} 处振荡，如图 11.4(d) 所示。

• I（积分）功能。振荡现象之所以发生，主要是因为水泵的升速过程和降速过程都太快。I（积分）功能就是用来减缓升速和降速的，可以缓解因 P 功能设定过大而引起的超调。I 功能和 P 功能相结合，即为 PI 功能。图 11.4(e) 所示为经 PI 调节后的供水流量 Q 的变化情形，而图 11.4(f) 所示则是经 PI 调节后供水压力 x_p 的变化情形。

但是，I 功能设定过大，会拖延供水流量重新满足用水流量（供水压力重新达到给定值）的时间。

• D（微分）功能。为了克服因 I 功能设定过大而带来的缺陷，又增加了 D（微分）功能。D 功能是将 x 的变化率（$\mathrm{d}x/\mathrm{d}t$）作为自己的输出信号。

在用水流量刚刚增大、供水压力 x_p 刚下降的瞬间，$\mathrm{d}x/\mathrm{d}t$ 最大；随着水泵转速逐渐上升，供水压力 x_p 的逐渐恢复，$\mathrm{d}x/\mathrm{d}t$ 将逐渐衰减。D 功能和 PI 功能相结合，便得到 PID 调节功能。

D 功能加入的结果是，水泵的转速将先猛升一下，然后又逐渐恢复到只有 PI 功能的状态，从而大大缩短了供水压力 x_p 恢复到给定值的时间。图 11.4(g) 所示是经 PID 调节后的供水流量 Q 的变化情形，图 11.4(h) 所示则是经 PID 调节后供水压力 x_p 的变化情形。

水泵电机 M1 和 M2 的工作状态由可编程控制器（PLC）控制与切换。为了使变频器发生故障时不影响正常供水，系统增加了手动功能，只要将转换开关拨到“手动”，M1 与 M2 就转换到工频电源供电，且启停完全由手动控制。

（2）操作指导

① 使用注意事项。

a. 电气设备运行时，设备的某些部件上不可避免地存在危险电压。

b. 按照 EN 60204 的要求，紧急停车设备必须在控制设备的所有工作方式下都保持可控性。无论紧急停车设备是如何停止控制设备运转的，都不能导致不可控的或者不可预料的再次启动。

c. 无论故障出现在控制设备的什么地方都有可能导致重大的设备损坏，甚至是严重的人身伤害（即存在潜在的危险故障），因此，还必须采取附加的外部预防措施或者另外装设用于确保安全运行的装置，即使在故障出现时也应如此（例如，独立的限流开关、机械联锁等）。

d. MM420 变频器在高电压下运行。

e. 在输入电源中断并再次上电之后，一些参数设置可能会造成变频器的自动再启动。

f. 为了保证电机的过载保护功能正确动作，电机的参数必须准确地配置。

g. 本设备在变频器内部提供电机保护功能。根据 P0610（第 3 访问级）和 P0335，I^2t 保护功能是在缺省情况下投入。电机的过载保护功能也可以采用外部 PTC 经由数字输入来实现。

h. 本设备可用于回路对称、回路容量不大于 10000A（均方根值）的地方，具有延时型熔断器保护时，其最大电压为 230V/460V。

i. 本设备不可作为紧急停车设备使用。

② 频率设定值（P1000）。

a. 标准的设定值：端子3/4（AIN+/AIN-，0～10V相当于0～50/60Hz）。

b. 可选的其他设定值：参看P1000。

③ 命令源（P0700）。斜坡时间和斜坡平滑曲线功能也关系到电机如何启动和停车。关于这些功能的详细说明，请参看参数表中的参数P1120、P1121、P1130～P1134。

a. 电机启动。

• 标准的设定值：端子5（DIN1，高电平）。

• 其他可选的设定值：参看P0700～P0704。

b. 电动机停车。

• 标准的设定值：

OFF1端子5（DIN1，低电平）；

OFF2用BOP/AOP上的OFF（停车）按钮控制时，按下OFF按钮（持续2s）或按两次OFF（停车）按钮即可。（使用缺省设定值时，没有BOP/AOP，因而不能使用这一方式）；

OFF3在缺省设置时不激活。

• 其他可选的设定值：参看P0700～P0704。

c. 电动机反向。

标准的设定值：端子6（DIN2，高电平）。

其他可选的设定值：参看P0700～P0704。

④ 停车和制动功能。

a. OFF1。这一命令（消除"ON"命令而产生的）使变频器按照选定的斜坡下降速率减速并停止转动。修改斜坡下降时间的参数见P1121。

条件：

• ON命令和后继的OFF1命令必须来自同一信号源；

• 如果"ON/OFF1"的数字输入命令不止由一个端子输入，那么，只有最后一个设定的数字输入（例如DIN3）才是有效的。

OFF1可以同时具有直流注入制动或复合制动。

b. OFF2。这一命令使电动机在惯性作用下滑行，最后停车（脉冲被封锁）。

条件：

• OFF2命令可以有一个或几个信号源；

• OFF2命令以缺省方式设置到BOP/AOP；

• 即使参数P0700～P0704之一定义了其他信号源，这一信号源依然存在。

c. OFF3。OFF3命令使电动机快速地减速停车。在设置了OFF3的情况下，为了启动电动机，二进制输入端必须闭合（高电平）。只有OFF3为高电平，电动机才能启动并用OFF1或OFF2方式停车。如果OFF3为低电平，电动机是不能启动的。斜坡下降时间：参看P1135。

OFF3可以同时具有直流制动或复合制动。

d. 直流注入制动。直流注入制动可以与OFF1和OFF3同时使用。向电动机注入直流电流时，电动机将快速停止，并在制动作用结束之前一直保持电动机轴静止不动，步骤如下：

• 设定直流注入制动功能：参看P0701至P0704；

• 设定直流注入制动的持续时间：参看P1233；

• 设定直流注入制动电流：参看P1232。

如果没有数字输入端设定为直流注入制动，而且 P1233≠0，那么，直流注入制动将在每个 OFF 命令之后起作用。

e. 复合制动。复合制动可以与 OFF1 和 FF3 命令同时使用。为了进行复合制动，应在交流电流中加入一个直流分量。设定制动电流：参看 P1236。

⑤ 控制方式（P1300）。MM420 变频器的所有控制方式都是基于 U/f 控制特性。下面各种不同的控制关系适用于各种不同的应用对象：

a. 线性 U/f 控制，P1300＝0。

这一控制可用于可变转矩和恒定转矩的负载，例如带式运输机和正排量泵类。

b. 带磁通电流控制（FCC）的线性 U/f 控制，P1300＝1。

这一控制方式可用于提高电机的效率和改善其动态响应特性。

c. 抛物线（平方）U/f 控制，P1300＝2。

这一方式可用于可变转矩负载，例如风机和水泵。

d. 多点 U/f 控制，P1300＝3。

有关这种运行方式更详细的资料，可参看 MM420 变频器的“参考手册”。

⑥ 故障和报警

a. 安装 SDP。

如果变频器安装的是 SDP，变频器的故障状态和报警信号由屏上的两个 LED 显示出来。如果变频器工作正常无故障，可以看到以下的 LED 显示：

• 绿色和黄色＝运行准备就绪；
• 绿色＝变频器正在运行。

b. 安装 BOP。如果安装的是 BOP，在出现故障时可以显示最近发生的 8 种故障状态（P0947）和报警信号（P2110）。更多的信息参看“参数表”。

c. 安装 AOP。如果安装的是 AOP，在出现故障时将在液晶显示屏 LCD 上显示故障码和报警码。

11.2.4 任务考核

项目质量考核要求及评分标准见表 11.5。

表 11.5　质量评价表

考核项目	考核要求	配分	评分标准	扣分	得分	备注
系统安装	1. 能够正确选择元器件 2. 能够按照接线图布置元器件 3. 能够正确固定元器件 4. 能够按照要求编制线号	30	1. 不按接线图固定元器件扣 5 分 2. 元器件安装不牢固，每处扣 2 分 3. 元器件安装不能整齐、不均匀、不合理，每处扣 3 分 4. 不按要求配线号，每处扣 1 分 5. 损坏元器件此项不得分			
编程操作	1. 能够建立程序新文件 2. 能够正确设置各种参数 3. 能够正确保存文件	40	1. 不能建立程序新文件或建立错误扣 4 分 2. 不能设置各项参数，每处扣 2 分 3. 保存文件错误扣 5 分			
运行操作	1. 操作运行系统，分析运行结果 2. 能够在运行中监控和切换各种参数 3. 能够正确分析运行中出现的各种代码	30	1. 系统通电操作错误一步扣 3 分 2. 分析运行结果错误一处扣 2 分 3. 不会监控扣 10 分 4. 不会分析各种代码的含义，每处扣 2 分			

续表

考核项目	考核要求	配分	评分标准	扣分	得分	备注
安全生产	自觉遵守安全文明生产规程		1. 每违反一项规定，扣3分 2. 发生安全事故，按0分处理 3. 漏接接地线一处扣5分			
时间	3h		1. 提前正确完成，每5min加2分 2. 超过定额时间，每5min扣2分			
开始时间		结束时间		实际时间		

11.3　任务三：基于PLC的变频器控制与应用

11.3.1　任务要求

采用三菱可编程控制器和MM420变频器为主要控制器件，使供水压力保持在一个恒定的压力范围。水泵系统由一台1.5kW的恒压泵和四台以变频器控制的5.5kW的水泵组成，根据不同用水量，四台水泵通过循环变频运行及工频运行等来恒定水压。

11.3.2　工具准备

表11.6　工具、设备清单

序号	分类	名称	型号规格	数量	单位	备注
1	工具	常用电工工具		1	套	
2	仪表	数字万用表	DT9250	1	只	
3	设备	变频器	MM420	1	台	
4	设备	三相异步电动机		1	台	
5	仪表	转速表	DQ03-1	1	只	
6	设备	绝缘连接导线		10	条	
7	设备	PLC	FX_{2N}-48-MR	1	个	
8	设备	转换接口	RS-485	1	个	

11.3.3　任务实施

一般规定城市管网的水压只保证六层以下楼房的用水，其余上部各层均需提升水压才能满足用水要求，以前大多采用传统的水塔、高位水箱或气压罐式增压设备，但它们都必须由水泵以高出实际用水高度的压力来“提升”水量。恒压供水系统可实现水泵电机无级调速，依据用水量的变化自动调节系统的运行参数，在用水量变化时保持水压恒定，以满足用水要求，是当今最先进合理的节能型供水系统，在实际应用中得到了很大的发展。随着电力、电子技术的飞速发展，变频器的功能也越来越强，充分利用变频器、PCL控制的各种功能，对发展恒压变频供水系统有着重要意义。

(1) 恒压供水系统的组成

该系统装置采用三菱可编程控制器和MM420变频器为主要控制器件，PLC通过A/D转换模块采集压力传感器的输出信号，从而监测供水压力及液面的高度，再由PLC控制变频器和接触器调节水泵的工作状态，使供水压力保持在一个恒定的压力范围。水泵系统由一台 1.5kW 的恒压泵和四台以变频器控制的 5.5kW 的水泵组成，根据不同用水量，四台水泵通过循环变频运行及工频运行等来恒定水压。系统通过设定参数，由触摸屏控制操作，根据变频显示，压力显示，欠压超时、水位报警指示，及上限保持压力、下限运行启动压力等来控制系统的运行，以欧姆龙可编程控制器和变频器为核心控制输出，在水泵的出水管道上安装一个远传压力传感器，用于检测管道压力，并把出口压力变成 0～5C 或 4～20mA 的模拟信号，送到 PLC 的 A/D 转换输入端，转换成数字信号控制 PLC 的输出，给定偏差值到变频器，以控制输出频率的大小，从而改变水泵的电机转速，达到控制管道压力恒定的目的。

当实际管道压力小于给定压力时，变频器输出频率上升，电机转速加快，管道压力开始升高；反之，变频器频率降低，电机转速减小，管道压力降低。如果上下调整多次，直到偏差值为零，则实际压力围绕设定压力上下波动保持压力恒定。

恒压供水系统主电路如图 11.5 所示。恒压供水系统的组成如图 11.6 所示。

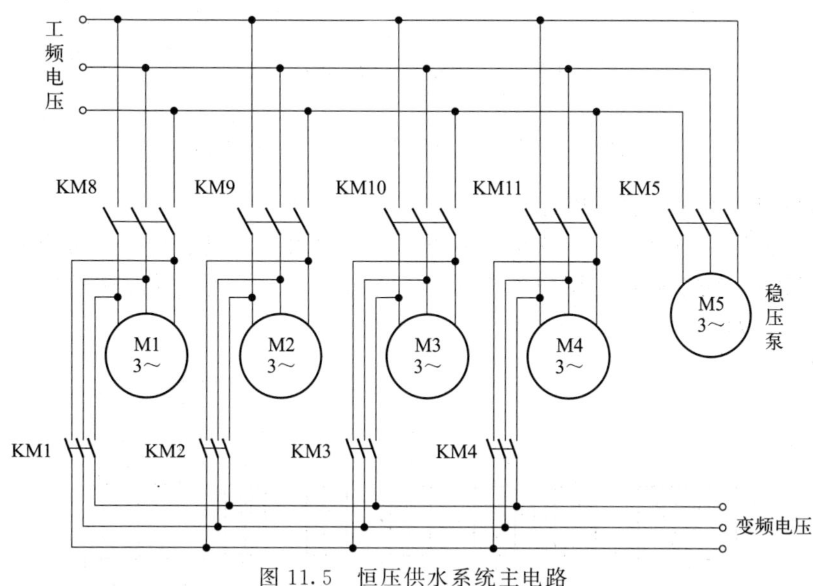

图 11.5　恒压供水系统主电路

① 水泵电机：

型号：Y160M-4；额定功率：11kW；额定电压：380V；额定电流：22.6A；接法：△型。

② PLC 可编程控制器：

型号：FX_{2N}；IN：X00 ～ X07　X08 ～ X15；OUT：Y00～Y07 Y08～Y15。

③ 气压给水设备：

型号：KLS-122/0.54-Q3；最高工作压力：0.64MPa；额定给水流量：32L/s；最低工作压力：0.54MPa；额定功率：11kW；水泵扬程：64m；有效面积：50L。

④ 压力容器装置（隔膜气压罐）：设计压力：1MPa；最高工作压力：0.95MPa；型号：GB-150-98；测验压力：125MPa。

⑤ 变频器（MM420）：功率：2.2～11kW。

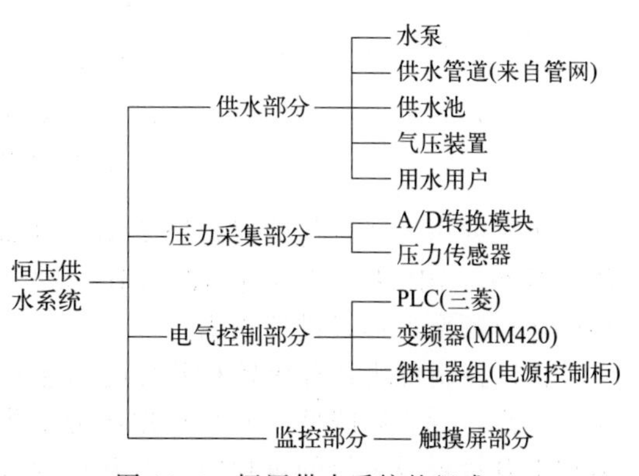

图 11.6　恒压供水系统的组成

⑥ 磁助式电接点压力传感器。

型号：YX-100 AC 380 DC 220；触点功率：30W。

⑦ 供水压力传感器回路线路连接图。压力传感器和液位传感器都是通过各自的数显表供电，而且都为电流传感器，压力的不同和液位的不同会影响回路中的电流大小，压力传感器回路原理如图 11.7 所示。

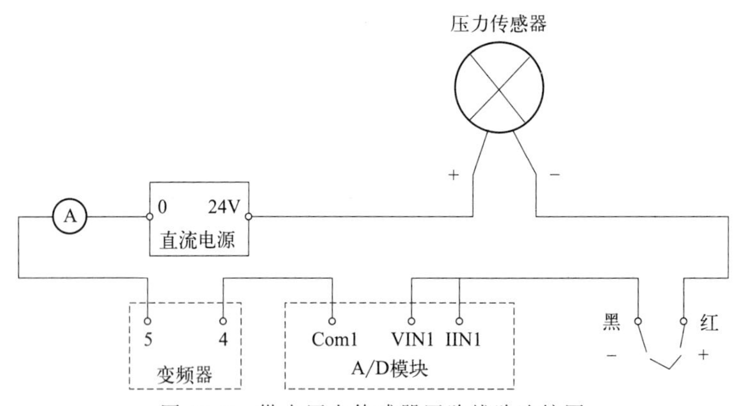

图 11.7　供水压力传感器回路线路连接图

(2) 恒压供水系统的工作原理

恒压供水系统是通过 PLC、变频器和继电器，将水泵的供水功率划分出不同的挡位，根据压力传感器的偏差信号和用户的需求量，给定一个偏差信号值来控制 PLC，达到恒压供水的目的，如图 11.8 所示。

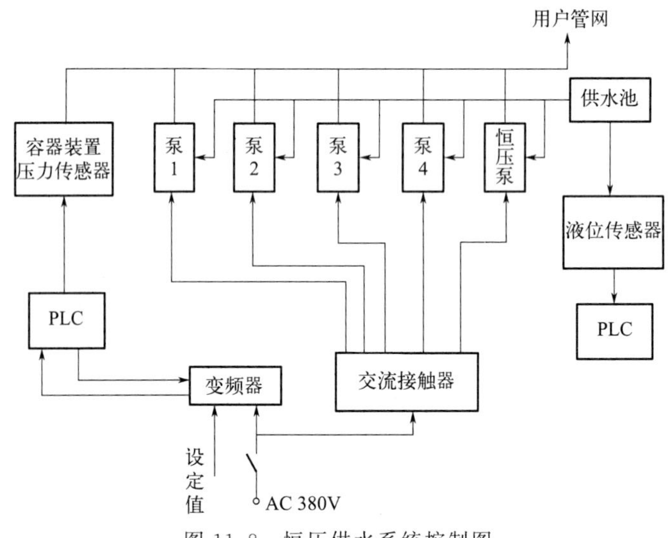

图 11.8　恒压供水系统控制图

供水的压力通过传感器系统采集，再通过变频的 A/D 转换模块将设定值及偏差信号值同时经过 PID 控制进行比较，PID 根据变频器的参数设置，进行数据处理，将处理结果以运行频率的形式进行输出。

PID 控制模块具有比较和差分的功能，供水的压力低于设定压力，变频器就会将运行频率升高，反之则降低，并且根据压力变化的快慢进行差分调节。以负作用为例：如果压力在上升接近设定值的过程中，上升速度过快，PID 运算也会自动减少执行量，从而稳定压力。

供水压力经 PID 调节后的输出量，通过交流接触器组进行切换后，输出给水泵的电机。在管网中用水量增大时，会出现一台“变频泵”效率不够的情况，这时就需要其他的水泵以工频的形式参与供水运行。交流接触器组就负责切换水泵的工作形式。由 PLC 控制各个接触器，将工频电压或是变频器输出电压，按需要选择水泵供电，从而使整个管网水压保持恒定。

整个系统运行过程中，当出现缺相、变频器故障、液位下限超压等情况时，系统皆能发出声响报警信号，特别是当出现缺相、变频器故障、超压时，系统会自动停机，并发出报警信号，提醒维护人员及时去维修处理，使其恢复正常。此外，变频器故障时，系统可切换至手动方式保证系统供水。为维护和抢修水泵，在系统正常供水状态下，可在一段时间间隔内使某一台水泵运行。系统设有水泵强制备用功能，可随便备用某一台水泵，同时不影响其他水泵运行。为了使水泵进行轮休，系统还设有软件备用功能（钟控时序控制)。工作泵与备用泵按周期定时切换，轮换 4 台泵组运行（循环)。

(3) PLC 控制器和变频器的运行状态与设置

① I/O 分配。恒压供水程序 I/O 分配如图 11.9 所示。

• 当主管压力低于正常设置压力时，接通水泵 Y0（1＃)，当压力仍低时，依次接通 Y1、Y2、Y3。

• 当主管压力高于正常设置压力时，断开水泵 Y0（1＃)，当压力仍高时，依次断开 Y1、Y2、Y3。

• 为延长水泵电机使用寿命，所有水泵依次循环启动运行。

• 各水泵能独立启动、停止。

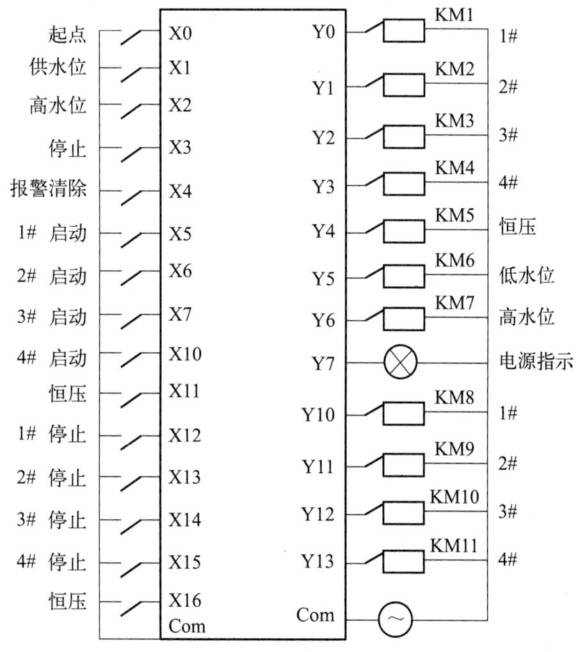

图 11.9　恒压供水程序 I/O 分配图

系统启动时，KM0（Y0）闭合，1＃水泵以变频方式运行，当变频器的运行频率超出设定值时，输出一个上限信号，PLC 收到这个上限信号后将 1＃水泵由变频运行转换为工频运行，KM0 断开，KM8 闭合，同时 KM1 闭合，2＃水泵变频运行，如果再次接收到变频器上限输出信号，则 KM1 断开，KM9 闭合，2＃水泵由变频转工频运行，则 3＃变频启动，KM2 闭合。4 台水泵依次循环控制启动运行。

如果变频器频率偏低，压力过高，则输出下限信号使 PLC 关闭输出，依次停止水泵运行，当只剩 1＃水泵变频运行时，若压力仍过高，则所有水泵都会停止，由恒压泵来控制管道压力。这段 PLC 程序还有一个软保护程序，可防止操作不当、损坏变频器。

② 流程图。PLC 程序流程如图 11.10 所示。

③ 变频器的设定。在 PID 控制下，使用一个 4mA 对应 0MPa、20mA 对应 0.5MPa 的传感器调节水泵的供水压力，设定值是通过变频器的 2 和 5 端子（0～5V）给定的。变频器 PID 设置流程如图 11.11 所示。

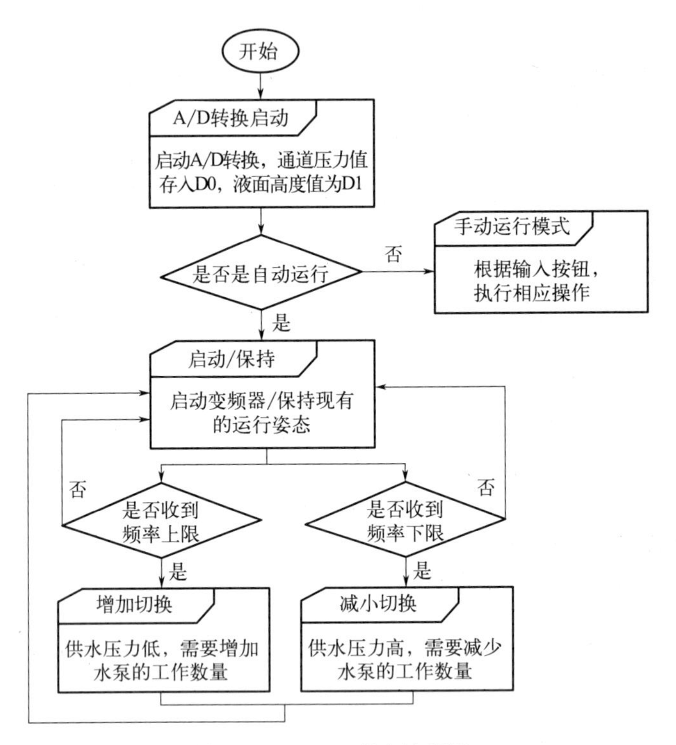

图 11.10　PLC 程序流程图

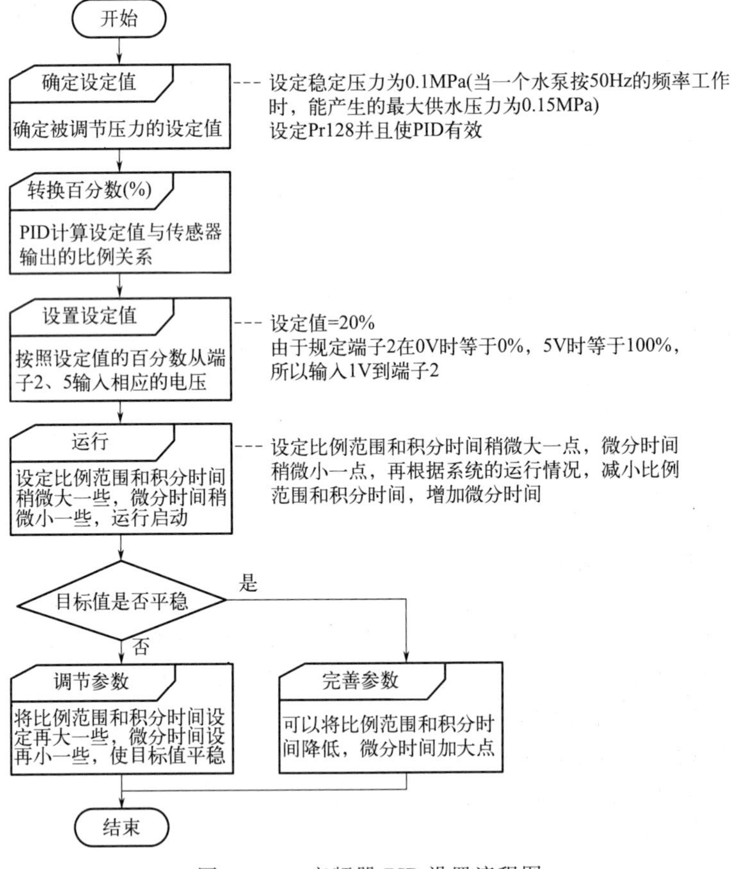

图 11.11　变频器 PID 设置流程图

以上供水系统中采用可编程控制器和变频器调速运行方式，可根据实际设定水压自动调节水泵电机的转速或加、减泵，使供水系统管网中的压力保持在给定的值，以求最大限度节能、节水，并且系统能处于可靠运行状态，实现恒压供水，系统用水量任何变化均能使供水管网中的压力保持恒定。大大提高了供水质量，同时解决了天面水池二次污染问题。变频器故障后仍能保障不间断供水，同时实现故障消除后自动启动，具有一定的先进性。

11.3.4 任务考核

任务质量考核要求及评分标准见表 11.7。

表 11.7　质量评价表

考核项目	考核要求	配分	评分标准	扣分	得分	备注
系统安装	1. 能够正确选择元器件 2. 能够按照接线图布置元器件 3. 能够正确固定元器件 4. 能够按照要求编制线号	30	1. 不按接线图固定元器件扣 5 分 2. 元器件安装不牢固，每处扣 2 分 3. 元器件安装不能整齐、不均匀、不合理，每处扣 3 分 4. 不按要求配线号，每处扣 1 分 5. 损坏元器件此项不得分			
编程操作	1. 能够建立程序新文件 2. 能够正确设置各种参数 3. 能够正确保存文件	40	1. 不能建立程序新文件或建立错误扣 4 分 2. 不能设置各项参数，每处扣 2 分 3. 保存文件错误扣 5 分			
运行操作	1. 操作运行系统，分析运行结果 2. 能够在运行中监控和切换各种参数 3. 能够正确分析运行中出现的各种代码	30	1. 系统通电操作错误一步扣 3 分 2. 分析运行结果错误一处扣 2 分 3. 不会监控扣 10 分 4. 不会分析各种代码的含义，每处扣 2 分			
安全生产	自觉遵守安全文明生产规程		1. 每违反一项规定，扣 3 分 2. 发生安全事故，按 0 分处理 3. 漏接接地线一处扣 5 分			
时间	3h		1. 提前正确完成，每 5min 加 2 分 2. 超过定额时间，每 5min 扣 2 分			
开始时间		结束时间		实际时间		

第12章

项目六：独立轴位置控制与调试

初级技能要求 

① 了解步进电机的工作原理。

② 熟悉步进电机的编程方法。

③ 了解步进电机控制端子的接线方法。

④ 掌握脉冲输出指令的编程。

⑤ 了解伺服电机的编程应用。

中级技能要求

① 掌握步进电机的工作原理。

② 掌握步进电机的编程方法。

③ 掌握步进电机控制端子的接线方法。

④ 掌握脉冲输出指令的编程。

⑤ 掌握伺服电机的编程应用。

项目描述

本项目主要介绍了步进电机的接线、脉冲输出指令，通过采用 PLC 控制步进电机和伺服电机，最终掌握 PLC 与步进电机和伺服电机的应用。

技能目标

① 能够理解步进电机的工作原理。

② 能够掌握步进电机的编程方法。

③ 能够对步进电机控制端子正确接线。
④ 能够掌握脉冲输出指令的编程。
⑤ 能够掌握伺服电机的编程应用。

12.1　任务一：步进电机的控制与应用

12.1.1　任务要求

通过三菱 FX_{2N} 系列 PLC 控制步进电机正反转，从而掌握 PLC 控制步进电机的应用。

12.1.2　工具准备

表 12.1　工具、设备清单

序号	分类	名称	型号规格	数量	单位	备注
1	工具	常用电工工具		1	套	
2	仪表	数字万用表	DT9250	1	只	
3	设备	步进电机		1	台	
4	设备	步进电机驱动器		1	个	
5	设备	PLC	FX_{2N}	1	个	

12.1.3　任务实施

(1) 脉冲输出指令

PLSY 是基本的脉冲输出指令，功能是发送指定频率和指定数量的脉冲（图 12.1）。

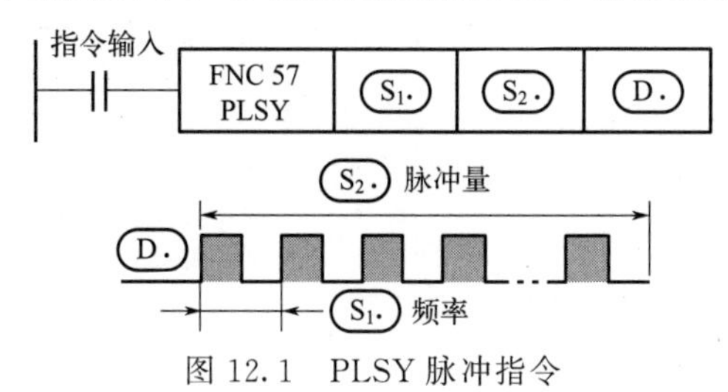

图 12.1　PLSY 脉冲指令

(2) PLSY 指令说明

其中 S1 是指定脉冲频率，S2 是发送的脉冲数量，D 是脉冲输出 Y 端口。其中 16 位指令 PLSY 的频率范围为 0～32676Hz，脉冲数量为 32768（2^{15}）P，32 位指令 S1 脉冲频率 0～100000Hz，输出脉冲数量（S2）范围是 0～2147483648（2^{31}）P。脉冲输出端口目前 FX_{2N} 系列 PLC 只支持 Y0 和 Y1。

步进电机驱动器接线图如图 12.2 所示，I/O 分配表见表 12.2，梯形图见图 12.3。

表 12.2　I/O 分配表

输入	输出
正起　X0	电机　Y0
反起 X1	

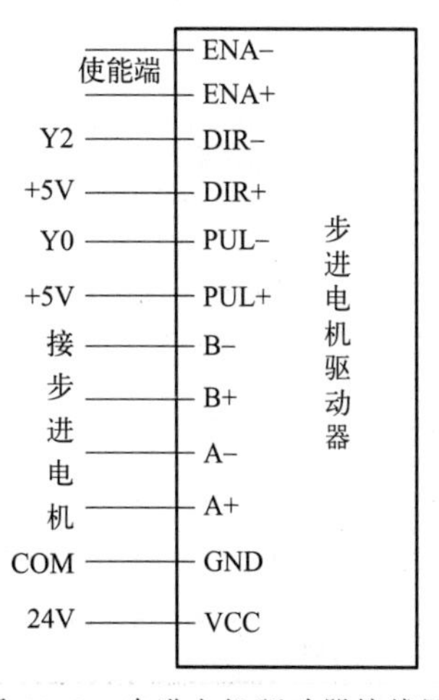

图 12.2　步进电机驱动器接线图

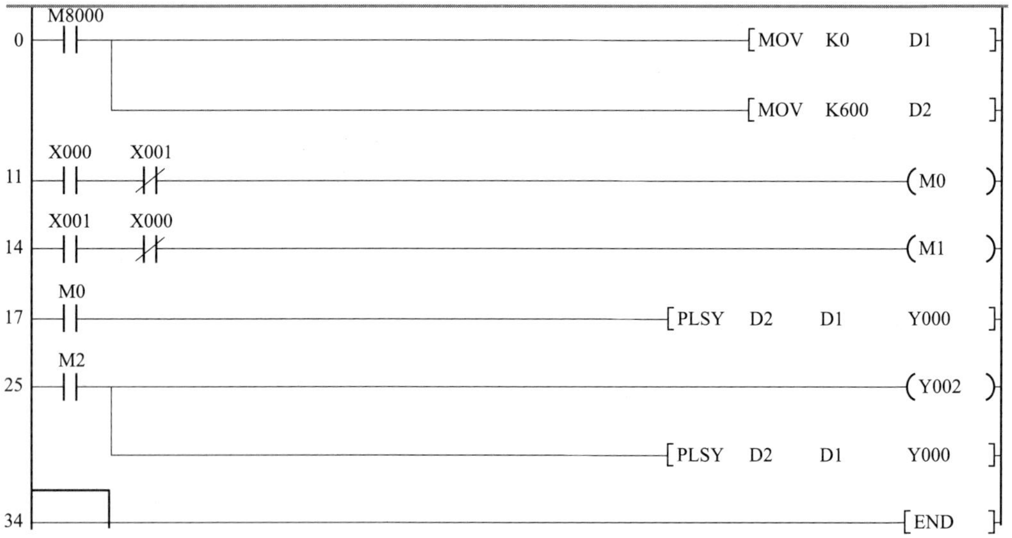

```
     M8000
0  ──┤ ├──┬──────────────────────[MOV   K0     D1  ]
          └──────────────────────[MOV   K600   D2  ]
     X000    X001
11 ──┤ ├────┤/├──────────────────────────────(M0   )
     X001    X000
14 ──┤ ├────┤/├──────────────────────────────(M1   )
     M0
17 ──┤ ├──────────────────[PLSY   D2    D1    Y000 ]
     M2
25 ──┤ ├──┬──────────────────────────────────(Y002 )
          └───────────────[PLSY   D2    D1    Y000 ]

34 ──────────────────────────────────────────[END  ]
```

图 12.3　梯形图

12.1.4　任务考核

任务质量考核要求及评分标准见表 12.3。

表 12.3　质量评价表

考核项目	考核要求	配分	评分标准	扣分	得分	备注
系统安装	1. 能够正确选择元器件 2. 能够按照接线图布置元器件 3. 能够正确固定元器件 4. 能够按照要求编制线号	30	1. 不按接线图固定元器件扣 5 分 2. 元器件安装不牢固，每处扣 2 分 3. 元器件安装不能整齐、不均匀、不合理，每处扣 3 分 4. 不按要求配线号，每处扣 1 分 5. 损坏元器件此项不得分			
编程操作	1. 能够建立程序新文件 2. 能够正确设置各种参数 3. 能够正确保存文件	40	1. 不能建立程序新文件或建立错误扣 4 分 2. 不能设置各项参数，每处扣 2 分 3. 保存文件错误扣 5 分			
运行操作	1. 操作运行系统，分析运行结果 2. 能够在运行中监控和切换各种参数 3. 能够正确分析运行中出现的各种代码	30	1. 系统通电操作错误一步扣 3 分 2. 分析运行结果错误一处扣 2 分 3. 不会监控扣 10 分 4. 不会分析各种代码的含义，每处扣 2 分			
安全生产	自觉遵守安全文明生产规程		1. 每违反一项规定，扣 3 分 2. 发生安全事故，按 0 分处理 3. 漏接接地线一处扣 5 分			
时间	3h		1. 提前正确完成，每 5min 加 2 分 2. 超过定额时间，每 5min 扣 2 分			
开始时间		结束时间		实际时间		

12.2　任务二：伺服电机的控制与应用

12.2.1　任务要求

使用 PLC 对伺服电机进行控制。控制要求：按下按钮 1（M1）伺服电机旋转 5 圈；按下按钮 2（M2）伺服电机停止；按下按钮 3（M3）发送无限脉冲并在 10s（T0）后停止伺服电机运动。

12.2.2　工具准备

表 12.4　工具、设备清单

序号	分类	名称	型号规格	数量	单位	备注
1	工具	常用电工工具		1	套	
2	仪表	数字万用表	DT9250	1	只	
3	设备	汇川伺服电机	IS620PS2R81-1AB	1	台	
4	设备	PLC	FX_{2N}	1	个	

12.2.3　任务实施

（1）伺服电机操作按钮

图 12.4 所示为操作按钮，操作面板主要是用来设置驱动器的电机参数。

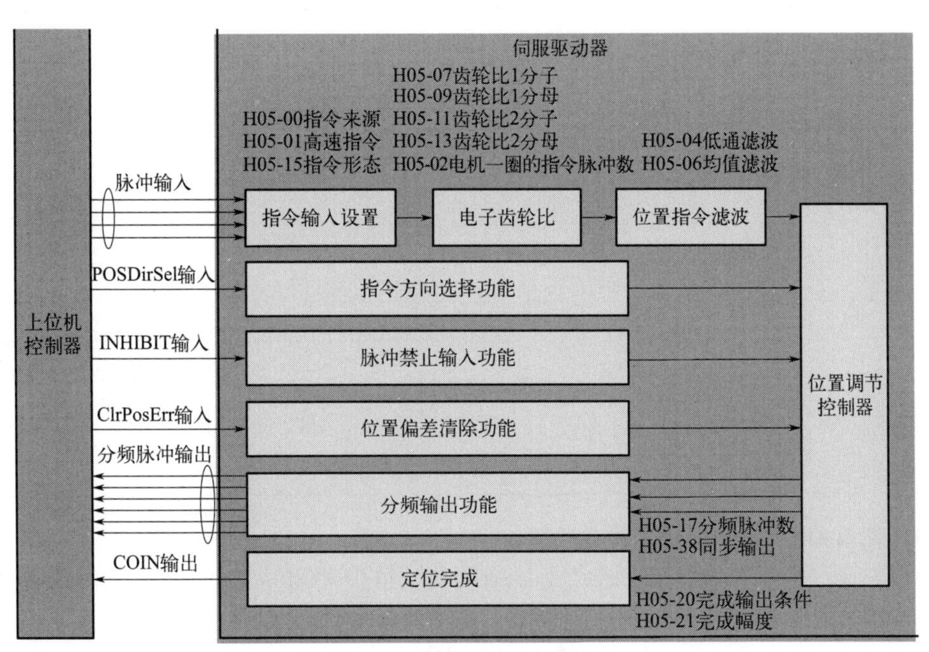

图 12.4　操作按钮示意图

（2）电子齿轮比的计算

伺服电机电子齿轮比计算用于实现位置模式下准确定位的其中一个环节，此款伺服电机在电子齿轮比为 1 的时候，10000 脉冲转 1 圈。计算方法见表 12.5。

表 12.5　电子齿轮比计算方法

位置指令脉冲分频分子	设置位置指令脉冲的分倍频(电子齿轮)。在位置控制方式下,通过对 PA12、PA13 参数的设置,可以很方便地与各种脉冲源相匹配,以达到用户理想的控制分辨率(即角度/脉冲) $P \times G = N \times C \times 4$ 式中　P——输入指令的脉冲数; G——电子齿轮比,G=分频分子÷分频分母; N——电机旋转圈数; C——光电编码器线数/转,本系统 C=2500 【例】要求输入指令脉冲为 6000 时,伺服电机旋转 1 圈,则参数 PA12 设为 5,PA13 设为 3。电子齿轮比推荐范围为 $1/50<G<50$
位置指令脉冲分频分母	见参数 PA12

输入脉冲圈数与旋转圈数的关系（表 12.6）：

表 12.6　输入脉冲圈数与旋转圈数的关系

输入脉冲数 Pulse	电机旋转圈数$\left(\frac{Pulse \times PA12}{10000 \times PA13}\right)$	电子齿轮分子 PA12	电子齿轮分母 PA13
10000	1	1	1
5000	1	2	1
3000	1	10	3
800	1	25	2
20000	1	1	2
1000	2/3	20	3
4000	3	30	4

输出脉冲频率与旋转速度的关系（表 12.7）：

表 12.7　输出脉冲频率与旋转速度的关系

输入脉冲频率/kHz	电机转速/(r/min) $\left(\frac{Frequency \times 60 \times PA12}{10000 \times PA13}\right)$	电子齿轮分子 PA12	电子齿轮分母 PA13
300	1800	1	1
500	3000	1	1
100	1200	2	1
100	1800	3	1
50	1000	10	3
200	800	2	3
100	300	1	2

(3) 使用 GX Works2 对伺服电机进行控制

图 12.5 所示为伺服电机与 PLC 连接的端口，可以使用 GX Works2 对伺服电机进行使能、方向、发脉冲、模拟量输入等控制。I/O 分配表见表 12.8。

表 12.8　I/O 分配表

输入		输出	
按钮 1	X1	电机使能	Y0
按钮 2	X2	脉冲输出	Y1
按钮 3	X3	电机方向	Y2

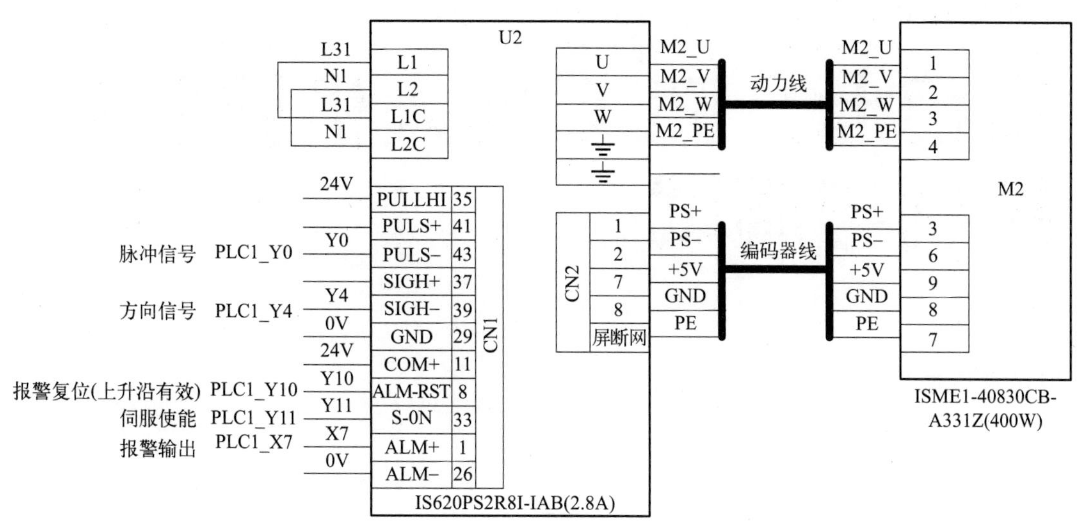

图 12.5　伺服电机与 PLC 连接的端口

12.2.4　任务考核

任务质量考核要求及评分标准见表 12.9。

表 12.9　质量评价表

考核项目	考核要求	配分	评分标准	扣分	得分	备注
系统安装	1. 能够正确选择元器件 2. 能够按照接线图布置元器件 3. 能够正确固定元器件 4. 能够按照要求编制线号	30	1. 不按接线图固定元器件扣 5 分 2. 元器件安装不牢固，每处扣 2 分 3. 元器件安装不能整齐、不均匀、不合理，每处扣 3 分 4. 不按要求配线号，每处扣 1 分 5. 损坏元器件此项不得分			
编程操作	1. 能够建立程序新文件 2. 能够正确设置各种参数 3. 能够正确保存文件	40	1. 不能建立程序新文件或建立错误扣 4 分 2. 不能设置各项参数，每处扣 2 分 3. 保存文件错误扣 5 分			
运行操作	1. 操作运行系统，分析运行结果 2. 能够在运行中监控和切换各种参数 3. 能够正确分析运行中出现的各种代码	30	1. 系统通电操作错误一步扣 3 分 2. 分析运行结果错误一处扣 2 分 3. 不会监控扣 10 分 4. 不会分析各种代码的含义，每处扣 2 分			
安全生产	自觉遵守安全文明生产规程		1. 每违反一项规定，扣 3 分 2. 发生安全事故，按 0 分处理 3. 漏接接地线一处扣 5 分			
时间	3h		1. 提前正确完成，每 5min 加 2 分 2. 超过定额时间，每 5min 扣 2 分			
开始时间		结束时间		实际时间		

第13章

项目七：PLC与人机界面的控制与调试

初级技能要求 

① 掌握人机界面工程建立。

② 掌握PLC基础编程。

③ 掌握用户窗口属性设置的方法。

中级技能要求

① 掌握定时器函数的控制方法。

② 掌握图元的分解与合成的方法。

③ 掌握PLC+HMI交通灯控制系统设计与实现。

④ 掌握YL-PC交通灯自控与手控模块的自控功能设置。

⑤ 掌握定时器的使用。

项目描述

本项目主要通过人机界面设计与使用、PLC＋HMI交通灯控制系统设计等任务介绍了PLC编程方法与组态屏的综合应用。通过本项目的学习，学生对PLC的顺序控制应有初步的了解，并掌握HMI人机界面基础设计与数据链接，了解PLC＋HMI交通灯控制系统综合应用和调试方法，锻炼学生自主学习和独立工作的职业能力。

技能目标

根据任务要求完成各任务程序设计、硬件接线、程序编译与下载，完成调试与故障排除，掌握分析问题、解决问题的方法。

13.1　任务一：人机界面的使用

13.1.1　任务要求

TPC 模拟仿真交通灯控制工程：当启动按钮按下时，先南北方向红灯亮、东西方向绿灯亮，此时东西方向的车辆通行，延时 13s，东西方向绿灯变为闪烁状态，闪烁 5s 后跳到黄灯亮，此时东西方向的车辆停止通行，东西方向黄灯亮 2s 后，变为东西方向红灯亮、南北方向绿灯亮，则南北方向车辆通行，延时 13s，南北方向绿灯变为闪烁状态，闪烁 5s 后跳到南北方向黄灯亮，则南北方向的车辆停止通行，南北方向黄灯亮 2s 后，再回到南北方向红灯亮、东西方向绿灯亮的状态，如此循环。无论运行到哪个状态，当停止按钮按下时，所有的灯都处于不亮状态。

13.1.2　工具准备

表 13.1　工具、设备清单

序号	分类	名称	型号规格	数量	单位	备注
1	工具	常用电工工具		1	套	
2	仪表	万用表	MF47	1	只	
3	设备	组态屏	TPC7602Ti	1	台	
4	设备	计算机		1	台	

13.1.3　任务实施

(1) 绘制状态时序图

十字路口的东西方向和南北方向各设有红、黄、绿三个信号灯，各信号灯按照预先设定的时序轮流点亮或熄灭。由于状态变化较复杂，可先绘制如图 13.1 所示的运行状态时序图，为后续脚本或者策略的编写提供方便。

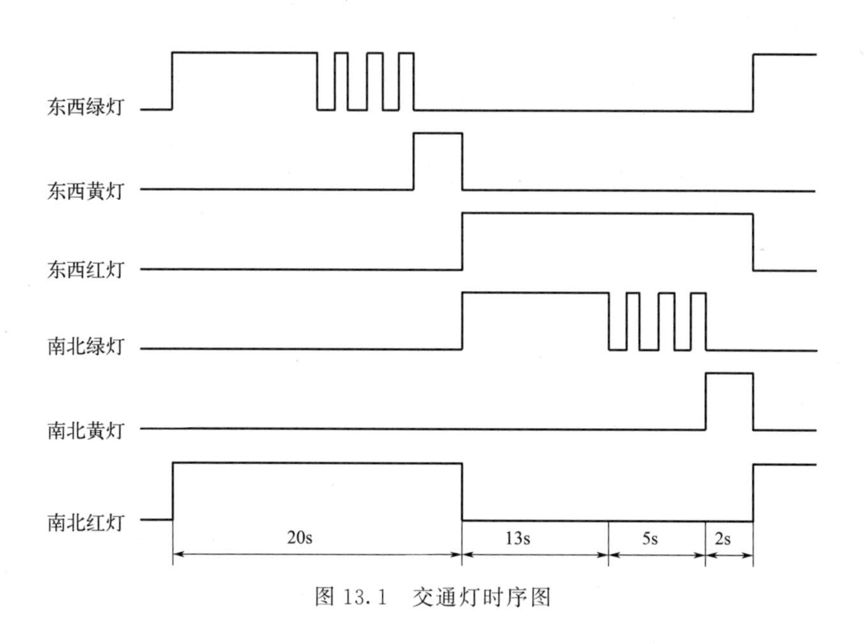

图 13.1　交通灯时序图

(2) 制作工程组态

① 首先新建工程，参照表13.2建立实时数据库。

表13.2 交通灯实时数据库

名字	类型	注释
启动	开关型	
停止	开关型	
东西货车	数值型	
南北货车	数值型	
a	数值型	时间

② 选中“交通灯”窗口图标，单击“动画组态”按钮，进入动画组态窗口，开始编辑画面。

③ 单击工具条中的“工具箱”按钮，打开绘图工具箱。选择“工具箱”内的矩形按钮 （鼠标的光标呈十字形），在窗口中绘制四个矩形作为草地区域，并双击矩形框打开属性栏设置填充颜色为“浅绿色”。接着绘制斑马线若干，最后效果如图13.2所示。

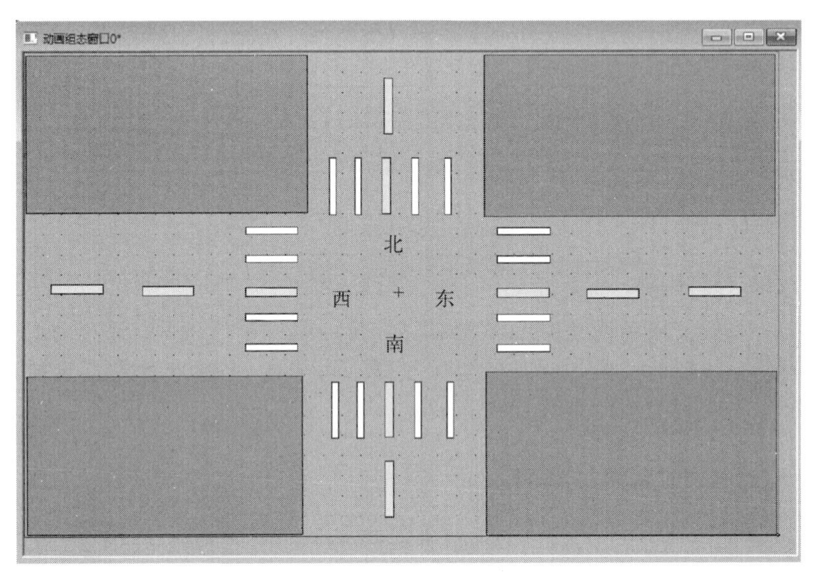

图13.2 道路界面

④ 单击绘图工具箱中的“插入元件”图标，弹出对象元件管理对话框，从对象元件管理对话框中选择“货车”和“树”图元，放到合适位置。其中车的图元可通过工具条中的 工具进行上下、左右翻转调整。效果如图13.3所示。

⑤ 从对象元件管理对话框中分别选择交通灯和管道，放到合适位置，最终生成的画面如图13.4所示。

⑥ 单击“树”图元，再单击工具条中的“锁定/解锁”图标 或者“固化”图标 ，对应的“树”图元将不能改动。其他元件图元也通过这种方法锁定。

(3) 动画连接

① 交通灯设置。

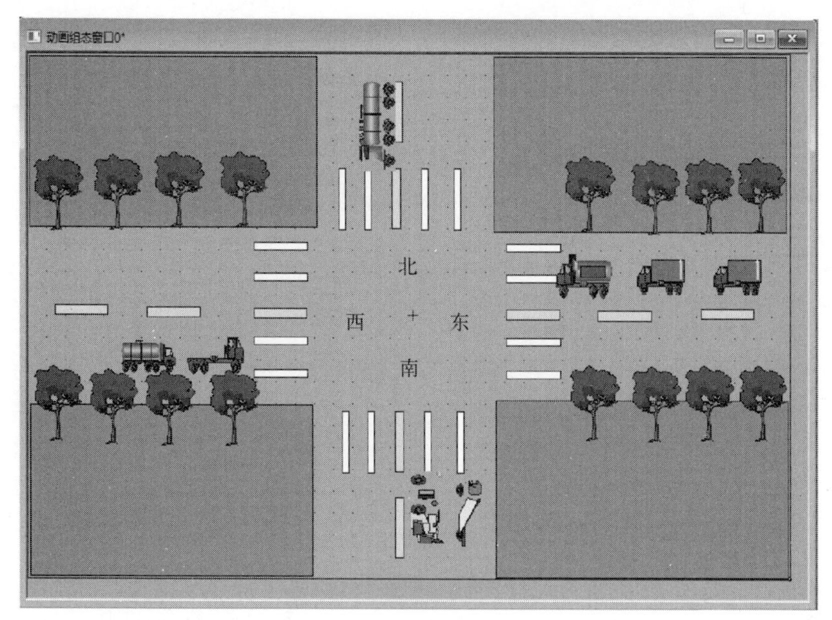

图 13.3　添加货车和树

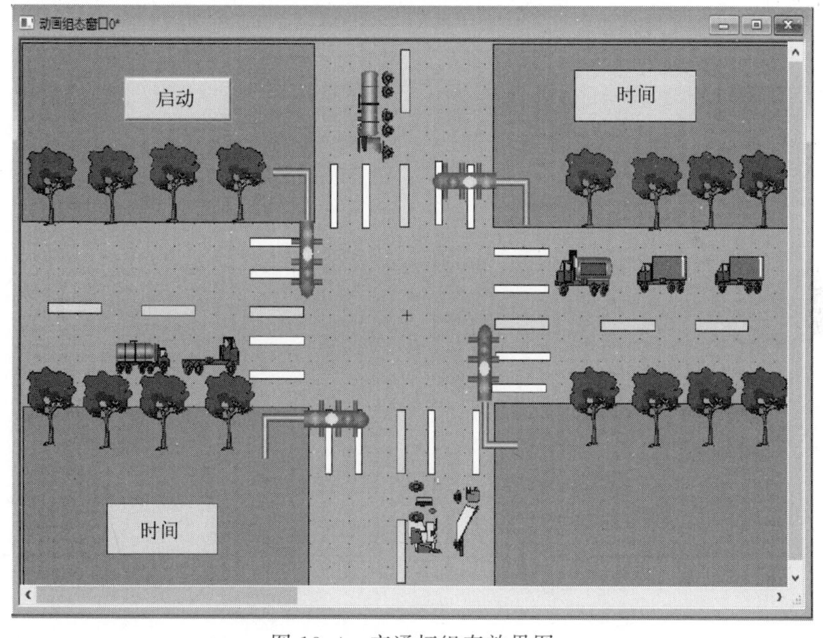

图 13.4　交通灯组态效果图

a. 东西方向的交通运行情况相同，因此两个东西方向的交通灯动画连接相同。在用户窗口中，右键单击东西方向的交通灯，选择“排列”→“分解单元”，先将东西方向的交通灯的红、黄、绿灯变成三个独立的图元。

b. 双击绿灯图元，进入动画组态属性设置窗口，选中“可见度”和“闪烁效果”，如图 13.5 所示。本任务要求 0～13s 东西绿灯亮，13～18s 东西绿灯闪烁。参照图 13.6 设置东西绿灯的可见度，参照图 13.7 设置东西绿灯闪烁效果。单击“确认”按钮，完成东西绿灯设置。

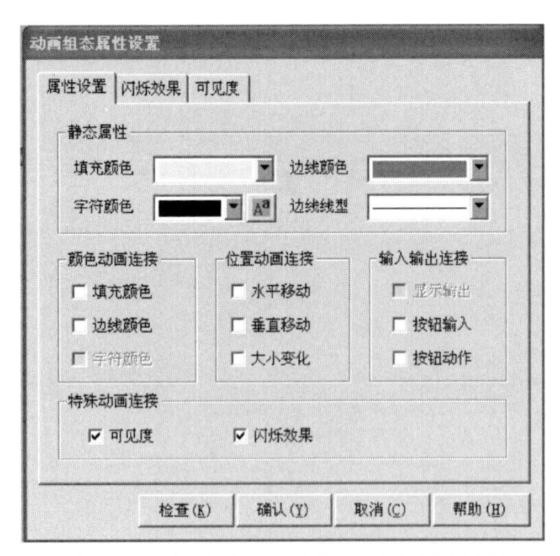

图 13.5　勾选“可见度”和“闪烁效果”

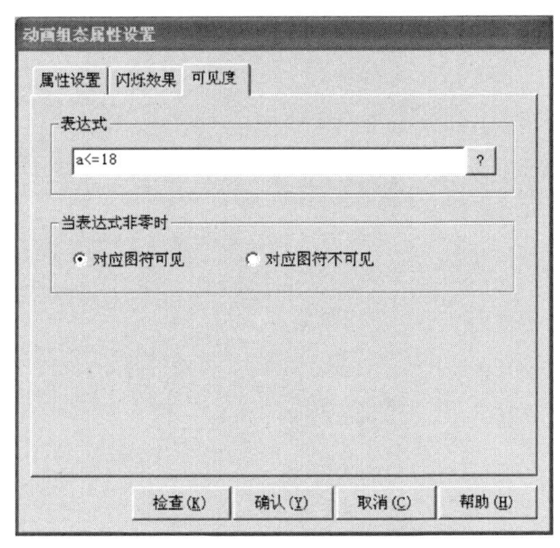

图 13.6　东西绿灯可见度设置

c. 东西黄灯是在绿灯闪烁结束后开始亮的，亮 3s，即东西黄灯在 19～21s 的范围内是亮的。参考东西绿灯的设置方法，在动画组态属性设置窗口，只需选中“可见度”，不用选择“闪烁效果”。其设置如图 13.8 所示。单击“确认”按钮，完成东西黄灯设置。

图 13.7　东西绿灯闪烁效果设置

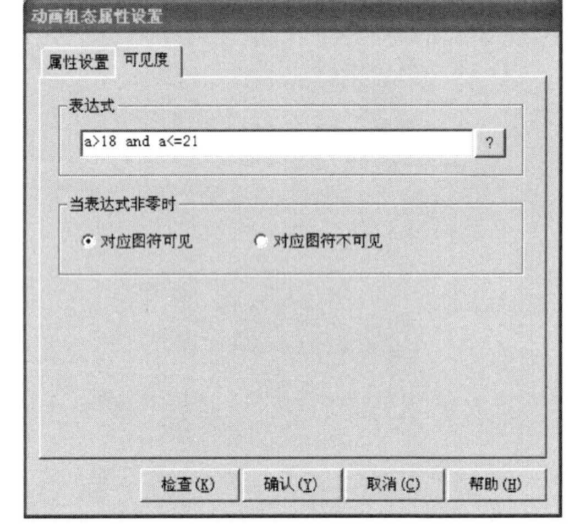

图 13.8　东西黄灯可见度设置

d. 东西红灯是在黄灯灭后开始亮的，亮 18s，即东西红灯在 23～41s 的范围内是亮的。参考东西黄灯的设置方法，在动画组态属性设置窗口中，只需选中“可见度”，不用选择“闪烁效果”。其设置如图 13.9 所示。单击“确认”按钮，完成东西红灯设置。

e. 红、黄、绿图元动画组态属性设置完成后，再将东西交通灯的图元全部选中，单击右键，选择“排列”→“合成单元”，完成东西交通灯的动画设置。

f. 南北方向的交通灯动画连接与东西方向类似。本任务要求南北绿灯图元在 21～39s 灯亮，34～39s 灯闪烁。参照图 13.10 设置南北绿灯可见度，参照图 13.11 设置南北绿灯闪烁效果。单击“确认”按钮，完成南北绿灯设置。

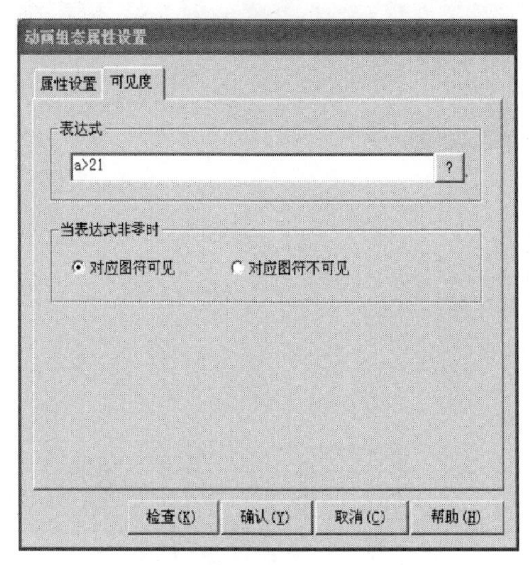

图 13.9　东西红灯可见度设置

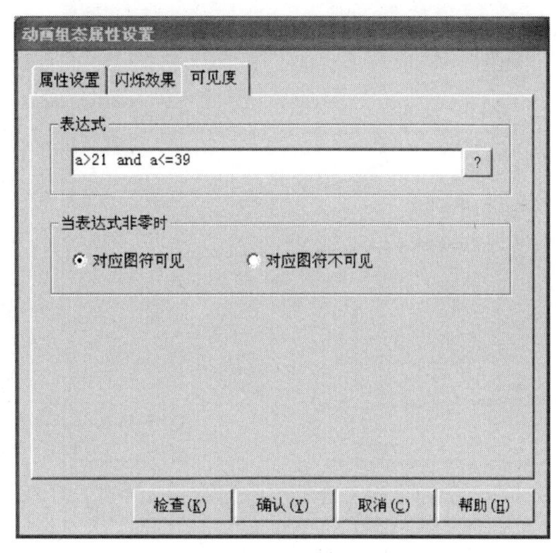

图 13.10　南北绿灯可见度设置

g. 南北黄灯是在绿灯闪烁结束后开始亮的，亮 3s，即南北黄灯在 39～42s 的范围内是亮的。其设置如图 13.12 所示。

图 13.11　南北绿灯闪烁效果设置

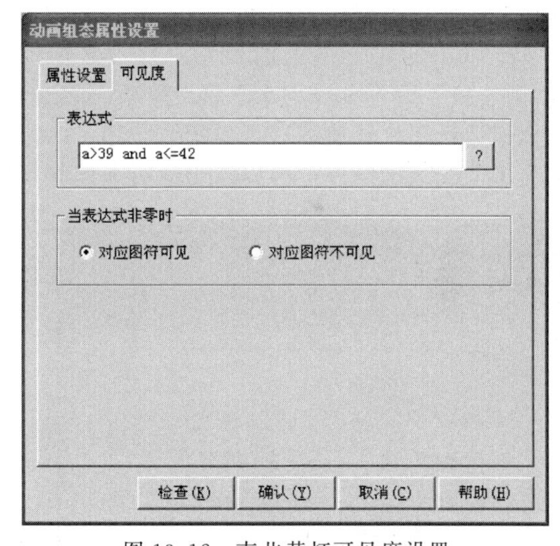

图 13.12　南北黄灯可见度设置

h. 南北红灯是在启动后亮的，亮 21s，即南北红灯在 0～21s 的范围内是亮的。其设置如图 13.13 所示。

② 车辆的动画设置。本任务中当东西方向绿灯亮时其对应方向的汽车运动，红灯亮时则停止运动。同样南北方向绿灯亮时，对应方向的汽车开动，红灯亮时停止运动。

a. 双击西边方向上的货车，弹出属性设置窗口，单击“数据对象”标签。选中“数据对象”标签中的“水平移动”，右端出现浏览按钮 ? ，单击浏览按钮，双击数据对象列表中的“东西货车”。单击“确认”完成如图 13.14 所示的数据连接。

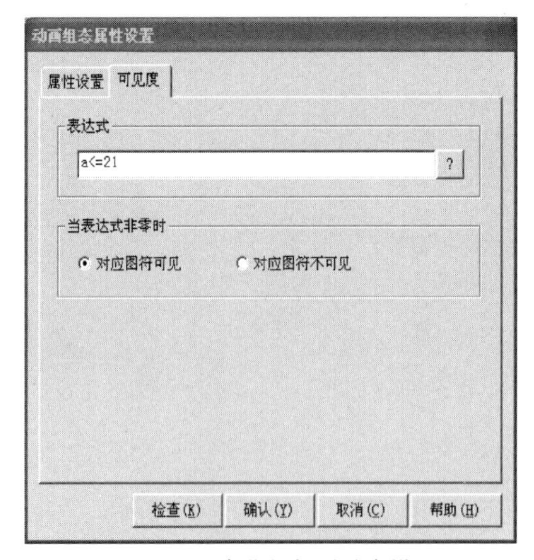

图 13.13　南北红灯可见度设置

图 13.14　“数据对象”标签

b. 单击“动画连接”标签页，进入该页，在“图元名”列选中“组合图符”，右端出现“?”和“>”按钮。单击“>”按钮，弹出“动画组态属性设置”窗口。在“位置动画连接”处选中“水平移动”。在“水平移动”页，表达式连接“东西货车”，“水平移动连接”的数据根据运行距离和速度自行设定，如图 13.15 所示。

c. 双击东边方向上的货车，其“数据对象”标签设置与西边的货车设置相同。在“动画连接”标签页→“水平移动”页，表达式连接“东西货车”，“水平移动连接”的数据根据运行距离和速度自行设定，如图 13.16 所示。比较图 13.15 和图 13.16 中“水平移动连接”的数据设置，可以得出运行方向相反的车的参数设置规律。

图 13.15　西边方向货车动画连接

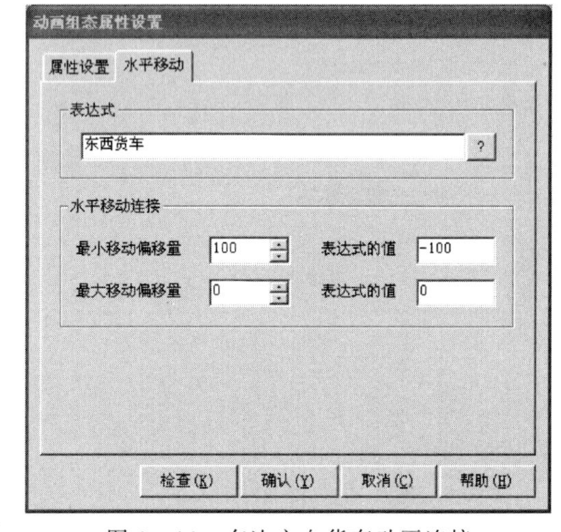

图 13.16　东边方向货车动画连接

d. 对南北边方向上的货车进行设置时，其单元属性设置对话框中只有“水平移动”设置功能，不能完成“垂直移动”设置功能，如图 13.17 所示。这就得对货车图元重新处理。单击“货车图元”→“排列”→“分解单元”，然后双击“货车图元”，在弹出的动画组态属性设置对话框中，勾选“垂直移动”，删除“水平移动”，如图 13.18

所示。然后选择“货车图元”→“排列”→“合成单元”，就可以对重新合成的货车图元进行垂直移动动画设置了。

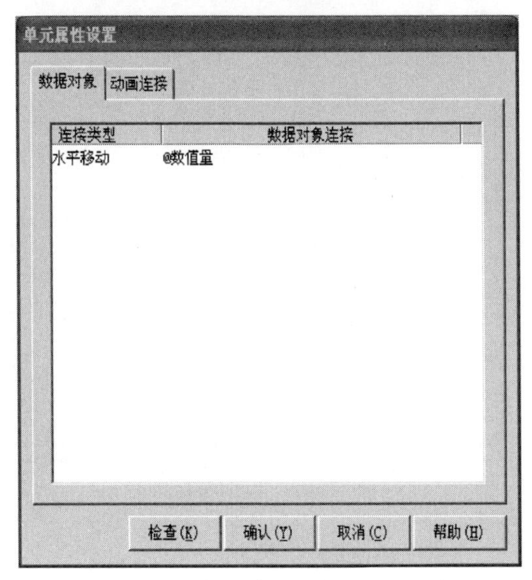

图 13.17　货车单元属性设置对话框

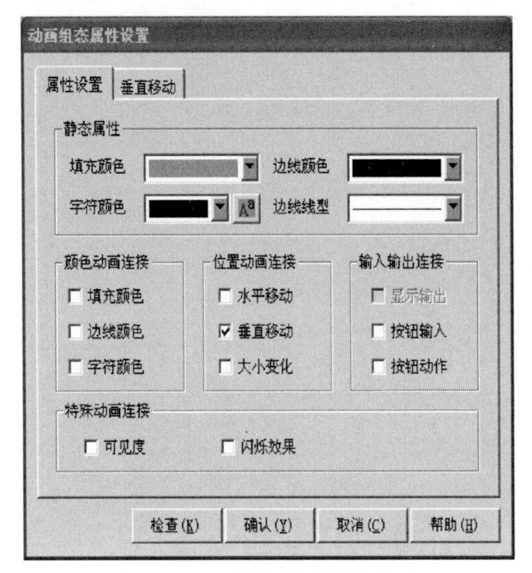

图 13.18　货车单元属性修改

e. 南边和北边的货车的数据对象设置对话框中均连接“垂直移动”。北边货车的垂直动画设置如图 13.19 所示。南边货车的垂直动画设置如图 13.20 所示。

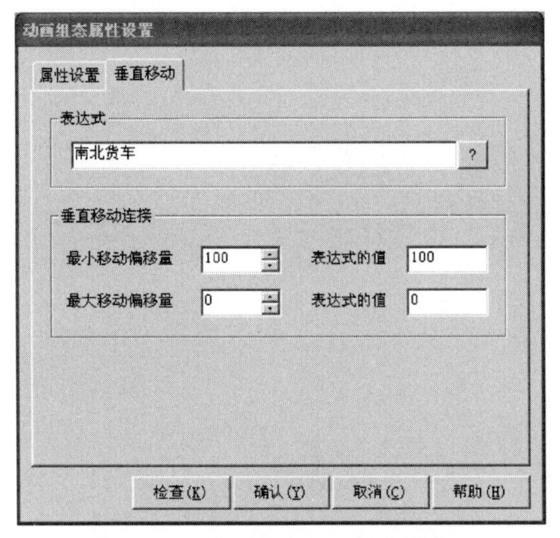

图 13.19　北边货车的垂直动画设置

图 13.20　南边货车的垂直动画设置

③ 时间标签设置。为了更方便地观察定时器的时间，在原画面上增加两个“时间”显示。单击“工具箱”内的“标签”按钮，根据需要绘制一个方框。在方框内输入“时间”文字。双击方框，弹出“动画组态属性设置”窗口。在“输入输出连接”一栏中选择“显示输出”。单击“显示输出”选项卡，进入该页。按照图 13.21 进行显示输出设置。在定时器运行时，可以显示计时时间。

④ 启动按钮设置。启动按钮设置如图 13.22 所示。

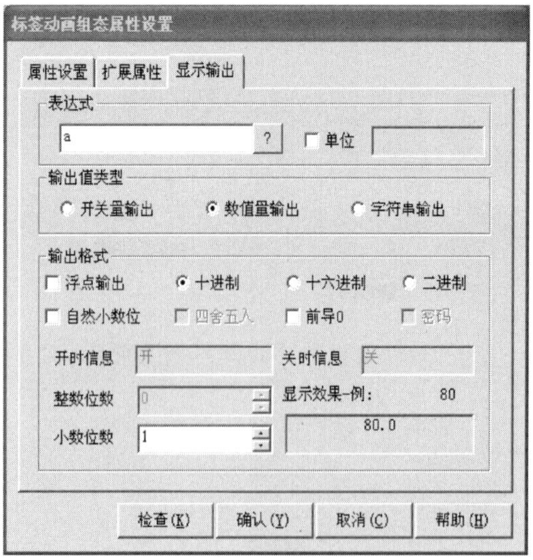

图 13.21　时间标签设置

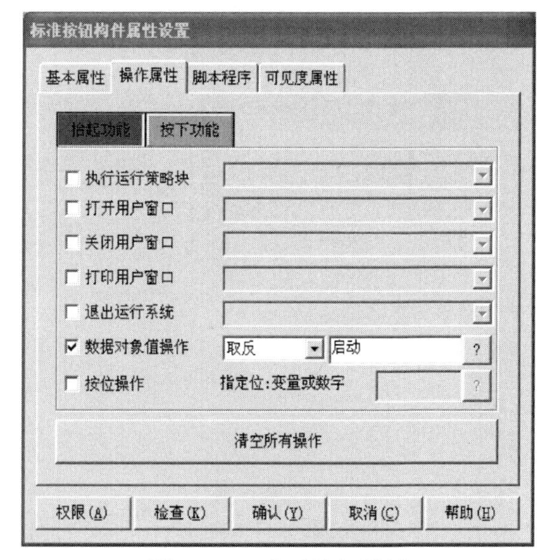

图 13.22　启动按钮设置

(4) 循环脚本编写

用户窗口中，双击空白处，弹出用户窗口属性设置对话框，单击“循环脚本”，首先将循环时间设定为“200”。单击“打开脚本编辑器”，编写如下的参考脚本程序：

```
! TimerSetLimit(1,43,0)
! TimerSetOutput(1,a)
IF 启动=1 THEN
! TimerRun(1)
东西货车=东西货车+6
ELSE
! TimerReSet(1,0)
东西货车=0
南北货车=0
endif
IF a>21 THEN
东西货车=0
南北货车=南北货车+5
endif
if a>=42 then
南北货车=0
Endif
```

下载工程并进入运行环境，单击启动按钮运行，如图 13.23 所示。观察各个方向的交通灯是否按设计要求工作，观察车辆是否按照设计要求工作，如有异常请进行调试，直到正常工作。运行时由南向北运行的两辆车速度不一样，仔细理解是如何设置的。

13.1.4　任务考核

任务质量考核要求及评分标准见表 13.3。

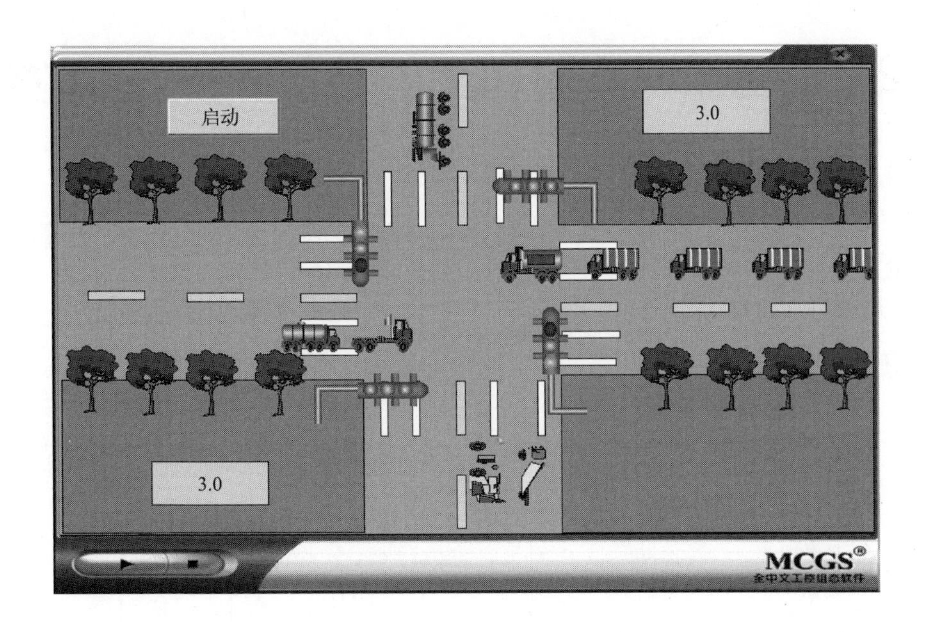

图 13.23　交通灯模拟仿真运行

表 13.3　质量评价表

任务名称____________　小组成员____________　评价时间____________

考核项目	考核要求	配分	评分标准	扣分	得分	备注
系统安装	1. 能够正确选择元器件 2. 能够按照接线图布置元器件 3. 能够正确固定元器件 4. 能够按照要求编制线号	30	1. 不按接线图固定元器件扣 5 分 2. 元器件安装不牢固，每处扣 2 分 3. 元器件安装不能整齐、不均匀、不合理，每处扣 3 分 4. 不按要求配线号，每处扣 1 分 5. 损坏元器件此项不得分			
程序编译与下载	1. 能够建立程序新文件 2. 能够正确设置各种参数 3. 能够正确保存文件 4. 能够进行正确通信 5. 能够进行硬件通信与程序下载	40	1. 不能建立程序新文件或建立错误扣 4 分 2. 不能设置各项参数，每处扣 2 分 3. 保存文件错误扣 5 分 4. 不能正确通信扣 5 分 5. 不能进行程序下载扣 5 分			
运行操作	1. 操作运行系统，分析运行结果 2. 能够在运行中监控和切换各种参数 3. 能够正确分析运行中出现的各种代码	30	1. 系统通电操作错误一步扣 3 分 2. 分析运行结果错误一处扣 2 分 3. 不会监控扣 10 分 4. 不会分析各种代码的含义，每处扣 2 分			
安全生产	自觉遵守安全文明生产规程		1. 每违反一项规定，扣 3 分 2. 发生安全事故，按 0 分处理 3. 漏接接地线一处扣 5 分			
时间	1.5h		1. 提前正确完成，每 5min 加 2 分 2. 超过定额时间，每 5min 扣 2 分			

开始时间		结束时间		实际时间	

13.2　任务二：基于PLC与触摸屏的交通灯控制

13.2.1　任务要求

根据交通灯模拟仿真工程，建立PLC自动控制工程，交通灯的工作时序图不变。PLC的输出控制YL-PC交通灯自控与手控模块，完成对YL-PC交通灯自控与手控模块上的交通灯的自动控制功能。

13.2.2　工具准备

表13.4　工具、设备清单

序号	分类	名称	型号规格	数量	单位	备注
1	工具	常用电工工具		1	套	
2	仪表	万用表	MF47	1	只	
3	设备	组态屏	TPC7602Ti	1	台	
4	设备	计算机		1	台	
5	设备	PLC	FX_{2N}-48MR	1	台	

13.2.3　任务实施

(1) 在设备窗口中增加PLC设备

增加三菱FX系列编程口，并增加设备通道，连接M10数据量，作为“启动”按钮控制参量，如图13.24所示。

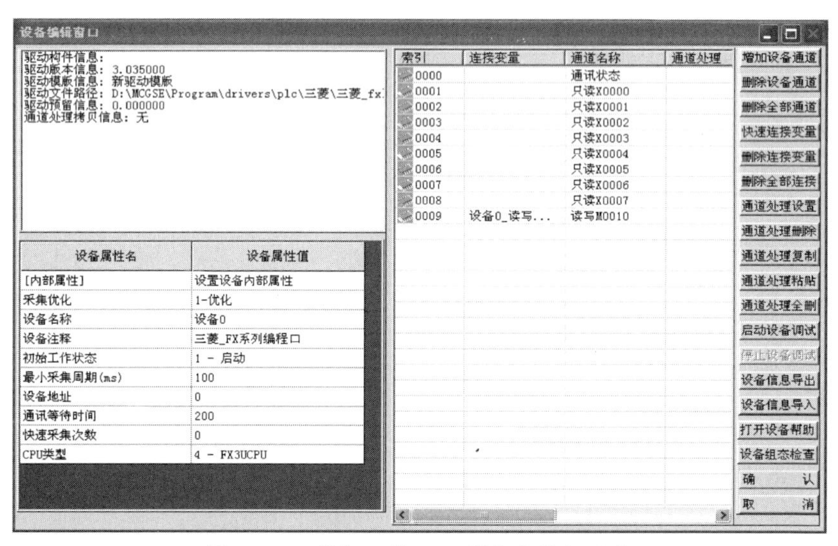

图13.24　增加三菱PLC设备和设备通道

(2) 将用户窗口中的变量连接都修改成与PLC设备的连接

① 启动按钮的动画属性设置，如图13.25所示。

② 红、黄、绿灯的数据连接的修改。组态屏TPC模拟仿真部分设置不做任何改动。组态屏TPC仿真部分的功能仍然由脚本程序来完成，YL-PC交通灯自控与手控模块的控

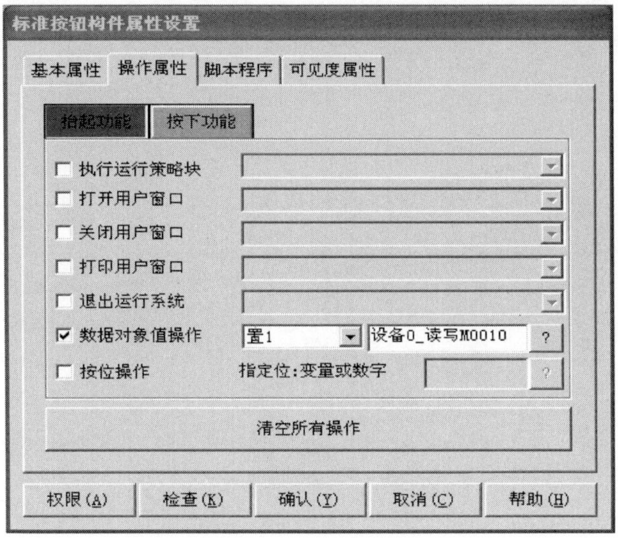

图 13.25　按钮的动画属性设置

制由 PLC 程序来完成，二者只要同步工作，就相当于由同一数据来控制。

(3) 用 PLC 程序完成组态运行策略中脚本程序的部分控制功能

本任务的 PLC 参考程序如图 13.26 所示。

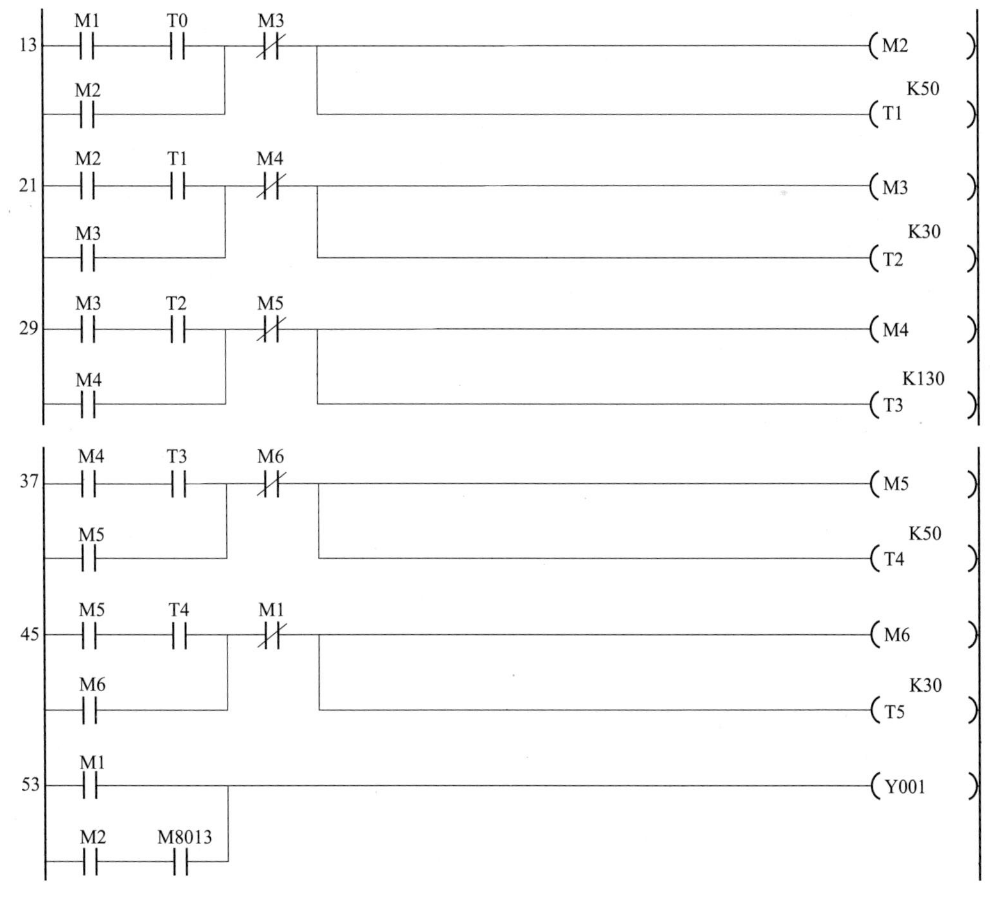

图 13.26

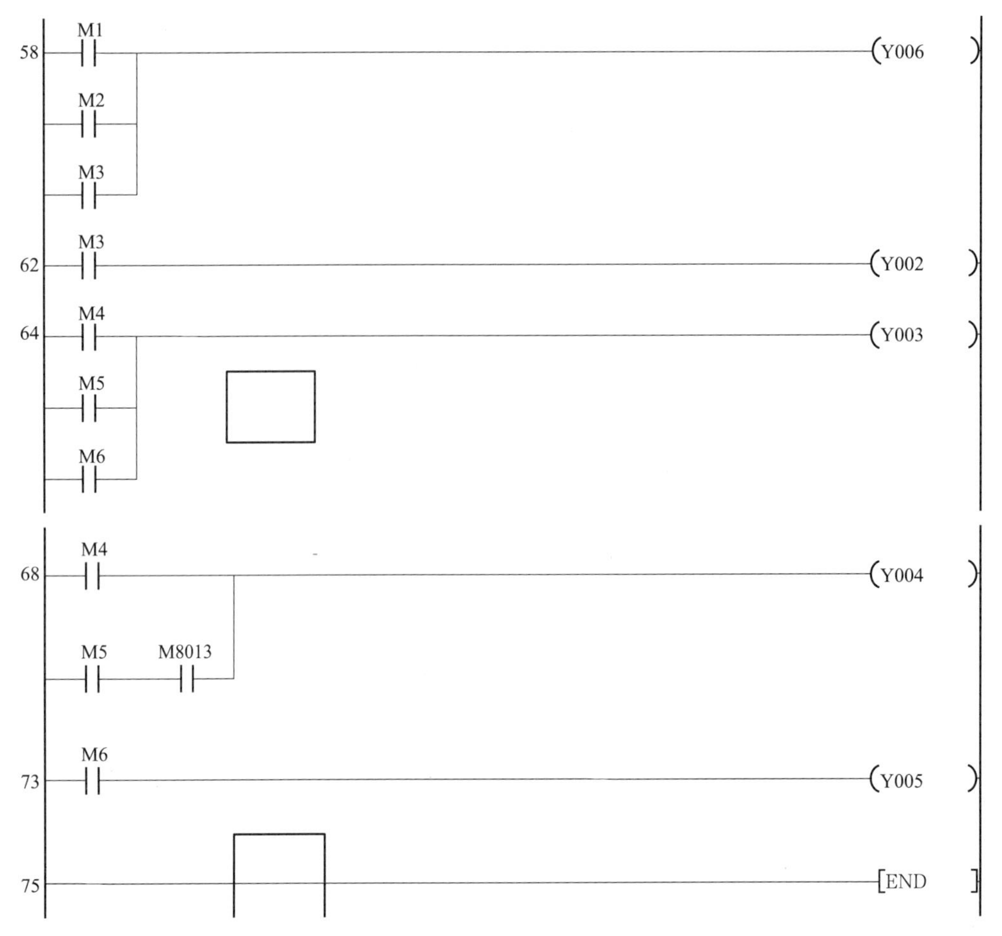

图 13.26 交通灯参考程序

(4) 下载运行调试

将PLC程序下载到PLC中，组态工程下载到TPC中，TPC与PLC的硬件连接后进行通信调试，直至工作正常。

13.2.4 任务考核

任务质量考核要求及评分标准见表13.5。

表 13.5 质量评价表

任务名称__________ 小组成员__________ 评价时间__________

考核项目	考核要求	配分	评分标准	扣分	得分	备注
系统安装	1. 能够正确选择元器件 2. 能够按照接线图布置元器件 3. 能够正确固定元器件 4. 能够按照要求编制线号	30	1. 不按接线图固定元器件扣5分 2. 元器件安装不牢固，每处扣2分 3. 元器件安装不能整齐、不均匀、不合理，每处扣3分 4. 不按要求配线号，每处扣1分 5. 损坏元器件此项不得分			

续表

考核项目	考核要求	配分	评分标准	扣分	得分	备注
程序编译与下载	1. 能够建立程序新文件 2. 能够正确设置各种参数 3. 能够正确保存文件 4. 能够进行正确通信 5. 能够进行硬件通信与程序下载	40	1. 不能建立程序新文件或建立错误扣4分 2. 不能设置各项参数,每处扣2分 3. 保存文件错误扣5分 4. 不能正确通信扣5分 5. 不能进行程序下载扣5分			
运行操作	1. 操作运行系统,分析运行结果 2. 能够在运行中监控和切换各种参数 3. 能够正确分析运行中出现的各种代码	30	1. 系统通电操作错误一步扣3分 2. 分析运行结果错误一处扣2分 3. 不会监控扣10分 4. 不会分析各种代码的含义,每处扣2分			
安全生产	自觉遵守安全文明生产规程		1. 每违反一项规定,扣3分 2. 发生安全事故,按0分处理 3. 漏接接地线一处扣5分			
时间	1.5h		1. 提前正确完成,每5min加2分 2. 超过定额时间,每5min扣2分			

开始时间		结束时间		实际时间	

参考文献

［1］ 陈海芹，于同亚．电气控制与 PLC（三菱）［M］．北京：北京邮电大学出版社，2018.
［2］ 赵韵．电工电子技术［M］．北京：北京邮电大学出版社，2021.
［3］ 俞艳．电工基础［M］．北京：人民邮电出版社，2017.
［4］ 李响初，周泽湘．三菱 PLC、变频器与触摸屏综合应用技术［M］．北京：机械工业出版社，2017.
［5］ 段莉．可编程控制器项目化教程［M］．西安：西安电子科技大学出版社，2017.
［6］ 黄永红．电气控制与 PLC 应用技术［M］．北京：机械工业出版社，2018.
［7］ 牛云陞．可编程控制技术应用与实战（三菱）［M］．北京：北京邮电大学出版社，2022.
［8］ 殷建国．可编程控制器项目教程（三菱）［M］．东营：中国石油大学出版社，2017.
［9］ 曹菁．三菱 PLC、触摸屏和变频器应用技术项目教程［M］．北京：机械工业出版社，2018.